Organisation von Subskription im Maschinen- und Anlagenbau

Organization of Subscription in the Machinery and Equipment Industry

Von der Fakultät für Maschinenwesen
der Rheinisch-Westfälischen Technischen Hochschule Aachen
zur Erlangung des akademischen Grades eines
Doktors der Ingenieurwissenschaften
genehmigte Dissertation

vorgelegt von

Yuan Liu

Berichter/in:

Univ.-Prof. Dr.-Ing. Dipl.-Wirt. Ing. Günther Schuh
apl. Prof. Dr.-Ing. Wolfgang Boos

Tag der mündlichen Prüfung: 16. November 2021

ERGEBNISSE AUS DER PRODUKTIONSTECHNIK

Yuan Liu

Organisation von Subskription im Maschinen- und Anlagenbau

Herausgeber:
Prof. Dr.-Ing. T. Bergs
Prof. Dr.-Ing. Dipl.-Wirt. Ing. G. Schuh
Prof. Dr.-Ing. C. Brecher
Prof. Dr.-Ing. R. H. Schmitt

Band 35/2021

WZL | RWTH AACHEN UNIVERSITY

Fraunhofer
IPT

Bibliografische Information der Deutschen Nationalbibliothek
Die Deutsche Nationalbibliothek verzeichnet diese Publikation in der Deutschen Nationalbibliografie; detaillierte bibliografische Daten sind im Internet über https://portal.dnb.de abrufbar.

Yuan Liu:

Organisation von Subskription im Maschinen- und Anlagenbau

1. Auflage, 2022

Gedruckt auf holz- und säurefreiem Papier, 100% chlorfrei gebleicht.

Apprimus Verlag, Aachen, 2022
Wissenschaftsverlag des Instituts für Industriekommunikation und Fachmedien an der RWTH Aachen
Steinbachstr. 25, 52074 Aachen
Internet: www.apprimus-verlag.de, E-Mail: info@apprimus-verlag.de

Druck: CPI Druckdienstleistungen GmbH, Ferdinand-Jühlke-Straße 7 I 99095 Erfurt

ISBN 978-3-98555-029-6

D 82 (Diss. RWTH Aachen University, 2021)

Vorwort

Diese Dissertationsschrift entstand während meiner Zeit als wissenschaftlicher Mitarbeiter am Lehrstuhl für Produktionssystematik des Werkzeugmaschinenlabors WZL der Rheinisch-Westfälischen Technischen Hochschule (RWTH) Aachen. Sie ist das Ergebnis des Arbeitens in einem einzigartigen Forschungsumfeld sowie der Reflexion über industrielle Herausforderungen und Lösungsfindungen, die ich in meiner bisherigen Berufslaufbahn in zahlreichen Projekten begleitet habe.

Mein besonderer Dank gilt Herrn Professor Günther Schuh, der meine Promotion an seinem Lehrstuhl mit zahlreichen Ratschlägen gefördert hat. Das von ihm geschaffene einzigartige Umfeld ermöglichte mir eine vielfältige berufliche sowie persönliche Entfaltung und war gleichzeitig von hohem Vertrauen geprägt. Somit hat es wesentlich zum Gelingen dieser Arbeit beigetragen. Bei Herrn Professor Wolfgang Boos möchte ich mich für die Übernahme des Koreferats bedanken. Auch Frau Professorin Anna Katharina Mechler danke ich für die Übernahme des Prüfungsvorsitzes und Herrn Professor Jochen Büchs für die Annahme des Prüfungsbeisitzes.

Für eine spannende und unvergessliche Zeit möchte ich mich bei allen ehemaligen und heutigen Kolleginnen und Kollegen, insbesondere in der Abteilung Produktionsmanagement, bedanken. An eurer Leidenschaft, der gegenseitigen Unterstützung und dem empathischen Miteinander bin ich sowohl fachlich als auch menschlich sehr gewachsen. Ebenso danke ich allen studentischen Mitarbeitenden, Abschlussarbeitern und -arbeiterinnen für ihren tatkräftigen Einsatz.

Bei meinen Eltern, die mich stets gefördert und angetrieben haben, möchte ich mich von Herzen bedanken. Auch Niklas, Nils, Linde und Norbert danke ich, dass sie mir stets ihr Vertrauen geschenkt haben.

Mein größter Dank gilt meiner Frau Tini, die immer an mich geglaubt und mich auch in Zeiten von Entbehrungen vorbehaltlos unterstützt hat. Dein Zuspruch hat das Gelingen dieser Arbeit, wie so vieles andere, erst ermöglicht. Unserer Tochter Emma, die mit ihrem Lächeln alles überstrahlt, danke ich, dass sie uns so viel Freude schenkt.

Aachen, im Juni 2021

Yuan Liu

Inhaltsübersicht

Inhaltsverzeichnis

Abbildungsverzeichnis

Tabellenverzeichnis

Abkürzungsverzeichnis

3D	dreidimensional
AG	Aktiengesellschaft
AK	Ausschlusskriterien
ASM	Area Sales Manager
B2B	Business to Business
B2C	Business to Customer
bspw.	beispielsweise
BuHa	Buchhaltung
bzgl.	bezüglich
bzw.	beziehungsweise
ca.	circa
CAD	Computer Aided Design
CAPEX	Capital Expenditure
CHF	Schweizer Franken
CEO	Chief Executive Officer
CJM	Customer Journey Management
CNC	Computerized Numerical Control
CSM	Customer Success Manager
d.h.	das heißt
DA	Data Analytics
DFG	Deutsche Forschungsgemeinschaft e. V.
DIN	Deutsches Institut für Normung e. V.
DMAIC	„Define“, „Measure“, „Analyze“, „Improve“, „Control“
DS	Data Scientist
dt.	Deutsch
e-business	electronic business

EBSCO	EBSCO Information Services
EK	Einschlusskriterien
EN	Europäische Norm
engl.	Englisch
etc.	et cetera
EUR	Euro
ggf.	gegebenfalls
$GH_{CJ;CS}$	Gesamthomogenität der Organisationseinheiten „CJ“ und „CS“
GM	Geschäftsmodell
GmbH	Gesellschaft mit beschränkter Haftung
GoM	Grundsätze ordnungsgemäßer Modellierung
GP	Geschäftsprozess
griech.	Griechisch
$H_{cj;i}$	Homogenität der Organisationseinheit „CJ“ mit der Organisationseinheit „i“
HR	Human Resources (dt. Personalwesen)
i.A.a.	in Anlehnung an
i.d.R.	in der Regel
IFRS	International Financial Reporting Standards
IoP	Internet of Production
IoT	Internet of Things
IS	Innovation Scouting
ISO	International Organization for Standardization
IT	Informationstechnologie
K	Kunde
Kap.	Kapitel
LA	Leistungsangebot
Lkw	Lastkraftwagen
Mgmt.	Management
Mk	Marketing
Mrd.	Milliarde, Milliarden
MVBM	Minimum Viable Business Model

OE	Organisationseinheit
OPEX	Operational Expenditure
PA	Prozessanstoß
PA	Prozessautomatisierung
PADRE / PPM	„position", „acquire", „deploy", „run", „expand" / „people", „product" und „money"
PE	Prozessergebnis
PK	Prozesskette
Pkw	Personenkraftwagen
PO	Process Owner
PO	Prozessobjekt
PrO SW / Plt	Product Owner Software / Plattform
PSS	Produkt-Service-System
RWTH	Rheinisch-Westfälische Technische Hochschule, Aachen
SIPOC/LIPOK	„Supplier", „Input", „Process", „Output", „Customer" / „Lieferant", „Input", „Prozess", „Output", „Kunde"
u.a.	unter anderem
USA	Vereinigte Staaten von Amerika
usw.	und so weiter
VDE	Verband der Elektrotechnik Elektronik Informationstechnik e. V.
VDI	Verein Deutscher Ingenieure
VDMA	Verband Deutscher Maschinen- und Anlagenbauer e. V.
vgl.	vergleiche
VIP	„value", „information", „process"
ÜZ	Übergreifende Zentralisierung
V	Vertrieb
WZL	Werkzeugmaschinenlabor der RWTH Aachen University
z.B.	zum Beispiel

Zusammenfassung

Der Erfolg von Subskriptionsmodellen in anderen Branchen motiviert auch viele Hersteller im Maschinen- und Anlagenbau zur Innovation ihres traditionell transaktionsbasierten Geschäftsmodells. Durch den konsequenten Fokus auf die Bedürfnisse des Kunden soll die Wettbewerbsdifferenzierung nachhaltig gestärkt werden. Dabei wird allgemein erwartet, dass Subskription das Transaktionsgeschäft nicht ersetzen kann, sondern parallel angeboten wird. Die Geschäftsmodellinnovation hat jedoch enorme Auswirkungen auf die Organisation und insbesondere auf die Organisationsstruktur des Anbieters. Bei ihrer Gestaltung stehen die Unternehmen vor großen Herausforderungen: fehlendes Verständnis von Subskription im Maschinen- und Anlagenbau, mangelnde Prozessorientierung, gegenläufige Zieldimensionen in der Organisation und Konfliktpotenziale insbesondere bei der Einführung von Subskription.

Aufgrund ihrer jungen Historie existiert nicht nur in der Praxis, sondern auch in bestehenden wissenschaftlichen Ansätzen kein umfassendes Verständnis von moderner Subskription im Maschinen- und Anlagenbau. Für die Organisationsgestaltung wiederum können bestehende Ansätze des Geschäftsprozessmanagements, der Organisationsgestaltung und der Geschäftsmodelltransformation die Herausforderungen nur zum Teil lösen. Es mangelt den Ansätzen vor allem an einer praktischen Anwendungsmöglichkeit und einer Berücksichtigung subskriptionsspezifischer Anforderungen. Daraus ergibt sich die Forschungsfrage, wie eine subskriptionsgerechte Organisationsstruktur für Anbieter des Maschinen- und Anlagenbaus praxisgerecht gestaltet werden kann.

Auf Basis des organisatorischen Leitsatzes „structure follows process follows strategy" entwickelt der Autor eine Methodik, die den Herausforderungen umfassend begegnet. Ausgehend von der Herleitung eines Verständnisses von Subskription im Maschinen- und Anlagenbau werden zunächst relevante Leistungsangebote identifiziert. Anschließend wird eine Ablauforganisation und daran orientierend eine Aufbauorganisation gestaltet. Außerdem wird explizit zwischen der Einführungsphase von Subskription und dem langfristigen Zustand paralleler Geschäftsmodelle differenziert. Zur Erprobung der Methodik wird sie schließlich bei einem führenden Hersteller von Werkzeugmaschinen, der kurz vor der Einführung eines Subskriptionsmodells steht, erfolgreich eingesetzt.

Summary

The success of subscription business models in other industries makes them also attractive for manufacturers in the machinery and equipment industry. By focusing consequently on the customers' needs, manufacturers can significantly and sustainably increase their competitive differentiation. However, subscription is not expected to completely replace the traditional transaction-based business models, but to be offered in parallel. This business model innovation will have enormous implications on a manufacturer's organization and especially on his organizational structure. Its design comes with great challenges: lack of understanding for subscription in the machinery and equipment industry, insufficient process orientation, contradictory goals in the organization, and potenzial conflicts especially during the introduction of the subscription model.

Due to its young history, a comprehensive understanding of modern subscription in the machinery and equipment industry is not only missing in the industrial practice, but also in the scientific literature. For the design of the organizational structure, existing scientific approaches on the fields of business process management, organizational design and business transformation can only partially solve the aforementioned challenges. Above all, they are difficult to apply and don't consider subscription-specific requirements. This results in the research question on how to develop the organizational structure for providers of subscription business models in the machinery and equipment industry that can address the described challenges.

The author answers this research question by developing a methodology based on the organizational guideline "structure follows process follows strategy". First, a comprehensive understanding of subscription in the machinery and equipment industry is developed which helps companies to identify relevant service offers. This is followed by the design and detailing of the business processes which in turn leads to the design of the organizational structure. The introduction phase of subscription and the long-term state of parallel business models are both explicitly considered. The methodology is ultimately tested successfully in a leading manufacturer of machine tools who is about to introduce a subscription model.

1 Einleitung

1.1 Motivation

Der deutsche Maschinen- und Anlagenbau erwirtschaftete im Jahr 2020 einen Umsatz von ca. EUR 204 Mrd. und belegte nach Produktionsvolumen global den dritten Platz hinter China und den USA.[1] Mit über einer Million Beschäftigten aus ca. 6.700 Unternehmen ist er zugleich der größte industrielle Arbeitgeber in Deutschland.[2] Der traditionelle Exportweltmeister sieht sich jedoch einem zunehmenden Wettbewerbsdruck ausgesetzt. Zwischen 2012 und 2019 schrumpfte der Vorsprung des deutschen Anteils am weltweiten Maschinenexport gegenüber China von ca. 5,1 auf ca. 1,5 Prozentpunkte.[3] Im gleichen Zeitraum verringerte sich der Vorsprung im Innovationsindex von ca. 10,8 auf ca. 3,4 Punkte.[4] Die traditionelle Ausrichtung der Branche an Produkt- und Prozessinnovationen ist nicht länger ausreichend, um sich nachhaltig vom Wettbewerb zu differenzieren, da sie leicht nachgeahmt werden können.[5]

Vor diesem Hintergrund ist in den letzten Jahren die Geschäftsmodellinnovation als eine weitere Möglichkeit in den Fokus von Wissenschaft und Praxis gerückt, um Wettbewerbsvorteile und Wachstumspotenziale zu erzielen.[6] Tatsächlich belegen Studien, dass sie sowohl mittel- als auch langfristig erfolgreicher sind als Produkt- und Prozessinnovationen.[7] Als eine besonders erfolgreiche Geschäftsmodellinnovation hat sich das Subskriptionsmodell etabliert, das auf dem Prinzip der „sharing economy" basiert. Dabei bildet nicht der Besitz, sondern der Zugang zu Leistungen den zentralen Mehrwert.[8] Das Subskriptionsmodell hat sowohl in vielen B2C- als auch B2B-Industrien neue Marktführer hervorgebracht und zum Teil die Wettbewerbsbedingungen

---

1 Vgl. VDMA (2021) Mechanical engineering 2021, 13, 34.

2 Vgl. VDMA (2020) Mechanical engineering 2020, 16, 18.

3 Eigene Berechnung basierend auf: VDMA (2021) Mechanical engineering 2021, S. 31.

4 Eigene Berechnung basierend auf: Dutta, S. (2012) Global innovation index 2012, xviii; Dutta, S. / Lanvin, B. / Wunsch-Vincent, S. (2019) Global innovation index 2019, xxxiv.

5 Vgl. Gassmann, O. / Frankenberger, K. / Csik, M. (2014) Business model navigator, S. 4; Schallmo, D. (2018) Geschäftsmodelle, VII; Weltgen, M. (2019) Geschäftsmodellinnovation, S. 1.

6 Vgl. Schallmo, D. (2018) Geschäftsmodelle, VII; Weltgen, M. (2019) Geschäftsmodellinnovation, S. 1.

7 Vgl. Lindgardt, Z. / Reeves, M. et al. (2009) Business model innovation, S. 3.

8 Vgl. Lah, T. / Wood, J. (2016) Technology-as-a-service, S. 2; Rudolph, T. / Bischof, S. F. et al. (2017) Disruption at the door, S. 18; Chen, T. / Fenyo, K. et al. (2018) Thinking inside subscription, S. 1; Tzuo, T. / Weisert, G. (2018) Subscribed, S. 2.

grundlegend verändert.[9] Der Erfolg in anderen Branchen legt die Idee nahe, Subskription auch im Maschinen- und Anlagenbau anzubieten. Bisher werden damit jedoch nur ca. 0,05 % des Branchenumsatzes generiert.[10]

Grundsätzlich ist das Prinzip „Zugang statt Besitz" im Maschinen- und Anlagenbau nicht neu. Unter dem Begriff „dienstleistungsorientierte Geschäftsmodelle" lassen sich viele Beispiele finden, die sich Subskription ähneln.[11] Das Subskriptionsmodell unterscheidet sich jedoch vor allem durch eine radikal kundenorientierte Unternehmenskultur.[12] Ihre Bedeutung auf den Erfolg eines Geschäftsmodells wird durch die Aussage „culture eats strategy for breakfast", die Peter Drucker zugeschrieben wird, besonders anschaulich.[13] In Subskription führt die radikal kundenorientierte Kultur zu einem langfristigen Kundenverhältnis mit regelmäßigem Kontakt, der weit über klassische bedarfsorientierte Kontaktaufnahmen, z.B. aufgrund von Maschinenstillständen, hinausgeht. Daraus entsteht das Potenzial, das Nutzungsverhalten von Kunden besser zu verstehen und die Leistungsangebote kontinuierlich zu verbessern.

Ein Blick auf die Kunden des Maschinen- und Anlagenbaus, d.h. auf produzierende Unternehmen, offenbart einen nicht minderen internationalen Wettbewerbsdruck. Die Fähigkeit von Unternehmen zu einer kontinuierlichen Produktivitätssteigerung stellt den zentralen Schlüssel zu erhöhter Wettbewerbsfähigkeit dar.[14] Jedoch lässt sich trotz hoher Investitionen der Wirtschaft in Industrie 4.0 bisher keine signifikant höhere Produktivitätssteigerung beobachten. So hat sich die Arbeitsproduktivität im verarbeitenden Gewerbe Deutschlands, aber auch in anderen europäischen Hochlohnländern, in den Jahren 2015 bis 2018 langsamer erhöht als zu Beginn der 2000er Jahren.[15] Indem Maschinen- und Anlagenbauer also ihren Kunden zu einer kontinuierlichen Produktivitätssteigerung befähigen, ergibt sich für sie eine Chance zur stärkeren Wettbewerbsdifferenzierung.

Geschäftsmodellinnovationen haben direkte Auswirkungen auf die betreffende Organisation und insbesondere auf ihre Organisationsstruktur (siehe Kap. 2.2.5).[16] Als

---

9 B2C (Business to Customer): Geschäftsbeziehungen zwischen Unternehmen und einzelnen Konsumenten. Als prominente Beispiele können u.a. die Streamingdienste Netflix und Spotify, der Softwareanbieter Adobe, der Fitnessgerätehersteller Peleton und viele andere genannt werden.
B2B (Business to Business): Geschäftsbeziehungen zwischen Unternehmen. Als prominente Beispiele können u.a. der Cloudanbieter für Customer Relationship Management Salesforce, der Coworking Space Anbieter wework, der Abrechnungsdienstleister Zuora und viele andere genannt werden.

10 Vgl. VDMA (2021) VDMA Magazin 2021/01, S. 48.

11 Als prominentes Beispiel kann das Modell „Power by the hour" von Rolls-Royce genannt werden, bei dem eine Airline nicht für den Erwerb, sondern für die Nutzung von Turbinen pro Flugstunde bezahlt.

12 Vgl. Tzuo, T. / Weisert, G. (2018) Subscribed, S. 19.

13 Oswald, G. / Kleinemeier, M. (2017) Shaping the digital enterprise, S. 109.

14 Vgl. VDMA (2017) 4. Ordnungspolitisches Kolloquium, S. 1.

15 Vgl. Kuntze, P. / Mai, C.-M. (2020) Labour productivity, S. 3.

16 Vgl. Drucker, P. F. (1954) Practice of management, S. 226; Sosna, M. / Trevinyo-Rodríguez, R. / Velamuri, S. (2010) Business model innovation, S. 384; Abramovici, M. / Herzog, O. (2016) Engineering

zentrales organisatorisches Gestaltungselement bestimmt die Organisationsstruktur die Leistungsfähigkeit eines Unternehmens und legt damit die Grundlage für den langfristigen Erfolg eines Geschäftsmodells. Auch hat sie einen bedeutenden Einfluss auf andere Elemente der Organisation, z.B. Kultur, Mitarbeiter und Fähigkeiten.[17] So erklärte der Leiter des Subskriptionsgeschäftes der Heidelberger Druckmaschinen AG die Organisationsstruktur zur zentralen Fragestellung für die Einführung des Geschäftsmodells.[18] Die Herausforderung für Maschinen- und Anlagenbauer besteht aus einer allgemein mangelnden Erfahrung mit Subskriptionsmodellen in der Branche und fehlenden Erfolgskonzepten für Organisationsstrukturen, an denen Unternehmen sich orientieren können.

Bei der Gestaltung von Organisationsstrukturen hat sich in der Wissenschaft der Leitsatz „structure follows process follows strategy" etabliert, der eine prozessorientierte Gestaltung nahelegt (siehe Kap. 2.4).[19] Eine hohe Prozessorientierung ist in Subskriptionsmodellen besonders wichtig, da sie mit einer hohen Kundenorientierung einhergeht.[20] Die Praxis in der Industrie zeigt jedoch, dass die meisten Unternehmen funktionsorientiert organisiert sind und sich mit einer stärkeren Prozessorientierung schwertun. Dies liegt darin begründet, dass die uns bekannte Gesellschaft ebenfalls meist nach Funktionen bzw. Fachbereichen orientiert ist.[21] Der organisatorische Leitsatz impliziert gleichzeitig, dass die Prozesse sich an der Strategie und an den Geschäftsmodellen als anwendbare Konkretisierung von Strategien orientieren müssen.[22] Es fehlt jedoch in der industriellen Praxis an einem umfassenden und einheitlichen Verständnis für Subskription im Maschinen- und Anlagenbau. Folglich stehen Unternehmen bereits am Ausgangspunkt der Organisationsgestaltung, d.h. bei der Entwicklung eines Subskriptionsmodells, vor großen Herausforderungen.

Für die Gestaltung von Organisationsstrukturen existieren zahlreiche wissenschaftliche Ansätze. Es mangelt jedoch an einer praxisgerechten Möglichkeit, die Komplexität des Leitsatzes „structure follows process follows strategy" in Bezug auf Subskription im Maschinen- und Anlagenbau ganzheitlich abzubilden (siehe Kap. 3). An diesem praktisch motivierten, wissenschaftlichen Defizit setzt die vorliegende Arbeit an.

Industrie 4.0, S. 26 - 27; Zhang, W. / Banerji, S. (2017) Challenges of servitization, S. 222; Boneva, M. (2018) Challenges of digital transformation, S. 108.

17 Vgl. Král, P. / Králová, V. (2016) Changing organizational structure, S. 5170 - 5171.

18 Persönliches Gespräch mit Dr. David Schmedding, Head of Recurring Revenue & Solutions Management, Heidelberger Druckmaschinen AG, am 10.12.2018

19 Vgl. Bogaschewsky, R. / Rollberg, R. (1998) Prozeßorientiertes Management, S. 201; Osterloh, M. / Frost, J. (2006) Prozessmanagement als Kernprozess, S. 40; Bach, N. / Brehm, C. et al. (2017) Organisation, VII; Schmelzer, H. / Sesselmann, W. (2020) Geschäftsprozessmanagement, S. 312.

20 Vgl. Schmelzer, H. / Sesselmann, W. (2020) Geschäftsprozessmanagement, S. 301.

21 Vgl. Schuh, G. / Friedli, T. / Kurr, M. (2007) Prozessorientierte Reorganisation, S. 16; Galbraith, J. (2014) Designing organizations, S. 26 - 27.

22 Vgl. Osterwalder, A. / Pigneur, Y. (2010) Business model generation, S. 15; Marek, D. (2020) Organisationsdesign, S. 32.

1.2 Zielsetzung

Die übergeordnete Zielsetzung der vorliegenden Arbeit ist die Entwicklung einer Methodik zur Gestaltung der Organisationsstruktur bei Subskription im Maschinen- und Anlagenbau. Dabei müssen zwei Phasen des Subskriptionsmodells berücksichtigt werden. Zum einen wird allgemein erwartet, dass Subskription mittelfristig nicht das traditionelle Transaktionsgeschäft ersetzen kann, sondern parallel angeboten wird.[23] Zum anderen können vor allem während der Einführung eines neuen, parallelen Geschäftsmodells besondere Herausforderungen auftreten. Die zu entwickelnde Methodik muss diese beiden Phasen des Subskriptionsmodells explizit berücksichtigen.

Darüber hinaus soll die Methodik dem organisatorischen Leitsatz „structure follows process follows strategy" gerecht werden. In der deutschsprachigen Literatur wird bei der Organisationsstruktur zwischen Ablauf- und Aufbauorganisation unterschieden (siehe Kap. 2.3.4). Während der Begriff „structure" inhaltlich korrekt mit dem deutschen Wort „Aufbauorganisation" zu übersetzen ist,[24] entspricht der Begriff „process" in der Bedeutung dem deutschen Wort „Ablauforganisation", das die Prozesssicht der Organisationsstruktur widerspiegelt.[25] Eine Ableitung von Prozessen ist aus einer Unternehmensstrategie nicht direkt möglich. Stattdessen bilden Produkte und Dienstleistungen, die im Geschäftsmodell definiert werden, eine geeignete Ausgangsbasis.[26] Folglich muss die Methodik die drei Aspekte „Gestaltung des Subskriptionsmodells als Konkretisierung der Strategie", „Gestaltung der Ablauforganisation" und „Gestaltung der Aufbauorganisation" abdecken.

Vor diesem Hintergrund kann das Ziel dieser Arbeit wie folgt formuliert werden:

Das Ziel dieser Arbeit ist die Entwicklung einer praxisgerechten Methodik, die sowohl während der Einführung des Subskriptionsmodells als auch im langfristigen Zustand paralleler Geschäftsmodelle eine prozessorientierte Gestaltung der Organisationsstruktur für Unternehmen des Maschinen- und Anlagenbaus zum Zweck einer kontinuierlichen kundenseitigen Produktivitätssteigerung ermöglicht.

Nach KUBICEK stellt die Forschung einen Lernprozess dar, der nicht auf der Prüfung beliebiger Hypothesen, sondern auf theoriegeleiteten Fragen an die Realität aufgebaut sein soll.[27] Auf Basis der beschriebenen praxisorientierten Motivation sowie der Zielsetzung kann die folgende zentrale Forschungsfrage formuliert werden:

23 Vgl. Lah, T. / Wood, J. (2016) Technology-as-a-service, S. 111; Mast, C. (2016) Neuerfindung einer Industrie, S. 129; Plattform Industrie 4.0 (2019) Digital business models, S. 28.

24 Vgl. Osterloh, M. / Frost, J. (2006) Prozessmanagement als Kernprozess, S. 136.

25 Vgl. Hellmich, K. (2003) Kundenorientierte Auftragsabwicklung, S. 21; Schuh, G. / Gudergan, G. / Klimek, G. (2016) Organisation industrieller Dienstleistungen, S. 235.

26 Vgl. Marek, D. (2020) Organisationsdesign, S. 29 - 33.

27 Vgl. Kubicek, H. (1977) Bezugsrahmen und Forschungsdesigns, S. 14.

Wie kann die Ablauf- und Aufbauorganisation von Unternehmen des Maschinen- und Anlagenbaus gestaltet werden, um durch Subskriptionsmodelle eine kundenseitige kontinuierliche Produktivitätserhöhung zu erreichen?

Unter Berücksichtigung des organisatorischen Leitsatzes können weitere Teilforschungsfragen definiert werden, um die zentrale Forschungsfrage strukturiert zu beantworten:

I. Wie lässt sich Subskription im Maschinen- und Anlagenbau unter Berücksichtigung möglicher Leistungen mit dem Ziel einer kontinuierlichen kundenseitigen Produktivitätssteigerung beschreiben?

II. Wie können die Geschäftsprozesse und die Ablauforganisation des Herstellers gestaltet werden, um diese Leistungsangebote unter subskriptionsspezifischen Anforderungen anzubieten?

III. Wie kann die Aufbauorganisation gestaltet werden, um die Geschäftsprozesse bei parallelen Geschäftsmodellen erfolgreich zu gestalten?

Die vorliegende Arbeit soll eine ganzheitliche Methodik zur Verfügung stellen, die Unternehmen des Maschinen- und Anlagenbaus dazu befähigt, die Organisationsstruktur optimal an das Subskriptionsmodell auszurichten. Gleichzeitig schafft die Arbeit ein grundlegendes Verständnis von industrieller Subskription, um die Potenziale des innovativen Geschäftsmodells auszuschöpfen. In der betrieblichen Praxis leistet die vorliegende Arbeit damit einen Beitrag zum Ausbau von Differenzierungsmerkmalen für Unternehmen des Maschinen- und Anlagenbaus, aber auch zur Steigerung der Wettbewerbsfähigkeit ihrer Kunden. In der Forschungslandschaft leistet die vorliegende Arbeit einen wissenschaftlichen Beitrag zum Exzellenzcluster „Internet of Production" (Förderkennzeichen: 390621612), der von der Deutschen Forschungsgemeinschaft (DFG) gefördert wird.

1.3 Forschungsmethodischer Rahmen

1.3.1 Einordnung in die Wissenschaftssystematik

Die Vielfältigkeit wissenschaftlichen Denkens ist auf die Breite des Wissenschaftsbegriffes und die Abhängigkeit der jeweiligen soziokulturellen Zusammenhänge, in denen sich die Wissenschaft befindet, zurückzuführen.[28] Sie alle haben jedoch einen berufsmäßig ausgeübten Begründungsanspruch gemein. In diesem wird den wissenschaftlichen Aussagen unterstellt, dass sie in jeder kompetent und rational geführten Argumentation Zustimmung finden können.[29] Um den Begründungsanspruch der

[28] Vgl. Ulrich, P. / Hill, W. (1976) Wissenschaftstheoretische Grundlagen Teil I, S. 305.

[29] Vgl. Mittelstrauß, J. (1996) Philosophie und Wissenschaftstheorie (Band 4), S. 719.

vorliegenden Arbeit zu untermauern, wird diese im Folgenden anhand der zugrundeliegenden Erkenntnisperspektive und des Vorgehens des Erkenntnisgewinns in die Wissenschaftstheorie des Forschungsprozesses eingeordnet.

Nach der systematischen Wissenschaftsbetrachtung von ULRICH UND HILL wird zwischen Formal- und Realwissenschaften unterschieden (siehe Abbildung 1-1).[30]

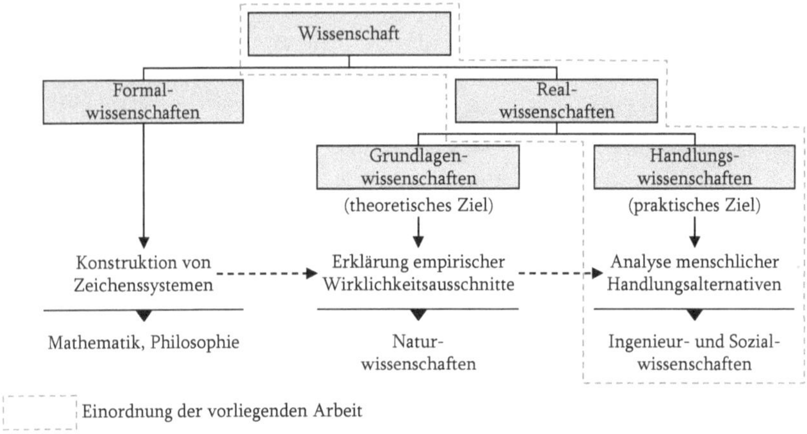

Abbildung 1-1: Einordnung der vorliegenden Arbeit innerhalb der Wissenschaftssystematik nach ULRICH UND HILL[31]

Die Formalwissenschaften unterscheiden sich durch die Betrachtung der Sprach- und Zeichensystemkonstruktion von den Realwissenschaften, die sich primär um empirisch wahrnehmbare Wirklichkeitsausschnitte bemühen. Während Aussagen der Formalwissenschaften durch logische Widersprüche auf ihre Richtigkeit überprüft werden können, müssen bei den Realwissenschaften darüber hinaus Faktenanalysen widerspruchsfrei sein. Ohne Formalwissenschaften kommen auch Realwissenschaften nicht aus. Diese können weiter in Grundlagen- und Handlungswissenschaften unterteilt werden. Die Grundlagenwissenschaften beschäftigen sich mit der theoretischen Interpretation und Erklärung realer Phänomene. Sie setzen sich theoretische Ziele und werden daher auch als „reine" Wissenschaften bezeichnet. Ziel der Handlungswissenschaften hingegen ist die analytische Erfassung menschlicher Handlungsalternativen in sozialen und technischen Systemen, aufbauend auf den Grundlagenwissenschaften. Sie setzen sich praktische Ziele, Entscheidungsmodelle bzw. -prozesse zu entwickeln und werden daher auch als „angewandte" Wissenschaften bezeichnet. Zu ihnen zählen im technischen Bereich die Ingenieur- und im gesellschaftlichen Bereich die angewandten Sozialwissenschaften.[32]

[30] Vgl. Ulrich, P. / Hill, W. (1976) Wissenschaftstheoretische Grundlagen Teil I, S. 305.
[31] I.A.a. Ulrich, P. / Hill, W. (1976) Wissenschaftstheoretische Grundlagen Teil I, S. 305.
[32] Vgl. Ulrich, P. / Hill, W. (1976) Wissenschaftstheoretische Grundlagen Teil I, S. 305 - 306.

Die vorliegende Arbeit entwickelt eine Methodik zur Gestaltung der Organisationsstruktur bei Anbietern von Subskription im Maschinen- und Anlagenbau. Durch die Betrachtung der dazu geeigneten produktionstechnischen Leistungsangebote, der notwendigen Prozesse und der Organisationsgestaltung werden Erkenntnisse sowohl aus der Ingenieurwissenschaft als auch der Betriebswirtschaftslehre vorausgesetzt und generiert. Daher ist die vorliegende Arbeit den Handlungswissenschaften zuzuordnen.

1.3.2 Theoretisches Vorverständnis des Autors

Nach KUBICEK wird der Erkenntnisgewinn einer Forschungsarbeit idealerweise durch eine Kombination theoretischer Absichten und einen auf systematischem Erfahrungswissen basierenden Lernprozess erzielt.[33] Im Mittelpunkt des Lernprozesses steht ein heuristischer Bezugsrahmen, der das Vorverständnis des Forschers expliziert und als Orientierungshilfe für die Lösungsfindung dient.[34] Das Vorverständnis entspringt in erster Linie dem akademischen Training und der beruflichen Erfahrung eines Forschenden.[35]

Entsprechend basiert das Vorverständnis des Autors der vorliegenden Arbeit maßgeblich auf seiner akademischen Tätigkeit als wissenschaftlicher Mitarbeiter am Werkzeugmaschinenlabor (WZL) der RWTH Aachen University in der Abteilung Produktionsmanagement sowie auf seiner vorangegangenen beruflichen Erfahrung als Unternehmensberater. Während seiner Zeit als Unternehmensberater wurden vor allem Erkenntnisse über die betriebliche Arbeitspraxis industrieller Unternehmen gewonnen, die die vorliegende Arbeit hinsichtlich einer hohen praktischen Orientierung und Anwendbarkeit der Ergebnisse stark beeinflusst haben. Auch während seiner Zeit als wissenschaftlicher Mitarbeiter fand ein fortlaufender Austausch mit industriellen Unternehmen statt, der durch forschungsmethodische Arbeiten, z.B. in Forschungsprojekten und umfangreichen Literaturrecherchen, begleitet wurde. Dabei konnten unter anderem Erkenntnisse über produktionstechnische Zusammenhänge, Digitalisierung in der Produktion, technische Unternehmensprozesse sowie Organisationslehre erworben werden. Die kombinierten Erkenntnisse aus beiden Lebensstationen trugen dazu bei, die eingangs beschriebene Ausgangssituation der industriellen Praxis zu erkennen und daraus einen wissenschaftlichen Handlungsbedarf abzuleiten. Im Rahmen der definierten Forschungsfrage fand ein fortlaufender fachlicher Austausch mit Vertretern verschiedener Unternehmen des Maschinen- und Anlagenbaus zu Subskriptionsmodellen statt. Das somit insgesamt entstandene theoretische Vorverständnis ist in Abbildung 1-2 in Form eines heuristischen Bezugsrahmens abgebildet.

---

33 Vgl. Kubicek, H. (1977) Bezugsrahmen und Forschungsdesigns, S. 13.

34 Vgl. Kubicek, H. (1977) Bezugsrahmen und Forschungsdesigns, S. 15 - 16; Tomczak, T. (1992) Forschungsmethoden, S. 84.

35 Vgl. Kubicek, H. (1977) Bezugsrahmen und Forschungsdesigns, S. 17.

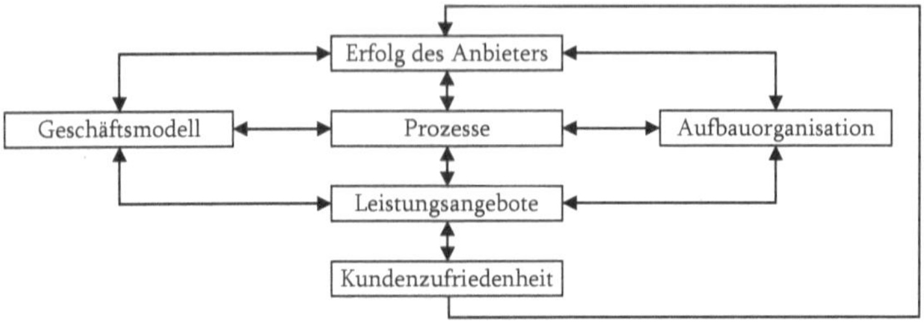

Abbildung 1-2: Heuristischer Bezugsrahmen der vorliegenden Arbeit

1.3.3 Forschungsmethodik

Forschungsarbeiten unterscheiden sich nicht nur durch ihre Einordnung innerhalb der Wissenschaftssystematik, sondern auch durch die methodologische Vorgehensweise beim Erkenntnisgewinn. Dabei zeichnet sich ein Erkenntnisgewinn weniger über einen Zuwachs an Erkenntnissicherheit, sondern durch einen Fortschritt im Verständnisgewinn zur Handlung in der Realität aus.[36] Der Prozess der Erkenntnisgewinnung der vorliegenden Arbeit folgt der explorativen Konstruktionsstrategie empirischer Forschung nach KUBICEK. Der einhergehende wissenschaftliche Fortschritt soll nicht durch die Überprüfung beliebiger Hypothesen, sondern durch „theoretisch geleitete Fragen an die Realität" erlangt werden. Damit ist die Forschung als ein Lernprozess zu begreifen, in dem Forschungsfragen durch Erfahrungswissen theoretisch erfasst und präzise definiert werden. Der Forscher bzw. die Forscherin stößt dabei zu immer weiteren Fragen und verbessert iterativ das Verständnis und die Beherrschung komplexer Probleme.[37] Auf dieser Basis entwickelte TOMCZAK einen explorativen Forschungszyklus, der auch der vorliegenden Arbeit zugrunde liegt (vgl. Abbildung 1-3).

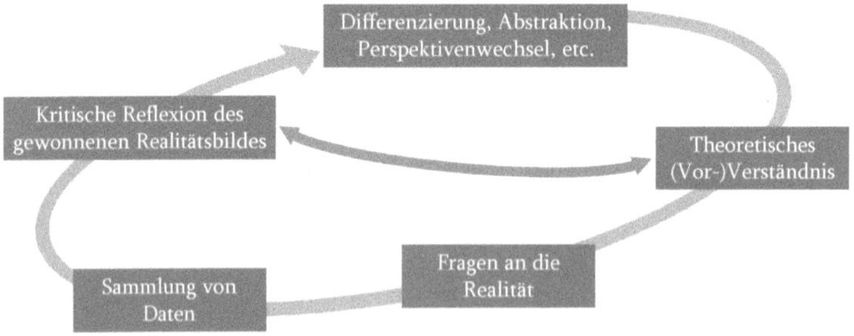

Abbildung 1-3: Explorativer Forschungszyklus nach TOMCZAK[38]

[36] Vgl. Kubicek, H. (1977) Bezugsrahmen und Forschungsdesigns, S. 7; Tomczak, T. (1992) Forschungsmethoden, S. 83.

[37] Vgl. Kubicek, H. (1977) Bezugsrahmen und Forschungsdesigns, S. 12 - 14.

[38] I.A.a. Tomczak, T. (1992) Forschungsmethoden, S. 84.

Der Ausgangspunkt eines Problems ist stets geprägt vom Vorverständnis des Forschers bzw. der Forscherin über die Realität (vgl. Abbildung 1-2) und trägt somit unvermeidlich subjektive Züge. Aus diesem Verständnis werden Fragen formuliert, die durch Sammlung und Analyse von Daten kritisch reflektiert werden. Daraus entsteht ein neues Realitätsbild. Dieses ist durch Differenzierung und Abstraktion in neue theoretische Perspektiven und somit in ein neues theoretisches Verständnis zu übersetzen. Der Forschungszyklus ist so lange zu wiederholen, bis genügend Verständnis und Beherrschung für die untersuchte Problemsituation vorliegt.[39]

1.4 Aufbau der Arbeit

Aufbauend auf dem vorgestellten forschungsmethodischen Rahmen orientiert sich die vorliegende Arbeit an dem Vorgehen der angewandten Wissenschaft nach ULRICH, um einen hohen Praxisbezug methodisch sicherzustellen.[40] Das Vorgehen ist in sieben Schritte unterteilt, wobei es sowohl in der Praxis beginnt als auch endet. Es wird in Abbildung 1-4 dem Aufbau der vorliegenden Arbeit gegenübergestellt.

In Kapitel 1 wurden die Zielsetzung sowie die Forschungsfragen der vorliegenden Arbeit auf Basis der industriellen Praxis motiviert. Auch wurden der forschungsmethodische Rahmen sowie der Aufbau der Arbeit vorgestellt.

Das Kapitel 2 grenzt zunächst den Betrachtungs- und Gestaltungsbereich der vorliegenden Arbeit ein. Auch werden entlang dem organisatorischen Leitsatz „structure follows process follows strategy“ relevante Grundlagen und Herausforderungen vorgestellt sowie der Handlungsbedarf aus der Praxis identifiziert.

In Kapitel 3 wird der Handlungsbedarf in Anforderungen an eine Methodik übersetzt und bestehende Ansätze dahingehend untersucht sowie bewertet. Daraus werden das Forschungsdefizit und der Forschungsbedarf abgeleitet.

Kapitel 4 stellt die Grobkonzeption der Methodik vor, die durch die vorliegende Arbeit entwickelt werden soll. Basierend auf drei grundlegenden Hypothesen sowie dem organisatorischen Leitsatz werden die Phasen Strategie bzw. Geschäftsmodell, Geschäftsprozess bzw. Ablauforganisation und Aufbauorganisation betrachtet. Dabei sollen sowohl der langfristige Zustand paralleler Geschäftsmodelle als auch die Einführungsphase des Subskriptionsmodells berücksichtigt werden.

Entlang dieser drei Phasen wird das Konzept in Kapitel 5 detailliert und vorgestellt. In Kapitel 5.1 wird ein grundlegendes Verständnis von Subskription im Maschinen- und Anlagenbau geschaffen sowie eine Methodik zur Auswahl von Leistungsangebo-

[39] Vgl. Kubicek, H. (1977) Bezugsrahmen und Forschungsdesigns, S. 29; Tomczak, T. (1992) Forschungsmethoden, S. 84.

[40] Vgl. Ulrich, H. (1984) Management, S. 193.

ten vorgestellt. In Kapitel 5.2 wird eine Methodik zur subskriptionsgerechten Gestaltung der Ablauforganisation auf Basis von Geschäftsprozessen entwickelt. In Kapitel 5.3 wird darauf aufbauend eine prozessorientierte Aufbauorganisation zunächst für das Zielbild paralleler Geschäftsmodelle, anschließend für die Einführungsphase des neuen Geschäftsmodells entwickelt. Mit einem Zwischenfazit in Kapitel 5.4 schließt die Vorstellung der Gesamtmethodik ab.

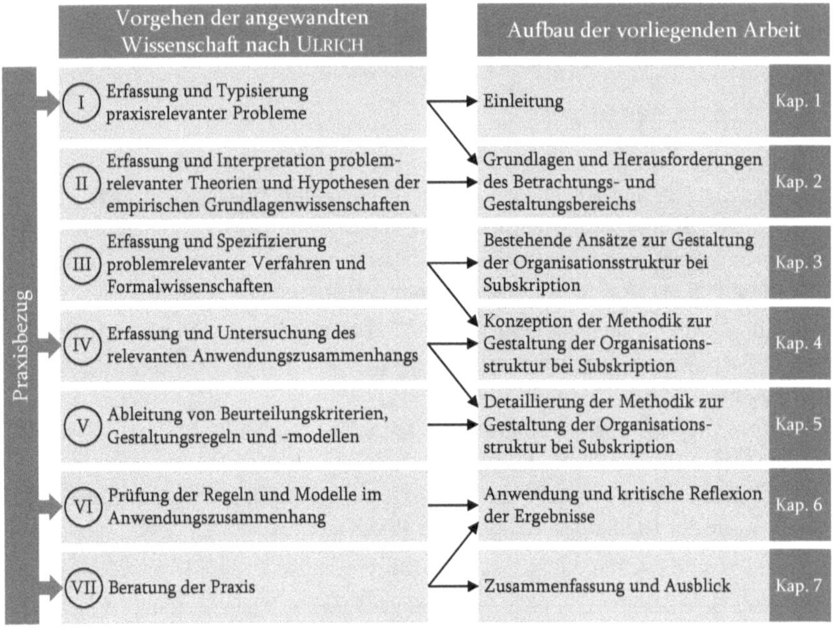

Abbildung 1-4: Vorgehen der angewandten Forschung nach ULRICH[41] und Anwendung in der vorliegenden Arbeit

In Kapitel 6 wird die Anwendung und Validierung der entwickelten Methodik bei einem international führenden Hersteller von Werkzeugmaschinen anonymisiert vorgestellt. Anhand der Ergebnisse wird die Methodik kritisch reflektiert.

Schließlich fasst Kapitel 7 die vorliegende Arbeit zusammen und zeigt möglichen weiterführenden Forschungsbedarf auf.

[41] I.A.a. Ulrich, H. (1984) Management, S. 193.

2 Grundlagen und Herausforderungen des Betrachtungs- und Gestaltungsbereichs

Nachdem in Kapitel 1 die Zielsetzung und der forschungsmethodische Rahmen der Arbeit definiert wurden, soll in Kapitel 2 der Betrachtungs- und Gestaltungsbereich der Arbeit beschrieben werden. Dabei wird in Kapitel 2.1 zunächst die Branche des Maschinen- und Anlagenbaus spezifiziert und der Begriff des Geschäftsmodells definiert, um den Betrachtungs- und Gestaltungsbereich einzugrenzen. Kapitel 2.2 führt das Subskriptionsmodell als eine Ausprägung servicebasierter Geschäftsmodelle im Maschinen- und Anlagenbau ein und beleuchtet die Auswirkungen auf die Organisation des anbietenden Unternehmens. Dadurch wird die Notwendigkeit zur gezielten Organisationsgestaltung deutlich. Anschließend werden in Kapitel 2.3 die allgemeinen Grundlagen der Organisationsgestaltung und insbesondere der Unterschied zwischen Ablauf- und Aufbauorganisation vorgestellt. In Anlehnung an den organisatorischen Leitsatz „structure follows process follows strategy“ wird die Bedeutung einer prozessorientierten Gestaltung der Aufbauorganisation in Kapitel 2.4 beleuchtet. Schließlich werden in Kapitel 2.5 die Herausforderungen des Gestaltungsbereiches, d.h. bei der Gestaltung der Organisationsstruktur von Subskription im Maschinen- und Anlagenbau, aus der Praxis abgeleitet und in Kapitel 2.6 der Handlungsbedarf für Unternehmen, die Subskription anbieten möchten, festgestellt.

2.1 Definitionen des Betrachtungs- und Gestaltungsbereichs

2.1.1 Begriffsdefinition „Maschinen- und Anlagenbau“

Obwohl der Begriff „Maschinen- und Anlagenbau“ im deutschen Sprachgebrauch sehr häufig Anwendung findet, beschreibt er einen komplexen Teil der Industrie, der aufgrund der diversen Produkt-, Leistungs- und Kundenstrukturen nicht einheitlich definiert ist. Eine Eingrenzung erfolgt meist nach den Erzeugnissen der betrachteten Unternehmen. In wenigen Fällen wird der Begriff auch anhand des Leistungsumfangs eingegrenzt. Da beide Blickwinkel für die vorliegende Arbeit relevant sind, werden sie im Folgenden nacheinander beleuchtet.

2.1.1.1 Definition des Maschinen- und Anlagenbaus nach Erzeugnissen

Eine allgemeine Einordnung des Maschinen- und Anlagenbaus nach Erzeugnissen kann nach der Systematik von PFEIFFER UND BISCHOF erfolgen. Diese unterteilen Sachleistungen nach der Nutzungsart zunächst in Konsumptiv- und Produktivgüter. Als *Konsumptivgüter* gelten Sachleistungen, die vorrangig in privaten oder öffentlichen Haushalten eingesetzt bzw. verwendet werden. Im Gegensatz dazu gelten *Produktivgüter* als Sachleistungen, die allgemein in Produktionsbetrieben eingesetzt bzw. verwendet werden.[42] Produktivgüter lassen sich weiter in Produktionsgüter und Investitionsgüter unterteilen. Als *Produktionsgüter* werden Güter bezeichnet, die direkt in die Erzeugnisse eingehen (z.B. Rohmaterial, Vorprodukte und Einbauteile) oder zu deren Produktion verbraucht werden (z.B. Hilfsstoffe, wie Schmierstoffe, oder Betriebsstoffe, wie Heizöl und elektrische Energie). Als *Investitionsgüter* werden Güter bezeichnet, die nicht in die Erzeugnisse eingehen oder verbraucht werden, sondern zu deren Produktion genutzt werden.[43] Der Maschinen- und Anlagenbau ist demnach der Investitionsgüterindustrie zuzuordnen (Abbildung 2-1).

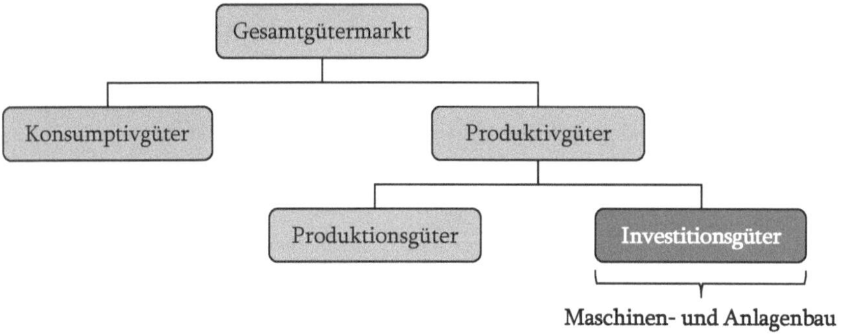

Abbildung 2-1: Einordnung des Maschinen- und Anlagenbaus nach PFEIFFER UND BISCHOF[44]

Nach PFEIFFER UND BISCHOF ist diese Klassifizierung jedoch nicht ganz zufriedenstellend, da die Zulieferer der Investitionsgüter zur Produktionsgüterindustrie gerechnet werden müssen. Die Erzeugnisse der Zulieferer verfügen jedoch zum Teil über eine so hohe Komplexität, dass sie dem wirtschaftlich-technischen Charakter von Investitionsgütern ähneln. Diesem Umstand wird das deutsche Statistische Bundesamt durch

[42] Vgl. Pfeiffer, W. / Bischof, P. (1974) Investitionsgüterabsatz, S. 918.
[43] Vgl. Pfeiffer, W. / Bischof, P. (1974) Investitionsgüterabsatz, S. 919.
[44] Eigene Darstellung basierend auf: Pfeiffer, W. / Bischof, P. (1974) Investitionsgüterabsatz, S. 918 - 919.

einen pragmatischen Ansatz gerecht.[45] Er definiert den Maschinenbau als den „Bau von Maschinen", „die mechanisch oder durch Wärme auf Materialien einwirken oder an Materialien Vorgänge durchführen, einschließlich ihrer mechanischen Bestandteile, die Kraft erzeugen und anwenden, sowie spezieller Teile dafür." Hierunter fallen ebenso feste, bewegliche oder handgeführte Vorrichtungen, die Herstellung von Hebezeugen und Fördermitteln und Spezialmaschinen aller Art. Abzugrenzen vom Maschinenbau sind die Herstellung von Metallerzeugnissen (z.B. Bauelemente, Behälter und Konstruktionen), Kontrollvorrichtungen, Datenverarbeitungsgeräten und -einrichtungen, Mess- und Prüfvorrichtungen, Elektrizitätsverteilungs- und schalteinrichtungen und der Fahrzeugbau.[46]

Der „Verband Deutscher Maschinen- und Anlagenbau" (kurz: VDMA) baut auf dieser Klassifikation der Wirtschaftszweige auf. Allerdings rechnet er explizit Serviceleistungen wie Installation, Reparatur und Instandhaltung hinzu. Die Bereiche „Waffen" und „Haushaltsgeräte" werden jedoch traditionell herausgerechnet.[47] Somit vertritt der VDMA eine andere Bandbreite von industriellen Unternehmen als das Statistische Bundesamt. Diese Unternehmen werden vom VDMA in 32 Fachzweige untergliedert.[48] Dadurch schafft der VDMA indirekt eine detaillierte Eingrenzung des Betrachtungsbereiches für die vorliegende Arbeit (siehe Abbildung 2-2).

Prägende Charakteristika der Branche sind klein- und mittelständische Unternehmensstrukturen und der Absatzmarkt. Zwei Drittel der im Maschinen- und Anlagenbau angesiedelten Unternehmen weisen weniger als 100 und nur 1,8 % mehr als 1000 Beschäftige auf.[49] Durch ein Exportvolumen von ca. EUR 161 Mrd. untermauert der deutsche Maschinen- und Anlagenbau die traditionelle Position als führende Exportnation im internationalen Wettbewerb der Branche.[50] Diese Position geht mit hohen Anforderungen an die Produkt- und Servicequalität einher. In Folge agieren deutsche Unternehmen weltweit meist im oberen Preissegment.[51] Um den hohen Anforderungen gerecht zu werden, sind hohe Investitionen in Innovationen notwendig. Im Jahr 2018 lag das aufgebrachte Investitionsvolumen bei ca. 5,9 % des Branchenumsatzes.[52] Der Innovationsfokus liegt auf der Produktentwicklung und Systemintegration, wobei Wissen über die Kundenbranche und technologisches Knowhow die Grundlage bilden. Eine marktinduzierte Weiterentwicklung der Geschäftsmodelle wird jedoch nur bedingt umgesetzt.[53]

---

45 Vgl. Pfeiffer, W. / Bischof, P. (1974) Investitionsgüterabsatz, S. 919 - 922.
46 Vgl. Statistisches Bundesamt (2008) Klassifikation der Wirtschaftszweige 2008, S. 291.
47 Vgl. VDMA (2019) Statistical yearbook 2019, S. 10.
48 Vgl. VDMA (2019) Statistical yearbook 2019, S. 88.
49 Vgl. VDMA (2019) Statistical yearbook 2019, S. 75.
50 Vgl. VDMA (2021) Mechanical engineering 2021, 13, 31.
51 Vgl. VDMA / McKinsey (2014) Future of German mechanical engineering, S. 28.
52 Vgl. ZEW (2020) ZEW Innovationen 2019, S. 2.
53 Vgl. Bauernhansl, T. / Paulus-Rohmer, D. et al. (2015) Geschäftsmodell-Innovation, S. 23.

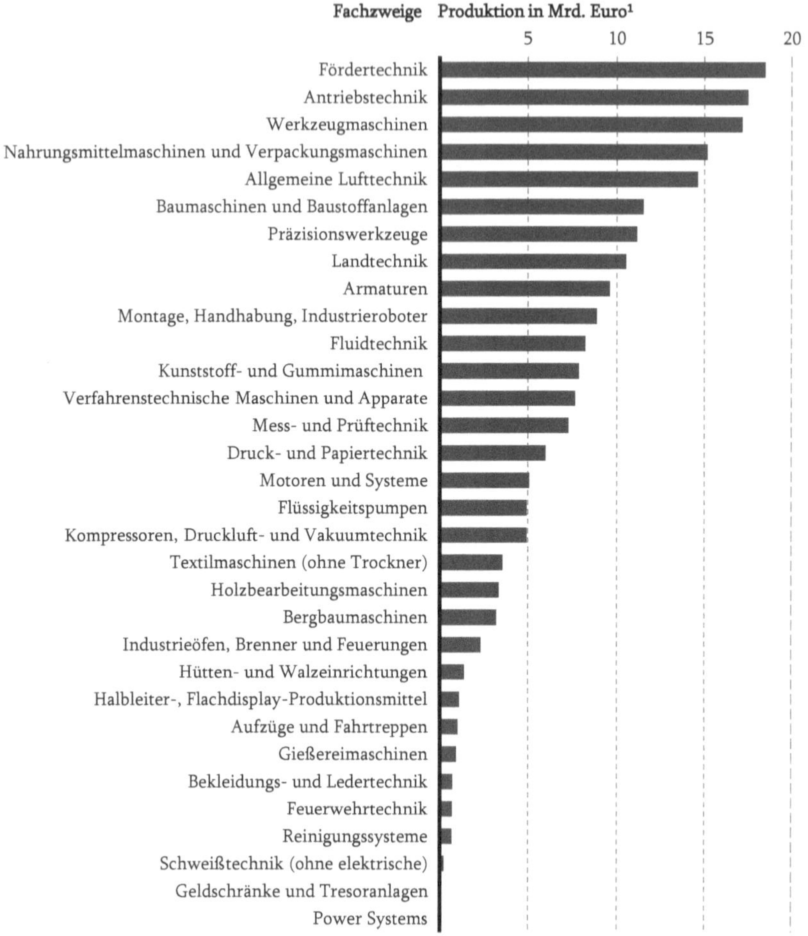

Abbildung 2-2: Fachzweige des deutschen Maschinen- und Anlagenbaus nach VDMA und jeweiliges Produktionsvolumen im Jahr 2018 [54]

2.1.1.2 Definition des Maschinen- und Anlagenbaus nach Leistungsumfang

Unternehmen, die den Fachzweigen in Abbildung 2-2 zugeordnet werden können, lassen sich weiter nach dem angebotenen Leistungsumfang differenzieren. Zu diesem Zweck unterscheiden BELZ ET AL. vier grundlegende Typen von Unternehmen (siehe Abbildung 2-3). Ausschlaggebend für die Typologie ist zum einen die Anzahl der Produktkomponenten bzw. die Komplexität der Produktleistung (Y-Achse), zum anderen

[54] I.A.a. VDMA (2019) Statistical yearbook 2019, S. 46 - 47.

die vom Unternehmen angebotenen Dienstleistungen (X-Achse).[55] Der Umfang und der Individualisierungsgrad der Dienstleistungen nehmen vom Teilefertiger hin zum Anlagenbauer zu und werden als Wettbewerbsdifferenzierungsmerkmale genutzt. Die Dienstleistungen orientieren sich am Problem des Kunden und reichen von Wartungen bis hin zur Übernahme des vollständigen Anlagenbetriebs. Im Gegensatz dazu schaffen industrielle Zulieferleistungen und andere nicht kundenspezifische Standardleistungen keine Differenzierung gegenüber Wettbewerbern.[56]

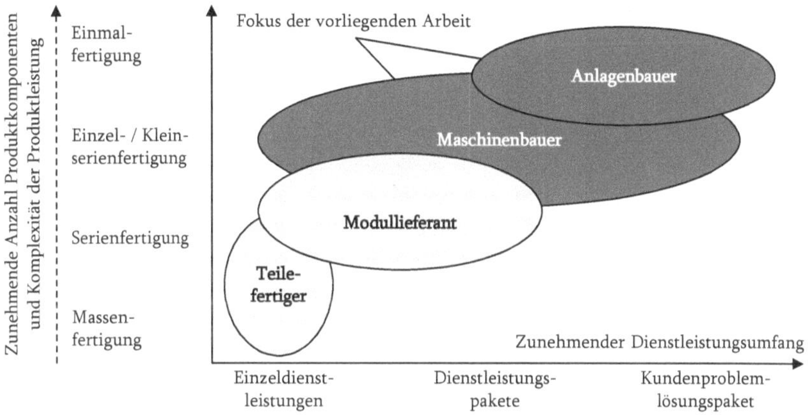

Abbildung 2-3: Typologie von Unternehmen nach Leistungsumfang nach BELZ ET AL.[57]

Der Fokus der vorliegenden Arbeit liegt auf Unternehmen, die nach dieser Typologie als Maschinen- bzw. Anlagenbauer klassifiziert werden.

2.1.2 Begriffsdefinition „Geschäftsmodell"

Obwohl der Begriff „Geschäftsmodell" bereits seit mehreren Jahrzehnten in der Praxis und in der Wissenschaft diskutiert wird, existiert keine allgemein einheitliche Definition.[58] Dies liegt unter anderem daran, dass die Geschäftsmodellforschung keinem spezifischen Fachbereich der Wirtschaftswissenschaften zugeordnet werden kann.[59] Existierende Definitionen stimmen jedoch grundsätzlich darin überein, dass „Geschäftsmodelle dazu dienen sollen, den Prozess des strategischen Managements durch die Theorien und Methoden der marktorientierten und der ressourcenbasierten Per-

[55] Vgl. Belz, C. / Schuh, G. et al. (1997) Erfolgreiche Leistungssysteme, S. 36.
[56] Vgl. Jacob, F. / Kleinaltenkamp, M. (2015) Leistungsindividualisierung und -standardisierung, S. 279.
[57] I.A.a. Belz, C. / Schuh, G. et al. (1997) Erfolgreiche Leistungssysteme, S. 39.
[58] Vgl. Foss, N. J. / Saebi, T. (2017) Fifteen years of research, S. 202.
[59] Vgl. Weltgen, M. (2019) Geschäftsmodellinnovation, S. 17.

spektiven zu beschreiben."[60] Vor diesem Hintergrund werden im Folgenden einige verbreitete Definitionen von Geschäftsmodellen vorgestellt.

TIMMERS definiert ein Geschäftsmodell als die „Architektur für Produkt, Service und Informationsfluss, inklusive einer Beschreibung der unterschiedlichen Akteure und ihrer Rollen, wie auch einer Beschreibung des potenziellen Nutzens der Akteure und einer Beschreibung der Umsatzquellen".[61] Für TEECE beschreibt ein Geschäftsmodell, wie „ein Unternehmen Mehrwert für den Kunden schafft und an diesen übergibt, um in Folge Zahlungen in Gewinn zu wandeln". Es artikuliert die zugrundeliegende Logik sowie die Architektur der Umsätze, Kosten und des Gewinns.[62] ZOTT UND AMIT definieren Geschäftsmodelle als ein „System von unabhängigen Aktivitäten, die über das betreffende Unternehmen hinausgehen und dessen Grenzen aufspannen". Besonders die Aktivitäten „Inhalt", „Struktur" und „Governance" werden betont.[63] OSTERWALDER UND PIGNEUR wiederum definieren ein Geschäftsmodell als „das Prinzip darüber, wie eine Organisation einen Wert schafft, übergibt und erfasst" und legen damit den Fokus auf die zu erreichende Wertschöpfung.[64] Für BECKER beschreibt ein Geschäftsmodell das „Grundprinzip, nach dem Unternehmen Wertschöpfung betreiben" und ist eine „Abbildung von ausgewählten Aspekten der Ressourcentransformation des Unternehmens, sowie seiner Austauschbeziehungen mit anderen Marktteilnehmern".[65]

Das Verständnis über Geschäftsmodelle für die vorliegende Arbeit basiert auf der Definition nach SAEBI, LIEN UND FOSS, die anhand einer umfangreichen empirischen Studie entwickelt wurde:

„Ein Geschäftsmodell beschreibt das Nutzenversprechen eines Unternehmens, seine Marktsegmente, seine Struktur der Wertschöpfungsketten zur Realisierung der Nutzenversprechen, seine eingesetzten Mechanismen der Wertschöpfung und wie diese Elemente untereinander in einer Architektur kombiniert werden." [66]

Aufgrund der uneinheitlichen Definition werden Geschäftsmodelle unterschiedlich strukturiert und dargestellt. Im Folgenden werden einige weit verbreitete Strukturen vorgestellt, um ein fundiertes Verständnis über Geschäftsmodelle für die vorliegende Arbeit zu schaffen.

2.1.2.1 Business Model Canvas nach OSTERWALDER UND PIGNEUR

Eine der bekanntesten Darstellungsformen von Geschäftsmodellen wurde von OSTERWALDER UND PIGNEUR entwickelt (siehe Abbildung 2-4). Die Autoren setzen vor

---

60 Vgl. Schuh, G. / Salmen, M. et al. (2017) Geschäftsmodell-Innovation, S. 4.
61 Vgl. Timmers, P. (1998) Business models for electronic markets, S. 4.
62 Vgl. Teece, D. J. (2010) Business models, strategy and innovation, S. 173.
63 Vgl. Zott, C. / Amit, R. (2010) Business model design, S. 216.
64 Vgl. Osterwalder, A. / Pigneur, Y. (2010) Business model generation, S. 14.
65 Vgl. Becker, W. (2019) Digitale Transformation von Geschäftsmodellen, 18.
66 Vgl. Saebi, T. / Lien, L. / Foss, N. J. (2017) What drives business model adaptation, S. 567.

allem das Nutzenversprechen an den Kunden in den Mittelpunkt eines Geschäftsmodells. Außerdem kombiniert der Ansatz die Logik der Wertschöpfung mit der Logik der Vermarktung und hilft somit Unternehmen in der Visualisierung und Prüfung der Realisierbarkeit des Geschäftsmodells.[67]

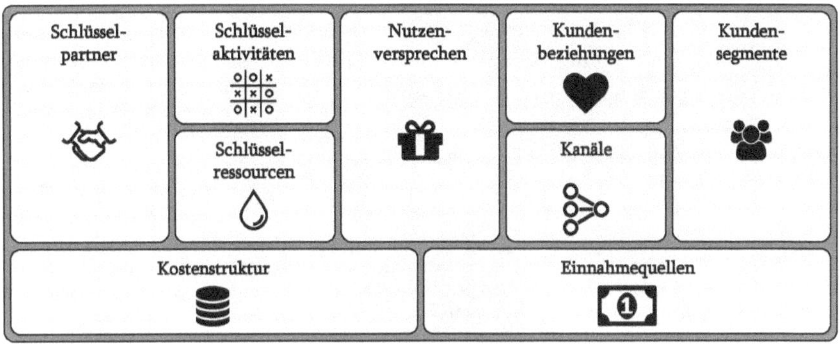

Abbildung 2-4: Das Business Model Canvas[68]

Der Ansatz setzt sich aus neun Bausteinen zusammen. Der zentrale Baustein „Nutzenversprechen" beschreibt den Wert, der sich aus Produkt und Dienstleistung ergibt und der die Bedürfnisse des Kunden erfüllt. „Kundensegmente", „Kundenbeziehungen" und „Kanäle" bilden die drei Bausteine der Vermarktung. „Kundensegmente" beschreiben, welche Zielgruppen durch das Geschäftsmodell angesprochen werden sollen. Sie erleichtern somit die Identifikation der Kundenbedürfnisse, die es zu erfüllen gilt. Im Baustein „Kundenbeziehungen" wird beschrieben, wie die jeweilige Beziehung zu einem Kundensegment gestaltet werden soll. So könnten Kunden mit unterschiedlichen Unternehmensgrößen und kulturellen Gewohnheiten unterschiedliche Geschäftspraktiken bevorzugen. „Kanäle" beschreiben die Schnittstelle zwischen dem Anbieter und den Kunden, bspw. für Vertriebs-, Distributions- und Kommunikationszwecke. Die drei Bausteine „Schlüsselaktivitäten", „Schlüsselressourcen" und „Schlüsselpartnerschaften" bilden die Wertschöpfung des Geschäftsmodells ab. Während „Schlüsselaktivitäten" die wichtigsten Aufgaben zur Generierung des Nutzenversprechens beschreiben, werden die dafür benötigten Ressourcen, z.B. Wirtschaftsgüter oder Humankapital, unter „Schlüsselressourcen" zusammengefasst. Der Baustein „Schlüsselpartner" beschreibt das Netzwerk aus Zulieferern und sonstigen Partnern, das zur Realisierung der Wertschöpfung beiträgt. Schließlich bilden die zwei Bausteine „Kostenstruktur" und „Einnahmequellen" die Logik der Gewinngenerierung innerhalb des Unternehmens ab. Die Kostenstruktur enthält alle Kosten, die für den

[67] Vgl. Nagl, A. / Bozem, K. (2018) Business model building, S. 7.
[68] Eigene Darstellung basierend auf: Osterwalder, A. / Pigneur, Y. (2010) Business model generation, S. 44.

operativen Betrieb des Geschäftsmodells anfallen. Diesen werden die „Einnahmequellen“ entgegengesetzt, die beschreiben, wie und wodurch ein positiver Geldfluss für das Unternehmen entsteht.[69]

2.1.2.2 Das magische Dreieck nach GASSMANN ET AL.

Der Ansatz zur Beschreibung von Geschäftsmodellen nach GASSMANN ET AL. findet ebenfalls breite Anwendung. Er unterscheidet sich vom Ansatz nach OSTERWALDER UND PIGNEUR vor allem durch die vergleichbar einfache Struktur in Form eines „magischen Dreiecks“ (siehe Abbildung 2-5). Dadurch ist es nach den Aussagen der Autoren besonders in interaktiven Workshops zielführender.

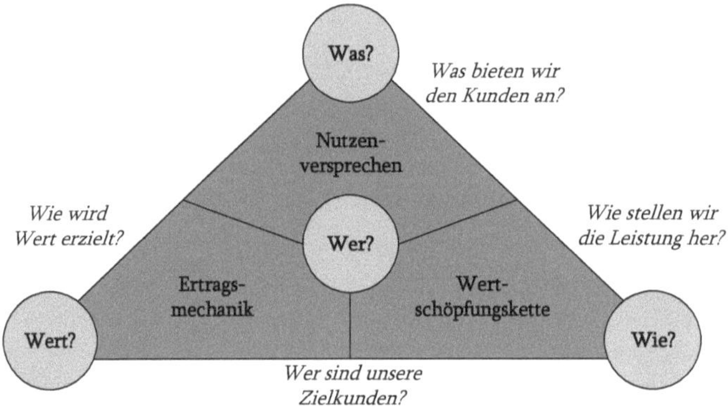

Abbildung 2-5: Das magische Dreieck nach GASSMANN ET AL.[70]

Das Dreieck wird von den Dimensionen „Nutzenversprechen“, „Wertschöpfungskette“ und „Ertragsmechanik“ gebildet, in deren Mittelpunkt der „Kunde“ steht. Sie sind somit den Kategorien der Bausteine von OSTERWALDER UND PIGNEUR vergleichbar. Die Dimension „Nutzenversprechen“ beschreibt, was den Kunden angeboten wird, um deren Bedürfnisse zu befriedigen. Sie beinhaltet alle Leistungen des Anbieters, die dem Kunden von Nutzen sind. Die „Wertschöpfungskette“ beschreibt, wie der Nutzen hergestellt wird. Sie umfasst alle notwendigen Prozesse, Aktivitäten, Ressourcen und Fähigkeiten, die koordiniert werden müssen. Die Dimension „Ertragsmechanik“ beschreibt die Logik, wie ein Gewinn für das Unternehmen generiert wird. Sie umfasst Aspekte der Kostenstruktur sowie der Umsatzmechanismen und sichert die Überlebensfähigkeit des Unternehmens ab. Schließlich beschreibt die Dimension „Kunde“, wer durch das Nutzenversprechen angesprochen wird und davon profitieren soll. Es gilt, sie zu segmentieren und ihre Bedürfnisse zu verstehen.[71]

---

[69] Vgl. Osterwalder, A. / Pigneur, Y. (2010) Business model generation, S. 16 - 44; Nagl, A. / Bozem, K. (2018) Business model building, S. 7 - 8.

[70] I.A.a. Gassmann, O. / Frankenberger, K. / Csik, M. (2014) Business model navigator, S. 8.

[71] Vgl. Gassmann, O. / Frankenberger, K. / Csik, M. (2014) Business model navigator, S. 5 - 6.

2.1.2.3 Grundstruktur von Geschäftsmodellen nach SCHUH ET AL.

Der Ansatz nach SCHUH ET AL. unterteilt ein Geschäftsmodell in drei Teilmodelle, die in gegenseitiger Abhängigkeit stehen (siehe Abbildung 2-6).

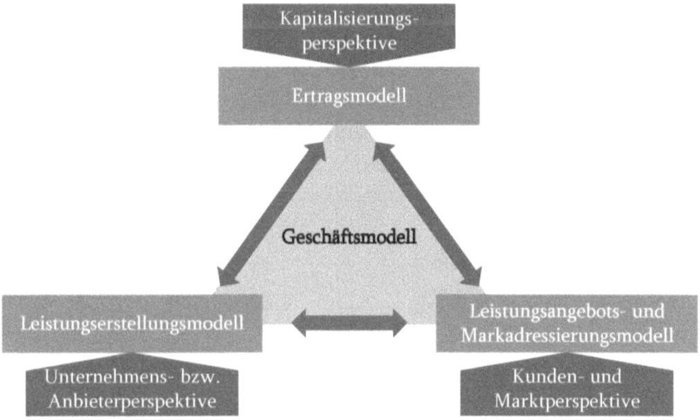

Abbildung 2-6: Teilmodelle und Perspektiven eines Geschäftsmodells nach SCHUH ET AL. [72]

Das „Leistungsangebots- und Marktadressierungsmodell" bildet die Kunden- und Marktperspektive ab und umfasst das Leistungsangebot, die Kundensegmente, die Kundenbeziehungen und die Kommunikationskanäle. Auffällig ist hierbei, dass durch das Leistungsangebot nicht nur ein Nutzen für den Kunden, sondern auch für das anbietende Unternehmen erzeugt werden soll. Das Teilmodell „Leistungserstellungsmodell" definiert, wie die dem Kunden angebotene Leistung durch das Unternehmen und dessen Partner erstellt wird. Es beschreibt, wie die benötigten Prozesse zu gestalten sowie die benötigten Ressourcen, Technologien und Mitarbeiter zu organisieren sind. Dafür müssen die Elemente Schlüsselressourcen, Schlüsselaktivitäten und Schlüsselpartnerschaften koordiniert werden. Das „Ertragsmodell" umfasst die Elemente Abrechnungs- und Erlöswege, Preismechanismen und Kostenstruktur. Es beschreibt somit, für welche Werte des Leistungsangebots der Kunde zahlen muss und welche Kosten für das Unternehmen dadurch entstehen.[73]

2.2 Subskription als Geschäftsmodellinnovation im Maschinen- und Anlagenbau

Der Maschinen- und Anlagenbau legt traditionell einen starken Fokus auf Produkte und Prozesse. Industrielle Dienstleistungen werden oft lediglich als Ergänzungen des

[72] I.A.a. Schuh, G. / Gudergan, G. / Grefrath, C. (2016) Geschäftsmodelle für Dienstleistungen, S. 69.
[73] Vgl. Schuh, G. / Gudergan, G. / Grefrath, C. (2016) Geschäftsmodelle für Dienstleistungen, S. 67 - 85.

Geschäftsmodells betrachtet.[74] So liegt der Anteil industrieller Dienstleistungen am Gesamtumsatz der Branche in Deutschland typischerweise nur zwischen 15 % und 20 %.[75] Gleichzeitig verzeichnen aber Dienstleistungen eine deutlich höhere Profitabilität als der einmalige Verkauf von Maschinen. Während das Neumaschinengeschäft im Durchschnitt bis zu 10 % Profitabilität erzielt, sind es bei industriellen Dienstleistungen ca. 20-50 %.[76] Seit vielen Jahren ist der Trend zu erkennen, das Potenzial von Dienstleistungen stärker zu nutzen, indem Unternehmen diese mit Produkten integriert anbieten.[77] Dieser Trend wird auch als Servitization[78] bzw. Tertiarisierung[79] bezeichnet und wird insbesondere durch die Digitalisierung verstärkt. So sind 79 % der befragten Unternehmen einer Studie davon überzeugt, dass digitale Technologien ihnen dabei helfen werden, ihre Kundenbasis durch Servitization zu erweitern.[80] Industrielle Dienstleistungen bieten Chancen zur Erhöhung der Wertschöpfung, Ausbau der Anbieter-Kunden-Beziehung zu einer Partnerschaft sowie die Sicherung der langfristigen Wettbewerbsfähigkeit des Anbieters.[81] Im Folgenden werden zunächst die Grundlagen der servicebasierten Geschäftsmodelle im Maschinen- und Anlagenbau vorgestellt, um ein Verständnis für die Entstehung von Subskriptionsmodellen in der industriellen Praxis zu schaffen.

2.2.1 Grundlagen servicebasierter Geschäftsmodelle im Maschinen- und Anlagenbau

Das Leistungsangebot eines Geschäftsmodells definiert den Nutzen bzw. Mehrwert für den Kunden sowie die Partner des Anbieters.[82] In servicebasierten Geschäftsmodellen entsteht der Mehrwert durch die Kombination von Produkten und Dienstleistungen in einem problemadäquaten Leistungssystem.[83] Ein solches Leistungssystem wird häufig auch als Produkt-Service-System (PSS) bezeichnet.[84] Dabei können unterschiedliche Formen der Kombination aus Produkt und Dienstleistung entstehen. Im Folgenden werden zwei Ansätze zur Strukturierung der Kombinationen vorgestellt.

2.2.1.1 Schalenmodell von Leistungssystemen nach BELZ

Nach BELZ besteht das Ziel von Leistungssystemen darin, das Kernprodukt zu strukturieren, die vielfältigen Dienstleistungen dem Kunden bewusst zu machen und sich

74 Vgl. Voeth, M. / Arnegger, A. (2018) Servicebasierte Geschäftsmodelle, S. 431.
75 Vgl. Uhlmann, E. / Meier, H. (2017) Produktverständnis im Wandel, S. 4.
76 Vgl. Deloitte (2020) Der zweite Frühling, S. 11.
77 Vgl. Legault, P. / Santa-Eulalia, L. de et al. (2019) Servitization trend, S. 391.
78 Vgl. Bustinza, O. / Bigdeli, A. et al. (2015) Servitization and competitive advantage, S. 54.
79 Vgl. Bollhöfer, E. / Buschak, D. et al. (2015) B2B-Dienstleistungen, S. 519.
80 Vgl. PwC (2018) Annual manufacturing report, S. 27.
81 Vgl. Bruhn, M. / Hepp, M. / Hadwich, K. (2015) Produkthersteller zum Serviceanbieter, S. 57.
82 Vgl. Schuh, G. / Gudergan, G. / Grefrath, C. (2016) Geschäftsmodelle für Dienstleistungen, S. 69.
83 Vgl. Schuh, G. / Gudergan, G. / Grefrath, C. (2016) Geschäftsmodelle für Dienstleistungen, S. 76.
84 Vgl. Tukker, A. (2004) Eight types of PSS, S. 246.

vom Wettbewerb zu differenzieren. Dabei werden ursprünglich getrennte, sowohl standardisierte als auch individuelle Teilleistungen zu einem kundenspezifischen Problemlösungspaket verknüpft, aus dem sich Vorteile für Anbieter und Kunden ergeben. BELZ strukturiert die unterschiedlichen Ebenen von Leistungssystemen in einem Schalenmodell (siehe Abbildung 2-7). Je weiter das Leistungsangebot vom Kern des Schalenmodells (Produkt) entfernt ist, desto spezifischer ist es auf individuelle Kundenwünsche maßzuschneidern.[85] Gleichzeitig steigt jedoch auch der Aufwand für die Leistungsanpassung bzw. -gestaltung.

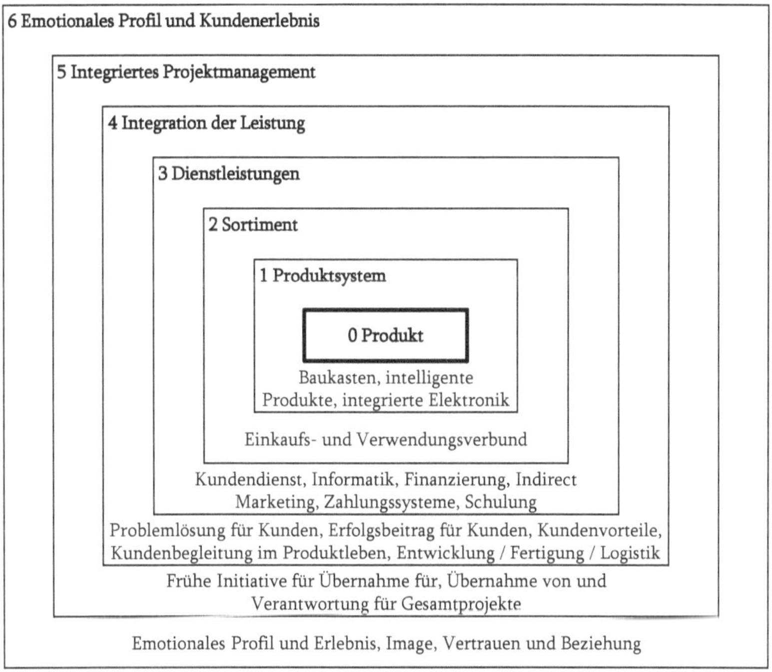

Abbildung 2-7: Schalenmodell nach BELZ ET AL. [86]

Die Kernleistung des Schalenmodells beinhaltet das physische *Produkt*. Kann der Anbieter die Ansprüche des Kunden in der Kernleistung nicht erfüllen, wandert der Kunde zum Wettbewerber ab und fragt auch keine weiteren Dienstleistungen nach. Die Anforderungen des Produkts müssen daher in Qualität und Technologie vollumfänglich erfüllt werden, um eine nachhaltige Kundenbeziehung zu etablieren.[87] Das *Produktsystem* besteht aus Produkten bzw. Dienstleistungen, die in einem Verbund

[85] Belz, C. / Schuh, G. et al. (1997) Industrie als Dienstleister, S. 28; Schuh, G. / Gudergan, G. / Grefrath, C. (2016) Leistungssysteme, S. 108.

[86] I.A.a. Belz, C. / Schuh, G. et al. (1997) Erfolgreiche Leistungssysteme, S. 29.

[87] Vgl. Belz, C. / Schuh, G. et al. (1997) Erfolgreiche Leistungssysteme, S. 32.

zur Kernleistung stehen (z.B. modulares System mit individualisierten Produktvarianten). Das *Sortiment* beinhaltet Zusatzprodukte, die von der Kernleistung trennbar sind (z.B. Produktallianzen). *Dienstleistungen* sind immaterielle Zusatzleistungen und unterstützen die Nutzung der Kernleistung (z.B. Finanzierung, Wartung, Versicherung). Bei der *Integration der Leistung* handelt es sich um gemeinsame Prozesse mit Dienstleistungscharakter (z.B. gemeinsame Entwicklung von Lösungen für den Kunden). Das *Integrierte Projektmanagement* umfasst Leistungen, die das Potenzial der Kernleistung nutzbar machen und voll ausschöpfen können (z.B. Betrieb der Anlagen durch den Anbieter, Übernahme von Garantien). Die äußerste Schale wird vom *emotionalen Profil und Kundenerlebnis* gebildet. Dazu zählen image- und vertrauensbildende Maßnahmen wie bspw. eine starke Marke, Verlässlichkeit und Referenzen.[88]

In Anlehnung an das Schalenmodell nach BELZ sprechen SCHUH UND RIESENER auch von einer produktbezogenen Dimension (Schichten 0, 1 und 2), einer dienstleistung bezogenen Dimension (Schicht 3) sowie einer koordinationsbezogenen Dimension (Schichten 4, 5 und 6).[89]

2.2.1.2 Stufenmodell produktbegleitender Dienstleistungen nach MEIER

Die Transformation vom reinen Produzenten zum integrierten Dienstleister unterteilt MEIER in Form von sequenziellen Entwicklungsstufen (siehe Abbildung 2-8).

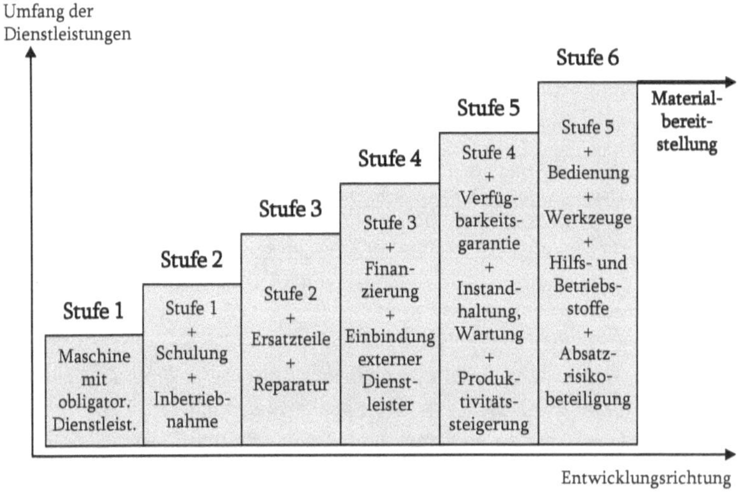

Abbildung 2-8: Stufenmodell produktbegleitender Dienstleistungen nach MEIER[90]

[88] Vgl. Belz, C. / Schuh, G. et al. (1997) Erfolgreiche Leistungssysteme, S. 28 - 29; Belz, C. / Müllner, M. et al. (2004) Key account management, S. 116 - 119; Schallmo, D. (2018) Geschäftsmodelle, S. 198.

[89] Vgl. Schuh, G. / Riesener, M. (2017) Produktkomplexität managen, S. 69 - 71.

[90] I.A.a. Meier, H. (2004) Dienstleistungsorientierte Geschäftsmodelle, S. 7.

Die Stufen unterscheiden sich vor allem im Wertversprechen und in der Übernahme des Risikos durch den Anbieter. Auf der *untersten Stufe* werden neben der reinen Sachleistung obligatorische Dienstleistungen wie kundenspezifische Entwicklungen und Gewährleistungen angeboten. *Stufe 2* enthält optionale Dienstleistungen, die den Kunden zur Nutzung des Betriebsmittels mit eigenem Personal befähigen, z.B. Schulung und Inbetriebnahme. *Stufe 3* umfasst Angebote zur Sicherung der Verfügbarkeit des Betriebsmittels wie Inspektions-, Wartungs- und Reparaturarbeiten. Auf der *vierten Stufe* werden diese um finanzielle Dienstleistungen wie Miet- und Leasingmodelle ergänzt. Externe Dienstleister können in das Geschäftsmodell integriert werden, um Risiken sowohl für Anbieter als auch für Kunden zu reduzieren. Auf der *fünften Stufe* wird der Anbieter unmittelbar in die Geschäftsprozesse des Kunden integriert und übernimmt die Instandhaltungs- und Optimierungsprozesse der Betriebsmittel. Auf *Stufe 6* stellt der Anbieter Personal zur Bedienung des Betriebsmittels sowie die benötigten Hilfsstoffe, Betriebsstoffe, Werkzeuge und Vorrichtungen bereit. Somit verbleibt lediglich die Bereitstellung des zu verarbeitenden Materials in der Verantwortung des Kunden.

Nach MEIER bilden die Stufen fünf und sechs das sogenannte Betreibermodell, das sich durch geänderte Eigentumsverhältnisse sowie Personalbereitstellung für Betrieb und Instandhaltung auszeichnet. Das Betriebsmittel, z.B. die Maschine, verbleibt in der Bilanz des Herstellers und geht nicht in das Eigentum des Kunden über. Das Ziel ist es, alle Beteiligten dazu zu bewegen, die klassische Kunden-Lieferanten-Beziehung fundamental zu überdenken und Risiken und Chancen detailliert zu bewerten. Jedoch existiert nicht ein allgemeingültiges Betreibermodell im Maschinen- und Anlagenbau. Betreibermodelle müssen in jedem Einzelfall individuell gestaltet werden.[91]

2.2.2 Grundlagen des Subskriptionsmodells

Trotz der existierenden konzeptionellen Ansätze zur Servicetransformation von Geschäftsmodellen bilden industrielle Dienstleistungen, wie bereits eingangs von Kapitel 2.2 erwähnt, typischerweise nur 15 % - 20 % des Gesamtumsatzes im Maschinen- und Anlagenbau. Betreibermodelle, die in den vorgestellten Ansätzen als höherwertige Geschäftsmodelle betrachtet werden, konnten sich in der Industrie bislang nicht nachhaltig durchsetzen.[92] Stattdessen ist seit einigen Jahren ein neuer Trend zu beobachten, der unter dem Begriff Subskriptionsmodell zusammengefasst wird.

Im Maschinen- und Anlagenbau herrscht traditionell weitgehend der Abrechnungs- und Erlösweg einer einmaligen Transaktion durch den Verkauf von Maschinen und Anlagen vor.[93] Das Hauptmerkmal des Subskriptionsmodells besteht jedoch darin,

---

[91] Vgl. Meier, H. (2004) Dienstleistungsorientierte Geschäftsmodelle, S. 8.

[92] Vgl. Rauen, H. / Glatz, R. et al. (2018) Platform economics, S. 10.

[93] Vgl. Schuh, G. / Gudergan, G. / Grefrath, C. (2016) Geschäftsmodelle für Dienstleistungen, S. 74.

dass Kunden nicht für den einmaligen Kauf der Maschine, sondern kontinuierlich für die tatsächliche Nutzung, Leistung oder Erzeugnisse der Maschine zahlen.[94] In diesem Sinne beschreiben GASSMANN ET AL. das Subskriptionsmodell als eines von 55 grundlegenden Geschäftsmodellen, in dem der Kunde in regelmäßigen Abständen eine Leistung bezieht, für die er in regelmäßigen Abständen bezahlt. Das Geschäftsmodell, das auch oft als Abonnement bezeichnet wird, wurde erstmalig im 17. Jahrhundert im Buchhandel angewendet, bevor es kurze Zeit später auch im Zeitschriften- und Zeitungshandel angeboten wurde.[95]

In ihrem Buch *Subscribed* setzen TZUO UND WEISERT die Erkenntnis, dass sich in der heutigen digitalen Welt die Erwartungshaltung der Kunden grundlegend verändert hat, in den Mittelpunkt des Geschäftsmodells:

„We have new expectations as consumers. We prefer outcomes over ownership. We prefer customization, not standardization. And we want constant improvement, not planned obsolescence. We want a new way to engage with business. We want services, not products. The one-size-fits-all approach isn't going to cut it anymore. And to succeed in this new digital world, companies have to transform."[96]

Laut den Autoren ist der Wandel von einer produktzentrierten zu einer kundenzentrierten Kultur ein definierendes Merkmal der sogenannten „Subscription Economy". Erfolgreiche Unternehmen stellen in allen Geschäftstätigkeiten konsequent den Kunden in den Mittelpunkt (siehe Abbildung 2-9). Die radikale Kundenzentrierung in Subskriptionsmodellen ist besonders dann effektiv, wenn dem Kunden nicht nur der Zugang zu einer Leistung (Verfügbarkeit), sondern darüber hinaus eine kontinuierliche Leistungssteigerung ermöglicht wird. Dafür ist im Subskriptionsmodell ein detailliertes Kundenverständnis notwendig. Anbieter nutzen daher Informationen über das Verhalten von Kunden sowie über ihre Bedürfnisse, um angebotene Leistungen kontinuierlich zu verbessern und diese präzise auf Kunden zuzuschneiden.[97] Vor diesem Hintergrund bildete in den letzten Jahren die Digitalisierung einen entscheidenden Erfolgsfaktor für Subskription. Die Nutzung von Kundeninformationen sowie die vielseitigen Möglichkeiten, Kunden zu erreichen und mit ihnen zu interagieren (z.B. über Cloud-Lösungen), haben grundlegend die Sicht von Unternehmen auf IT, Dienstleistungen und Investitionsrechnungen verändert.[98]

Nach LAH werden traditionelle transaktionsbasierte Geschäftsmodelle, vor allem in der produzierenden Industrie, nicht durch die Einführung des Subskriptionsmodells ersetzt, sondern ergänzt. Damit ist zu erwarten, dass auch Unternehmen des Maschi-

---

[94] Vgl. Deloitte (2020) Der zweite Frühling, S. 8.
[95] Vgl. Gassmann, O. / Frankenberger, K. / Csik, M. (2014) Business model navigator, S. 232.
[96] Vgl. Tzuo, T. / Weisert, G. (2018) Subscribed, S. 14.
[97] Vgl. Frank, J. / Jussen, P. (2019) Mit I4.0 Beute machen, S. 9 - 10.
[98] Vgl. Tzuo, T. / Weisert, G. (2018) Subscribed, S. 21.

nen- und Anlagenbaus zukünftig beide Geschäftsmodelle parallel anbieten werden.[99] Diese Erwartung wird durch empirische Beobachtungen von Geschäftsmodellinnovationen in industriellen Unternehmen unterstützt.[100]

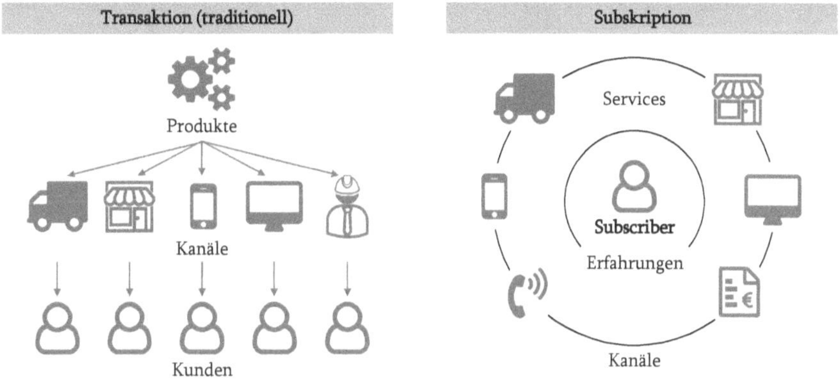

Abbildung 2-9: Kulturwandel durch „Subscription Economy"[101]

2.2.3 Potenziale des Subskriptionsmodells im Maschinen- und Anlagenbau

Wie bereits eingangs von Kapitel 2.2 erwähnt, sind Innovationen im Maschinen- und Anlagenbau traditionell sehr stark auf Produkte und Prozesse fokussiert. Jedoch müssen selbst erfolgreiche Unternehmen immer häufiger und schneller ihr Geschäftsmodell hinterfragen.[102] Mehrere Studien zeigen nicht nur, dass Geschäftsmodellinnovatoren einen positiven Beitrag zum wirtschaftlichen Erfolg eines Unternehmens beitragen können,[103] sondern auch profitabler sind als Produkt- und Prozessinnovatoren.[104] Der Erfolg des Subskriptionsmodells in anderen Branchen legt die Idee nahe, es auch im Maschinen- und Anlagenbau anzubieten. Daraus ergeben sich viele Vorteile sowohl für Kunden als auch für Anbieter. Doch bisher werden lediglich ca. 0,05 % des Branchenumsatzes mit Subskription erwirtschaftet.[105]

[99] Vgl. Lah, T. / Wood, J. (2016) Technology-as-a-service, S. 111.

[100] Vgl. Mast, C. (2016) Neuerfindung einer Industrie, S. 129; Plattform Industrie 4.0 (2019) Digital business models, S. 28.

[101] I.A.a. Tzuo, T. / Weisert, G. (2018) Subscribed, S. 19.

[102] Vgl. Gassmann, O. / Frankenberger, K. / Csik, M. (2014) Business model navigator, S. 5.

[103] Vgl. Zott, C. / Amit, R. (2007) Business model design, S. 194; Zott, C. / Amit, R. (2008) Strategy and business model, S. 19; Aspara, J. / Hietanen, J. / Tikkanen, H. (2010) Business model innovation, S. 51; Amit, R. / Zott, C. (2012) Creating value through BMI, S. 43 - 44; Wei, Z. / Yang, D. et al. (2014) Technological innovation and BM design, S. 302.

[104] Vgl. Lindgardt, Z. / Reeves, M. et al. (2009) Business model innovation, S. 3; Gassmann, O. / Frankenberger, K. / Csik, M. (2014) Business model navigator, S. 5.

[105] Vgl. VDMA (2021) VDMA Magazin 2021/01, S. 48.

Kunden von Subskriptionsmodellen sollen vor allem von einer permanenten Verbesserung der angebotenen Leistungen profitieren. Produzierende Unternehmen können somit ihre Produktivität kontinuierlich steigern und ihre Wettbewerbsfähigkeit im internationalen Wettbewerb stärken (vgl. Kap. 1.1). Die Unternehmen beziehen diese Leistungen dabei nicht durch eine einmalige Transaktion wie in klassischen Geschäftsmodellen, sondern durch regelmäßige Zahlungen in festgelegten Intervallen. Diese können aus zuvor festgelegten oder aus verfügbarkeits-, leistungs- oder erzeugnisabhängigen Gebühren bestehen. Dadurch kann die finanzielle Flexibilität des Kunden spürbar verbessert werden. Das daraus entstehende Erlösmodell überträgt einen Teil des unternehmerischen Risikos auf den Anbieter, wodurch eine Gleichrichtung der Interessen zwischen Anbieter und Kunden entsteht.[106] Anbieter können so dazu motiviert werden, dem Kunden das Knowhow zur Verfügung zu stellen, um aus der Synergie mit dem kundenseitigen Knowhow Verbesserungspotenziale zu generieren, die die Erfüllung des Leistungsversprechens kontinuierlich verbessern.[107] Die Möglichkeit der Kündbarkeit der Verträge soll zusätzlich die operative und strategische Flexibilität des Kunden erhöhen.[108]

Durch regelmäßige Einnahmen und definierte Kündigungsfristen kann sich für die Anbieter eine erhöhte finanzielle Planbarkeit ergeben. Aufgrund des angebotenen Zusatznutzens und der integrierten Lösung erhöht sich zudem die kundenseitige Zahlungsbereitschaft, woraus ein höherer Gesamtumsatz und eine höhere Profitabilität für den Anbieter resultieren kann.[109] Der höhere Gesamtumsatz ist nicht zuletzt auch auf Upselling (Erneuerung von Subskriptionsverträgen) und Cross-Selling (Erweiterung des Kundenverhältnisses auf andere Leistungsportfolios des Anbieters) zurückzuführen, die in Subskriptionsmodellen im Vergleich zu klassischen Geschäftsmodellen einfacher zu erreichen sind.[110] Gleichzeitig soll eine höhere Kundenzufriedenheit erzielt und somit eine langfristige Kundenbeziehung etabliert werden. Die datenbasierte Analyse des Kundennutzungsverhaltens soll dabei helfen, implizite Kundenwünsche zu identifizieren und somit die Leistungsangebote, d.h. Hardware, Software und Dienstleistungen, kontinuierlich zu verbessern.[111] Im Ergebnis können Anbieter durch Subskriptionsmodelle nachhaltige, schwer zu imitierende Differenzierungsmerkmale aufbauen.

---

[106] Vgl. Schuh, G. / Boshof, J. et al. (2020) Schuh et al., S. 287.

[107] Vgl. Azarenko, A. / Roy, R. et al. (2009) Technical PSS, S. 702.

[108] Vgl. Lenart, M. / Horst, C. (2019) Time to subscribe?, S. 15; Schuh, G. / Riesener, M. et al. (2020) Industrie 4.0, S. 483.

[109] Vgl. Tukker, A. (2004) Eight types of PSS, S. 251.

[110] Vgl. Lah, T. / Wood, J. (2016) Technology-as-a-service, S. 66 - 67.

[111] Vgl. Lenart, M. / Horst, C. (2019) Time to subscribe?, S. 15; Gelb, B. / Rangarajan, D. et al. (2020) Repeat business, 16, 21; Hochstein, B. / Rangarajan, D. et al. (2020) Customer Success Management, S. 3; Schuh, G. / Riesener, M. et al. (2020) Industrie 4.0, S. 483.

2.2.4 Beispiele für Subskriptionsmodelle im Maschinen- und Anlagenbau

Da bestehende Ansätze servicebasierter Geschäftsmodelle zum Teil bereits die Eigenschaft einer wiederkehrenden, leistungsabhängigen Zahlung enthalten, sind die grundlegenden Prinzipien des Subskriptionsmodells nicht komplett neu für den Maschinen- und Anlagenbau (vgl. Kap. 2.2.1). Jedoch wurde das Subskriptionsmodell in der produzierenden Industrie erst durch die fortschreitende Digitalisierung beflügelt, die zahlreiche höherwertige Dienstleistungen und eine transparente Abrechnung erst ermöglichte.[112] Zusätzlich hat der Siegeszug des Subskriptionsmodells in nicht-produzierenden Industrien, bspw. in der Softwarebranche und Entertainmentindustrie, das Interesse von Unternehmen des Maschinen- und Anlagenbaus geweckt.[113] So sind in den vergangenen Jahren einige wenige Annäherungen an das Subskriptionsmodell entstanden. Im Folgenden wird eine Auswahl davon vorgestellt.

2.2.4.1 Hilti AG

Die Hilti AG (im Folgenden „Hilti“) ist der weltweite Marktführer in der Befestigungs- und Rückbautechnologie für die Bauindustrie mit Sitz in Liechtenstein. Sie erwirtschaftete im Jahr 2020 einen Umsatz von ca. CHF 5,3 Mrd.[114] und beschäftigt ca. 30.000 Mitarbeiterinnen und Mitarbeiter weltweit.[115] Das Unternehmen bietet mehrere Geschäftsmodelle an, die gemäß den Grundlagen von Kapitel 2.2.2 als Subskriptionsmodell bezeichnet werden können.

Hilti Flottenmanagement

Das Hilti Flottenmanagement ist das älteste Geschäftsmodell, das einem Subskriptionsmodell ähnelt. Das Hauptmerkmal besteht darin, dass Kunden die Produkte nicht kaufen, sondern gegen eine regelmäßige monatliche Gebühr nutzen. Dazu wird zusammen mit dem Kunden ein Gerätepark zusammengestellt. Der Hersteller verspricht eine hohe Verfügbarkeit und bei Bedarf einen schnellen Austausch der Geräte. Die Laufzeit eines Vertrags beträgt i.d.R. fünf Jahre. Durch die Weiterentwicklung des Geschäftsmodells wurden mit der Zeit viele Dienstleistungen in das Leistungsangebot integriert. Dazu gehören bspw. ein All-inclusive-Service, die Verwaltung der Geräte, ein Diebstahlschutz und eine individuelle Gerätebeschriftung. Darüber hinaus haben Kunden die Möglichkeit, bei Bedarf auch kurzfristig zusätzliche Geräte zu mieten.[116]

Hilti ON!Track

Das Geschäftsmodell ON!Track wird angeboten, damit Kunden ihre Betriebsmittel wie Maschinen oder Werkzeuge auf der Baustelle schneller lokalisieren und somit die

[112] Vgl. Deloitte (2020) Der zweite Frühling, S. 8.

[113] Vgl. Schuh, G. / Riesener, M. et al. (2020) Industrie 4.0, S. 481 - 482.

[114] Währung: Schweizer Franken

[115] Vgl. Hilti Corporation (2021) Company report 2020, S. 4 - 5.

[116] Vgl. Paul, A. (2011) Hilti Flottenmanagement, S. 109 - 110; Hilti Deutschland AG (2014) AVG Flottenmanagement, S. 1.

Produktivität steigern können. Es basiert auf der Vernetzung der Betriebsmittel per Bluetooth, die mithilfe einer Software verwaltet werden. Nachdem die Baustelle sowie die Geräte digital erfasst wurden, kann der Kunde den Standort der Geräte per App in Echtzeit einsehen. Darüber hinaus können Kunden Zuständigkeiten für Geräte und Wartungsintervalle über die Software organisieren. Für ON!Track entrichten Kunden monatlich eine feste, individuell vereinbarte Gebühr.[117]

Hilti Diamonds Made Easy

Das jüngste subskriptionsbasierte Geschäftsmodell von Hilti setzt sich zum Ziel, traditionell sehr aufwendige Diamantbohrungen für Kunden soweit wie möglich zu vereinfachen. Anstatt dem Kunden die Diamantbohrgeräte, Bohrkronen, Aufsätze und weitere zum Bohren notwendige Produkte zu verkaufen, werden dem Kunden eine vereinbarte Anzahl an Löchern im Monat verkauft. Als Anbieter stellt Hilti alle notwendigen Geräte und Materialien zur Verfügung. Diese werden zuvor mit dem Kunden gemeinsam festgelegt. Die Vertragslaufzeit beträgt i.d.R. ein Jahr. Die Werkzeuge gehen nicht in das Eigentum des Kunden über, sondern verbleiben nach Ablauf des Vertrags bei Hilti. Das neue Geschäftsmodell wird aktuell nur in Irland angeboten.[118]

2.2.4.2 Heidelberger Druckmaschinen AG

Die Heidelberger Druckmaschinen AG (im Folgenden „Heidelberg“) ist ein weltweiter Anbieter von Druckmaschinen und Weltmarktführer für Bogenoffsetdruckmaschinen mit Sitz in Wiesloch. Mit ca. 11.300 Mitarbeitenden an 250 Standorten in 170 Ländern erzielte das Unternehmen im Geschäftsjahr 2019/2020 einen Umsatz von EUR 2,35 Mrd.[119] Das Unternehmen bietet seinen Kunden im Subskriptionsmodell über das Maschinensystem hinaus Leistungen gegen regelmäßige Zahlungen an. Im Gegensatz zu klassischen Betreibermodellen werden die Maschinen vom Kunden betrieben, befinden jedoch sich weiterhin im Besitz von Heidelberg. Dadurch soll eine beidseitige Verantwortung entstehen, wodurch die Interessen von Anbieter und Kunden gleichgerichtet werden. Für Kunden, die lediglich die Dienstleistungen, jedoch nicht die Maschinen per Subskription in Anspruch nehmen möchten, bietet Heidelberg das „Subscription Smart“ an. Sind die Maschinen ebenfalls Teil des Subskriptionsmodells, wird dieses als „Subscription Plus“ angeboten (siehe Abbildung 2-10). [120]

Das Heidelberg Subscription enthält umfangreiche Dienstleistungen, Software, Verbrauchsmaterialien, Training und Beratung für den Betrieb des Maschinensystems.[121] Insbesondere von Beratungsdienstleistungen erhofft sich Heidelberg einen erhöhten

[117] Vgl. Hilti Deutschland AG (2018) ON!Track Abo-Vereinbarung, S. 7 - 12; Hilti AG (April 2019) Pressemitteilung, S. 1 - 2.

[118] Informationen auf Basis persönlicher Interviews mit der Hilti AG, Schaan, Liechtenstein.

[119] Vgl. Heidelberger Druckmaschinen AG (2020) Annual report 2019/2020, S. 23.

[120] Vgl. Hundsdörfer, R. / Wassenberg, M. A. (2020) Heidelberg annual conference, S. 26.

[121] Vgl. Heidelberger Druckmaschinen AG (05.05.2020) Press information, S. 1.

Mehrwert für seine Kunden, der über das Maschinensystem hinausgeht und die Prozesse der Kunden unterstützt.[122] Die Grundlage der Leistungsangebote bilden Daten, die von Sensoren gesammelt und an Heidelberg übermittelt werden. Diese Daten werden auf anonymer Basis den Daten anderer vergleichbarer Kunden gegenübergestellt und diskutiert.[123] Zusätzlich werden regelmäßig gemeinsame operative und strategische Workshops sowie sogenannte „Monthly Calls"[124] durchgeführt, um Verbesserungspotenziale zu identifizieren. Mit der Software Prinect unterstützt Heidelberg umfangreiche Geschäftsprozesse seiner Kunden in den Bereichen Management, Vorstufe, Druck und Weiterverarbeitung.[125] Darüber hinaus liefert Heidelberg alle für den Druck benötigten Verbrauchsmaterialien außer Papier, d.h. Druckplatten, Farben, Lacke und Chemikalien, und erschließt damit ein großes Potenzial zum Cross-Selling.[126] Damit verbunden ist auch die Unterstützung des Kunden bei seiner Lagerhaltung.[127]

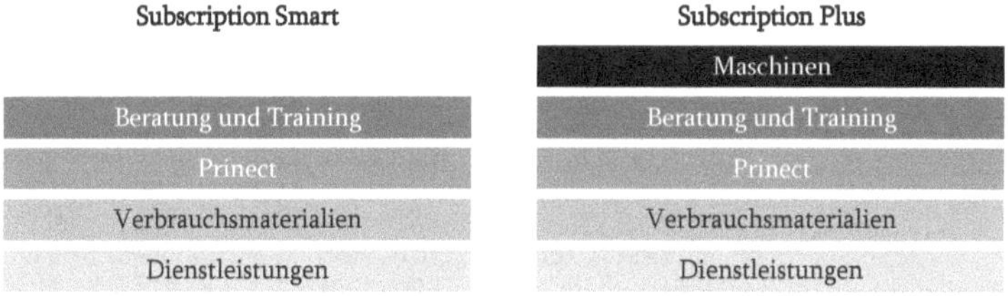

Abbildung 2-10: Varianten und Bestandteile der Heidelberg Subscription [128]

Das Erlösmodell setzt sich aus drei Komponenten zusammen. Zu Beginn der Vertragslaufzeit entrichtet der Kunde eine einmalige Anzahlung, die deutlich unter dem Transaktionspreis liegt. Im Betrieb bezahlt der Kunde einen festen monatlichen Preis, in dem ein vereinbartes Druckvolumen enthalten ist. Überschreitet der Kunde dieses Druckvolumen, wird eine zusätzliche Gebühr pro gedrucktem Bogen erhoben.[129]

Zusätzlich zu den Beispielen von Hilti und Heidelberg existieren einige weitere Geschäftsmodelle im Maschinen- und Anlagenbau, die als Subskriptionsmodell bezeichnet werden können. Viele weitere Unternehmen untersuchen das Potenzial von Subskription für das eigene Geschäft und erwägen eine mögliche Einführung.[130] Dieser Schritt ist jedoch stets mit vielen Herausforderungen für die Organisation des Anbieters verbunden, die im Folgenden beleuchtet werden.

[122] Vgl. Hermann, U. (2019) Digitale Geschäftsmodelle, S. 30.
[123] Vgl. Hermann, U. (2019) Digitale Geschäftsmodelle, S. 17.
[124] Vgl. Hermann, U. (2019) Digitale Geschäftsmodelle, S. 31.
[125] Vgl. Heidelberger Druckmaschinen AG (2020) Annual report 2019/2020, S. 27.
[126] Vgl. Hermann, U. (2019) Digitale Geschäftsmodelle, S. 26.
[127] Vgl. Heidelberger Druckmaschinen AG (11.07.2019) Press information, S. 1.
[128] I.A.a. Hundsdörfer, R. / Wassenberg, M. A. (2020) Heidelberg annual conference, S. 26.
[129] Vgl. Hermann, U. (2019) Digitale Geschäftsmodelle, S. 28 - 29.
[130] Persönlicher Austausch mit Hr. Thoma Rinn, Geschäftsführer und Global Industrial Lead bei Accenture, sowie mit weiteren Unternehmen des Maschinen- und Anlagenbaus.

2.2.5 Auswirkungen durch die Einführung eines neuen Geschäftsmodells auf die Organisation

Eine Geschäftsmodellinnovation dient dazu, bisher unbefriedigte, neue oder verborgene Kundenbedürfnisse zu identifizieren sowie besser zu adressieren und dadurch Kunden einen größeren Mehrwert anzubieten.[131] Um dies zu erreichen, müssen Elemente eines bestehenden bzw. bekannten Geschäftsmodells verändert werden (vgl. Kap. 2.1.2). Nach GASSMANN ET AL. kann eine Änderung des Geschäftsmodells dann als Geschäftsmodellinnovation bezeichnet werden, wenn im magischen Dreieck mindestens zwei der vier Dimensionen verändert werden (vgl. Abbildung 2-5).[132] In diesem Sinne kann auch die Weiterentwicklung dienstleistungsorientierter Geschäftsmodelle zum Subskriptionsmodell ggf. als Geschäftsmodellinnovation bezeichnet werden.

Eine Organisation muss in der Lage sein, sowohl Geschäftsmodellinnovationen zu entwickeln als auch adäquat auf die Konsequenzen zu reagieren.[133] Nach BIRKINSHAW UND ANSAI sind sich Unternehmen in der Regel bewusst, welche organisatorischen Dimensionen sich durch eine Geschäftsmodellinnovation verändern werden. Die entscheidende Herausforderung liege aber nicht darin, diese Dimensionen neu zu konzipieren, sondern in der Überwindung der organisatorischen Barrieren während ihrer Umsetzung.[134] Dabei können die Barrieren sehr vielfaltig sein, was auf die umfangreichen Wechselwirkungen zwischen Geschäftsmodellinnovation und Organisation zurückzuführen ist. Daher sollen im Folgenden die Wechselwirkungen zwischen dem Subskriptionsmodell und der Organisation des Anbieters beleuchtet werden.[135] Hinweise darauf lassen sich auf dem Forschungsgebiet der allgemeinen Geschäftsmodellinnovation, der Organisationslehre und des Subskriptionsmodells finden.

Auf dem Gebiet der *Geschäftsmodellinnovation* führten TEECE UND PISANO erstmals das Konzept der „dynamischen Fähigkeiten" ein. Diese werden von einer Organisation benötigt, um Opportunitäten für Innovationen zu identifizieren, zu ergreifen und umzusetzen.[136] Die Bedeutung der dynamischen Fähigkeiten wird von vielen wissenschaftlichen Autoren geteilt.[137] Nach KINDSTRÖM UND KOWALKOWSKI sind die Wechselwirkungen zwischen Geschäftsmodellinnovation und Organisation vor allem bei der Transformation zu einem serviceorientierten Geschäftsmodell wichtig. Dabei spielt insbesondere die Organisationsstruktur eine entscheidende Rolle. Sie kann ent-

---

[131] Vgl. Osterwalder, A. / Pigneur, Y. (2010) Business model generation, S. 136.

[132] Vgl. Gassmann, O. / Frankenberger, K. / Csik, M. (2014) Business model navigator, S. 7.

[133] Vgl. Schuh, G. / Gützlaff, A. et al. (2020) Business model and organization, S. 261 - 263.

[134] Vgl. Birkinshaw, J. / Ansari, S. (2015) Understanding management models, S. 87.

[135] Diese basiseren auf bereits veröffentlichten Erstüberlegungen des Autors, siehe Schuh, G. / Gützlaff, A. et al. (2020) Business model and organization.

[136] Vgl. Teece, D. J. / Pisano, G. (1994) Dynamic capabilities of firms, S. 537 - 538; Antons, D. / Piening, E. / Salge, T.-O. (2018) Führung und Innovation, S. 7.

[137] Vgl. Foss, N. J. / Saebi, T. (2015) BM and BMI, S. 11; Leih, S. / Linden, G. / Teece, D. J. (2015) BMI and organizational design, S. 25.

weder Initiativen einschränken oder sie fördern.[138] Zwar betonen auch einige Autoren, dass die Organisation als Folge einer Geschäftsmodellinnovation angepasst werden muss.[139] So kommen KINDSTRÖM UND KOWALKOWSKI auch zu dem Schluss, dass der Erfolg einer Geschäftsmodellinnovation maßgeblich durch die Fähigkeit der Organisation bestimmt wird, die notwendigen Änderungen umzusetzen.[140] Im Selbstverständnis einer kontinuierlichen Geschäftsmodellinnovation muss die Organisation somit in der Lage sein, sich dynamisch an den sich ändernden Elementen des Geschäftsmodells auszurichten.[141] Jedoch entsteht insgesamt in der bestehenden Literatur der Eindruck, dass der wissenschaftliche Fokus auf der organisatorischen Fähigkeit zur Generierung einer Geschäftsmodellinnovation liegt.[142]

Die *Organisationslehre* bietet eine leicht unterschiedliche Perspektive, bei der organisatorische Veränderungen vor allem als Konsequenzen von Geschäftsmodellinnovationen betrachtet werden.[143] Auf dieser Basis können drei charakteristische Abhängigkeiten identifiziert werden. Erstens können mit *prozessorientierten* Ansätzen Geschäftsprozesse und Organisationsstrukturen an das neue Geschäftsmodell angepasst werden, um dessen erfolgreiche Umsetzung zu unterstützen.[144] Zweitens beschreiben *fähigkeitsorientierte* Ansätze, wie organisatorische Fähigkeiten, die für eine erfolgreiche Umsetzung des Geschäftsmodells benötigt werden, identifiziert, geschaffen, akquiriert, adaptiert und transferiert werden können.[145] Diese unterscheiden sich von organisatorischen Fähigkeiten nach TEECE UND PISANO, die für die Generierung einer Geschäftsmodellinnovation benötigt werden. Schließlich beschreiben *innovationsorientierte* Ansätze die Notwendigkeit ambidextrer Organisationen. Diese entsteht dadurch, dass Innovationen sowohl auf Exploration als auch auf Exploitation gerichtet sein können. Exploration beschreibt die Erschließung neuer Geschäfte durch neue Ressourcen und Fähigkeiten. Exploitation versucht, die Geschäfte auf Basis bestehender Ressourcen und Fähigkeiten zu erweitern.[146] Durch den Versuch, sich beider Mechanismen zu bedienen, wird eine ambidextre Organisation geschaffen.[147]

Die vergleichsweise junge Forschung des *Subskriptionsmodells* bietet ebenfalls Hinweise auf die Wechselwirkungen zwischen Geschäftsmodellinnovation und Organi-

---

[138] Vgl. Kindström, D. / Kowalkowski, C. (2015) Service-driven business model innovation, S. 197.

[139] Vgl. Plattform Industrie 4.0 (2019) Digital business models, S. 27 - 31.

[140] Vgl. Kindström, D. / Kowalkowski, C. (2015) Service-driven business model innovation, S. 197.

[141] Vgl. Sosna, M. / Trevinyo-Rodríguez, R. / Velamuri, S. (2010) Business model innovation, S. 384; Fjeldstad, Ø. / Snow, C. (2018) Business models and organization design, S. 34.

[142] Vgl. Schuh, G. / Gützlaff, A. et al. (2020) Business model and organization, S. 261.

[143] Vgl. Schuh, G. / Gützlaff, A. et al. (2020) Business model and organization, S. 261.

[144] Vgl. Kim, S. / Kim, M. / Park, S. (2008) Service identification, S. 421 - 423; Becker, J. / Kugeler, M. / Rosemann, M. (2012) Prozessmanagement, S. 195 - 276; Solaimani, S. / Bouwman, H. (2012) Alignment of business model, S. 657 - 669.

[145] Vgl. Kates, A. / Galbraith, J. (2007) Designing your organization, 3, 5 - 6.

[146] Vgl. Ebers, M. (2017) Organisationsmodelle für Innovation, S. 84.

[147] Vgl. O'Reilly III, C. A. / Tushman, M. L. (2004) The ambidextrous organization, S. 75.

sation. LAH UND WOOD sowie TZUO UND WEISERT lieferten zwei weit beachtete Werke über Subskription. Beide Werke entwickeln auf Basis einer prozessorientierten Sicht jeweils ein Managementmodell, um eine nachhaltige Kundenbeziehung zu etablieren. Dabei werden organisatorische Anpassungen als Notwendigkeiten umrissen, um das Geschäftsmodell erfolgreich einzuführen. Insbesondere muss eine kontinuierliche Innovation der Leistungsversprechen durch eine gezielte Organisationsgestaltung gefördert werden. Die Modelle liefern jedoch keine konkreten Ansätze zur Realisierung dieser Anforderungen.[148] Ein weiteres Managementmodell wird von SCHUH ET AL. vorgeschlagen, das vier Handlungsfelder sowie die dazu gehörigen Gestaltungsprinzipien zur Einführung des Subskriptionsmodells beinhaltet. Das Modell ist auf dem Industrie 4.0 Maturity Index aufgebaut.[149] Zwar betonen die Autoren, dass die Organisationsstruktur durch die Einführung des Subskriptionsmodells angepasst werden muss. Konkrete Ansätze zur Durchführung werden jedoch nicht beschrieben.[150]

Schließlich prägt der Leitsatz nach CHANDLER „structure follows strategy" maßgeblich den heutigen Blick auf den Zusammenhang zwischen Geschäftsmodellinnovation und Organisation.[151] Dabei lassen sich Strategien in Form von Geschäftsmodellen und den angebotenen Produkten konkretisieren. Dies ist notwendig, da eine direkte Ableitung des Organisationsdesigns aus der Strategie nur schwer möglich ist.[152] Nach diesem Verständnis unterstützt der Leitsatz aus der betriebswirtschaftlichen Forschung die Perspektive der Organisationslehre und beschreibt die Gestaltung der Organisationsstruktur als notwendige Konsequenz einer Änderung des Geschäftsmodells. OSTERLOH UND FROST betonen jedoch, dass die Organisationsstrukturen an die Prozesse eines Unternehmens angepasst sein müssen, die sich wiederum aus der Unternehmensstrategie ableiten lassen (siehe Kap. 2.4). Sie erweitern daher den Leitsatz von CHANDLER zu „structure follows process follows strategy".[153]

Zusammenfassend kann festgestellt werden, dass eine komplexe Wechselwirkung zwischen einer Geschäftsmodellinnovation und der Organisation eines Unternehmens besteht. Einerseits muss die Organisation in der Lage sein, eine Geschäftsmodellinnovation zu generieren. Andererseits muss die Organisation so gestaltet sein, dass sie die effektive Umsetzung des neuen Geschäftsmodells ermöglicht. Vor allem die Einführung eines neuen digitalen Geschäftsmodells erfordert große organisatorische Anpassungen.[154]

---

[148] Vgl. Lah, T. / Wood, J. (2016) Technology-as-a-service, S. 81 - 118; Tzuo, T. / Weisert, G. (2018) Subscribed, S. 202 - 206.

[149] Vgl. Schuh, G. / Anderl, R. et al. (2020) Industrie 4.0 Maturity Index, S. 22.

[150] Vgl. Schuh, G. / Frank, J. et al. (2019) Monetizing Industry 4.0, S. 7 - 8.

[151] Vgl. Chandler, Jr., A. D. (1962) Strategy and structure, S. 14.

[152] Vgl. Osterwalder, A. / Pigneur, Y. (2010) Business model generation, S. 15; Marek, D. (2020) Organisationsdesign, S. 32.

[153] Vgl. Osterloh, M. / Frost, J. (1994) Business Engineering, S. 359 - 360.

[154] Vgl. Detel, M. / Huck, C. / Radisic, I. (2018) Steuerung digitaler Geschäftsmodelle, S. 36.

2.3 Gestaltung der Organisation

Zur Schaffung eines Grundverständnisses über Organisationen müssen zunächst die Definition der Organisation sowie die Ziele und Aspekte ihrer Gestaltung untersucht werden (Kap. 2.3.1 und Kap. 2.3.2). Anschließend wird die besondere Bedeutung der Organisationsstruktur als zentrales Gestaltungselement sowie Möglichkeiten ihrer Gestaltung beleuchtet (Kap. 2.3.3 und Kap. 2.3.4). Schließlich werden klassische Formen der Aufbauorganisation vorgestellt (Kap. 2.3.5).

2.3.1 Definition der Organisation

Je nach Perspektive unterscheidet die Organisationslehre zwischen unterschiedlichen Definitionen des Begriffes „Organisation" und den zugehörigen Systemgrenzen. Die meisten bedeutsamen organisationstheoretischen Schriften verzichten sogar auf eine präzise Definition, da eine enge Eingrenzung des Begriffs dem Ziel einer leichten Verständigung eher entgegenwirkt als nützt.[155] Nichtsdestotrotz lassen sich einige charakteristische Tendenzen in der Interpretation des Begriffes erkennen.

Im Wesentlichen wird zwischen dem instrumentalen und dem institutionellen Organisationsbegriff unterschieden.[156] Manche Autoren betrachten zusätzlich den funktionalen Organisationsbegriff.[157] Da das Wort „Organisation" vom griechischen Wort „organon" (griech. Ὄργανον) abstammt, das mit „Instrument" bzw. Werkzeug übersetzt wird, ist der *instrumentale* Organisationsbegriff der ursprünglichen Bedeutung des Wortes am nächsten.[158] Dieser bildet bis heute den Fokus der deutschsprachigen betriebswirtschaftlichen Organisationsforschung.[159] Der instrumentale Organisationsbegriff versteht die Organisation als ein Instrument der effizienten Aufgabenerfüllung. Es beinhaltet Elemente, z.B. Aufgaben, Personen, Sachmittel und Informationen, deren gegenseitige Wechselwirkungen durch Regeln bestimmt werden. Damit schaffen sie die Rahmenbedingungen, mit denen Aufgaben zielgerichtet strukturiert und verwirklicht werden können.[160] Der instrumentale Organisationsbegriff wird häufig mit der Aussage *„Der Betrieb hat eine Organisation"* charakterisiert.[161]

---

[155] Vgl. Frese, E. / Graumann, M. et al. (2019) Grundlagen der Organisation, S. 16.

[156] Vgl. Tschacher, W. / Brunner, E. J. (1992) Organization and self-organization, S. 382; Weber, W. / Kabst, R. / Baum, M. (2018) Betriebswirtschaftslehre, S. 130; Picot, A. / Dietl, H. / Franck, E. (2020) Organisation, S. 52.

[157] Vgl. Schulte-Zurhausen, M. (2014) Organisation, S. 4; Schertler, W. (2017) Unternehmensorganisation, S. 20.

[158] Vgl. Liddell, H. / Scott, R. et al. (1996) Greek-english lexicon, S. 1245.

[159] Vgl. Schulte-Zurhausen, M. (2014) Organisation, S. 3.

[160] Vgl. Tschacher, W. / Brunner, E. J. (1992) Organization and self-organization, S. 382; Schulte-Zurhausen, M. (2014) Organisation, S. 2 - 3.

[161] Vgl. Schertler, W. (2017) Unternehmensorganisation, S. 20; Weber, W. / Kabst, R. / Baum, M. (2018) Betriebswirtschaftslehre, S. 130; Picot, A. / Dietl, H. / Franck, E. (2020) Organisation, S. 52.

Im Gegensatz dazu wird der *institutionelle* Organisationsbegriff häufig durch die Aussage *„Der Betrieb ist eine Organisation“* charakterisiert.[162] Dieses Organisationsverständnis bildet den Fokus der englischsprachigen betriebswirtschaftlichen Organisationsforschung.[163] Demnach wird die Organisation als ein ordnungsgebender Zusammenschluss mit einer formalen Struktur verstanden. Sie ist ein soziales System, das ein definiertes Ziel erfüllt. Die dafür notwendigen Aufgaben werden auf mehrere Organisationsmitglieder verteilt, die zueinander koordiniert werden müssen. Daher beinhaltet auch der institutionelle Organisationsbegriff die Notwendigkeit, Regeln zur Strukturierung der organisatorischen Prozesse zu schaffen.[164]

Darüber hinaus sehen einige Autoren den *funktionalen* Organisationsbegriff als eine dritte, grundlegende Kategorie für das Verständnis der Organisation. Dieser wird durch die Aussage *„Der Betrieb wird organisiert“* charakterisiert. Er umfasst alle Aktivitäten zur Planung, Einführung und Durchsetzung von organisatorischen Regeln. Daher wird der funktionale Organisationsbegriff auch als Organisationsgestaltung bezeichnet (siehe Kap. 2.3.2).[165]

Die vorgestellten Organisationsbegriffe sind auf unterschiedliche Organisationstypen anwendbar, z.B. Behörden, Schulen, Kirchen, Parteien, Vereinigungen, Unternehmen, etc. Die vorliegende Arbeit konzentriert sich auf Herstellerunternehmen des Maschinen- und Anlagenbaus, der in Kapitel 2.1.1 abgegrenzt wurde. Dabei werden alle drei Organisationsbegriffe berücksichtigt. Als Ergebnis der vorliegenden Arbeit wird eine Gestaltungsmethodik angestrebt. Dies entspricht dem funktionalen Organisationsbegriff. Als Voraussetzung müssen die abzubildenden Geschäftsprozesse abgeleitet werden, um eine hohe Prozessorientierung zu erreichen (siehe Kap. 2.4). Dies entspricht dem instrumentalen Organisationsbegriff. Schließlich ergibt die Anwendung der Methodik eine mögliche Aufbauorganisation für das Unternehmen im Sinne des institutionellen Organisationsbegriffs.

2.3.2 Ziele und Elemente der Organisationsgestaltung

Die Organisationsgestaltung kennzeichnet die planerische Tätigkeit der präsituativen Formulierung organisatorischer Regelungen zur zielgerichteten Beeinflussung der handelnden Menschen im Gestaltungsbereich.[166] Dabei kommt es immer wieder zu Problemen, die eine Veränderung der bestehenden Organisation erfordern. Somit ist

---

[162] Vgl. Schertler, W. (2017) Unternehmensorganisation, S. 20; Weber, W. / Kabst, R. / Baum, M. (2018) Betriebswirtschaftslehre, S. 130.

[163] Vgl. Schulte-Zurhausen, M. (2014) Organisation, S. 2.

[164] Vgl. Schulte-Zurhausen, M. (2014) Organisation, S. 2; Weber, W. / Kabst, R. / Baum, M. (2018) Betriebswirtschaftslehre, S. 130.

[165] Vgl. Schulte-Zurhausen, M. (2014) Organisation, S. 4; Schertler, W. (2017) Unternehmensorganisation, S. 20.

[166] Vgl. Bach, N. / Brehm, C. et al. (2017) Organisation, S. 31.

die Organisationsgestaltung keine punktuelle Aufgabe, sondern eine permanente Herausforderung.[167] Die Ziele bestehen darin, ein hohes Maß an Stabilität, Flexibilität, Effizienz und Effektivität der Organisation zu erreichen. Die *Stabilität* beschreibt die Eigenschaft einer Organisation, auf gleichartige oder ähnliche Einwirkungen unter vergleichbaren Randbedingungen standardisiert zu reagieren. Die *Flexibilität* befähigt die Organisation dazu, Veränderungen der Umwelt wahrzunehmen und möglichst ohne großen Zeitversatz darauf zu reagieren.[168] Die *Effizienz* ist ein Maß für das Verhältnis von eingesetzten Ressourcen zum Grad der Zielerreichung („doing the right things"). Im Gegensatz dazu beschreibt die *Effektivität* ein Maß für die Erreichung der richtigen Ziele („doing the things right"). In einer Organisation werden sowohl eine hohe Effizienz als auch eine hohe Effektivität der Arbeitsprozesse benötigt, da Ressourcen i.d.R. begrenzt sind.[169]

Um diese Ziele zu erreichen, müssen einzelne Elemente einer Organisation bewusst ausgerichtet werden. Diese stellen somit die Elemente der Organisationsgestaltung dar. Durch einen Vergleich bekannter Organisationsmodelle sollen die Elemente vorgestellt werden (siehe Abbildung 2-11).

Das Diamond Model nach Leavitt

Das im Jahr 1965 durch Leavitt vorgestellte *Diamond Model* bildet eines der frühesten und bekanntesten Organisationsmodelle.[170] Darin beschreibt „Struktur" alle Systeme der Kommunikation, Autorität und Arbeitsprozesse der Organisation. Die „Aufgaben" beinhalten die Produktion von Gütern sowie Dienstleistungen. „Technologie" beschreibt alle Mittel, die direkt zur Problemlösung beitragen, z.B. Computer, Maschinen, Software oder konzeptionelle Methoden. Unter „Akteure" sind hauptsächlich die Mitarbeiter der Organisation zu verstehen. Da sich die Elemente gegenseitig beeinflussen, hätte die Änderung eines Elementes auch Auswirkung auf alle anderen.[171]

Das 7-S Modell nach Peters und Watermann

Das 7-S Modell, oft auch als das McKinsey 7 S Modell bezeichnet, erfreut sich großer Beliebtheit vor allem in der Praxis.[172] So haben viele der heute existierenden Organisationsmodelle einen ähnlichen Aufbau.[173] Auf der einen Seite beinhaltet das Modell drei harte, direkt gestaltbare Elemente einer Organisation. Die Bedeutung der „Struktur" unterscheidet sich vom Diamond Model und beschränkt sich auf die Aufbauorganisation des Unternehmens. Die „Strategie" reflektiert die Fähigkeit, Veränderungen des Umfeldes zu antizipieren und zur Reaktion Maßnahmen einzuleiten. Mit

[167] Vgl. Schulte-Zurhausen, M. (2014) Organisation, S. 4.
[168] Vgl. Spath, D. (2017) Organisationsgestaltung, S. 9.
[169] Vgl. Osterloh, M. / Frost, J. (2006) Prozessmanagement als Kernprozess, S. 186 - 188.
[170] Vgl. Smith, C. / Norton, B. / Ellis, D. (1992) Leavitt's diamond, S. 18 - 19.
[171] Vgl. Leavitt, H. J. (2013) Applied organizational change, S. 1144 - 1145.
[172] Vgl. Peters, T. / Waterman, R. (2006) In search of excellence, S. 9.
[173] Vgl. Galbraith, J. (2014) Designing organizations, S. 17.

„Systeme" sind alle formellen und informellen Prozesse gemeint, deren Gesamtheit die Effizienz des Unternehmens bestimmen. Auf der anderen Seite beinhaltet das Modell auch vier weiche, nur indirekt gestaltbare Elemente einer Organisation. Der „Stil" umfasst sowohl die Unternehmenskultur als auch den Führungsstil des Unternehmens. Das Element „Belegschaft" betrachtet die Prozesse im Personalwesen, z.B. die Karrieremöglichkeiten und die Einbindung neuer Mitarbeiter. Die „Fähigkeiten" beschreiben die Fähigkeiten der Mitarbeiter sowie Maßnahmen zum Ausbau dieser. Zuletzt bilden die „Gemeinsamen Werte" das zentrale Element des Modells. Diese beschreiben die übergeordneten Unternehmenswerte, die als Bindeglied zwischen allen anderen Elementen dienen.[174]

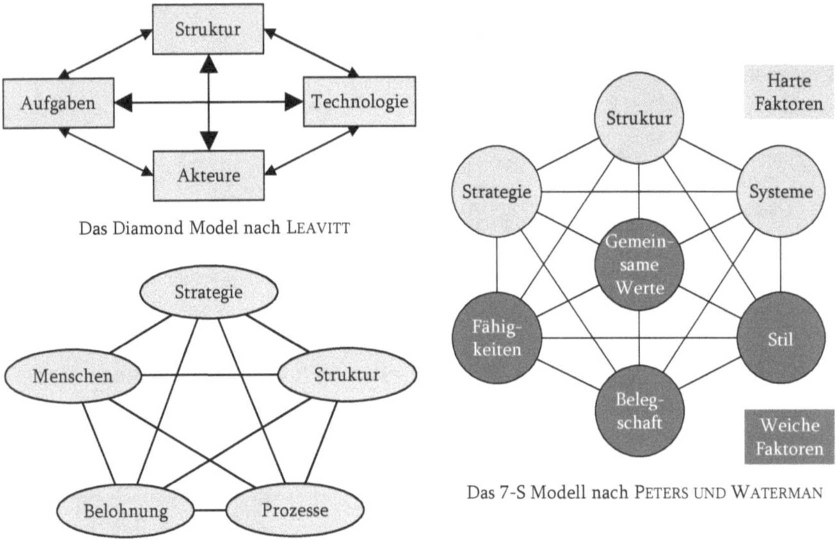

Das Diamond Model nach LEAVITT

Das Star Model nach GALBRAITH

Das 7-S Modell nach PETERS UND WATERMAN

Abbildung 2-11: Vergleich der Organisationsmodelle nach LEAVITT, PETERS UND WATERMANN sowie GALBRAITH[175]

Das Star Model nach GALBRAITH

Das Star Model nach GALBRAITH ähnelt im Aufbau dem 7-S Modell, versucht jedoch dieses ein Stück weit zu vereinfachen.[176] Die „Strategie" umfasst die Mission und Ziele des Unternehmens sowie die zugrundeliegenden Unternehmenswerte, Erfolgsfor-

---

[174] Vgl. Schawel, C. / Billing, F. (2018) Top 100 management tools, S. 400 - 401.

[175] Eigene Darstellung basierend auf: Peters, T. / Waterman, R. (2006) In search of excellence, S. 10; Leavitt, H. J. (2013) Applied organizational change, S. 1145; Galbraith, J. (2014) Designing organizations, S. 17; Vahs, D. (2015) Organisation, S. 6.

[176] Vgl. Galbraith, J. (2014) Designing organizations, S. 17.

meln, Produktportfolios und Wettbewerbsvorteile.[177] Die „Struktur“ legt die Machtverhältnisse und Verantwortlichkeiten innerhalb des Unternehmens fest. Sie können durch Spezialisierung, Organisationsform, Machtverteilung und funktionale Aufgliederung beeinflusst werden.[178] Mit „Prozessen“ werden alle Informations- und Entscheidungsprozesse innerhalb des Unternehmens bezeichnet, die zur Werterzeugung und zum Führen der Organisation notwendig sind. Während GALBRAITH Strukturen mit der Anatomie eines Körpers vergleicht, vergleicht er die Prozesse mit der Physiologie eines Körpers.[179] „Belohnung“ beschreibt Anreizsysteme, um die Mitarbeitermotivation zu fördern und individuelle Ziele an den strategischen Unternehmenszielen auszurichten.[180] Schließlich ist der Aspekt „Menschen“ dafür verantwortlich, die Fähigkeiten und Einstellungen der Beschäftigten an der Unternehmensstrategie auszurichten. Er umfasst sowohl die Einstellung von neuen als auch die Förderung von bestehenden Mitarbeitern.[181]

2.3.3 Die Organisationsstruktur als zentrales Gestaltungselement

Gemäß der vorgestellten Definition einer „Organisation“ werden in ihr Mitglieder strukturiert, um koordiniert ein übergeordnetes Ziel effektiv und effizient zu erreichen. Obwohl die Organisationsstruktur nur eines von vielen Elementen bei der Organisationsgestaltung darstellt, taucht sie in allen bekannten Organisationsmodellen als zentrales Element auf.[182] Die durch sie geschaffene Ordnung legt nicht nur hierarchische Beziehungen, Kommunikationswege und Kompetenzen fest, sondern vermittelt auch strategische Prioritäten. Damit hat sie einen wichtigen Einfluss auf die Verwirklichung der Unternehmensstrategie und der Geschäftsmodelle. Sie kann sowohl eine fördernde Rolle für ihre Umsetzung einnehmen als auch schlimmstenfalls ein Hindernis darstellen.[183]

Nach DRUCKER hat jede Organisation eine Struktur, unabhängig davon, ob diese unbewusst entstanden ist oder aktiv gestaltet wurde.[184] Eine wohlüberlegte und angepasste Struktur bildet das Fundament für die Leistungsfähigkeit eines Unternehmens: „[...] a poor organization structure makes good performance impossible, no matter how good the individual managers may be. [...] A good organization structure is not [...] the only thing that matters in managing management. Anatomy, after all, is not

[177] Vgl. Galbraith, J. (2014) Designing organizations, S. 20 - 22.
[178] Vgl. Galbraith, J. (2014) Designing organizations, S. 22 - 37.
[179] Vgl. Galbraith, J. (2014) Designing organizations, S. 37 - 44.
[180] Vgl. Galbraith, J. (2014) Designing organizations, S. 44 - 52.
[181] Vgl. Galbraith, J. (2014) Designing organizations, S. 52 - 55.
[182] Vgl. Král, P. / Králová, V. (2016) Changing organizational structure, S. 5170.
[183] Vgl. Kates, A. / Galbraith, J. (2007) Designing your organization, S. 9 - 10; Kindström, D. / Kowalkowski, C. (2015) Service-driven business model innovation, S. 197.
[184] Vgl. Drucker, P. F. (1954) Practice of management, S. 120.

the whole of biology either. But the right organization structure is the necessary foundation; without it the best performance in all other areas of management will be ineffectual and frustrated."[185]

Nach diesem Verständnis hat die Organisationsstruktur einen bedeutenden Einfluss auf die anderen Elemente der Organisation. Auch sticht sie im Vergleich zu den anderen Elementen, z.B. Strategie oder Kultur, durch einen sehr formalen Charakter in der Gestaltung hervor. Sie bestimmt die Leistungsfähigkeit eines Unternehmens und legt damit die Grundlage für den langfristigen Erfolg einer Geschäftsmodellinnovation.[186] Aus diesen Gründen bildet die Organisationsstruktur ein zentrales Element in der Organisationsgestaltung. Insbesondere im Wandel zu einem servicebasierten und digitalen Geschäftsmodell ist ihre aktive Gestaltung ein kritischer Faktor.[187]

2.3.4 Gestaltung der Organisationsstruktur

Die Gestaltung der Organisationsstruktur befindet sich stets in einem Spannungsfeld. Einerseits besteht durch die begrenzten Kapazitäten und Fähigkeiten des Unternehmens ein Zwang zur Arbeitsteilung, da die Gesamtaufgabe einer Unternehmung ab einer bestimmten Größenordnung zu komplex für ein einzelnes Individuum wird.[188] Dadurch wird eine Spezialisierung von einzelnen Tätigkeiten erreicht, die zu einer höheren Produktivität dieser führt.[189] Andererseits entstehen durch die Arbeitsteilung Schnittstellen, die durch Integrationsmaßnahmen überwunden werden müssen, damit die Ziele der Organisation erreicht werden können. Damit wird jedoch die Gesamtproduktivität der Prozesse reduziert.[190] Die Gestaltung der Arbeitsteilung innerhalb dieses Spannungsfeldes geschieht mithilfe einer gleichzeitigen Betrachtung der Aspekte Struktur und Prozess. Ohne Prozesse bedarf es keiner Strukturen und ohne Strukturen können Prozesse nicht effizient ablaufen. Daher handelt es sich bei Prozess und Struktur um zwei Seiten einer Medaille, die beide bei der Gestaltung der Arbeitsteilung betrachtet werden müssen.[191] Diese Sichtweise wird durch die Unterscheidung zwischen der Ablauf- und der Aufbauorganisation deutlich.

2.3.4.1 Ablauf- und Aufbauorganisation

Die Unterscheidung zwischen Ablauf- und Aufbauorganisation existiert vor allem in der deutschsprachigen Literatur. Sie wurde in den 1970er Jahren durch KOSIOL ge-

---

[185] Vgl. Drucker, P. F. (1954) Practice of management, S. 226.

[186] Vgl. Král, P. / Králová, V. (2016) Changing organizational structure, S. 5170 - 5171.

[187] Vgl. Bustinza, O. / Bigdeli, A. et al. (2015) Servitization and competitive advantage, S. 54; Plattform Industrie 4.0 (2019) Digital business models, S. 28.

[188] Vgl. Frese, E. / Graumann, M. et al. (2019) Grundlagen der Organisation, S. 4.

[189] Vgl. Vahs, D. (2015) Organisation, S. 207.

[190] Vgl. Bergsmann, S. (2012) Geschäftsprozessmanagement, S. 257.

[191] Vgl. Kosiol, E. (1976) Organisation der Unternehmung, S. 32; Bach, N. / Brehm, C. et al. (2017) Organisation, S. 15.

prägt.[192] Diese Unterscheidung existiert jedoch nicht in der englischsprachigen Literatur, was sich im Leitsatz „structure follows process follows strategy“ widerspiegelt (vgl. Kap. 2.2.5).[193] In seiner Bedeutung ist „structure“ mit dem deutschen Wort „Aufbauorganisation“ und „process“ mit „Ablauforganisation“ vergleichbar. Aufgrund des starken Einflusses der angelsächsischen Autoren wurde jedoch im deutschsprachigen Raum lange „Organisationsstruktur“ mit „Aufbauorganisation“ gleichgesetzt. Es ist vor allem das Verdienst des deutschen Ökonomen GAITANIDES, der mit seinem Werk „Prozessorganisation“[194] die Bedeutung der Ablauforganisation aufrechterhalten hat.[195] Vor diesem Hintergrund sind Prozess (Ablauforganisation) und Struktur (Aufbauorganisation) zwei Seiten einer Medaille.[196] Das Verständnis dieser beiden Begriffe in der vorliegenden Arbeit kann wie folgt beschrieben werden:

Aufbauorganisation: Die Aufbauorganisation beschreibt die statische Infrastruktur einer Organisation. Durch sie werden die einzelnen Tätigkeiten, die sich aus der Arbeitsteilung ergeben, auf organisatorische Einheiten (Aufgabenträger) verteilt.[197] Somit werden Tätigkeiten sinnvoll zu Stellen, d.h. den kleinsten Organisationseinheiten eines Unternehmens, kombiniert.[198] Das sichtbarste Ergebnis der Aufbauorganisation ist das Organigramm.[199]

Ablauforganisation: Die Ablauforganisation beschreibt die dynamische Sicht der Organisation.[200] In ihr werden die einzelnen Tätigkeiten, die sich aus der Arbeitsteilung ergeben, sinnvoll in einem Ablauf festgelegt.[201] Somit entstehen Arbeitsprozesse, die die Tätigkeiten miteinander verketten. Ebenso werden ihre Reihenfolge, Dauer und räumliche Durchführung festlegt.[202] Damit spiegelt die Ablauforganisation die Prozesssicht der Organisationsstruktur wider.

Erst die gemeinsame Betrachtung der Aufbau- und Ablauforganisation definiert die vollständige Organisationsstruktur. So bietet bspw. erst die detaillierte Beschreibung der Prozesse die Möglichkeit, die benötigte Anzahl von Mitarbeitern in den einzelnen Bereichen der Aufbauorganisation zu ermitteln.[203] Diese Abhängigkeit wird auch im klassischen Vorgehen zur Gestaltung der Aufbauorganisation deutlich.

---

[192] Vgl. Kosiol, E. (1976) Organisation der Unternehmung, S. 32; Schuh, G. / Gudergan, G. / Klimek, G. (2016) Organisation industrieller Dienstleistungen, S. 235.

[193] Vgl. Osterloh, M. / Frost, J. (2006) Prozessmanagement als Kernprozess, 40, 136.

[194] Erstmalig erschienen im Jahr 1983, Vahlen Verlag, München

[195] Vgl. Osterloh, M. / Frost, J. (2006) Prozessmanagement als Kernprozess, S. 136.

[196] Vgl. Hellmich, K. (2003) Kundenorientierte Auftragsabwicklung, S. 21.

[197] Vgl. Hellmich, K. (2003) Kundenorientierte Auftragsabwicklung, S. 21; Bea, F. / Göbel, E. (2019) Organisation, S. 238.

[198] Vgl. Schulte-Zurhausen, M. (2014) Organisation, S. 163; Vahs, D. (2015) Organisation, S. 61.

[199] Vgl. Bea, F. / Göbel, E. (2019) Organisation, S. 238.

[200] Vgl. Hellmich, K. (2003) Kundenorientierte Auftragsabwicklung, S. 21.

[201] Vgl. Schuh, G. / Gudergan, G. / Klimek, G. (2016) Organisation industrieller Dienstleistungen, S. 235.

[202] Vgl. Kugeler, M. / Vieting, M. (2012) Prozessorientierte Aufbauorganisation, S. 229.

[203] Vgl. Küsell, F. (2006) Praxishandbuch Unternehmensgründung, S. 226.

2.3.4.2 Klassisches Vorgehen bei der Gestaltung der Organisationsstruktur

Das klassische Vorgehen bei der Gestaltung der Organisationsstruktur geht auf KOSIOL zurück.[204] Der Autor teilt das Vorgehen grundlegend in die Schritte Aufgabenanalyse und Aufgabensynthese (siehe Abbildung 2-12).

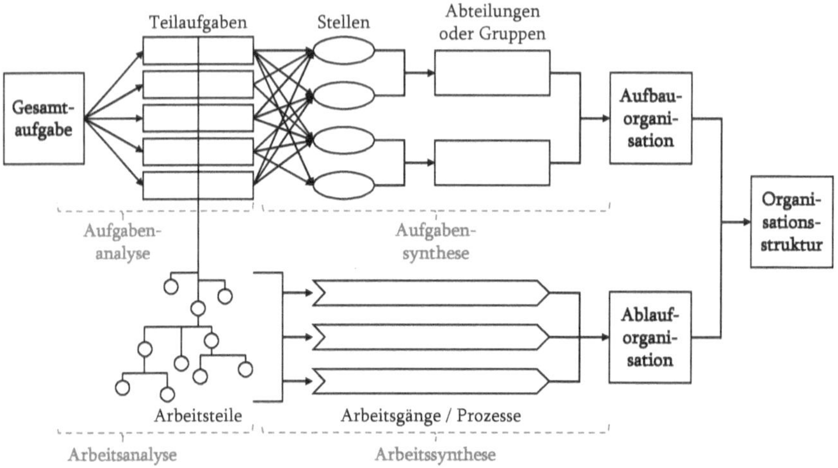

Abbildung 2-12: Klassisches Vorgehen bei der Gestaltung der Organisationsstruktur nach KOSIOL[205]

In der *Aufgabenanalyse* wird die Gesamtaufgabe der Organisation in Teilaufgaben gegliedert. Dabei ist es unerheblich, welche Einzelaufgaben von welcher Arbeitskraft bzw. von welcher Stelle verrichtet werden. Dadurch soll ein Überblick über die überhaupt vorhandenen und zu verteilenden Einzelaufgaben gewonnen werden. In der *Aufgabensynthese* werden Teilaufgaben auf menschliche Arbeitskräfte verteilt und zusammengefasst. Dadurch werden organisatorische Stellen gebildet und Personen diesen Stellen zugeordnet.[206]

Obwohl KOSIOL die gegenseitigen Wechselwirkungen zwischen Arbeitsaufgaben und Arbeitsabläufen erkennt,[207] folgt die *Arbeitsanalyse* auf die Aufgabenanalyse. Sie gibt, wie auch die Aufgabenanalyse, einen Überblick über die Gesamtheit aller anfallenden Einzelaufgaben, jedoch mit dem Unterschied, dass sie die Vorgänge zu deren Erfüllung betont. Der Übergang zwischen Aufgaben- und Arbeitsanalyse ist grundsätzlich auf verschiedenen Höhen ansetzbar und kann vom Unternehmen abhängen. Die sich an-

[204] Vgl. Kugeler, M. / Vieting, M. (2012) Prozessorientierte Aufbauorganisation, S. 256.

[205] Eigene Darstellung basierend auf: Kosiol, E. (1976) Organisation der Unternehmung, S. 240; Bleicher, K. (1991) Organisation, S. 49.

[206] Vgl. Kosiol, E. (1976) Organisation der Unternehmung, S. 32 - 33.

[207] Vgl. Kosiol, E. (1976) Organisation der Unternehmung, S. 188.

schließende *Arbeitssynthese* fügt die einzelnen Arbeitsteile zu Arbeitsgängen zusammen und bestimmt sowohl deren zeitliche als auch räumliche Anordnung.[208] Somit entsteht durch die funktionale Betrachtung die Aufbauorganisation und durch die prozessuale Betrachtung die Ablauforganisation. In der Gesamtheit bilden sie die Organisationsstruktur.

2.3.5 Grundformen der Aufbauorganisation als das sichtbare Ergebnis der Organisationsgestaltung

Im Vergleich zur Ablauforganisation bildet die Aufbauorganisation das sichtbare Ergebnis der Organisationsgestaltung und erhält daher einen besonderen Stellenwert in der betrieblichen Praxis. Durch sie wird die Verteilung von Aufgabeninhalten und damit auch von Ansehen, Entlohnung, Position und Macht bestimmt.[209] Für die Aufbauorganisation existieren einige klassische Formen, die im Folgenden vorgestellt werden. Dabei muss sowohl ein Prinzip für die Stellenbildung (siehe Kap. 2.3.5.1) als auch ein Prinzip für die Leitung (siehe Kap. 2.3.5.2) gewählt werden.

2.3.5.1 Strukturierungsprinzipien für die Stellenbildung

Ein Strukturierungsprinzip für die Stellenbildung ist notwendig, um die zweckmäßige Beziehung zwischen den Bereichen eines Unternehmens zu definieren.[210] In der klassischen Organisationslehre werden die zwei grundlegenden Prinzipien der funktionalen und divisionalen Stellenbildung unterschieden (siehe Abbildung 2-13).[211]

Funktionale Strukturierung für die Stellenbildung

Beim *funktionalen* Strukturierungsprinzip werden gleichartige Verrichtungen zu Aufgabenkomplexen zusammengefasst. Daher wird es auch das *Verrichtungsprinzip* genannt. Dabei können sich Mitarbeiter in einer Tätigkeit spezialisieren und somit gezielter und effizienter zur Problemlösung beitragen. Ein weiterer wesentlicher Vorteil ist die hohe Ressourceneffizienz, da ähnliche Ressourcen gut koordiniert werden können. Außerdem können die Aufgabenbereiche gut abgegrenzt und kontrolliert werden. Auch kann die Unterteilung der Aufgaben so gestaltet werden, dass gezielt Berufsbilder angesprochen werden können, um die Akquise neuer Mitarbeiter zu erleichtern.[212] Den Vorteilen stehen jedoch auch einige Nachteile gegenüber. So wird eine hohe Anzahl von Schnittstellen erzeugt, die die Gesamteffizienz der Unternehmensprozesse verringern. Auch werden Verbesserungsmaßnahmen in vielen Fällen

[208] Vgl. Kosiol, E. (1976) Organisation der Unternehmung, S. 190 - 191.

[209] Vgl. Kugeler, M. / Vieting, M. (2012) Prozessorientierte Aufbauorganisation, S. 231 - 232; Bea, F. / Göbel, E. (2019) Organisation, S. 238.

[210] Vgl. Thommen, J.-P. / Achleitner, A.-K. / Gilbert, D. (2020) Betriebswirtschaftslehre, S. 512 - 513.

[211] Vgl. Jones, G. / Bouncken, R. (2008) Organisation, S. 241 - 246; Kugeler, M. / Vieting, M. (2012) Prozessorientierte Aufbauorganisation, S. 242.

[212] Vgl. Kugeler, M. / Vieting, M. (2012) Prozessorientierte Aufbauorganisation, S. 243; Thommen, J.-P. / Achleitner, A.-K. / Gilbert, D. (2020) Betriebswirtschaftslehre, S. 512.

auf die eigene Abteilung begrenzt.[213] Die funktionale Aufbauorganisation stellt das intuitivste Gestaltungsprinzip dar. Dies liegt darin begründet, dass die uns bekannte Gesellschaft ebenfalls häufig nach Spezialisierung organisiert ist. So sind Bildungseinrichtungen, Gerichte und Regierungsorgane ebenfalls meist nach Fachbereichen unterteilt.[214] Daher sind auch die meisten heutigen Unternehmen funktionsorientiert.[215]

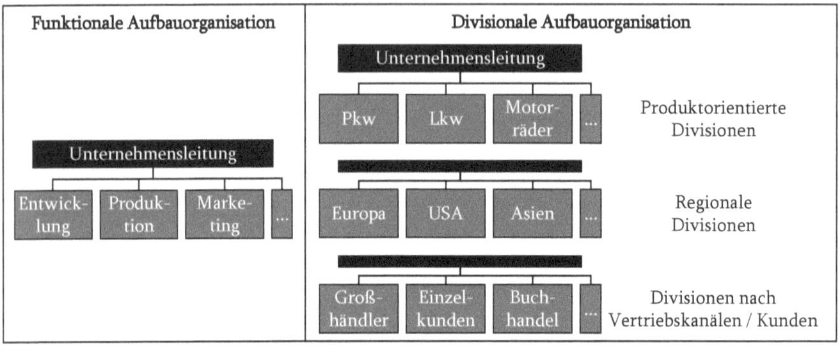

Abbildung 2-13: Grundformen der Aufbauorganisation durch Strukturierungsprinzipien für die Stellenbildung [216]

Divisionale Strukturierung für die Stellenbildung

Beim *divisionalen* Strukturierungsprinzip werden nicht gleichartige Verrichtungen, sondern Objekte zu Aufgabenkomplexen zusammengefasst. Daher wird es auch die *objektorientierte* Aufbauorganisation genannt. Die Objekte können unterschiedliche Aspekte darstellen. So kann die Strukturierung bspw. nach Produkten, Regionen, Vertriebskanälen oder Kunden erfolgen.[217] Häufig geht die Bildung von Divisionen mit der Delegation von Ergebnisverantwortung einher, wodurch Divisionen häufig ein hohes Maß an Autonomie erhalten.[218] Dies ist vor allem für große Unternehmen sinnvoll, weshalb die divisionale Strukturierung in diesen besonders weit verbreitet ist.[219]

Die Vorteile der divisionalen Aufbauorganisation unterscheiden sich nach dem Objekt, nach dem die Strukturierung vorgenommen wird. Allgemein bezwecken sie eine spezifische Ausrichtung und einen hohen Fokus auf diese Objekte. Auch ist eine Erfolgszurechnung zu den Divisionen vereinfacht, da sie über eine eigene Ergebnisverantwortung verfügen. Das hohe Maß an Autonomie kann auch die Motivation der

---

[213] Vgl. Kugeler, M. / Vieting, M. (2012) Prozessorientierte Aufbauorganisation, S. 243.
[214] Vgl. Galbraith, J. (2014) Designing organizations, S. 26 - 27.
[215] Vgl. Galbraith, J. (2014) Designing organizations, S. 26 - 27.
[216] I.A.a. Thommen, J.-P. / Achleitner, A.-K. / Gilbert, D. (2020) Betriebswirtschaftslehre, S. 513.
[217] Vgl. Jones, G. / Bouncken, R. (2008) Organisation, S. 243; Kugeler, M. / Vieting, M. (2012) Prozessorientierte Aufbauorganisation, S. 243; Galbraith, J. (2014) Designing organizations, S. 27 - 30.
[218] Vgl. Kugeler, M. / Vieting, M. (2012) Prozessorientierte Aufbauorganisation, S. 243 - 244.
[219] Vgl. Frese, E. / Graumann, M. et al. (2019) Grundlagen der Organisation, S. 354.

einzelnen Divisionen positiv beeinflussen. Außerdem verfügen die Divisionen über ein hohes Maß an Flexibilität. Den Vorteilen stehen jedoch ebenfalls einige Nachteile gegenüber. So können unterschiedliche Divisionen miteinander konkurrieren, was nur durch einen hohen Koordinationsaufwand vermieden werden kann. Das hohe Maß an Autonomie kann dazu führen, dass Divisionen lieber eigene Ziele als das übergeordnete Unternehmensziel verfolgen. Auch können vergleichbare Ressourcen gleichzeitig in mehreren Divisionen existieren. Deren Unteilbarkeit kann zu einem Effizienzverlust in der Nutzung dieser Ressourcen führen.[220]

Mischformen in der Strukturierung für die Stellenbildung

Das Strukturierungsprinzip auf der obersten Hierarchieebene bestimmt nicht automatisch die Prinzipien der anderen Ebenen.[221] Wird auf der obersten Ebene funktionsorientiert und auf den unteren divisional strukturiert, so wird von einer Verrichtungszentralisation mit Objektdezentralisation gesprochen. Wird jedoch auf der obersten Ebene divisional und auf den unteren funktionsorientiert strukturiert, so wird von einer Objektzentralisation mit einer Verrichtungsdezentralisation gesprochen.[222]

Vor allem die divisionale Strukturierung geht in der betrieblichen Wirklichkeit meist mit einer Mischform einher. Eine Unterteilung nach Divisionen findet meist nur auf den oberen Unternehmensebenen statt. In der weiteren Untergliederung der Organisation ist sie meist wieder rein funktional aufgestellt.[223] Daher stehen funktionale und divisionale Organisationen vor vergleichbaren Herausforderungen bezüglich ihrer Unternehmensprozesse (siehe Kap. 2.4).

Es lassen sich jedoch auch Aufbauorganisationen finden, die unterschiedliche Prinzipien auf einer Hierarchieebene anwenden. So können auf der obersten Hierarchieebene sowohl Funktionsbereiche (z.B. Einkauf), Produktbereiche als auch Regionen vertreten sein. Eine solche Organisation kann bspw. durch die historische Entwicklung des Unternehmens entstanden sein. Alternativ kann sie auch bewusst entwickelt werden, um die Bedeutung einzelner Unternehmensbereiche hervorzuheben oder einen bestimmten Führungsstil im Unternehmen ausdrücken.[224]

2.3.5.2 Strukturierungsprinzipien für die Leitung der Organisation

Ein Strukturierungsprinzip für die Leitung wird benötigt, um die Führungs- und Kommunikationsbeziehungen zwischen den einzelnen Stellen zu definieren.[225] Dadurch werden nicht nur die Machtbeziehungen in der Organisation bestimmt, sondern auch

[220] Vgl. Kugeler, M. / Vieting, M. (2012) Prozessorientierte Aufbauorganisation, S. 244.
[221] Vgl. Kugeler, M. / Vieting, M. (2012) Prozessorientierte Aufbauorganisation, S. 242.
[222] Vgl. Thommen, J.-P. / Achleitner, A.-K. / Gilbert, D. (2020) Betriebswirtschaftslehre, S. 514.
[223] Vgl. Schmelzer, H. / Sesselmann, W. (2020) Geschäftsprozessmanagement, S. 300.
[224] Vgl. Thommen, J.-P. / Achleitner, A.-K. / Gilbert, D. (2020) Betriebswirtschaftslehre, S. 513 - 515.
[225] Vgl. Thommen, J.-P. / Achleitner, A.-K. / Gilbert, D. (2020) Betriebswirtschaftslehre, S. 512 - 513.

die Zusammenarbeit der einzelnen Abteilungen geregelt.[226] Prinzipiell wird zwischen dem Einlinien- und dem Mehrliniensystem unterschieden (siehe Abbildung 2-14).[227]

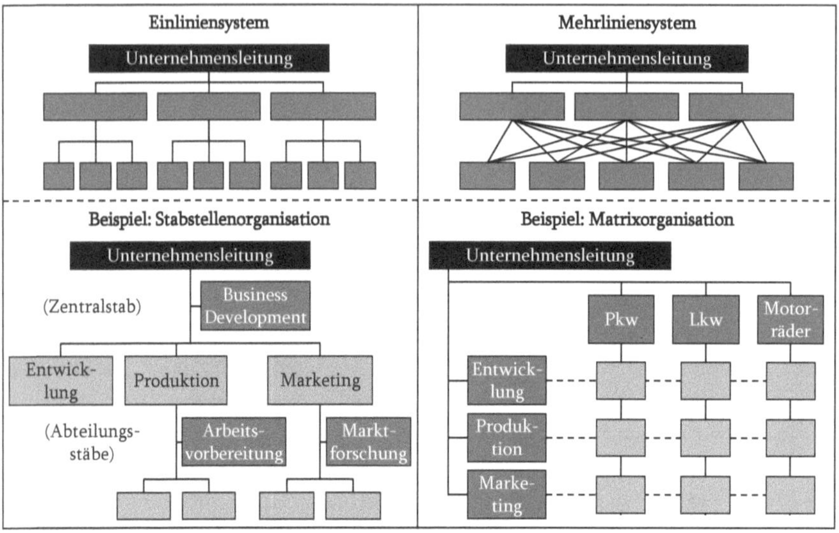

Abbildung 2-14: Grundformen der Aufbauorganisation durch Strukturierungsprinzipien für die Leitung der Organisation [228]

Einliniensystem

Beim *Einliniensystem* erhält eine nachgeordnete Stelle Anweisungen ausschließlich von einer ihr direkt vorgesetzten Leitungsstelle. Die Organisation ist somit stark hierarchieorientiert.[229] Dadurch werden die Kommunikationsbeziehungen klar geregelt, womit eine reibungslose Koordination erleichtert wird. Die so entstandene Aufbauorganisation ist vergleichsweise einfach, klar und übersichtlich. Die Kompetenzen und Verantwortungen sind klar abgegrenzt. Nachteilig sind die Starrheit der Organisation, die Länge und Umständlichkeit der Dienstwege sowie die starke Auslastung der Zwischeninstanzen zu nennen.[230]

---

226 Vgl. Schuh, G. / Gudergan, G. / Klimek, G. (2016) Organisation industrieller Dienstleistungen, S. 236.

227 Vgl. Jones, G. / Bouncken, R. (2008) Organisation, S. 247; Schuh, G. / Gudergan, G. / Klimek, G. (2016) Organisation industrieller Dienstleistungen, S. 236; Thommen, J.-P. / Achleitner, A.-K. / Gilbert, D. (2020) Betriebswirtschaftslehre, S. 512.

228 [Einlinien- und Mehrliniensystem] I.A.a. Bach, N. / Brehm, C. et al. (2017) Organisation, S. 273. [Stabstellenorganisation] I.A.a. Thommen, J.-P. / Achleitner, A.-K. / Gilbert, D. (2020) Betriebswirtschaftslehre, S. 517 [Matrixorganisation] Eigene Darstellung basierend auf: Schuh, G. / Gudergan, G. / Klimek, G. (2016) Organisation industrieller Dienstleistungen, S. 239; Thommen, J.-P. / Achleitner, A.-K. / Gilbert, D. (2020) Betriebswirtschaftslehre, S. 521.

229 Vgl. Vahs, D. (2015) Organisation, S. 108.

230 Vgl. Bach, N. / Brehm, C. et al. (2017) Organisation, S. 273.

Um die Nachteile eines reinen funktionalen Einliniensystems auszugleichen, können *Stabstellen* eingeführt werden. Eine Stabstelle wird als spezialisierte Hilfsstelle für die Organisationsleitung ohne Entscheidungs- und Weisungsbefugnis definiert. Damit hat sie eine reine beratende oder kontrollierende Funktion.[231] Die ihnen zugeordneten Instanzen können entlastet und Entscheidungsprozesse besser vorbereitet werden.[232] Wird eine Stabstelle auf der obersten Hierarchieebene eingesetzt, spricht man von einem Zentralstab. Beim Einsatz einer Stabstelle auf der Abteilungsebene wird dagegen von einem Abteilungsstab gesprochen.[233]

Die Beziehung zwischen Stabstellen und der untergeordneten Linienorganisation wird häufig als problematisch beschrieben. Einerseits werden Stabstellen häufig von sehr gut ausgebildeten Akademikern besetzt und verfügen über eine hohe Informationsautorität. Ihre Analysen und Empfehlungen wirken sich oft entscheidend auf die Linienorganisation aus. Jedoch sind Stabstellen relativ weit vom operativen Geschäft entfernt. Sie verfügen, wie bereits erwähnt, über keine Entscheidungs- und Weisungsbefugnis und müssen in der Regel keine Verantwortung für die Umsetzung von Maßnahmen tragen. Daher werden sie häufig von der Linienorganisation als Theoretiker bezeichnet. Befürworter halten dagegen, dass die notwendige Expertise der Stabstellen wirtschaftlich kaum anderweitig vorgehalten werden kann.[234]

Mehrliniensystem

Beim *Mehrliniensystem* dagegen ist jede Stelle mehreren übergeordneten Stellen unterstellt. Die Idee dahinter ist, dass Entscheidungen durch Vorgesetzte mit der jeweiligen Fachkompetenz getroffen werden.[235] Dadurch können kürzere Kommunikations- und Reaktionswege entstehen. Auch können Spezialisierungs- und Motivationseffekte bei den Angestellten erreicht werden. Nachteilig sind potenzielle Aufgabenüberschneidungen, Kompetenz- und Verantwortlichkeitskonflikte sowie zum Teil fehlende klare Zuordnung der Gesamtverantwortung zu nennen.[236]

Die *Matrixorganisation* folgt dem Mehrlinienprinzip und nutzt zwei unterschiedliche Strukturierungsprinzipien (vgl. Kap. 2.3.5.1). Häufig wird auf der zweitobersten Hierarchieebene das funktionsorientierte mit einem divisionalen Prinzip (z.B. Produkt) überlagert, um Vorteile aus beiden Prinzipien zu generieren.[237] Möglich ist auch eine horizontale Überlagerung durch ein weiteres divisionales Objekt, z.B. nach Regio-

[231] Vgl. Schuh, G. / Gudergan, G. / Klimek, G. (2016) Organisation industrieller Dienstleistungen, S. 238; Bach, N. / Brehm, C. et al. (2017) Organisation, S. 265.
[232] Vgl. Thommen, J.-P. / Achleitner, A.-K. / Gilbert, D. (2020) Betriebswirtschaftslehre, S. 516.
[233] Vgl. Vahs, D. (2015) Organisation, S. 110.
[234] Vgl. Bach, N. / Brehm, C. et al. (2017) Organisation, S. 265.
[235] Vgl. Jones, G. / Bouncken, R. (2008) Organisation, S. 247.
[236] Vgl. Bach, N. / Brehm, C. et al. (2017) Organisation, S. 273; Thommen, J.-P. / Achleitner, A.-K. / Gilbert, D. (2020) Betriebswirtschaftslehre, S. 515.
[237] Vgl. Jones, G. / Bouncken, R. (2008) Organisation, S. 48; Vahs, D. (2015) Organisation, S. 110 - 111.

nen.[238] In einer Matrixorganisation erhält eine Stelle Anweisungen von zwei übergeordneten Leitungsstellen. Dabei wird die Annahme getroffen, dass verschiedene Standpunkte und fachliche Auseinandersetzungen soll die Qualität der Entscheidungsfindung verbessern.[239] Auch sollen Kommunikationswege vor allem bei der Lösung komplexer Probleme verkürzt werden.[240] Nachteilig sind der hohe Koordinationsaufwand sowie potenzielle Konflikte innerhalb der Organisation. Dadurch können Entscheidungsfindungsprozesse wiederum wertvolle Zeit verlieren. Auch können unter Umständen suboptimale Kompromisse geschlossen werden.[241]

In der Praxis treten die hier vorgestellten idealtypischen Grundformen der Aufbauorganisation selten in reiner Form auf. Dafür lassen sich häufig fließende Übergangsformen beobachten. Zudem durchlaufen Unternehmen in ihrer Geschichte unterschiedliche Formen der Aufbauorganisation. So kann in vielen Fällen die Entwicklung von einer reinen Einlinienstruktur über eine Stabstellenorganisation zu einer Matrixorganisation beobachten werden. Das entscheidende Kriterium dabei ist stets die Größe der Organisation.[242] Zudem kann ein Trend hin zum Mehrliniensystem, insbesondere zur Matrixorganisation beobachtet werden.[243]

2.4 Prozessorientierte Gestaltung der Aufbauorganisation

Das klassische Vorgehen zur Gestaltung der Organisationsstruktur nach Kosiol (vgl. Abbildung 2-12) sieht in der Phase der Aufgabenanalyse davon ab, die zeitliche Anordnung einzelner Arbeitsgänge zu untersuchen.[244] Dadurch entsteht eine reine funktionale Sicht der Arbeitsteilung. Die Betrachtung der Ablauforganisation, d.h. der Prozesse, erfolgt i.d.R. nachträglich, nachdem bereits Stellen und die Aufbauorganisation festgelegt wurden.[245] Während damit vor allem hohe Spezialisierungseffekte und eine hohe Ressourceneffizienz in den Funktionen erreicht werden können, werden auch einige Nachteile erzeugt (siehe Abbildung 2-15). Die divisionale Aufbauorganisation ist von diesen Nachteilen nicht ausgenommen, da die Unterteilung nach Objekten nur

---

[238] Vgl. Bach, N. / Brehm, C. et al. (2017) Organisation, S. 296.

[239] Vgl. Schuh, G. / Gudergan, G. / Klimek, G. (2016) Organisation industrieller Dienstleistungen, S. 239; Thommen, J.-P. / Achleitner, A.-K. / Gilbert, D. (2020) Betriebswirtschaftslehre, S. 522.

[240] Vgl. Vahs, D. (2015) Organisation, S. 111.

[241] Vgl. Thommen, J.-P. / Achleitner, A.-K. / Gilbert, D. (2020) Betriebswirtschaftslehre, S. 522.

[242] Vgl. Thommen, J.-P. / Achleitner, A.-K. / Gilbert, D. (2020) Betriebswirtschaftslehre, S. 527 - 528.

[243] Vgl. Galbraith, J. (2014) Designing organizations, S. 54 - 55.

[244] Vgl. Kosiol, E. (1976) Organisation der Unternehmung, S. 32.

[245] Vgl. Kugeler, M. / Vieting, M. (2012) Prozessorientierte Aufbauorganisation, S. 256; Vgl. Vahs, D. (2015) Organisation, S. 207.

auf den oberen Unternehmensebenen stattfindet. In der weiteren Untergliederung der Organisation ist sie i.d.R. wieder rein funktional aufgestellt (vgl. Kap. 2.3.5.1).[246]

	Funktionale bzw. divisionale Aufbauorganisation	Prozessorientierte Aufbauorganisation
Vorteile	• Hohe Spezialisierung der Mitarbeiter • Hohe Kosteneffizienz der Funktionen	• Starke Kundenorientierung • Geringe Anzahl an Schnittstellen • Hohe Gesamteffizienz der Prozesse • Höhere Anpassungsflexibilität
Nachteile	• Schwache Kundenorientierung • Viele Schnittstellen • Geringe Gesamteffizienz der Prozesse • Geringere Anpassungsflexibilität	• Geringe Spezialisierung der Mitarbeiter • Niedrige Kosteneffizienz der Funktionen

Abbildung 2-15: Vor- und Nachteile der funktionalen und der prozessorientierten Aufbauorganisation [247]

Mit der Funktionsorientierung ist in erster Linie eine stärkere Hierarchisierung verbunden. Daraus entstehen Handlungs- und Denkweisen bei Management und Mitarbeitern, die sich in „Silos" und „Machtzentren" eingrenzen. Fragen nach der Zuständigkeit nehmen oftmals einen breiteren Raum ein als Fragen nach dem Kundennutzen. Aufgrund der undurchsichtigen Wertschöpfungsprozesse erfährt ein einzelner Mitarbeiter nicht mehr unmittelbar die Auswirkung seiner Arbeit auf die Kundenzufriedenheit. So wird eine konsequente Kundenorientierung verhindert.[248] Ein weiterer großer Nachteil funktionsorientierter Aufbauorganisationen ist die große Anzahl an Schnittstellen entlang der Unternehmensprozesse. Diese bilden Hindernisse in der Organisation, da sie typischerweise mit Fehlern, Störungen, Missverständnissen, Divergenzen in der Zielverfolgung und Hürden für Informationsflüsse einhergehen können. So werden bspw. Informationen unvollständig bzw. mangelhaft weitergegeben und Bereiche schotten sich gegeneinander ab. Dadurch entstehen nicht wertschöpfende Dysfunktionalitäten.[249] So geht wertvolle Zeit verloren und es entstehen hohe Prozesskosten sowie längere Durchlaufzeiten.[250]

Diese Nachteile resultieren schließlich in einer geringeren Anpassungsflexibilität der Organisation. Solange die Unternehmensumwelt relativ stabil bleibt, überwiegen die

[246] Vgl. Schmelzer, H. / Sesselmann, W. (2020) Geschäftsprozessmanagement, S. 300.

[247] I.A.a. Jones, G. / Bouncken, R. (2008) Organisation, S. 263 - 269; Kugeler, M. / Vieting, M. (2012) Prozessorientierte Aufbauorganisation; Vahs, D. (2015) Organisation, S. 207 - 214; Bach, N. / Brehm, C. et al. (2017) Organisation, S. 289; Picot, A. / Dietl, H. / Franck, E. (2020) Organisation, S. 287 - 298; Schmelzer, H. / Sesselmann, W. (2020) Geschäftsprozessmanagement, S. 297 - 303.

[248] Vgl. Bach, N. / Brehm, C. et al. (2017) Organisation, S. 288; Vgl. Schmelzer, H. / Sesselmann, W. (2020) Geschäftsprozessmanagement, S. 297 - 300.

[249] Vgl. Schuh, G. / Friedli, T. / Kurr, M. (2007) Prozessorientierte Reorganisation, S. 9; Vahs, D. (2015) Organisation, S. 207 - 208.

[250] Vgl. Jones, G. / Bouncken, R. (2008) Organisation, S. 263; Kugeler, M. / Vieting, M. (2012) Prozessorientierte Aufbauorganisation, S. 233; Schmelzer, H. / Sesselmann, W. (2020) Geschäftsprozessmanagement, S. 298.

Vorteile einer funktionsorientierten Aufbauorganisation. Sobald jedoch der Beschaffungs- und Absatzmarkt eine gewisse Marktdynamik übersteigen, kommen die Flexibilitätsnachteile und die hohen Prozessreibungskosten deutlich zum Tragen.[251]

Die Nachteile der funktionsorientierten Aufbauorganisation können durch eine verstärkte Prozessorientierung kompensiert werden. Dafür dient die Ablauforganisation als Basis für die Gestaltung der Aufbauorganisation. Durch das Denken in Prozessen wird der einzelne Mitarbeiter für die Anforderungen des Gesamtprozesses sensibilisiert. Er erkennt besser die Auswirkung seiner Handlungen auf die Bereiche, die im Prozess ihm vor- und nachgelagert sind.[252] Dadurch wird eine hohe Kundenorientierung aller Prozessbeteiligten erreicht.[253] So konnten empirische Studien belegen, dass auf Geschäftsprozesse ausgelegte Unternehmen erfolgreicher sind als funktionsorientierte Unternehmen.[254]

2.4.1 Grundlagen des Geschäftsprozessmanagements

2.4.1.1 Prozesse in produzierenden Unternehmen

Der Begriff „Prozess“ stammt aus dem lateinischen „procedere“ und kann mit „vorwärts bewegen“ übersetzt werden.[255] Aus Sicht des Qualitätsmanagements wird er definiert als ein „Satz zusammenhängender oder sich gegenseitig beeinflussender Tätigkeiten, der Eingaben zum Erzielen eines vorgesehenen Ergebnisses verwendet“.[256] Diese Definition ist jedoch sehr allgemein und lässt Ziel, Anstoß, Reichweite, Inhalt, Struktur, Ergebnisse sowie Empfänger des Prozesses offen. Demnach kann bereits die Verknüpfung weniger Aktivitäten zur Erstellung eines Arbeitsergebnisses als Prozess bezeichnet werden.[257] Zur besseren Strukturierung und Steuerung von Prozessen werden diese daher hauptsächlich in die drei Kategorien Kern-, Unterstützungs- und Führungsprozesse unterteilt.[258]

Kernprozesse, auch *Primär-*, *Haupt-* oder *Geschäftsprozesse* genannt, tragen unmittelbar zur Erstellung, Vermarktung und Betreuung eines Produkts oder einer Dienstleistung bei. Sie stiften einen direkten und wahrnehmbaren Kundennutzen. Hierzu zählen bspw. der Vertriebsprozess, die Auftragsabwicklung, der Entwicklungsprozess, der Fertigungs- bzw. Montageprozess sowie der Dienstleistungsprozess.[259] Klassischer-

[251] Vgl. Picot, A. / Dietl, H. / Franck, E. (2020) Organisation, S. 287.
[252] Vgl. Schuh, G. / Friedli, T. / Kurr, M. (2007) Prozessorientierte Reorganisation, S. 1.
[253] Vgl. Schmelzer, H. / Sesselmann, W. (2020) Geschäftsprozessmanagement, S. 301.
[254] Vgl. McCormack, K. (2001) Business process orientation, S. 54; Dumas, M. / La Rosa, M. et al. (2018) Fundamentals of BPM, S. 14.
[255] Vgl. Lewis, C. T. / Short, C. (1879) A Latin dictionary, S. 1450.
[256] DIN (2015) DIN EN ISO 9000:2015, S. 33.
[257] Vgl. Schmelzer, H. / Sesselmann, W. (2020) Geschäftsprozessmanagement, S. 63.
[258] Vgl. Picot, A. / Dietl, H. / Franck, E. (2020) Organisation, S. 287.
[259] Vgl. Schuh, G. / Friedli, T. / Kurr, M. (2007) Prozessorientierte Reorganisation, S. 16; Schulte-Zurhausen, M. (2014) Organisation, S. 55; Picot, A. / Dietl, H. / Franck, E. (2020) Organisation, S. 287.

weise verfügen Unternehmen nur über wenige Kernprozesse, durch die sie sich jedoch von der Konkurrenz abheben.[260]

Unterstützungsprozesse, auch *Sekundärprozesse* genannt, stellen die Betriebsbereitschaft und Durchführung der Primärprozesse sicher. Sie stellen insbesondere alle notwendigen Ressourcen bereit, z.B. Personen, Informationen und Sachmittel. Typische Beispiele sind die interne Wartung und Instandhaltung, das Rechnungswesen, die Personalbereitstellung und die Informationsversorgung.[261] Prägendes Merkmal der Unterstützungsprozesse ist ihr fehlender Bezug zum unternehmensexternen Markt. Somit besitzen Unterstützungsprozesse lediglich unternehmensinterne Kunden.[262]

Die Zusammenwirkung von Kern- und Unterstützungsprozessen wird im weit verbreiteten Modell der Wertkette nach PORTER dargestellt (siehe Abbildung 2-16). Für eine detaillierte Erläuterung von diesem sei auf weiterführende Werke verwiesen.[263]

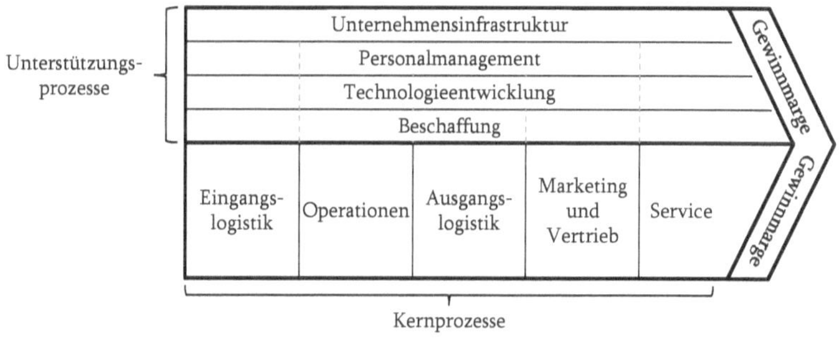

Abbildung 2-16: Wertkette nach PORTER[264]

In der wissenschaftlichen Literatur werden zusätzlich *Führungs-* bzw. *Management-prozesse* beschrieben. Diese beinhalten alle Maßnahmen zur Koordination der Kern- und Unterstützungsprozesse. Sie werden eingesetzt, um das Erreichen der Prozessziele sicherzustellen sowie die Prozesseffizienz und -qualität zu erhöhen. Somit bilden sie eine Art unternehmerische Klammer um alle anderen Prozesse. Typische Beispiele sind unter anderem die strategische Planung, das Controlling sowie die Personalführung.[265] Da Führungsprozesse auch als Koordinationsform gelten, werden sie i.d.R. bei der Gestaltung der Ablauf- und Aufbauorganisation nicht berücksichtigt.[266]

[260] Vgl. Jones, G. / Bouncken, R. (2008) Organisation, S. 266.

[261] Vgl. Jones, G. / Bouncken, R. (2008) Organisation, S. 266; Schulte-Zurhausen, M. (2014) Organisation, S. 55.

[262] Vgl. Speck, M. / Schnetgöke, N. (2012) Sollmodellierung und Prozessoprimierung, S. 205.

[263] Vgl. Porter, M. E. (1985) Competitive advantage, S. 37 - 61; Schulte-Zurhausen, M. (2014) Organisation, S. 58 - 60.

[264] I.A.a. Porter, M. E. (1985) Competitive advantage, S. 37; Schulte-Zurhausen, M. (2014) Organisation, S. 59.

[265] Vgl. Jones, G. / Bouncken, R. (2008) Organisation, S. 266; Bach, N. / Brehm, C. et al. (2017) Organisation, S. 154.

[266] Vgl. Marek, D. (2020) Organisationsdesign, S. 73 - 74.

2.4.1.2 Definition von Geschäftsprozessen

Aufgrund der hohen Bedeutung der Kernprozesse werden diese in der Literatur besonders intensiv untersucht. Dabei hat sich insbesondere der Begriff „Geschäftsprozess" durchgesetzt (engl. business process). Den Grundstein legten HAMMER[267] und DAVENPORT[268], die mit *Business Process Redesign* bzw. *Business Process Reengineering* (beides in der Literatur mit BPR abgekürzt) ein neues Managementkonzept einführten, das die Prozesse eines Unternehmens in den Mittelpunkt setzt. Der Enthusiasmus am Anfang der 1990er Jahre verflog jedoch nach weniger als 10 Jahren. Dennoch haben sich die zugrundeliegenden Ideen der Prozessorientierung bis heute bewährt.[269] Trotz der langen historischen Entwicklung gibt es bis heute keine einheitliche Definition des Begriffes „Geschäftsprozess". HAMMER UND CHAMPY definieren ihn als eine Sammlung von Aktivitäten mit einem oder mehreren Inputs, die einen Output schaffen, der dem Kunden einen Mehrwert bietet.[270] Eine ähnliche Definition wird auch von DAVENPORT beschrieben.[271] Damit sind diese Definitionen der allgemeinen Prozessdefinition nach DIN EN ISO 9000 sehr ähnlich.[272] SCHEER betont noch stärker den Kundenfokus eines Geschäftsprozesses. Demnach fängt ein Geschäftsprozess bei einem Kundenwunsch an und endet mit der Erstellung des von ihm gewünschten Ergebnisses.[273] SCHUH ET AL. betonen, dass der Input eines Geschäftsprozesses von immaterieller Natur sei.[274] Die vorliegende Arbeit orientiert sich vor allem an der umfänglichen Definition nach SCHMELZER UND SESSELMANN:

> „Ein Geschäftsprozess besteht aus der funktions- und organisationsüberschreitenden Integration wertschöpfender Aktivitäten, die von Kunden erwartete Leistungen erzeugen und die aus der Geschäftsstrategie abgeleiteten Prozessziele umsetzen. [...] Geschäftsprozesse beginnen und enden bei Kunden (end-to-end process). Am Anfang eines Geschäftsprozesses stehen die Anforderungen bzw. Erwartungen der Kunden und am Prozessende steht die Bereitstellung der gewünschten Leistungen an den Kunden."[275]

Nach dieser Definition hat die Geschäftsstrategie einen entscheidenden Einfluss auf die Geschäftsprozesse eines Unternehmens. Daher müssen Geschäftsprozesse bei einer Geschäftsmodellinnovation gezielt angepasst werden.[276] Dieser Aspekt soll in der vorliegenden Arbeit gezielt aufgegriffen werden (siehe Kap. 5.2).

---

267 Vgl. Hammer, M. (1990) Reengineering work.
268 Vgl. Davenport, T. (1993) Process innovation.
269 Vgl. Dumas, M. / La Rosa, M. et al. (2018) Fundamentals of BPM, S. 13 - 14.
270 Vgl. Hammer, M. / Champy, J. (2002) Reengineering the corporation, S. 38.
271 Vgl. Davenport, T. (1993) Process innovation, S. 5.
272 DIN (2015) DIN EN ISO 9000:2015, S. 33.
273 Vgl. Scheer, A.-W. (1998) ARIS, S. 3.
274 Vgl. Schuh, G. / Kampker, A. et al. (2011) Prozessmanagement, S. 363.
275 Vgl. Schmelzer, H. / Sesselmann, W. (2020) Geschäftsprozessmanagement, S. 99.
276 Vgl. Zott, C. / Amit, R. (2015) Business model innovation, S. 403.

2.4.2 Prozessorientierte Gestaltung der Aufbauorganisation

Aus der oben genannten Definition wird deutlich, dass die Darstellung der Wertkette nach PORTER nicht mehr geeignet ist, um vor allem dem „end-to-end"-Aspekt von Geschäftsprozessen gerecht zu werden. Stattdessen werden Geschäftsprozesse typischerweise von links nach rechts dargestellt und dabei mehrere Unternehmensfunktionen abgedeckt (siehe Abbildung 2-17).

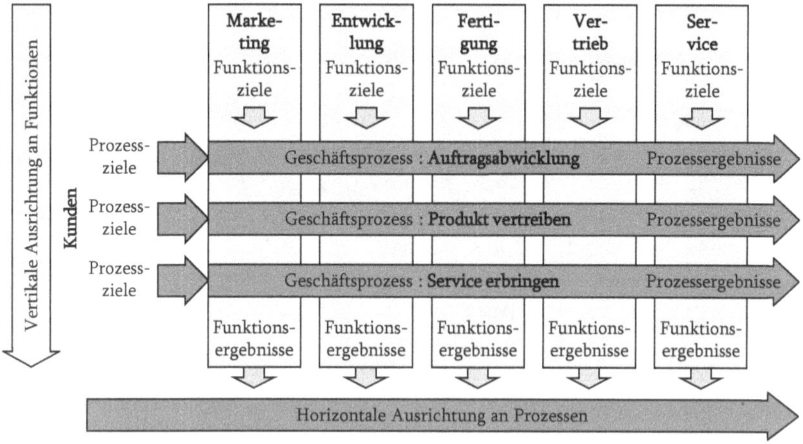

Abbildung 2-17: Idealtypische Prozessorientierung in einer funktionsorientierten Aufbauorganisation [277]

Diese Visualisierung ist gut geeignet, um den Unterschied zwischen einer vertikalen Ausrichtung der Organisation an Funktionen und einer horizontalen Ausrichtung an Prozessen zu verdeutlichen.[278] Sie impliziert jedoch innerhalb einer übergeordnet funktionsorientierten Aufbauorganisation eine idealtypische, klar strukturierte, sequenzielle Abfolge von Prozessschritten, die in der Realität kaum vorkommt.[279] In der betrieblichen Praxis entstehen Missverständnisse und Fehler entlang eines Prozesses, die zu Informationsverlusten, Iterationsschleifen und Prozessverzögerungen führen. Verantwortlich für diese Reibungsverluste sind vor allem Schnittstellen in den Geschäftsprozessen.[280]

KUGELER UND VIETING unterscheiden zwischen drei verschiedenen Formen von Schnittstellen: erstens zwischen zwei Stellen innerhalb der gleichen Organisations-

[277] Eigene Darstellung basierend auf: Gaitanides, M. (2012) Prozessorganisation, S. 52; Bach, N. / Brehm, C. et al. (2017) Organisation, S. 285; Gadatsch, A. (2017) Grundkurs Geschäftsprozess-Management, S. 31; Schmelzer, H. / Sesselmann, W. (2020) Geschäftsprozessmanagement, S. 301.

[278] Vgl. Gadatsch, A. (2017) Grundkurs Geschäftsprozess-Management, S. 31; Schmelzer, H. / Sesselmann, W. (2020) Geschäftsprozessmanagement, S. 69 - 70.

[279] Vgl. Schmelzer, H. / Sesselmann, W. (2020) Geschäftsprozessmanagement, S. 298 - 299.

[280] Vgl. Vahs, D. (2015) Organisation, S. 104.

einheit mit dem Ziel eines Informations- und Materialübergangs; zweitens zwischen zwei Stellen aus zwei unterschiedlichen Organisationseinheiten aufgrund der unterschiedlichen Führungsbeziehungen des Informations- und Materialübergangs; drittens bei einer Stelle, die mehreren Führungspersonen mit unterschiedlichen Prioritäten untersteht, wodurch Schnittstellen bezüglich der unterschiedlichen Anweisungen entstehen. Alle Schnittstellen erzeugen einen hohen Abstimmungsbedarf, binden erhebliche personelle Ressourcen und lähmen den Gesamtprozess.[281]

Um die durch die Schnittstellen verursachten Prozessineffizienzen zu vermeiden und eine hohe Ausrichtung auf den Kunden zu erreichen, muss die Aufbauorganisation so gestaltet sein, dass sie die Geschäftsprozesse optimal unterstützt.[282] Diese Aufgabe zählt gleichermaßen zu den wichtigsten aber auch schwierigsten Fragen im Geschäftsprozessmanagement.[283] Das Ziel ist die Entwicklung einer prozessorientierten Aufbauorganisation, die auch vereinfacht *Prozessorganisation* genannt wird.[284] Die Abläufe werden dabei nicht hinsichtlich ihrer Funktionen, sondern ihres zeitlichen Verlaufs miteinander verknüpft.[285] Die Weisungsbefugnisse für einen Geschäftsprozess erhält ein *Prozessmanager* bzw. *Process Owner*.[286] Dieses Vorgehen wird auch durch den Leitsatz „structure follows process" ausgedrückt (vgl. Kap. 2.2.5).[287] Es steht somit im Gegensatz zum klassischen, funktionsorientierten Ansatz zur Gestaltung der Aufbauorganisation nach Kosiol (vgl. Kap. 2.3.4.2).[288] Rein prozessorientierte Aufbauorganisationen sind Einlinienorganisationen mit Tendenz zur Entscheidungsdezentralisierung, da die Kontrolle und Steuerung der Zielerreichung dezentral in den Geschäftsprozessen durchgeführt wird.[289] In klassischen Organigrammen können die Geschäftsprozesse somit als vertikale Organisationseinheiten dargestellt werden. Es hat sich jedoch durchgesetzt, Geschäftsprozesse horizontal darzustellen, um den end-to-end-Charakter zu verdeutlichen (vgl. Abbildung 2-17). Der Übergang von der klassisch vertikalen zur horizontalen Denkweise wird in Abbildung 2-18 verdeutlicht.

[281] Vgl. Kugeler, M. / Vieting, M. (2012) Prozessorientierte Aufbauorganisation, S. 233 - 234.

[282] Vgl. Schuh, G. / Gudergan, G. / Klimek, G. (2016) Organisation industrieller Dienstleistungen, S. 234.

[283] Vgl. Schmelzer, H. / Sesselmann, W. (2020) Geschäftsprozessmanagement, S. 303.

[284] Vgl. Bach, N. / Brehm, C. et al. (2017) Organisation, S. 284.

[285] Vgl. Jones, G. / Bouncken, R. (2008) Organisation, S. 263.

[286] Vgl. Vanhaverbeke, W. / Torremans, H. (1998) Organizational structure, S. 4; Osterloh, M. / Frost, J. (2006) Prozessmanagement als Kernprozess, S. 118; Jones, G. / Bouncken, R. (2008) Organisation, S. 269; Bergsmann, S. (2012) Geschäftsprozessmanagement, S. 144.

[287] Vgl. Schmelzer, H. / Sesselmann, W. (2020) Geschäftsprozessmanagement, S. 300.

[288] Vgl. Kugeler, M. / Vieting, M. (2012) Prozessorientierte Aufbauorganisation, S. 256.

[289] Vgl. Bach, N. / Brehm, C. et al. (2017) Organisation, S. 285; Schmelzer, H. / Sesselmann, W. (2020) Geschäftsprozessmanagement, S. 302.

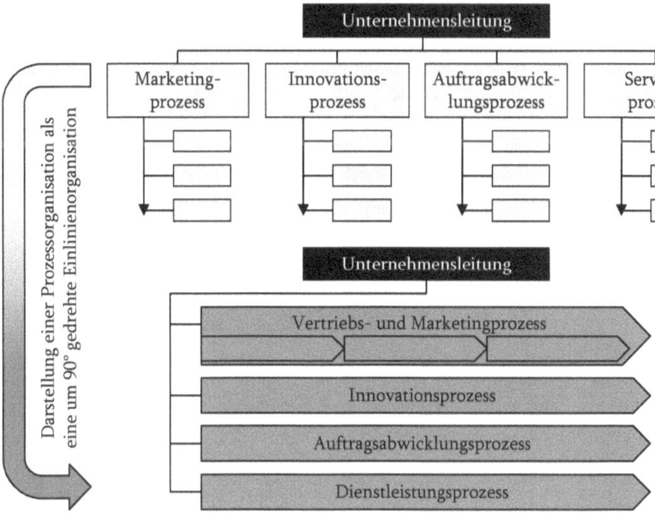

Abbildung 2-18: Übergang der vertikalen zur horizontalen Denkweise einer rein prozessorientierten Aufbauorganisation [290]

2.4.3 Zwischenstufen der prozessorientierten Aufbauorganisation

In der betrieblichen Praxis tun sich Unternehmen schwer, prozessorientierte Aufbauorganisationen einzuführen.[291] Oft wird ein Verlust von Macht und Privilegien befürchtet, was eine rationale Diskussion innerhalb der Organisation erschwert. Daher versuchen viele Unternehmen eine Prozessorientierung einzuführen, indem sie lediglich bestehende Funktionen in Prozesse umbenennen. Dadurch wird jedoch keine höhere Prozessorientierung erreicht.[292] Gleichzeitig ist auch eine reine Prozessorientierung häufig nicht zweckmäßig, da mit ihr ebenfalls Nachteile verbunden sind und die funktionsorientierten Vorteile, z.B. hohe Spezialisierung der Mitarbeiter, vernachlässigt werden (vgl. Abbildung 2-15).[293] Tatsächlich wird eine rein prozessorientierte Aufbauorganisation in der Praxis nur selten angewendet.[294] Dafür werden Zwischenformen einer funktional- und prozessorientierten Aufbauorganisation bevorzugt, um gezielt die jeweiligen Vorteile miteinander zu kombinieren.[295] Ausgehend von einer

---

[290] Eigene Darstellung basierend auf: Bach, N. / Brehm, C. et al. (2017) Organisation, S. 286.

[291] Vgl. Schuh, G. / Friedli, T. / Kurr, M. (2007) Prozessorientierte Reorganisation, S. 16.

[292] Vgl. Schuh, G. / Friedli, T. / Kurr, M. (2007) Prozessorientierte Reorganisation, S. 16.

[293] Vgl. Kugeler, M. / Vieting, M. (2012) Prozessorientierte Aufbauorganisation, S. 245; Bea, F. / Göbel, E. (2019) Organisation, S. 238.

[294] Vgl. Schmelzer, H. / Sesselmann, W. (2020) Geschäftsprozessmanagement, S. 327.

[295] Vgl. Schmelzer, H. / Sesselmann, W. (2020) Geschäftsprozessmanagement, S. 326 - 327.

reinen Funktionsorientierung werden im Folgenden typische Zwischenformen mit steigender Prozessorientierung vorgestellt.

2.4.3.1 Einfluss-Prozessorganisation

In der einfachsten Form einer Prozessorientierung werden Geschäftsprozessmanager in Stabstellenfunktionen definiert, um einen Prozess funktionsübergreifend zu koordinieren.[296] Daher wird diese Form auch als eine *funktionale Spezialisierung mit prozessorientierten Stabstellen* bezeichnet (siehe Abbildung 2-19).[297]

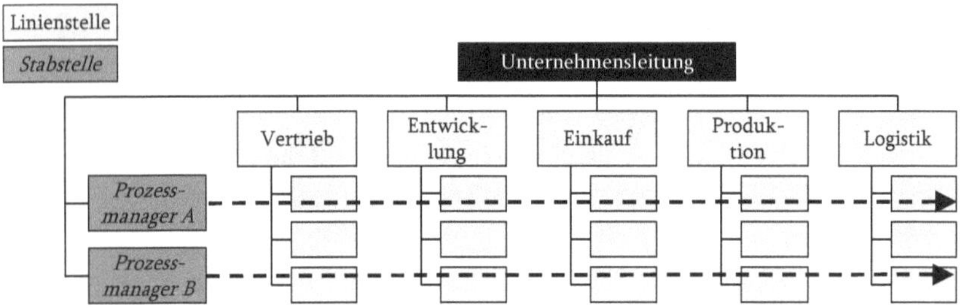

Abbildung 2-19: Einfluss-Prozessorganisation [298]

Aufgrund der fehlenden fachlichen und disziplinarischen Weisungsbefugnisse sowie der fehlenden finanziellen, personellen und technischen Prozessressourcen (vgl. Kap. 2.3.5.2) können die Prozessmanager jedoch in den meisten Fällen ihrer Verantwortung nicht gerecht werden. In der Zusammenarbeit mit den Funktionsverantwortlichen können somit häufig Konflikte entstehen. Die Einflussmöglichkeiten des Prozessmanagers hängen stark von seiner individuellen Persönlichkeit, seiner organisatorischen Stellung, seinem persönlichen Rollenverständnis und seiner Unterstützung durch das Management ab.[299] Die Einfluss-Prozessorganisation bildet die einfachste Form einer prozessorientierten Aufbauorganisation.

2.4.3.2 Matrix-Prozessorganisation

Die Matrix-Prozessorganisation hat das Ziel, die funktionsübergreifende Abstimmung zu verbessern, ohne die Spezialisierungsvorteile der Funktionsorientierung aufzugeben. Daher bleibt eine funktionsorientierte Grundform der Aufbauorganisation erhalten (siehe Abbildung 2-20). Sie wird durch eine Prozessstruktur überlagert, ähnlich zu einer funktionsorientierten Überlagerung einer divisionalen Aufbauorganisation

[296] Vgl. Bach, N. / Brehm, C. et al. (2017) Organisation, S. 283.

[297] Vgl. Picot, A. / Dietl, H. / Franck, E. (2020) Organisation, S. 294.

[298] Eigene Darstellung basierend auf: Bach, N. / Brehm, C. et al. (2017) Organisation, S. 284; Picot, A. / Dietl, H. / Franck, E. (2020) Organisation, S. 294; Schmelzer, H. / Sesselmann, W. (2020) Geschäftsprozessmanagement, S. 305 - 306.

[299] Vgl. Schmelzer, H. / Sesselmann, W. (2020) Geschäftsprozessmanagement, S. 305 - 306.

(vgl. Abbildung 2-14).[300] Die horizontale Strukturierung wird damit zwar eingeführt, löst jedoch die vertikale Strukturierung nicht ab (vgl. Abbildung 2-18). Im Gegensatz zu Prozessstabstellen erhalten die horizontalen Prozessverantwortlichen auch Weisungsrechte. Konflikte entstehen vor allem dann, wenn die Weisungsbefugnisse der Funktions- und Prozessverantwortlichen nicht ausreichend klar abgegrenzt sind.

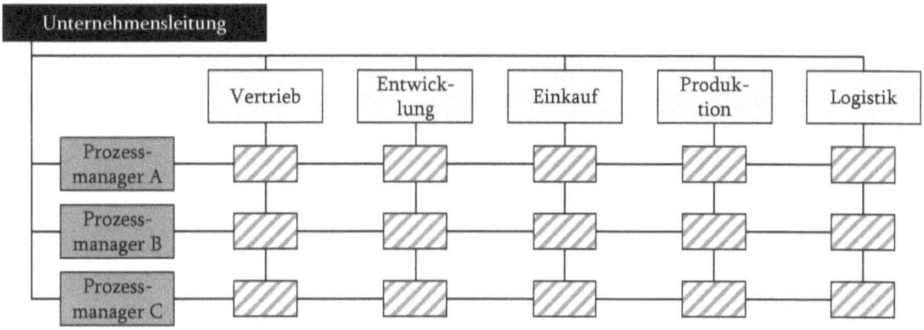

Abbildung 2-20: Matrix-Prozessorganisation [301]

Die Matrix-Prozessorganisation kann einerseits *leistungsorientiert* gestaltet werden, sodass ein Funktionsverantwortlicher gegen interne Kostenverrechnung eine Leistung für einen Prozessmanager erbringt. In diesem Fall bestimmt der Funktionsverantwortliche die genaue Abfolge der Prozessschritte zur Leistungserzeugung in seinem Verantwortungsbereich und hat damit stärkere Weisungsbefugnisse. Alternativ kann eine Matrix-Prozessorganisation auch *ressourcenorientiert* gestaltet werden, sodass ein Funktionsverantwortlicher gegen interne Kostenverrechnung lediglich Ressourcen für den Prozessmanager zur Verfügung stellt. Die genaue Abfolge der Prozessschritte in der funktionalen Abteilung wird vom Prozessverantwortlichen festgelegt.[302]

2.4.3.3 Prozessorganisation mit funktionalen Zentraleinheiten

In dieser Form der Aufbauorganisation hat die horizontale die vertikale Strukturierung der Geschäftsprozesse als Hauptprinzip abgelöst (siehe Abbildung 2-21). Um jedoch in einigen wichtigen Einheiten die Ressourceneffizienz beizubehalten, werden funktionale Zentraleinheiten definiert.[303] Diese zeichnen sich durch ein Spezialwissen aus, das besonders stark gebündelt und spezialisiert werden soll. In dezentralen Organisationseinheiten würden die dazu gehörigen Stellen oder das technische Equipment nur relativ gering ausgelastet werden können. Typische Zentralfunktionen sind bspw. Testzentren oder IT-Dienste. Die Leiter der Zentralfunktionen sind mit fachlichen

---

[300] Vgl. Picot, A. / Dietl, H. / Franck, E. (2020) Organisation, S. 294.

[301] Eigene Darstellung basierend auf: Bach, N. / Brehm, C. et al. (2017) Organisation, S. 298 - 299; Picot, A. / Dietl, H. / Franck, E. (2020) Organisation, S. 294; Schmelzer, H. / Sesselmann, W. (2020) Geschäftsprozessmanagement, S. 307 - 308.

[302] Vgl. Schmelzer, H. / Sesselmann, W. (2020) Geschäftsprozessmanagement, S. 307 - 308.

[303] Vgl. Bach, N. / Brehm, C. et al. (2017) Organisation, S. 289.

und disziplinarischen Weisungsbefugnissen ausgestattet.[304] Je nach Größe der Zentralfunktionen können sie auch als funktionale Stabstellen gestaltet werden.[305]

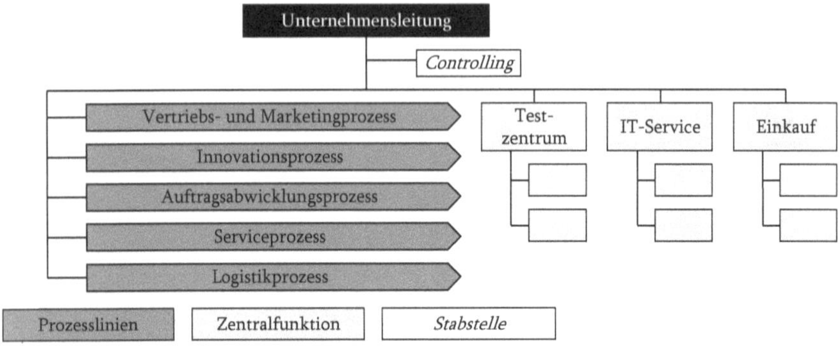

Abbildung 2-21: Prozessorganisation mit funktionalen Zentraleinheiten [306]

2.4.3.4 Modell zur Einordnung der Zwischenstufen

Nach PICOT können die möglichen Zwischenstufen einer prozessorientierten Aufbauorganisation in eine 2x2-Matrix eingeordnet werden (siehe Abbildung 2-22).

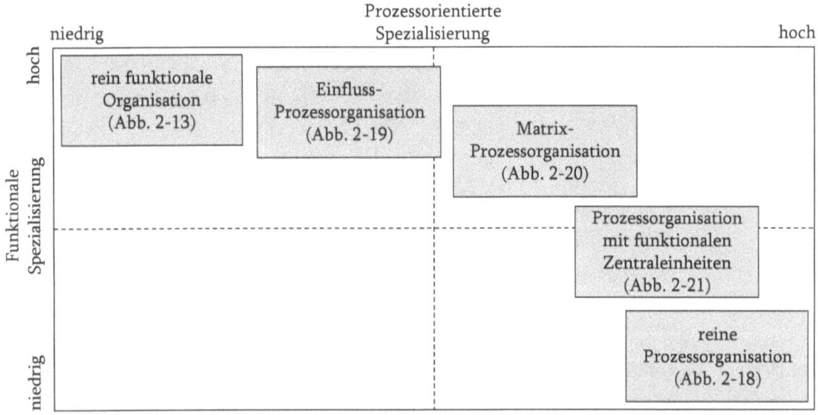

Abbildung 2-22: Modell zur Einordnung der Zwischenstufen prozessorientierter Aufbauorganisationen [307]

---

[304] Vgl. Schmelzer, H. / Sesselmann, W. (2020) Geschäftsprozessmanagement, S. 309.

[305] Vgl. Picot, A. / Dietl, H. / Franck, E. (2020) Organisation, S. 294.

[306] Eigene Darstellung basierend auf: Bach, N. / Brehm, C. et al. (2017) Organisation, S. 289 - 290; Picot, A. / Dietl, H. / Franck, E. (2020) Organisation, S. 294; Schmelzer, H. / Sesselmann, W. (2020) Geschäftsprozessmanagement, S. 309.

[307] Eigene Darstellung basierend auf: Picot, A. / Dietl, H. / Franck, E. (2020) Organisation, S. 293 - 297; Schmelzer, H. / Sesselmann, W. (2020) Geschäftsprozessmanagement, S. 303 - 312.

Für Aufgaben mit einer hohen Infrastruktur- und funktionalen Spezifität, z.B. in Form von Unteilbarkeiten im Knowhow- oder Technologiebereich, empfiehlt der Autor eine funktionale Spezialisierung. Aufgaben mit hoher Prozess- und Kundenspezifität, die weitgehend durch Standardregeln beschrieben werden können, sind dagegen prozessorientiert zu zentralisieren.[308] In der Matrix nach PICOT wird zwar unter anderem die Zwischenstufe einer *funktionalen Spezialisierung mit prozessorientierten Stabstellen* dargestellt. Diese wird jedoch vom Autor nicht nähergehend erklärt. Daher zeigt Abbildung 2-22, leicht von PICOT abweichend, die in den vorangehenden Abschnitten vorgestellten Zwischenstufen einer prozessorientierten Aufbauorganisation.

2.5 Herausforderungen bei der Gestaltung der Organisationsstruktur bei Subskription im Maschinen- und Anlagenbau

Die Gestaltung der Organisationsstruktur beeinflusst maßgeblich den Erfolg einer Geschäftsmodellinnovation (vgl. Kap. 2.2.5). Sie stellt jedoch Unternehmen vor große Herausforderungen. So geben Unternehmen in Studien an, dass die Schwierigkeit der organisatorischen Transformation einer der Gründe sei, warum die Einführung eines innovativen Geschäftsmodells misslingen kann.[309] Gleichzeitig behindert eine ineffektive organisatorische auch die digitale Transformation eines Unternehmens, die für ein erfolgreiches Subskriptionsmodell notwendig ist (vgl. Kap. 2.2).[310] In persönlichen Korrespondenzen mit den vorgestellten Unternehmen Hilti und Heidelberg konnten diese Erkenntnisse bestätigt werden. Obwohl die Unternehmen bereits Subskriptionsmodelle eingeführt haben, bleiben zentrale Fragen zur Gestaltung der Organisationsstruktur offen und schwierig. Vor allem in einer Vorreiterrolle ist es nicht möglich, sich an bereits bewährten Konzepten zu orientieren und von Erfahrungen anderer Unternehmen zu profitieren. In vergleichbaren Situationen neigen viele Unternehmen dazu, Risiken zu vermeiden und an vorhandenen Strukturen festzuhalten.[311] Dadurch kommt es zu ineffektiven und ineffizienten Prozessen, die den Erfolg eines neuen Geschäftsmodells gefährden können.[312] Gemäß dem organisatorischen Leitsatz „structure follows process follows strategy" (vgl. Kap. 2.2.5) können die Herausforderungen von Unternehmen bei der Gestaltung der Organisationsstruktur bei Subskription in die drei Kategorien Entwicklung des Geschäftsmodells, Gestaltung der Ablauforganisation sowie Gestaltung der Aufbauorganisation eingeteilt werden.

[308] Vgl. Picot, A. / Dietl, H. / Franck, E. (2020) Organisation, S. 296.
[309] Vgl. Mast, C. (2016) Neuerfindung einer Industrie, S. 214; etventure (2018) Digitale Transformation, S. 12.
[310] Vgl. Lünendonk, J. (2019) Innovative Geschäftsmodelle, S. 24.
[311] Vgl. etventure (2018) Digitale Transformation, S. 12.
[312] Erkenntnisse auch auf Basis persönlicher Korrespondenzen mit subskriptionsverantwortlichen Führungskräften der Hilti AG und des Heidelberger Druckmaschinen AG.

2.5.1 Mangelndes Verständnis von Subskription im Maschinen- und Anlagenbau

Ein charakteristisches Merkmal von Subskriptionsmodellen ist ein konsequenter Kundenfokus. Entsprechend müssen die Leistungsangebote so gestaltet werden, dass sie die Bedürfnisse der Kunden erfüllen und zur Lösung ihrer Probleme beitragen. Im Mittelpunkt steht dabei die kontinuierliche Steigerung ihrer Produktivität (vgl. Kap. 2.2.3). Aufgrund der immer komplexeren Beziehungen zwischen Hersteller und Kunden werden innovative digitale Dienstleistungen erforderlich.[313] Trotz dieses allgemeinen Verständnisses belegen Studien, dass es Unternehmen schwerfällt, sich bei der Entwicklung digitaler Dienstleistungen und Produkte an Kunden und deren Bedürfnissen auszurichten.[314] Optionen für innovative Geschäftsmodelle, die durch die Digitalisierung ermöglicht werden, bleiben weitgehend ungenutzt.[315] Lediglich 15 % der Unternehmen des Maschinen- und Anlagenbaus beschäftigen sich im Rahmen ihrer Innovationsstrategie mit der systematischen Weiterentwicklung ihres Geschäftsmodells.[316] Selbst Predictive Maintenance, eines der bekanntesten digitalen Leistungsangebote, wird nur selten angeboten.[317]

In der Gestaltung der Leistungsangebote benötigen Unternehmen ein tiefgehendes Verständnis vom Subskriptionsmodell, um es systematisch zu entwerfen, einzuführen und auf Basis von sich kontinuierlich ändernden Kundenwünschen weiterzuentwickeln.[318] Dafür sind die in Kapitel 2.2.2 vorgestellten Grundlagen des Subskriptionsmodells nicht branchenspezifisch genug, um konkrete Handlungen abzuleiten. Dies führt dazu, dass *kein einheitliches, umfängliches Verständnis von Subskription im Maschinen- und Anlagenbau* existiert und Unternehmen jeweils ein individuelles Verständnis entwickeln.

Für produzierende Unternehmen, d.h. Anwender von Maschinen und Anlagen, stellt die Fähigkeit zu einer kontinuierlichen Produktivitätssteigerung den zentralen Erfolgsfaktor dar.[319] Anbieter des Maschinen- und Anlagenbaus sehen sich jedoch mit einer großen Anzahl an technischen Möglichkeiten konfrontiert, die zu einer kundenseitigen Produktivitätssteigerung beitragen könnten. Vor diesem Hintergrund und auf Basis des unklaren Verständnisses von Subskription stehen Unternehmen vor der Herausforderung einer *schwierigen Bewertung und Auswahl von Leistungsangeboten zur kundenseitigen Produktivitätssteigerung*.

---

313 Vgl. Buchholz, B. / Ferdinand, J.-P. et al. (2017) Digitalisierung industrieller Wertschöpfung, S. 20.
314 Vgl. etventure (2018) Digitale Transformation, S. 13.
315 Vgl. Buchholz, B. / Ferdinand, J.-P. et al. (2017) Digitalisierung industrieller Wertschöpfung, S. 6.
316 Vgl. Bauernhansl, T. / Paulus-Rohmer, D. et al. (2015) Geschäftsmodell-Innovation, S. 25.
317 Vgl. Antons, D. / Piening, E. / Salge, T.-O. (2018) Führung und Innovation, S. 26.
318 Vgl. Plattform Industrie 4.0 (2019) Digital business models, S. 10 - 11.
319 Vgl. VDMA (2017) 4. Ordnungspolitisches Kolloquium, S. 1.

2.5.2 Unzureichende Prozessorientierung bei der Organisationsgestaltung

Werden neue servicebasierte Leistungsangebote in ein Geschäftsmodell integriert, so führt dies in der Regel zu einer höheren Komplexität der Prozessabläufe im Unternehmen.[320] Gleichzeitig bildet die operative Exzellenz der Prozesse die Basis für den Erfolg eines Geschäftsmodells (vgl. Kap. 2.2.5).[321] Diese Bedeutung wird auch durch den Leitsatz „structure follows process follows strategy" deutlich (vgl. Kap. 2.2.5). Die betriebliche Praxis zeigt jedoch, dass eine überwiegende Mehrheit aller Unternehmen eine funktional orientierte Organisationsstruktur besitzen.[322] Folglich bilden mangelhafte Prozesse sowie eine fehlende funktionsübergreifende Prozessbetrachtung zentrale Herausforderungen bei organisatorischen Veränderungsprojekten.[323] Das Geschäftsprozessmanagement nimmt im Allgemeinen nur eine untergeordnete Rolle ein. Studien zeigen, dass Unternehmen nur ca. 15-27 % ihrer Innovationsressourcen für die Entwicklung neuer bzw. Verbesserung bestehender Prozesse, aber ca. 39-54 % der Ressourcen für die Entwicklung neuer bzw. Verbesserung bestehender Produkte aufwenden.[324] Stattdessen wird oftmals versucht, nur vereinzelte Schnittstellen zu betrachten und lokale Ineffizienzen zu beheben. Doch selbst diese nur partielle Prozessbetrachtung trifft lediglich auf ca. die Hälfte aller Unternehmen zu.[325] Vor diesem Hintergrund ist es ersichtlich, dass die *Gestaltung der Geschäftsprozesse* und die Detaillierung dieser zu einer *Ablauforganisation* eine große Herausforderung für Unternehmen darstellen.

Die konsequente und hohe Kundenorientierung von Subskriptionsmodellen kann die Art, wie Leistungsangebote erzeugt und Kundennutzen generiert werden, stark beeinflussen. Führungskräften und Mitarbeitern fällt jedoch die Ausrichtung der Prozesse auf den Kunden schwer.[326] Dies trifft insbesondere für digitale, innovative Geschäftsmodelle zu, für die kein einheitliches Verständnis existiert und somit die Entwicklung erschwert wird.[327] Infolgedessen werden *subskriptionsspezifische Anforderungen an die Ablauforganisation nur unzureichend berücksichtigt.*

[320] Vgl. Buchholz, B. / Ferdinand, J.-P. et al. (2017) Digitalisierung industrieller Wertschöpfung, S. 22.
[321] Vgl. Hänggi, R. / Nussbaumer, D. et al. (2020) Digitalisierung für Geschäftsmodelle, S. 26.
[322] Vgl. bayme / vbm (2017) Die richtige Organisation, S. 10.
[323] Vgl. Staufen.Inova (2020) Transformation, S. 19.
[324] Vgl. Antons, D. / Piening, E. / Salge, T.-O. (2018) Führung und Innovation, S. 18.
[325] Vgl. Staufen AG (2019) Erfolg im Wandel, S. 34.
[326] Vgl. Staufen.Inova (2020) Transformation, S. 29.
[327] Vgl. bayme / vbm (2017) Die richtige Organisation, S. 39.

2.5.3 Gegenläufige Zieldimensionen bei der Gestaltung der Aufbauorganisation

Der Wandel zu einem servicezentrierten Geschäftsmodell ist für viele Unternehmen ein sehr zeitaufwendiges Unterfangen.[328] Insbesondere die Gestaltung der Organisationsstruktur spielt eine entscheidende Rolle. Sie kann entweder Initiativen einschränken oder sie fördern (vgl. Kap. 2.3.3). Unternehmen scheinen diesen Zusammenhang zu erkennen und hinterfragen bei Geschäftsmodellinnovationen immer häufiger ihre eigene Organisationsstruktur.[329]

Um eine hohe Kundenorientierung zu erreichen, ist es bei Subskriptionsmodellen besonders wichtig, die Aufbauorganisation an der Ablauforganisation auszurichten (vgl. Kap. 2.2.5).[330] In der betrieblichen Realität tun sich Unternehmen jedoch mit einer prozessorientierten Gestaltung der Aufbauorganisation schwer. In vielen Fällen wird versucht, eine prozessorientierte Organisation herbeizuführen, indem bestehende Funktionen in Prozesse umbenannt werden. Dadurch werden die Vorteile einer hohen Prozessorientierung nicht realisiert. Eine reine Prozessorientierung ist jedoch auch nicht zielführend, da sie wichtige funktionsorientierte Vorteile nicht ausschöpft (vgl. Kap. 2.4). Unternehmen stehen somit in einem Zielkonflikt zwischen zwei grundlegenden Prinzipien der Aufbauorganisation. Darüber hinaus existiert nach dem Wissen des Autors bislang kein Unternehmen, das trotz der jungen Erfahrung des Maschinen- und Anlagenbaus mit Subskription die Aufbauorganisation systematisch an das neue Geschäftsmodell angepasst hat und als Vorbild für andere Unternehmen fungieren kann. Aus diesen Gründen herrscht in den Unternehmen ein *Zielkonflikt zwischen funktions- und prozessorientierter Aufbauorganisation*.

Die Einführung des Subskriptionsmodells bedeutet nicht den Ersatz des klassischen Transaktionsgeschäfts. Stattdessen ist davon auszugehen, dass beide Geschäftsmodelle parallel angeboten werden (vgl. Kap. 2.2.2). Studien betonen in diesem Zusammenhang die Bedeutung ambidextrer Aufbauorganisationen (vgl. Kap. 2.2.5).[331] Um Synergiepotenziale optimal zu nutzen, kann die Bildung von Zentralfunktionen sinnvoll sein, die von beiden Geschäftsmodellen in Anspruch genommen werden (z.B. Einkauf). Dadurch können bspw. eine hohe Spezialisierung und eine hohe Ressourceneffizienz erreicht werden. In diesem Fall greifen jedoch beide Geschäftsmodelle auf die gleichen Ressourcen zu, woraus Konflikte entstehen können. Konflikte können zusätzlich im Vertrieb entstehen, wenn beide Geschäftsmodelle um die gleichen Kunden werben. Die Herausforderung von Unternehmen besteht darin, systematisch *die Synergiepotenziale zu nutzen und gleichzeitig die Konfliktpotenziale zu vermeiden.*

---

[328] Vgl. Kindström, D. / Kowalkowski, C. (2015) Service-driven business model innovation, S. 196.

[329] Vgl. Staufen AG (2019) Erfolg im Wandel, S. 27.

[330] Vgl. Osterloh, M. / Frost, J. (2006) Prozessmanagement als Kernprozess, S. 40; Bach, N. / Brehm, C. et al. (2017) Organisation, S. 111.

[331] Vgl. Antons, D. / Piening, E. / Salge, T.-O. (2018) Führung und Innovation, S. 7.

2.5.4 Differenzierte Betrachtung unterschiedlicher Phasen des Subskriptionsmodells

Aufgrund der sich kontinuierlich ändernden Kundenwünsche müssen Unternehmen auch langfristig das Subskriptionsmodell und die Leistungsangebote kontinuierlich anpassen.[332] Bei der Einführung eines neuen Geschäftsmodells gilt es jedoch, ein sogenanntes Minimum Viable Business Model zu entwerfen, das unter anderen Anforderungen steht. So muss insbesondere die Möglichkeit einer schnellen Implementierung beachtet werden.[333] Unternehmen stehen daher vor der Herausforderung, die Gestaltung des Subskriptionsmodells während der Einführung und im langfristigen Zustand paralleler Geschäftsmodelle differenziert zu betrachten. Im Gegensatz dazu ist das grundlegende Verständnis von Subskription allgemeingültig und unabhängig von der Phase des Geschäftsmodells.

Bei einer Veränderung der Aufbauorganisation lässt sich beobachten, dass Führungskräfte oft den Verlust von Macht und Privilegien befürchten.[334] Die daraus entstehenden Konfliktpotenziale gefährden nicht nur den parallelen Betrieb zweier Geschäftsmodelle, sondern insbesondere die Einführung eines neuen Geschäftsmodells, das sich noch zuerst in der Organisation durchsetzen muss. Daher stehen Unternehmen auch bei der Gestaltung der Aufbauorganisation vor der Herausforderung, die Einführungsphase des Subskriptionsmodells und das Zielbild paralleler Geschäftsmodelle differenziert zu betrachten.

Im Gegensatz dazu stellt die Detaillierung von Geschäftsprozessen zur Ablauforganisation eine Überbrückungsfunktion zwischen dem Geschäftsmodell und der Aufbauorganisation dar. Ihre Anwendung hat primär einen operativen Durchführungscharakter und muss keine zusätzlichen strategischen Vorgaben berücksichtigen. Es wird daher angenommen, dass eine Unterscheidung zwischen den unterschiedlichen Phasen des Subskriptionsmodells nicht notwendig ist.

2.6 Handlungsbedarf aus der Praxis

Die Einführung eines Subskriptionsmodells im Maschinen- und Anlagenbau erfordert eine prozessorientierte Gestaltung der Organisationsstruktur des Anbieters. Es konnte jedoch in der Praxis festgestellt werden, dass Unternehmen in allen drei Aspekten des Leitsatzes „structure follows process follows strategy“, d.h. in der Entwicklung des Geschäftsmodells, in der Ableitung der Geschäftsprozesse und Ablauforganisation sowie in der Gestaltung der Aufbauorganisation, vor großen Herausforderungen stehen. Diese sind in Abbildung 2-23 zusammengefasst. Diese Herausforderungen werden zu-

[332] Vgl. Plattform Industrie 4.0 (2019) Digital business models, S. 10 - 11.

[333] Vgl. Xu, Y. / Koivumäki, T. (2019) Digital business model, S. 310.

[334] Vgl. Schuh, G. / Friedli, T. / Kurr, M. (2007) Prozessorientierte Reorganisation, S. 16.

sätzlich dadurch verstärkt, dass es an Unternehmen fehlt, die bereits erfolgreich das Subskriptionsmodell eingeführt sowie die Organisationsstruktur entsprechend angepasst haben und dadurch als Vorbilder fungieren können.

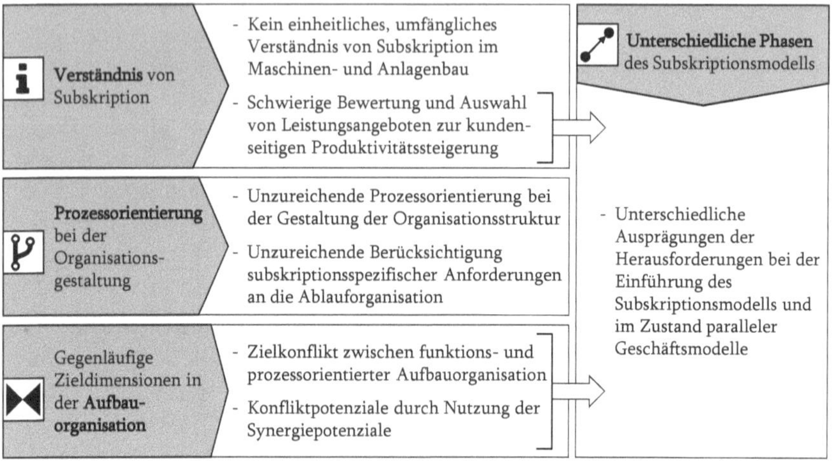

Abbildung 2-23: Herausforderungen bei der Gestaltung der Organisation in der Praxis

Anhand der Herausforderungen aus der Praxis kann die zentrale Forschungsfrage, die dieser Arbeit zugrunde liegt (vgl. Kap. 1.2), weiter detailliert werden:

Wie kann eine Ablauf- und Aufbauorganisation von Unternehmen des Maschinen- und Anlagenbaus unter Berücksichtigung prozess- und funktionsorientierter Vorteile sowohl während der Einführung als auch im parallelen Betrieb des Subskriptionsmodells gestaltet werden, um durch gezielt ausgewählte Leistungsangebote eine kundenseitige kontinuierliche Produktivitätserhöhung zu erreichen?

In Kapitel 3 werden zur Beantwortung der Forschungsfrage die bestehenden Ansätze aus der wissenschaftlichen Literatur hinsichtlich der formulierten Herausforderungen untersucht.

3 Bestehende Ansätze zur prozessorientierten Gestaltung der Organisation

Auf Basis der identifizierten Herausforderungen in der Praxis werden zunächst in Kapitel 3.1 die Anforderungen an eine geeignete Methodik zur Gestaltung der Organisation bei Subskription im Maschinen- und Anlagenbau abgeleitet. Anschließend werden ausgewählte, relevante wissenschaftliche Ansätze vorgestellt und hinsichtlich dieser Anforderungen bewertet. Aufgrund der thematischen Breite der Forschungsfrage werden Ansätze aus der Geschäftsmodellforschung (Kap. 3.2), Geschäftsprozessmanagement (Kap. 3.3), Organisationsgestaltung (Kap. 3.4) und Geschäftsmodelltransformation (Kap. 3.5) beleuchtet. Auf Basis der Bewertung der Ansätze (Kap. 3.6) werden das Forschungsdefizit und der Handlungsbedarf abgeleitet (Kap. 3.7).

3.1 Anforderungen aus der Praxis an eine Methodik zur prozessorientierten Organisationsgestaltung bei Subskription

Aus den in Kapitel 2.6 identifizierten Herausforderungen in der Praxis lassen sich infolge einer kritischen Reflexion zentrale Anforderungen an eine geeignete Methodik ableiten (vgl. Abbildung 3-1).

Schaffung eines umfänglichen Verständnisses von Subskription

Ein tiefgehendes und einheitliches Verständnis von Subskription im Maschinen- und Anlagenbau schafft die Grundlage zur Gestaltung und Einführung eines neuen subskriptionsbasierten Geschäftsmodells. Daher wird eine umfassende Beschreibung von Subskription benötigt, die potenzielle branchenspezifische Kundennutzen berücksichtigt. Ferner muss eine geeignete Methodik Unternehmen darin unterstützen können, die große Anzahl an möglichen Leistungsangeboten zur kundenseitigen Produktivitätssteigerung zu strukturieren und gezielt auszuwählen.

Systematische Prozessorientierung bei der Organisationsgestaltung

Wie bereits in Kapitel 2.5 beschrieben, stellt die Ausrichtung der Organisation an Geschäftsprozesse eine große Herausforderung für Unternehmen dar. Daher wird eine praxisgerechte, anwendbare Methodik benötigt, mit der Geschäftsprozesse systematisch aus dem Geschäftsmodell abgeleitet und zu einer Ablauforganisation detailliert werden können. Gleichzeitig muss die Methodik subskriptionsspezifische Anforderungen an die Ablauforganisation berücksichtigen.

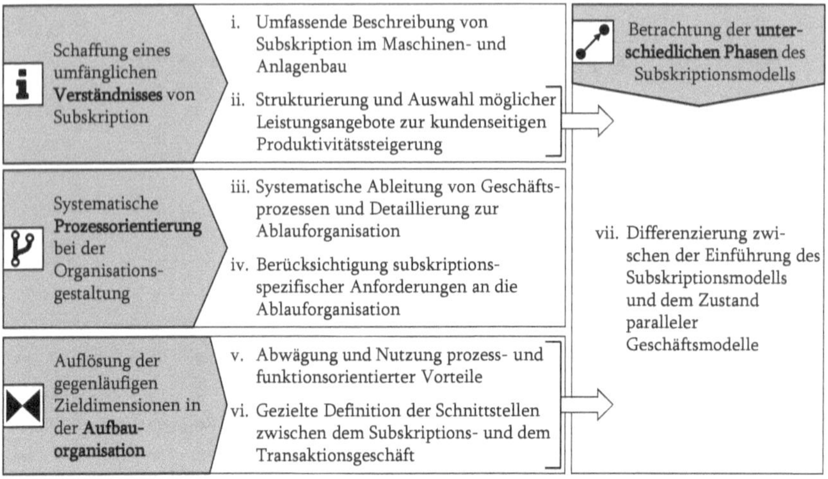

Abbildung 3-1: Anforderungen bei der Gestaltung der Organisation bei Subskription im Maschinen- und Anlagenbau

Auflösung der gegenläufigen Zieldimensionen in der Aufbauorganisation

Eine rein prozessorientierte Aufbauorganisation ist genauso wenig zielführend wie eine rein funktionsorientierte (vgl. Kap. 2.5). Eine geeignete Methodik muss daher die Vorteile der Prozess- und der Funktionsorientierung gegeneinander abwägen und systematisch nutzen können. Ferner ist es notwendig, die Schnittstellen zwischen dem Transaktions- und dem Subskriptionsgeschäft hinsichtlich einer Nutzung der Effizienzpotenziale, aber auch hinsichtlich einer Vermeidung von Konflikten zu gestalten.

Betrachtung der unterschiedlichen Phasen des Subskriptionsmodells

Während der Einführung eines neuen, parallelen Geschäftsmodells können besondere Herausforderungen auftreten. Daher müssen sowohl die Einführungsphase des Subskriptionsmodells als auch der langfristige Zustand paralleler Geschäftsmodelle differenziert betrachtet werden. Das zu entwickelnde Verständnis von Subskription hingegen hat den Anspruch einer Allgemeingültigkeit und ist daher unabhängig von den unterschiedlichen Phasen des Subskriptionsmodells. Die Detaillierung von Geschäftsprozessen zur Ablauforganisation stellt eine Überbrückungsfunktion zwischen dem Geschäftsmodell und der Aufbauorganisation dar und ist daher ebenfalls unabhängig von unterschiedlichen Phasen.

3.2 Ansätze aus der Geschäftsmodellforschung

Ansätze der Geschäftsmodellforschung unterstützen Unternehmen dabei, neue Geschäftsmodelle zu entwickeln und erfolgreich anzubieten. Es existieren jedoch bislang nur wenige Ansätze, die sich dem Subskriptionsmodell und der dazugehörigen Organisationsstruktur widmen. Einige dieser Ansätze werden im Folgenden vorgestellt.

3.2.1 Subskriptionsgerechte Aufbauorganisation nach LAH UND WOOD

LAH UND WOOD bieten in ihrem Werk einen umfassenden, branchenunabhängigen Überblick über die Handlungsnotwendigkeiten in der Gestaltung und im Betrieb von Subskriptionsmodellen. Nach Meinung der Autoren muss die Organisationsstruktur des Anbieters insbesondere darauf ausgerichtet sein, das Kundenerlebnis zu verbessern, um ein langfristiges Kundenverhältnis zu schaffen. Auf dieser Basis schlagen die Autoren eine generische Aufbauorganisation vor, die auf der obersten Managementebene in sechs Funktionen gegliedert ist (vgl. Abbildung 3-2).

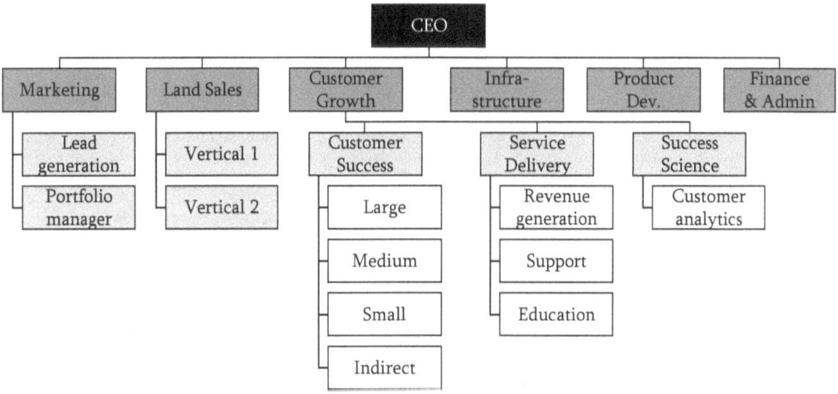

Abbildung 3-2: Generische anbieterseitige Aufbauorganisation bei Subskription nach LAH UND WOOD[335]

Im *Marketing* verorten LAH UND WOOD die Entwicklung des Leistungsportfolios und die Generierung neuer potenzieller Kunden, die bei Interesse an den Vertrieb übergeben werden. Dieser wird von den Autoren als *Land Sales* bezeichnet, um zu verdeutlichen, dass die Betreuung lediglich bis zum Beginn der Nutzungsphase dauert.[336] Danach übernimmt *Customer Growth* die Kundenbetreuung, dem drei Kernaufgaben zugeteilt werden. Zum einen versucht die Unterfunktion „Customer Success", die Subskriptionsverträge immer wieder zu erneuern (renewal) und durch die Integration von neuen Leistungsangeboten des gleichen Leistungsportfolios (upselling) oder eines an-

[335] I.A.a. Lah, T. / Wood, J. (2016) Technology-as-a-service, S. 110.
[336] Vgl. Lah, T. / Wood, J. (2016) Technology-as-a-service, S. 65 - 66.

deren Leistungsportfolios (cross-selling) zu erweitern. Dabei werden die Kunden nach Unternehmensgröße segmentiert. Daneben erbringt die Unterfunktion „Service Delivery" die vereinbarten Dienstleistungen, wobei zwischen Umsatzgenerierung (revenue generation), Unterstützung (support) und Weiterbildung (education) unterschieden wird. Den Autoren ist dabei die Ermöglichung der Selbsthilfe von Kunden besonders wichtig, da dies zur Kostensenkung für den Hersteller führt.[337] Schließlich analysiert die Unterfunktion „Success Science" das Nutzungsverhalten von Kunden, um die Leistungsangebote kontinuierlich zu verbessern. Die Funktion *Infrastructure* verantwortet die Kundenplattform und fokussiert sich auf die Maximierung der Kundenerfahrung sowie die Integration der angebotenen Leistungen in die Plattform. Das *Product Development* ist für die technische Entwicklung neuer und die Weiterentwicklung bestehender Produkte zuständig. Zuletzt verantworten *Finance and Administration* die Finanz- und Verwaltungsaufgaben des Unternehmens.[338]

Die Aufbauorganisation spiegelt die von den Autoren vorgeschlagenen vier Phasen der Kundeninteraktion „land", „adopt", „expand" und „renew" wider. So wird die unternehmensinterne Weiterreichung von Kunden definiert und minimiert. Trotz der generischen Aufbauorganisation betonen die Autoren, dass es wichtig sei, zuerst das Geschäftsmodell, das beabsichtigte Kundenerlebnis sowie die benötigten Fähigkeiten zu entwickeln, bevor die Aufbauorganisation gestaltet wird.[339] Diese stellt jedoch auch nach Einführung keine feste Zielgröße dar, sondern muss kontinuierlich kundenorientiert an neue Gegebenheiten angepasst werden.[340]

3.2.2 PADRE / PPM Operating Model nach TZUO UND WEISERT

TZUO UND WEISERT beschreiben umfassend und branchenunabhängig den Handlungsbedarf, die Potenziale und die finanziellen Aspekte von Subskriptionsmodellen. Die Autoren betonen vor allem die Bedeutung einer konsequenten Kundenzentrierung und einer funktionsübergreifenden Zusammenarbeit.[341] Auf dieser Basis schlagen sie unter anderem das PADRE / PPM Operation Model vor, das ein Grundgerüst für die Aufbauorganisation bildet (vgl. Abbildung 3-3).

PADRE / PPM steht für die fünf Phasen „Position", „Acquire", „Deploy", „Run" und „Expand" des Lebenszyklus im Kundenverhältnis, sowie den drei unterstützenden Subsystemen „People", „Product" und „Money". Die Einheit *Position* übernimmt die marketingbezogenen Aufgabenstellungen und erzeugt eine Nachfrage für die Angebote. Die nachfolgende Einheit *Acquire* begleitet den Kunden von der Kontaktaufnahme über die Bedarfsermittlung bis hin zur vertraglichen Ausgestaltung. Die Ein-

---

337 Vgl. Lah, T. / Wood, J. (2016) Technology-as-a-service, S. 93 - 94.
338 Vgl. Lah, T. / Wood, J. (2016) Technology-as-a-service, S. 103 - 110.
339 Vgl. Lah, T. / Wood, J. (2016) Technology-as-a-service, S. 81.
340 Vgl. Lah, T. / Wood, J. (2016) Technology-as-a-service, S. 101 - 102.
341 Vgl. Tzuo, T. / Weisert, G. (2018) Subscribed, S. 19 - 21.

heit *Deploy* integriert die vom Kunden gewünschten Leistungsangebote in das Unternehmen des Kunden. Danach sorgt die Einheit *Run* für die tatsächliche Erreichung des versprochenen Kundennutzens über die Dauer des Subskriptionsvertrages. Schließlich verantwortet die Einheit *Expand* die Erneuerung und die Ausweitung des Vertrages. In der unterstützenden Einheit *People* werden die Aufgaben des Personalwesens vereint, z.B. Einstellung, Qualifikation und Entwicklung der Mitarbeiter. Die Einheit *Product* identifiziert, erforscht, entwickelt und testet neue Innovationen, die in zukünftige Leistungsangebote übersetzt werden können. Schließlich übernimmt die Einheit *Money* die finanziellen und rechtlichen Fragestellungen und Planungen im Unternehmen.[342]

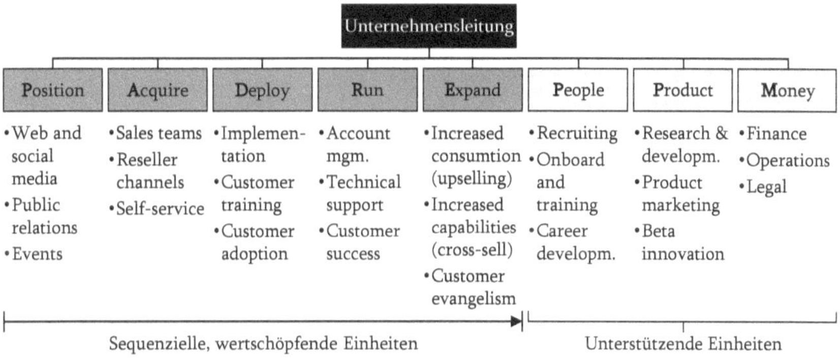

Abbildung 3-3: Generisches Grundgerüst für die Aufbauorganisation nach TZUO UND WEISERT[343]

Nach Ansicht der Autoren stärkt dieses Grundgerüst der Aufbauorganisation nicht nur die funktionsübergreifende Zusammenarbeit, sondern auch die Entwicklung einer kundenorientierten Kultur. Das daraus entwickelte kontinuierliche und tiefe Kundenverständnis sei der entscheidende Wettbewerbsvorteil in Subskriptionsmodellen.[344]

3.2.3 Gestaltungsprinzipien für Subskription im Maschinen- und Anlagenbau nach SCHUH ET AL.

SCHUH ET AL. entwickeln auf Basis einer Fallstudie einen Managementansatz zur Gestaltung von Subskriptionsmodellen im Maschinen- und Anlagenbau.[345] Der Ansatz besteht aus den vier strukturellen Dimensionen *resources*, *information systems*, *culture* und *organizational structure*. Diesen vier Dimensionen wird jeweils ein charakteristisches Gestaltungsprinzip zugeordnet (vgl. Abbildung 3-4).

[342] Vgl. Tzuo, T. / Weisert, G. (2018) Subscribed, S. 202 - 206.
[343] Eigene Darstellung basierend auf: Tzuo, T. / Weisert, G. (2018) Subscribed, S. 202 - 206.
[344] Vgl. Tzuo, T. / Weisert, G. (2018) Subscribed, S. 207.
[345] Vgl. Schuh, G. / Frank, J. et al. (2019) Monetizing Industry 4.0, S. 4.

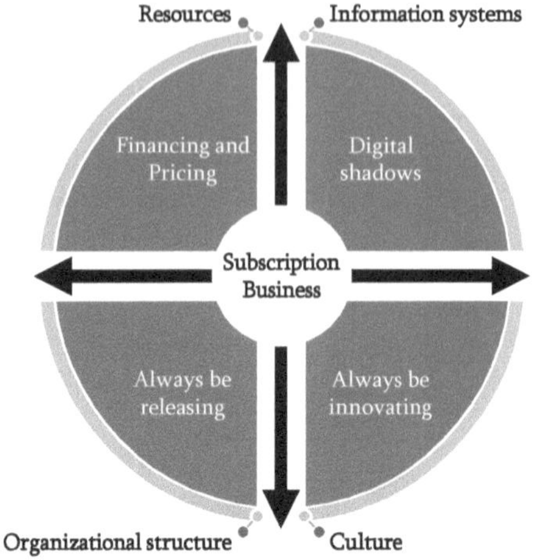

Abbildung 3-4: Subscription Business Management Model nach SCHUH ET AL.[346]

In der Dimension *resources* betrachten SCHUH ET AL. *financing and pricing* als das zentrale Gestaltungsprinzip, das einen direkten Einfluss auf die Unternehmensstrategie und den Erfolg des Subskriptionsmodells ausübt. Der Finanzierung kommt vor allem aufgrund des hohen finanziellen Drucks in der Einführungsphase des Geschäftsmodells eine große Bedeutung zu. Die Preisbildung ist ein maßgeblicher Faktor für das Wachstum eines Unternehmens, obwohl ihre Bedeutung oftmals unterschätzt wird.[347] In der Dimension *information systems* sehen die Autoren den Aufbau von *digital shadows* als eine zentrale Voraussetzung für die Analyse von Daten über das Kundennutzungsverhalten. Auf diese Weise können die Leistungsangebote an den Kunden ausgerichtet und kontinuierlich optimiert werden.[348] Um dieses Ziel zu erreichen, setzen die Autoren eine innovationsorientierte Unternehmenskultur voraus. Mit dem Prinzip *always be innovating* wird sowohl die Bereitschaft von Unternehmen zur kontinuierlichen Veränderung als auch die Fähigkeit zur kundenorientierten, kurzzyklischen Innovation beschrieben.[349] Dieses Prinzip muss sich schließlich in der *Organisationsstruktur* manifestieren. Diese muss in der Lage sein, kurzzyklische Innovationen in kurzzyklische Produktverbesserungen zu überführen. Dafür ist vor allem eine enge Zusammenarbeit zwischen der IT und den traditionellen Bereichen, z.B. Forschung und Entwicklung, notwendig.[350]

[346] I.A.a. Schuh, G. / Frank, J. et al. (2019) Monetizing Industry 4.0, S. 5.
[347] Vgl. Schuh, G. / Frank, J. et al. (2019) Monetizing Industry 4.0, S. 5 - 6.
[348] Vgl. Schuh, G. / Frank, J. et al. (2019) Monetizing Industry 4.0, S. 6 - 7.
[349] Vgl. Schuh, G. / Frank, J. et al. (2019) Monetizing Industry 4.0, S. 8 - 9.
[350] Vgl. Schuh, G. / Frank, J. et al. (2019) Monetizing Industry 4.0, S. 7 - 8.

3.2.4 Charakteristika und Potenziale von Subskription im Maschinen- und Anlagenbau nach LENART UND HORST

In ihrem Artikel gehen LENART UND HORST speziell auf die Charakteristika und Vorteile von Subskriptionsmodellen auf Kunden und Hersteller im Maschinen- und Anlagenbau ein (vgl. Abbildung 3-5).

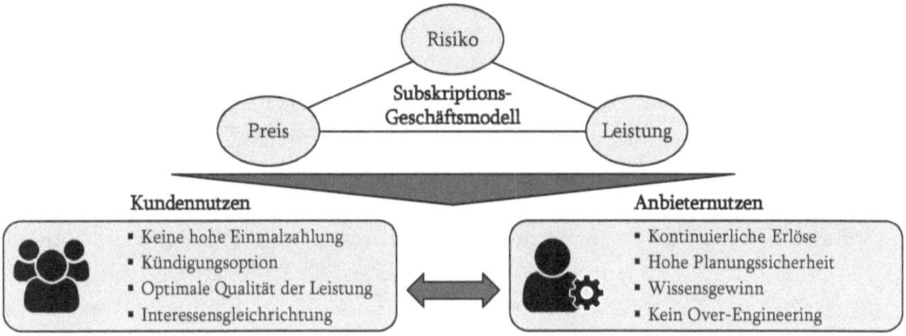

Abbildung 3-5: Vorteile für Kunden und Anbieter nach LENART UND HORST[351]

Die Autoren betonen, dass es in der Praxis bereits viele Geschäftsmodelle gibt, die einem Subskriptionsmodell ähneln. Im Kern zielt die Subskription darauf ab, einen Zweck zu verkaufen, und zwar mit allen Serviceleistungen, die zur Erfüllung des Zwecks notwendig sind. Die Möglichkeit des Kunden zur Vertragskündigung zwingt den Hersteller dazu, seine Leistungsangebote kontinuierlich zu verbessern. Dafür können vor allem die aufgenommenen Kundendaten genutzt werden. Somit werden die Interessen beider Seiten gleichgerichtet.[352] LENART UND HORST betonen gleichzeitig, dass Unternehmen einige herausfordernde Fragestellungen beachten müssen. Dazu zählen bspw. das Risiko der Auftragslage des Kunden bei einem Output-basierten Preismodell sowie einer frühzeitigen Kündigung des Subskriptionsvertrags. Die Umsetzung des Subskriptionsmodells erfordert daher eine feine Kalibrierung der drei Faktoren Risikoverteilung, Preis und Leistungsumfang.[353]

3.3 Ansätze aus dem Geschäftsprozessmanagement

Nach dem Leitsatz „structure follows process follows strategy" dient das Geschäftsprozessmanagement als Bindeglied zwischen dem Geschäftsmodell und dessen Verankerung in der Aufbauorganisation (vgl. Kap. 2.4). Für die vorliegende Arbeit müssen die Ansätze hinsichtlich einer konkreten, praxisgerechten Anwendbarkeit zur Detaillierung von Geschäftsprozessen zur Ablauforganisation und der Erfüllung subskriptions-

[351] I.A.a. Lenart, M. / Horst, C. (2019) Time to subscribe?, S. 14 - 15.
[352] Vgl. Lenart, M. / Horst, C. (2019) Time to subscribe?, S. 14 - 15.
[353] Vgl. Lenart, M. / Horst, C. (2019) Time to subscribe?, S. 16.

spezifischer Anforderungen untersucht werden (vgl. Kap. 3.1). Im Folgenden wird eine Auswahl relevanter Ansätze vorgestellt.

3.3.1 Das Six Sigma Tool SIPOC/LIPOK

Six Sigma wurde in den 1980er Jahren von Motorola zur Qualitätssicherung bzw. Qualitätssteigerung entwickelt und wird heute von Unternehmen weltweit angewendet. Den Kern von Six Sigma bildet der sogenannte DMAIC-Zyklus: Define (Problem und Ziel definieren), Measure (aktuelle Prozessleistung messen), Analyze (Ursachen analysieren und verifizieren), Improve (Verbesserungsmaßnahmen identifizieren und umsetzen) und Control (Nachhaltigkeit der Ergebnisse sicherstellen).[354] In der Define-Phase wird auch der Untersuchungsgegenstand, d.h. die relevanten Prozesse, festgelegt und beschrieben. Dafür kann die SIPOC/LIPOK-Methode eingesetzt werden, mithilfe derer die Abhängigkeiten eines Gesamtprozesses abgebildet werden können (siehe Abbildung 3-6). Dabei stehen die Abkürzungen für Supplier (Lieferant), Input, Process (Prozess), Output und Customer (Kunde). Die Methode ist vor allem als ein Einstiegswerkzeug zur Bearbeitung eines Prozessverbesserungsprojektes zu verstehen. Sie wird hauptsächlich verwendet, um die wichtigsten Zusammenhänge eines Gesamtprozesses übersichtlich abzubilden.[355]

Supplier / Lieferant	Input	Process / Prozess	Output	Customer / Kunde
Kunde	Kunden-bedürfnis	Anfrage annehmen	Kunden-anfrage	Werkstatt-leiter
Werkstatt-leiter	Mögliche Termine	Verfügbarkeit prüfen	Termin-vorschlag	Kunden-dienst
Kunden-dienst	Preise und Konditionen	Angebot fertigstellen	Fertiges Angebot	Kunden-berater
Kunden-berater	Fertiges Angebot	Angebot übermitteln	Fertiges Angebot	Kunde

Abbildung 3-6: Die SIPOC/LIPOK-Methode aus dem Kontext von Six Sigma [356]

Als Lieferant im Prozess sind nicht nur externe, sondern auch interne Lieferanten zu verstehen. Der Input eines Prozesses kann sowohl aus Informationen, Materialien, Ressourcen oder Dokumenten bestehen, die für eine weitere Prozessbearbeitung notwendig sind. Der Prozess stellt den eigentlichen Verarbeitungsvorgang dar und beinhaltet die Transformation des Inputs zum Output. Der Output kann wiederum aus einem Teilprodukt, einer Dienstleistung oder Informationen bestehen, die zur Annahme oder weiteren Verarbeitung benötigt werden. Schließlich können mit Kunden

[354] Lunau, S. / Meran, R. et al. (2014) Six Sigma + Lean, S. 9 - 10.

[355] Vgl. Krallmann, H. / Bobrik, A. / Levina, O. (2013) Systemanalyse im Unternehmen, S. 238 - 239; Lunau, S. / Meran, R. et al. (2014) Six Sigma + Lean, S. 37 - 38; Hofmann, M. (2020) Prozessoptimierung, S. 84.

[356] I.A.a. Hofmann, M. (2020) Prozessoptimierung, S. 86.

sowohl interne als auch externe Kunden gemeint sein. Somit lassen sich mit der Methode nicht nur übergeordnete Geschäftsprozesse, sondern auch einzelne Teilprozesse darstellen.[357]

Ein wesentlicher Vorteil der SIPOC/LIPOK-Methode ist die praxisgerechte Einsetzbarkeit, die keine speziellen Vorkenntnisse erfordert. Sie eignet sich insbesondere zur Diskussion von und Verständigung auf Schnittstellen zwischen Teilprozessen.[358] Bei der Anwendung ist stets vom Output, d.h. vom Kunden auszugehen und anschließend die restlichen Teilprozesse auszuarbeiten.[359]

3.3.2 Das „VIP Framework" nach Solaimani und Bouwman

Mit dem „VIP framework" stellen Solaimani und Bouwman eine theoretische Grundlage bereit, um Komponenten aus Geschäftsmodell und Geschäftsprozessen gegeneinander auszurichten. Dafür wird zunächst eine Reihe von Komponenten definiert, die miteinander interagieren. Diese werden vertikal den drei Ebenen „value" (Wert), „information" und „process" (Prozess), sowie horizontal den drei Kategorien Akteure, Interaktionen und Abhängigkeiten zugeordnet (siehe Abbildung 3-7).

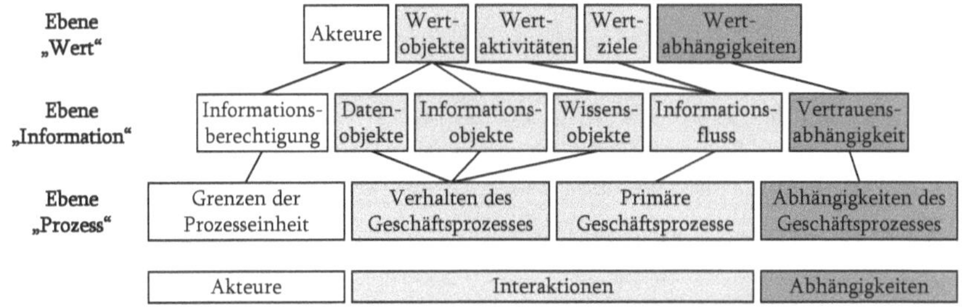

Abbildung 3-7: VIP Framework nach Solaimani und Bouwman[360]

Auf der ersten Ebene „Wert" wird der Fokus auf die Akteure gelegt, die durch Wertaktivitäten miteinander Wertobjekte austauschen. Diese Betrachtungsweise ist dem e3-Modell nach Godijn angelehnt, um die Interaktion der Akteure zu beschreiben.[361] Zusätzlich werden auf dieser Ebene die Wertziele und die Wertabhängigkeiten betrachtet. Die zweite Ebene „Information" besteht aus sechs Komponenten, die einen direkten Bezug zu den Komponenten der ersten Ebene besitzen. Dabei wird im Wesentlichen zwischen Daten-, Informations- und Wissensobjekten unterschieden. Der Zugang zu diesen wird als Informationsberechtigung, und die Art und Weise, wie be-

[357] Vgl. Hofmann, M. (2020) Prozessoptimierung, S. 84.

[358] Vgl. Krallmann, H. / Bobrik, A. / Levina, O. (2013) Systemanalyse im Unternehmen, S. 238 - 239.

[359] Vgl. Hofmann, M. (2020) Prozessoptimierung, S. 86.

[360] I.A.a. Solaimani, S. / Bouwman, H. (2012) Alignment of business model, S. 664.

[361] Vgl. Gordijn, J. / Akkermans, H. (2001) Designing e-business models, S. 13; Solaimani, S. / Bouwman, H. (2012) Alignment of business model, S. 664.

teiligte Akteure diese austauschen, wird als Informationsfluss bezeichnet. In der Beziehung zwischen zwei Akteuren muss der Informationsaustausch durch eine gegenseitige Vertrauensabhängigkeit abgesichert sein.[362] Die dritte Ebene „Prozess" wird schließlich für die operative Umsetzung des Geschäftsmodells benötigt. Im Zentrum der Betrachtung stehen die „Primären Geschäftsprozesse" (vgl. Kap. 2.4.1). Mithilfe der „Grenzen der Prozesseinheit" wird der Umfang von zusammenhängenden Prozessen eingegrenzt. Die grafische Darstellung der Aktivitäten und Objekte der Prozesse wird als das „Verhalten des Geschäftsprozesses" bezeichnet. Schließlich beschreiben die „Abhängigkeiten des Geschäftsprozesses" die Interaktionen unterschiedlicher Prozesse untereinander.

Das VIP Framework kann sowohl deskriptiv (top-down) als auch präskriptiv angewendet werden (bottom-up).[363] Die deskriptive Anwendung eignet sich dafür, die Geschäftsprozesse aus dem Geschäftsmodell zu entwickeln und an operative Anforderungen anzupassen. Der Fokus des Modells liegt nicht auf der detaillierten Ausgestaltung der Prozessketten, sondern der Interaktion der einzelnen Komponenten.

3.3.3 Modellierung von Sollprozessen nach SPECK UND SCHNETGÖKE

Im Vergleich zum VIP Framework setzt sich der Ansatz nach SPECK UND SCHNETGÖKE zum Ziel, detaillierte Prozessketten zu beschreiben. Zwar baut der Ansatz auf einer vorangestellten Ist-Analyse der Prozesse auf, kann jedoch auch für die Modellierung grundlegend neuer Soll-Prozesse genutzt werden. Die Autoren schlagen drei sequenzielle Schritte vor (siehe Abbildung 3-8).

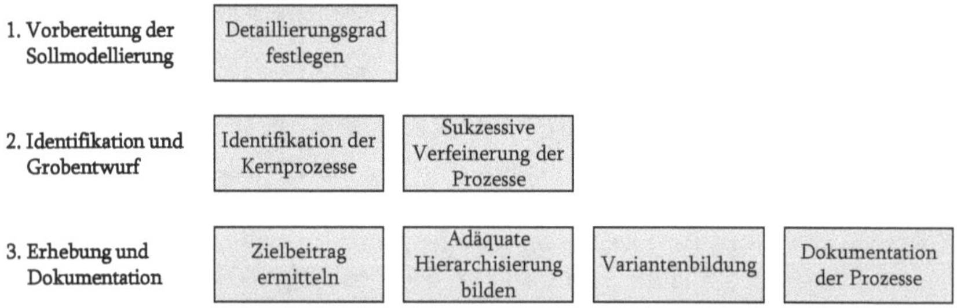

Abbildung 3-8: Modellierung von Sollprozessen nach SPECK UND SCHNETGÖKE[364]

Im ersten Schritt wird der Detaillierungsgrad der Sollprozesse festgelegt. Dieser ist abhängig vom Zweck der Prozessmodellierung.[365] Im zweiten Schritt gilt es zunächst,

---

[362] Vgl. Solaimani, S. / Bouwman, H. (2012) Alignment of business model, S. 667.

[363] Vgl. Solaimani, S. / Bouwman, H. (2012) Alignment of business model, S. 670.

[364] Eigene Darstellung basierend auf: Speck, M. / Schnetgöke, N. (2012) Sollmodellierung und Prozessoprimierung, S. 195 - 228.

[365] Vgl. Speck, M. / Schnetgöke, N. (2012) Sollmodellierung und Prozessoprimierung, S. 197 - 198.

die Kernprozesse zu identifizieren, die die wesentlichen Unternehmensaktivitäten abbilden. Die Autoren sind ähnlich wie SOLAIMANI UND BOUWMAN der Meinung, dass sowohl ein top-down-Ansatz als auch ein bottom-up-Ansatz möglich sind. Jedoch ist der top-down-Ansatz besser geeignet, um die Kernprozesse anhand der strategischen Geschäftsfelder abzuleiten. Die Kernprozesse werden im nächsten Schritt sukzessiv verfeinert, indem die Funktionsschritte zur Erstellung der Gesamtleistung selbst als Prozesse mit zu erstellender Teilleistung aufgefasst werden.[366] Im dritten Schritt wird zunächst der Zielbeitrag von jedem Teilprozess bzw. jeder Aktivität untersucht, wobei nicht nur monetäre Unternehmensziele, sondern auch externe Einflussgrößen, z.B. rechtliche Vorschriften, berücksichtigt werden müssen. Nicht wertschöpfende Teilprozesse und Aktivitäten sind aus den Geschäftsprozessen zu eliminieren. Die verbliebenen Teilprozesse und Aktivitäten sind rückwirkend über mehrere Ebenen zu strukturieren, d.h. zu hierarchisieren. Dabei gilt es auch, auf allen Ebenen mögliche Prozessvarianten zu berücksichtigen. Darunter sind Prozesse zu verstehen, die grundsätzlich dieselben Abläufe darstellen, jedoch durch Beschreibung dieser Abläufe für verschiedene Prozessobjekte Unterschiede in detaillierten Prozessstrukturen aufweisen.[367] Diese Unterscheidung kann beispielsweise bei der unterschiedlichen Auftragsbearbeitung eines Standard- und eines Eilauftrages notwendig sein. Schließlich sind die Prozesse, insbesondere die für den Modellierungszweck notwendigen Prozessmerkmale, zu dokumentieren.[368]

3.3.4 Gestaltung von Geschäftsprozessen nach SCHMELZER UND SESSELMANN

Der Ansatz nach SCHMELZER UND SESSELMANN ist in zwei übergeordnete Schritte unterteilt. Vor allem dem ersten Schritt der Identifikation der Geschäftsprozesse wird eine große Bedeutung beigemessen. Die Autoren sehen darin sogar die wichtigste Tätigkeit im allgemeinen Geschäftsprozessmanagement.[369] Ähnlich wie bei SOLAIMANI UND BOUWMAN und SPECK UND SCHNETGÖKE wird ein top-down Ansatz zur Identifikation der Geschäftsprozesse vorgeschlagen, um diese an die Geschäftsstrategie und das Geschäftsmodell des Unternehmens auszurichten (siehe Abbildung 3-9). Die Identifikation kann durch eine Analyse der Zielmärkte, Erfolgsfaktoren, Wettbewerbsstrategie, Kunden, Stärken bzw. Schwächen und Geschäftsziele unterstützt werden.

Im zweiten Schritt findet zunächst eine Dekomposition der Geschäftsprozesse statt. Dafür schlagen die Autoren die folgenden fünf Ebenen vor: Geschäftsprozess, Teilprozess, Prozessschritte, Arbeitsschritte und Aktivitäten. Die notwendige Gliederungstiefe ist zweckspezifisch festzulegen. Auf jeder Ebene bildet das Ergebnis einer

[366] Vgl. Speck, M. / Schnetgöke, N. (2012) Sollmodellierung und Prozessoprimierung, S. 208.
[367] Vgl. Speck, M. / Schnetgöke, N. (2012) Sollmodellierung und Prozessoprimierung, S. 217.
[368] Vgl. Speck, M. / Schnetgöke, N. (2012) Sollmodellierung und Prozessoprimierung, S. 220.
[369] Vgl. Schmelzer, H. / Sesselmann, W. (2020) Geschäftsprozessmanagement, S. 212.

vorangegangenen Prozesseinheit den Input für die nachfolgende Prozesseinheit. Der top-down Ansatz ist dabei strikt einzuhalten.[370]

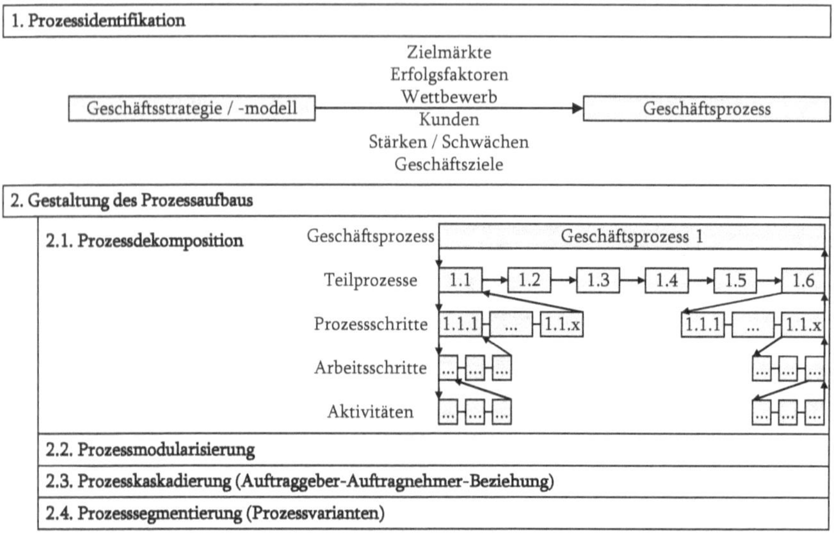

Abbildung 3-9: Gestaltung von Geschäftsprozessen nach SCHMELZER UND SESSELMANN[371]

Anschließend werden Prozessmodule definiert, die in sich geschlossene Wertschöpfungsschritte abbilden und weitgehend autonom agieren können. Laut den Autoren verfügen alle Prozessebenen durch die Prozessdekomposition bereits über Moduleigenschaften. Die gezielte Betrachtung der Modularisierung spielt jedoch vor allem bei organisationsübergreifenden Geschäftsprozessen, z.B. bei der Auslagerung (Outsourcing) oder bei der Bündelung (Shared Service Center) von Prozessen eine große Rolle.[372] Die nachfolgende Prozesskaskadierung hat das Ziel, Teilprozesse eines Geschäftsprozesses an andere Geschäfts- oder Unterstützungsprozesse auszugliedern, um die Gesamtzahl an Schnittstellen zu minimieren. Beispielsweise kann im Geschäftsprozess „Produkt liefern“ der Teilprozess „Rechnung erstellen“ in den Unterstützungsprozess „Finanzbuchhaltung“ ausgelagert werden, der auch von anderen Geschäftsprozessen genutzt wird. Dabei müssen die Auftraggeber-Auftragsnehmer-Beziehungen, die Leistung selbst sowie die Qualität der Leistung festgelegt werden.[373] Schließlich müssen unterschiedliche Prozessvarianten eines Standardgeschäftsprozesses un-

[370] Vgl. Schmelzer, H. / Sesselmann, W. (2020) Geschäftsprozessmanagement, S. 229 - 230.

[371] Eigene Darstellung basierend auf: Schmelzer, H. / Sesselmann, W. (2020) Geschäftsprozessmanagement, S. 212 - 238.

[372] Vgl. Schmelzer, H. / Sesselmann, W. (2020) Geschäftsprozessmanagement, S. 233.

[373] Vgl. Schmelzer, H. / Sesselmann, W. (2020) Geschäftsprozessmanagement, S. 233 - 236.

tersucht werden, die sich aus heterogenen Leistungsanforderungen bzw. Geschäftsvorfällen der Kunden ergeben. Die Steuerung der Prozessvarianten obliegt dennoch demselben Geschäftsprozessverantwortlichen.[374]

3.4 Ansätze aus der Organisationsgestaltung

Da die Aufbauorganisation das sichtbare Element der Organisationsstruktur bildet und einen besonderen Stellenwert genießt (vgl. Kap. 2.3.5), wird die Ablauforganisation in vielen Ansätzen zur Gestaltung der Organisationsstruktur größtenteils vernachlässigt. Eine verstärkte Prozessorientierung in der Gestaltung der Aufbauorganisation würde jedoch viele Vorteile schaffen (vgl. Kap. 2.4). Obwohl bislang dafür kein bekannter Ansatz existiert, der spezifisch an das Subskriptionsmodell angepasst ist, können bestehende Ansätze dennoch dahingehend untersucht werden, inwiefern sie den Anforderungen nach Abbildung 3-1 aus Kapitel 3.1 gerecht werden.

3.4.1 Ordnungsrahmen zur prozessorientierten Organisationsgestaltung nach MEISE

Das Vorgehensmodell nach MEISE unterstützt eine prozessorientierte Organisationsgestaltung, indem es die klassischen Projektphasen des Business Process Engineerings um die vier Projektphasen Strategieanalyse, IST-Prozessanalyse, aufbauorganisatorische Gestaltung und kontinuierliches Prozessmanagement erweitert (vgl. Abbildung 3-10). Durch die zusätzlichen Phasen ist der Einsatz des Modells sowohl für evolutionäre als auch für revolutionäre Organisationsentwicklungen auf Basis des Prozessmanagements möglich.[375] Das Modell beginnt mit der Analyse der *strategischen Situation* und der Ausrichtung des Unternehmens sowie einer Gliederung des Unternehmens anhand der Geschäftseinheiten. Anschließend werden die *Prozesse* innerhalb der Bereiche identifiziert, klassifiziert und in einen übergeordneten Ordnungsrahmen eingebettet. Daraus werden die neu zu gestaltenden Prozesse hinsichtlich ihres *Ist-Zustands* analysiert und Verbesserungspotenziale abgeleitet, um somit die *Soll-Prozesse* zu entwickeln. Gleichzeitig werden notwendige organisatorische Schnittstellen sowie Kommunikations- und Koordinationsprozesse festgelegt. Anhand der Prozesse werden übergeordnete Organisationseinheiten und Verantwortlichkeiten definiert, wodurch die *Aufbauorganisation* gebildet wird. Die Einführung und *Implementierung* der neuen Prozesse sollen durch Qualifikations- und Kommunikationskonzepte begleitet werden. Zuletzt erfolgt die Phase der kontinuierlichen operativen Anpassung und Verbesserung der Prozesse durch ein *kontinuierliches Prozessmanagement*.[376]

---

[374] Vgl. Schmelzer, H. / Sesselmann, W. (2020) Geschäftsprozessmanagement, S. 236 - 237.
[375] Vgl. Meise, V. (2001) Prozessorientierte Organisationsgestaltung, S. 89 - 90.
[376] Vgl. Meise, V. (2001) Prozessorientierte Organisationsgestaltung, S. 91 - 92.

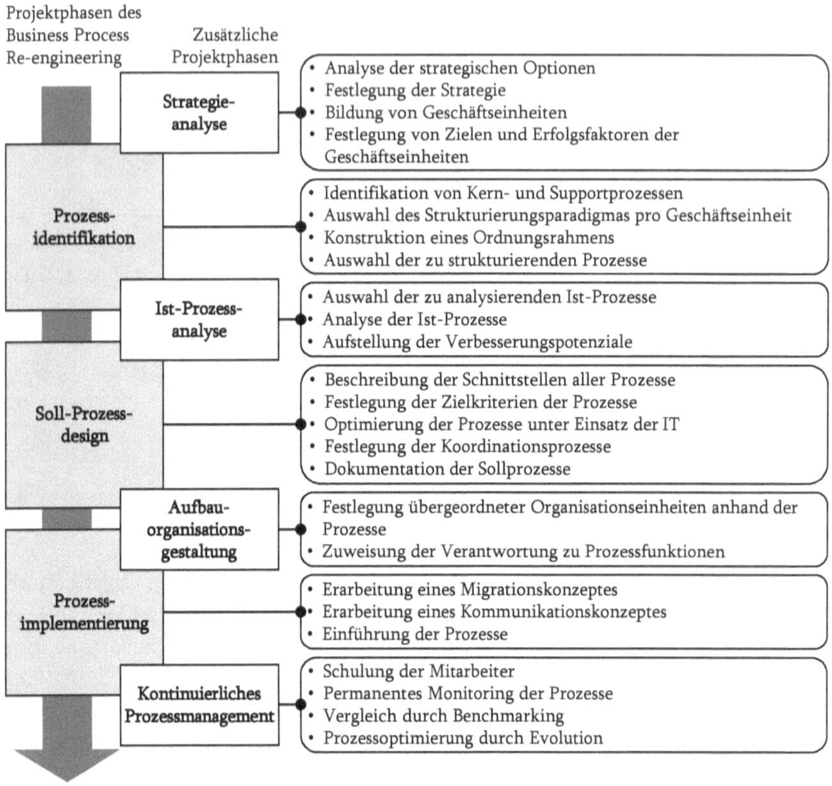

Abbildung 3-10: Prozessorientierte Organisationsgestaltung nach MEISE[377]

3.4.2 Gestaltung einer prozessorientierten Aufbauorganisation nach PICOT ET AL.

PICOT ET AL. entwickeln einen Ansatz zur prozessorientierten Organisationsgestaltung mit einer Berücksichtigung funktionaler Spezialisierungseffekte von Stellen. Die Methodik ist in fünf Schritte unterteilt (vgl. Abbildung 3-11). Nach Ansicht der Autoren ist eine prozessorientierte Gestaltung nicht für alle Unternehmensbereiche relevant, sondern nur für solche, die wesentlich zur Wertschöpfung beitragen.[378]

Vor diesem Hintergrund besteht der erste Schritt darin, die *kritischen Prozesse zu identifizieren.* Diese können sich zum Beispiel dadurch auszeichnen, dass sie zu einer höheren Kundenzufriedenheit, einem Wettbewerbsvorteil oder einer hohen Ressour-

[377] I.A.a. Meise, V. (2001) Prozessorientierte Organisationsgestaltung, S. 90.

[378] Vgl. Picot, A. / Dietl, H. / Franck, E. (2020) Organisation, S. 291.

cenintensität beitragen. Im zweiten Schritt werden die *Prozesse strukturiert*, indem die Prozessreihenfolge definiert, die Prozesse zu Teilprozessen bzw. Prozessschritten detailliert und die benötigten Ressourcen abgeschätzt werden.

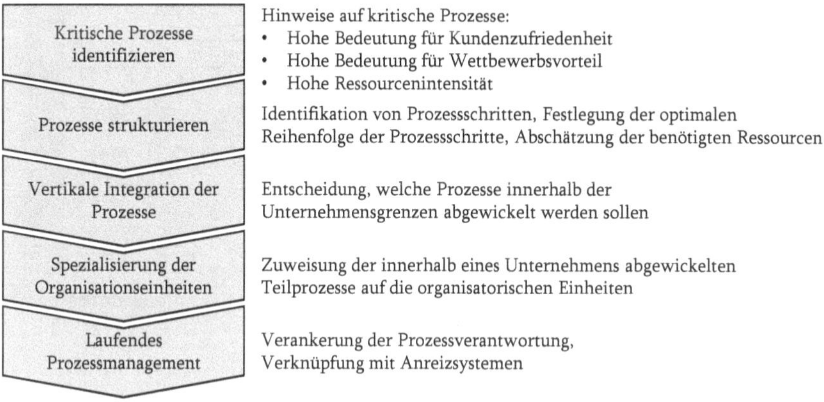

Abbildung 3-11: Gestaltung der Prozessorganisation nach PICOT ET AL. [379]

In der darauffolgenden *vertikalen Integration der Prozesse* wird geprüft, inwiefern sie zur beabsichtigten Wertschöpfungstiefe des Unternehmens passen und ggf. ausgelagert werden sollen. Gleichzeitig sollen die Abhängigkeiten von Lieferanten geprüft und hinterfragt werden. Im nächsten Schritt wird die benötigte *Spezialisierung der Organisationseinheiten* identifiziert und damit die Stellenbildung ermöglicht. PICOT ET AL. orientieren sich dabei an der Transaktionskostentheorie, welche die organisatorische Trennung der Einheiten innerhalb eines Prozesses nach unterschiedlicher wissensökonomischer Reife empfiehlt. Dies bedeutet, dass die Funktionen so gegliedert werden, wie die entsprechenden Wissensträger ausgebildet und verfügbar sind. Zusätzlich können die Teilbarkeit von Ressourcen oder Prozessschritten, die Kundennähe und die Kernkompetenz berücksichtigt werden. Im letzten Schritt wird die Prozessverantwortung festgelegt und ein *laufendes Prozessmanagement* verfolgt.[380]

3.4.3 Gestaltung einer prozessorientierten Aufbauorganisation nach KUGELER UND VIETING

Das Referenzmodell zur prozessorientierten Gestaltung der Aufbauorganisation nach KUGELER UND VIETING setzt sich zum Ziel, die Gesamteffizienz von Geschäftsprozessen zu erhöhen. Es beschreibt ein achtstufiges Vorgehen und setzt einen bereits entwickelten Ordnungsrahmen sowie identifizierte Soll-Prozesse voraus (vgl. Abbildung

[379] I.A.a. Picot, A. / Dietl, H. / Franck, E. (2020) Organisation, S. 291.

[380] Vgl. Picot, A. / Dietl, H. / Franck, E. (2020) Organisation, S. 291 - 296.

3-12). Dabei definiert ein Ordnungsrahmen ein grundlegendes Strukturierungsprinzip auf einer hohen Abstraktionsebene (vgl. Kap. 2.3.5).[381]

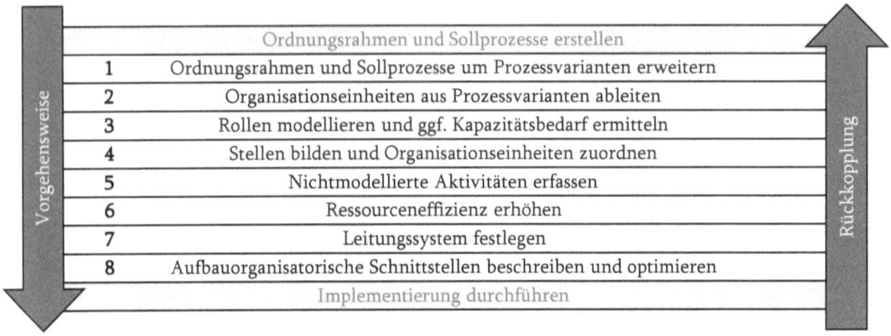

Abbildung 3-12: Referenzmodell zur prozessorientierten Organisationsgestaltung nach Kugeler und Vieting[382]

Die erste Stufe des Modells erweitert den Ordnungsrahmen und die Soll-Prozesse um mögliche *Prozessvarianten*, z.B. aufgrund von Standorten, Kundengruppen oder anderen Kriterien, die eine konsequente unternehmensweite Standardisierung der Prozesse verhindern. In der zweiten Stufe werden aus den Prozessvarianten *Organisationseinheiten* abgeleitet, d.h. die Durchführung von einer oder mehreren Prozessvarianten wird einer Organisationseinheit zugeordnet. In der dritten Stufe werden die benötigten Fähigkeiten, Kenntnisse sowie der Kapazitätsbedarf ermittelt, um die in den Organisationseinheiten benötigten *Rollen zu modellieren*. In Stufe vier werden die Rollen mit der Zielstellung einer Minimierung der Schnittstellen zu einzelnen *Stellen* zusammengefasst und den Organisationseinheiten zugeordnet. Gleichzeitig werden Verantwortlichkeiten für die Erfüllung der Aufgaben festgelegt. Stufe fünf ermittelt die in den bisherigen Prozessen *nicht dokumentierten, jedoch benötigten Aktivitäten*. Aus diesen werden ebenfalls Rollen abgeleitet und Stellen gebildet. In Stufe sechs werden alle bisher entwickelten Stellen und Organisationseinheiten hinsichtlich einer *höheren Ressourceneffizienz* hinterfragt. Dazu müssen die für die Aufgabenerfüllung benötigten personellen Kapazitäten sowie die Auslastung der bisher geplanten Stellen abgeschätzt werden. Somit werden die bisher gebildeten theoretischen Stellen zu Planstellen transformiert. In Stufe sieben wird das *Leitungssystem* des Unternehmens unterhalb der Geschäftsführung festgelegt. Dies kann bspw. zu einer divisionalen Zusammenfassung von Organisationseinheiten führen, die einer bestimmten Produktgruppe oder Region zugeordnet werden können. Zuletzt werden die verbliebenen *Schnittstellen* zwischen den Prozessen und Einheiten definiert und hinsichtlich der inhaltlichen und zeitlichen Anforderungen optimiert.[383]

[381] Vgl. Becker, J. / Meise, V. (2012) Strategie und Ordnungsrahmen, S. 113 - 114.
[382] I.A.a. Kugeler, M. / Vieting, M. (2012) Prozessorientierte Aufbauorganisation, S. 259.
[383] Vgl. Kugeler, M. / Vieting, M. (2012) Prozessorientierte Aufbauorganisation, S. 258 - 268.

3.4.4 Design Leiter nach MAREK

Die Design Leiter nach MAREK ist ein prozessorientiertes, vierstufiges Vorgehensmodell zur Ableitung der Organisationsstruktur basierend auf den Wirkbeziehungen zwischen Kultur, Strategie und Struktur (vgl. Abbildung 3-13). Der Autor folgt dabei dem organisatorischen Leitsatz „structure follows process follows strategy" (vgl. Kap. 2.2.5). Die Darstellung als Leiter bekräftigt die Bedeutung einer sequenziellen Bearbeitung der einzelnen Schritte.[384]

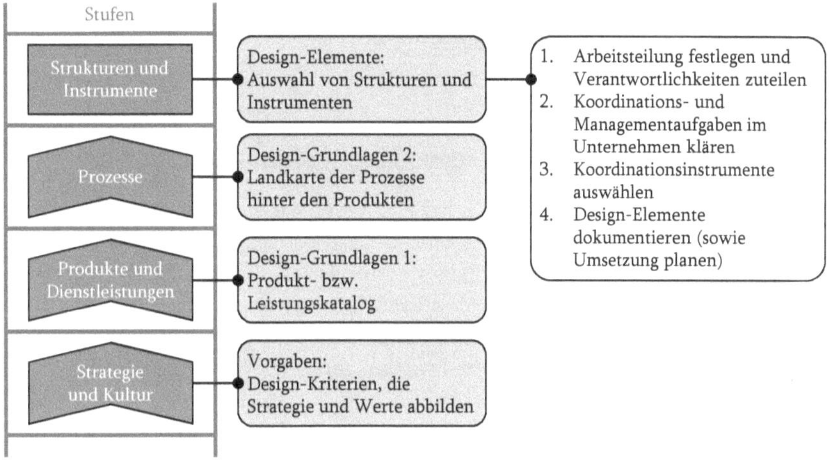

Abbildung 3-13: Design-Leiter einer prozessorientierten Organisationsgestaltung nach MAREK[385]

Auf der ersten Stufe *Strategie und Kultur* werden die strategische Ausrichtung und die normativen Grundlagen des Unternehmens betrachtet. Dies schließt neben den Unternehmenszielen auch den zu generierenden Kundennutzen und das eigene Werteverständnis ein. Daraus ergeben sich grundlegende Kriterien für die Gestaltung der weiteren Leiterstufen. Auf der zweiten Stufe werden die *Produkte und Dienstleistungen* des Unternehmens definiert und in einen Katalog überführt. Da eine Gestaltung der Organisationsstruktur auf Basis der Strategie nicht direkt möglich ist, bilden die Produkte und Dienstleistungen als Konkretisierung der Strategie die Grundlage für die Gestaltung der Aufbauorganisation. Auf der dritten Stufe *Prozesse* werden die Geschäftsprozesse zur Erstellung dieser Produkte und Dienstleistungen ermittelt und in ihre Teilprozesse zerlegt, wodurch eine Ablauforganisation erzielt wird.[386] Auf der vierten Stufe *Strukturen und Instrumente* werden die vorherigen Planungen in eine

[384] Vgl. Marek, D. (2020) Organisationsdesign, S. 29 - 30.
[385] I.A.a. Marek, D. (2020) Organisationsdesign, 30, 80.
[386] Vgl. Marek, D. (2020) Organisationsdesign, S. 29 - 33.

Aufbauorganisation und in Koordinationsmechanismen überführt. Zunächst wird auf Grundlage der Ablauforganisation die Arbeitsteilung bestimmt und so Teams gebildet. Unternehmen müssen in diesem Schritt vor allem zwischen den Vor- und Nachteilen einer hohen Spezialisierung abwägen (vgl. Kap. 2.4).[387] Anschließend werden die Koordinations- und Management-Aufgaben bestimmt. Es ist für die einzelnen Teams festzulegen, welche Verantwortungen sie selbst übernehmen können und welche eine übergreifende Abstimmung benötigen.[388] Im Anschluss werden die Koordinationsinstrumente ausgewählt. Wichtig ist dabei nicht nur die Definition von Gremien, Leitungsstellen und Leistungsvereinbarungen, sondern auch die Gestaltung der Unternehmenswerte und der Professionalisierung der Arbeit. Schließlich sind die festgelegten Design-Elemente zu dokumentieren.[389]

3.5 Ansätze aus der Geschäftsmodelltransformation

Die Änderung eines Geschäftsmodells hat direkte Auswirkungen auf eine betreffende Organisation und insbesondere auf ihre Organisationsstruktur (vgl. Kap. 2.2.5).[390] Daher können Ansätze der Geschäftsmodelltransformation, die sich mit den Herausforderungen in der Implementierung eines neuen Geschäftsmodells beschäftigen, wertvolle Aufschlüsse über eine erfolgreiche Gestaltung der Organisationsstruktur für die vorliegende Arbeit bieten. Nachfolgend werden einige relevante Ansätze vorgestellt.

3.5.1 E-business Transformationsmodell nach ZENG ET AL.

In ihrer Arbeit über die Transformation zu elektronischen Geschäftsmodellen (e-business) heben ZENG ET AL. vor allem die Bedeutung der IT-Fähigkeiten eines Unternehmens hervor. Dafür identifizieren die Autoren zunächst fünf kritische Gestaltungsdimensionen für eine erfolgreiche Transformation. Neben der Strategie und Vision, Produkt und Markt sowie Unternehmenskultur heben die Autoren die Bedeutung der Transformation von Geschäftsprozessen und der Organisationsstruktur hervor.[391] Auf dieser Basis wird ein Modell zur Unterstützung des Transformationsprozesses entwickelt, das in Abbildung 3-14 dargestellt ist.

Im ersten Schritt gilt es, das neue elektronische Geschäftsmodell zu entwickeln. Dafür müssen die Einflusssphären Unternehmensumwelt, die Industriecharakteristika, die

[387] Vgl. Marek, D. (2020) Organisationsdesign, S. 81 - 93.

[388] Vgl. Marek, D. (2020) Organisationsdesign, S. 93 - 99.

[389] Vgl. Marek, D. (2020) Organisationsdesign, S. 100 - 121.

[390] Vgl. Drucker, P. F. (1954) Practice of management, S. 226; Sosna, M. / Trevinyo-Rodríguez, R. / Velamuri, S. (2010) Business model innovation, S. 384; Abramovici, M. / Herzog, O. (2016) Engineering Industrie 4.0, S. 26 - 27; Zhang, W. / Banerji, S. (2017) Challenges of servitization, S. 222; Boneva, M. (2018) Challenges of digital transformation, S. 108.

[391] Vgl. Zeng, Q. / Chen, W. / Huang, L. (2008) E-business transformation, S. 410.

Unternehmenscharakteristika, die Unternehmensstrategie, die Produktions- und Servicefähigkeiten, die Kundenwünsche, die Unternehmenskultur und die IT-Infrastruktur berücksichtigt werden.

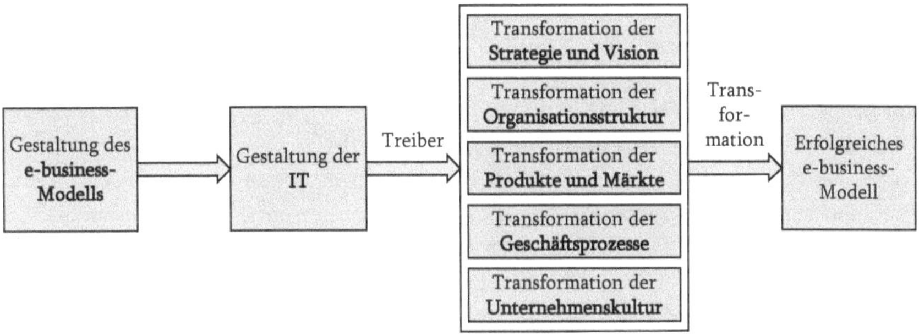

Abbildung 3-14: Modell für den Transformationsprozess zum e-business nach ZENG ET AL.[392]

Im zweiten Schritt müssen die IT-Fähigkeiten des Unternehmens gestärkt werden. Dafür müssen die kritischen IT-Fähigkeiten in Abhängigkeit vom neuen Geschäftsmodell identifiziert und an dieses angepasst werden. Nur so lassen sich im dritten Schritt die fünf Dimensionen der Organisation erfolgreich transformieren. Für die Transformation muss die ganze Aufmerksamkeit und alle benötigten Ressourcen mobilisiert werden, um nachhaltige Wettbewerbsvorteile für das neue Geschäftsmodell zu schaffen.[393] Die Autoren betonen außerdem, dass die Transformation nicht als ein in sich abgeschlossenes Unterfangen betrachtet werden darf. Stattdessen müssen die fünf Gestaltungsdimensionen während der Transformation ständig an mögliche Veränderungen der Einflusssphären angepasst werden.

3.5.2 Theorie zur Geschäftsmodelltransformation nach SANTOS ET AL.

Im Verständnis von Geschäftsmodellen betonen SANTOS ET AL. die Organisationseinheiten, ihre Aktivitäten und ihre gegenseitigen Abhängigkeiten, die zusammen zum Geschäftsmodell beitragen. In ihrer Theorie zur Geschäftsmodelltransformation unterscheiden die Autoren zwischen einer ersetzenden (replacive) Geschäftsmodelltransformation, bei der das neue Geschäftsmodell das alte verdrängt, und einer additiven Transformation, bei der das neue Geschäftsmodell parallel angeboten wird.[394] Das Verständnis über die additive Geschäftsmodelltransformation ist für die vorliegende Arbeit relevant.

392 Eigene Darstellung basierend auf: Zeng, Q. / Chen, W. / Huang, L. (2008) E-business transformation, S. 411.

393 Vgl. Zeng, Q. / Chen, W. / Huang, L. (2008) E-business transformation, S. 411.

394 Vgl. Santos, J. F.P. D. / Spector, B. / van der Heyden, L. (2015) Business model change, S. 50.

Die Autoren betonen, dass der Erfolg eines Geschäftsmodells maßgeblich von den Kompetenzen und sozialen Interaktionen zwischen den Organisationseinheiten und Mitarbeitenden abhängt. Beide verändern sich im Zuge einer Geschäftsmodelltransformation, da sich die Geschäftsaktivitäten und das dafür benötigte Wissen verändern. Vor dem Hintergrund dieser Veränderungen müssen sich Unternehmen auf Widerstände einstellen, die die Transformation behindern und verlangsamen können.[395] Bei der Bewältigung dieser Widerstände betrachten SANTOS ET AL. vor allem die Rolle der zentralen Unternehmensführung (siehe Abbildung 3-15). Die Geschäftsmodelltransformation in einem Bereich des Unternehmens kann Auswirkungen auf die anderen Bereiche haben. Diese Auswirkungen müssen durch die zentrale Unternehmensführung gelenkt werden. Dadurch können Synergiepotenziale gezielt identifiziert und umgesetzt werden.[396] Darüber hinaus muss die zentrale Unternehmensführung auch eine organisatorische Gerechtigkeit herstellen, um die Akzeptanz des neuen Geschäftsmodells zu erhöhen. Dafür müssen beeinträchtigte Mitarbeiter früh in der Entwicklung der Geschäftsmodelltransformation involviert werden.[397]

Abbildung 3-15: Rolle der zentralen Unternehmensführung nach SANTOS ET AL.[398]

3.5.3 Komplexitätsmanagement in Organisationen mit mehreren Geschäftsmodellen nach SNIHUR UND TARZIJAN

SNIHUR UND TARZIJAN betonen die Frage nach einer zentralen oder dezentralen Führung bei Unternehmen mit mehreren Geschäftsmodellen. Dabei verstehen die Autoren die Führung in erster Linie als ein Instrument zur Bewältigung der Komplexität, die durch die Geschäftsmodelle entsteht.[399] Während die Komplexität innerhalb eines Geschäftsmodells als „within complexity" bezeichnet wird, beschreibt „between complexity" die Komplexität, die sich zusätzlich aus der Interaktion zweier paralleler Ge-

[395] Vgl. Santos, J. F.P. D. / Spector, B. / van der Heyden, L. (2015) Business model change, S. 53.
[396] Vgl. Santos, J. F.P. D. / Spector, B. / van der Heyden, L. (2015) Business model change, S. 56 - 58.
[397] Vgl. Santos, J. F.P. D. / Spector, B. / van der Heyden, L. (2015) Business model change, S. 59 - 60.
[398] Eigene Darstellung basierend auf: Santos, J. F.P. D. / Spector, B. / van der Heyden, L. (2015) Business model change, S. 56 - 60.
[399] Vgl. Snihur, Y. / Tarzijan, J. (2018) Managing complexity, S. 52.

schäftsmodelle ergibt.[400] Die Führungsart zur Bewältigung beider Komplexitäten muss sich in der Organisationsstruktur des Unternehmens widerspiegeln.

Liegt hauptsächlich die „within complexity" vor, so ist eine dezentrale Führung der parallelen Geschäftsmodelle zu bevorzugen. Dadurch erlangen die jeweiligen Geschäftsmodelle eine höhere Autonomie, die zu einer höheren Anpassungs- und Lernfähigkeit führt. Diese Führungsart ist grundsätzlich zu bevorzugen. Dominiert jedoch die „between complexity", so ist eine gemeinsame zentrale Führung der Geschäftsmodelle zu wählen, um die gegenseitigen Abhängigkeiten in den Aktivitäten der einzelnen Geschäftsmodelle besser koordinieren zu können. Dadurch können Synergien genutzt und mögliche Konflikte vermieden werden.[401] Sind jedoch beide Arten der Komplexität vergleichbar gering bzw. vergleichbar hoch, so schlagen die Autoren eine differenzierte Führungsstruktur vor (siehe Abbildung 3-16). Dabei werden Entscheidungen für voneinander unabhängige Aktivitäten dezentralisiert und Entscheidungen über Aktivitäten mit hoher gegenseitiger Abhängigkeit zentralisiert getroffen. Somit können die Vorteile aus beiden Führungsarten genutzt werden.[402]

		Komplexität durch „between complexity" gering	**Komplexität durch „between complexity"** hoch
Komplexität durch „within complexity"	gering	Dezentralisierung mit eingeschränkter Koordination der abhängigen Aktivitäten	**Zentralisierung**, Motivation der Koordination
	hoch	**Dezentralisierung**, Befähigung der Geschäftsmodellverantwortlichen	Zentralisierung mit eingeschränkter Delegation von Entscheidungen an Geschäftsmodellverantwortliche

Abbildung 3-16: Komplexitätsmanagement durch Führungsstruktur nach SNIHUR UND TARZIJAN[403]

3.5.4 Einführung eines Subskriptionsmodells in der Kreislaufwirtschaft nach SOUSA-ZOMER ET AL.

In ihrer Arbeit zu Geschäftsmodellen der Kreislaufwirtschaft untersuchten SOUSA-ZOMER ET AL. die Herausforderungen und die organisatorischen Gestaltungsmöglichkeiten in der Einführung eines neuen Geschäftsmodells.[404] Die Autoren identifizierten

[400] Vgl. Snihur, Y. / Tarzijan, J. (2018) Managing complexity, S. 51.

[401] Vgl. Snihur, Y. / Tarzijan, J. (2018) Managing complexity, S. 56 - 58.

[402] Vgl. Snihur, Y. / Tarzijan, J. (2018) Managing complexity, S. 60.

[403] Eigene Darstellung basierend auf: Snihur, Y. / Tarzijan, J. (2018) Managing complexity, S. 56 - 60.

[404] Als Kreislaufwirtschaft wird ein regeneratives System definiert, bei dem Ressourcen, Abfälle, Emissionen und Energieverluste minimiert werden, indem der Material- und Energiekreislauf verlangsamt, geschlossen oder eingeengt werden. Dies wird u.a. dadurch erreicht, dass Produkte (z.B. Maschinen und Anlagen) nach dem Gebrauch überholt und somit wiederverwendet werden. Vgl. Geissdoerfer, M. / Savaget, P. et al. (2017) The circular economy, S. 766.

zunächst auf Basis wissenschaftlicher Literaturen die grundlegenden Herausforderungen in der Implementierung eines kreislaufbasierten Geschäftsmodells, auf die das Unternehmen Einfluss hat. Diese werden in die Kategorien „Interne Prozesse", „Kulturelle Aspekte", „Risiken" und „Beziehungen zu Stakeholdern" gruppiert (siehe Abbildung 3-17).[405]

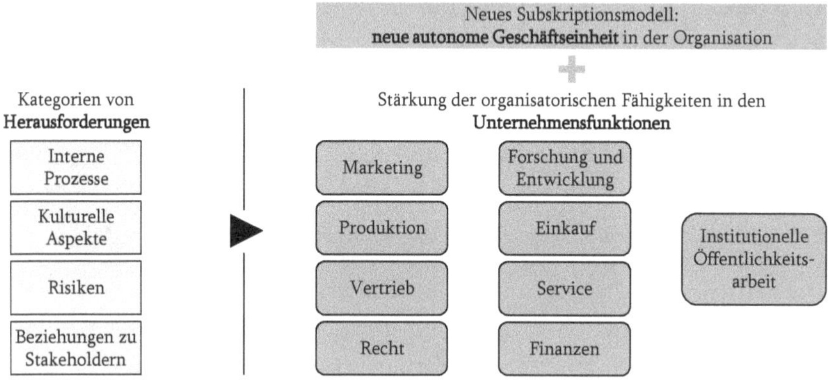

Abbildung 3-17: Organisatorische Fähigkeiten für die Einführung eines Subskriptionsmodells nach SOUSA-ZOMER ET AL. [406]

Auf dieser Basis untersuchten die Autoren das Fallbeispiel eines Produzenten von Wasserfilteranlagen, der in einem neuen, parallel eingeführten subskriptionsbasierten Geschäftsmodell keine einmalige Zahlung, sondern periodische, gebrauchsabhängige Entgelte vom Kunden erhält.[407] Dafür hat das Unternehmen eine neue, aufbauorganisatorisch weitgehend autonome Geschäftseinheit geschaffen. Durch Unternehmensbesuche und Interviews haben die Autoren organisatorische Fähigkeiten identifiziert, die die Einführung des neuen Geschäftsmodells und der neuen Geschäftseinheit positiv beeinflusst haben. Diese wurden unterschiedlichen organisatorischen Funktionen (Abteilungen) zugeordnet.[408] Das Ergebnis der Arbeit kann Unternehmen bei der Einführung eines neuen Geschäftsmodells helfen, Herausforderungen und Lösungsansätze systematisch zu identifizieren.

---

405 Vgl. Sousa-Zomer, T. / Magalhães, L. et al. (2018) Circular business implementation, S. 5.

406 Eigene Darstellung basierend auf: Sousa-Zomer, T. / Magalhães, L. et al. (2018) Circular business implementation, S. 10 - 11.

407 Vgl. Sousa-Zomer, T. / Magalhães, L. et al. (2018) Circular business implementation, S. 6 - 7.

408 Vgl. Sousa-Zomer, T. / Magalhães, L. et al. (2018) Circular business implementation, S. 11.

3.6 Bewertung bestehender Ansätze

Die vorgestellten Ansätze werden im Folgenden mit den in Kapitel 3.1 hergeleiteten Anforderungen abgeglichen. Eine zusammenfassende Bewertungsübersicht ist in Abbildung 3-18 dargestellt.

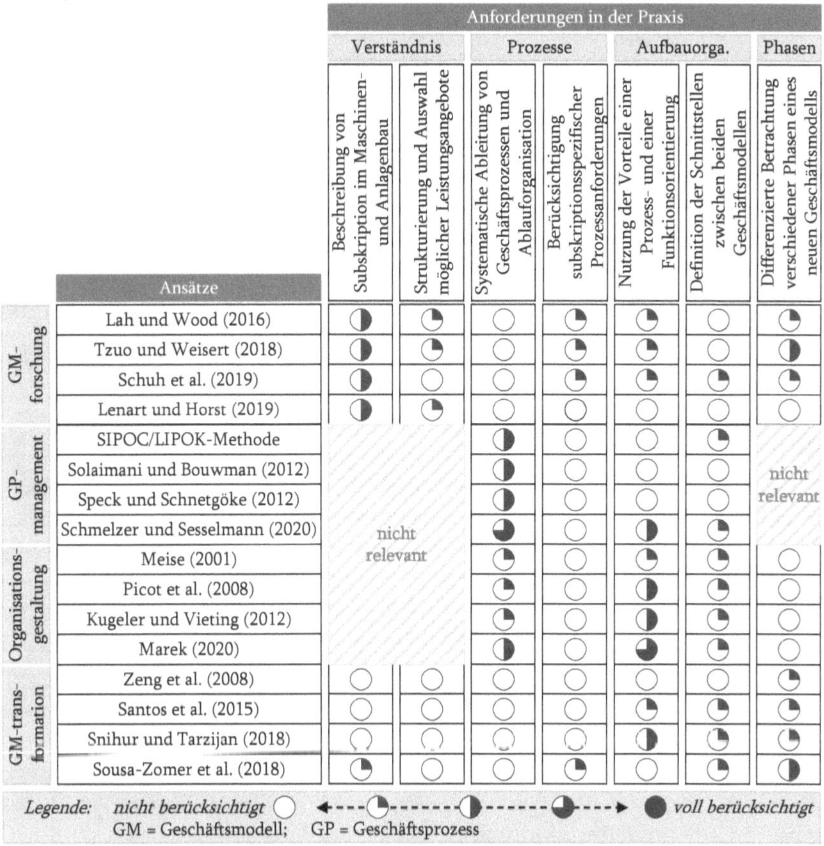

Abbildung 3-18: Zusammenfassende Bewertung bestehender Ansätze

Umfassende Beschreibung von Subskription im Maschinen- und Anlagenbau

Ansätze zur Beschreibung und Einführung des Subskriptionsmodells lassen sich vor allem in den Literaturen der Geschäftsmodellforschung finden. Die Werke von TZUO UND WEISERT sowie LAH UND WOOD gehören zu den am weitesten verbreiteten Grundlagen zum Subskriptionsmodell. Die Autoren gehen nicht nur ausführlich auf die Notwendigkeit, sondern auch auf die Auswirkungen und Herausforderungen des Geschäftsmodells ein. Insbesondere die Interaktion zwischen Hersteller und Kunden sowie die finanziellen Aspekte finden besondere Aufmerksamkeit. Die Betrachtung des Subskriptionsmodells findet jedoch branchenunabhängig statt. Zwar beschreiben TZUO UND WEISERT die grundsätzlichen Auswirkungen des Subskriptionsmodells auf die produzierende Industrie, jedoch ohne einen konkreten Handlungsbedarf für Anbieterunternehmen zu beschreiben. Insgesamt werden die spezifischen Charakteristika des Maschinen- und Anlagenbaus nicht berücksichtigt.[409] Im Subscription Business Management Model nach SCHUH ET AL. gehen die Autoren auf viele Aspekte des Subskriptionsmodells im Maschinen- und Anlagenbau ein. Auf Basis von Fallstudien werden mögliche Ausprägungen des Geschäftsmodells sowie dessen Potenziale und Herausforderungen beleuchtet.[410] Die Beschreibung geht jedoch nicht über punktuelle Beobachtungen hinaus. Ein umfängliches Verständnis wird nicht entwickelt. LENART UND HORST versuchen ebenfalls, sich dem Konzept des Subskriptionsmodells im Maschinen- und Anlagenbau über die Beschreibung potenzieller Vorteile und Herausforderungen zu nähern. Unter anderem werden exemplarisch einige mögliche Kundennutzen erläutert.[411] Eine umfassende Beschreibung bzw. Definition werden jedoch auch hier nicht entwickelt.

Strukturierung und Auswahl möglicher Leistungsangebote zur kundenseitigen Produktivitätssteigerung

Alle untersuchten Ansätze aus der Geschäftsmodellforschung betonen, dass die kundenseitige Produktivitätssteigerung einen zentralen Nutzen für Kunden darstellt.[412] In den Arbeiten von SCHUH ET AL. sowie LENART UND HORST werden fallstudienbasiert mögliche Kundennutzen betrachtet. Dadurch werden bereits bekannte Leistungsangebote untersucht und beschrieben.[413] Eine allgemeine Methodik zur Strukturierung möglicher Leistungsangebote wird jedoch nicht zur Verfügung gestellt. Die Ansätze zur Organisationsgestaltung nach PICOT und MAREK betonen, dass die Prozesse zur Erstellung der Produkte und Dienstleistungen die Kernprozesse des Unternehmens bilden, nach denen sich die Organisationsgestaltung richten muss.[414] Dabei steht die Erfüllung der Kundenwünsche im Mittelpunkt der Aktivitäten. Die Autoren liefern jedoch keine Hinweise darauf, wie die Leistungsangebote im Maschinen- und Anlagenbau strukturiert und systematisch ausgewählt werden können.

---

[409] Vgl. Tzuo, T. / Weisert, G. (2018) Subscribed, S. 97 - 113.

[410] Vgl. Schuh, G. / Frank, J. et al. (2019) Monetizing Industry 4.0, S. 4 - 5.

[411] Vgl. Lenart, M. / Horst, C. (2019) Time to subscribe?, S. 15.

[412] Vgl. Lah, T. / Wood, J. (2016) Technology-as-a-service, S. 198; Tzuo, T. / Weisert, G. (2018) Subscribed, S. 93; Lenart, M. / Horst, C. (2019) Time to subscribe?, S. 14 - 15; Schuh, G. / Frank, J. et al. (2019) Monetizing Industry 4.0, S. 6.

[413] Vgl. Lenart, M. / Horst, C. (2019) Time to subscribe?, S. 15; Schuh, G. / Frank, J. et al. (2019) Monetizing Industry 4.0, S. 4 - 5.

[414] Vgl. Marek, D. (2020) Organisationsdesign, S. 32 - 33; Picot, A. / Dietl, H. / Franck, E. (2020) Organisation, S. 292.

Systematische Ableitung von Geschäftsprozessen und Detaillierung zur Ablauforganisation

Ansätze aus dem Geschäftsprozessmanagement stimmen weitgehend darin überein, dass sich Geschäftsprozesse besser top-down als bottom-up aus dem Geschäftsmodell ableiten lassen, da sie sich so besser an der Unternehmensstrategie ausrichten lassen. Je nach Ansatz können dabei Wertobjekte (SOLAIMANI UND BOUWMAN) oder mehrere Dimensionen gleichzeitig (SCHMELZER UND SESSELMANN) betrachtet werden. Das Defizit der untersuchten Ansätze besteht jedoch in der systematischen Detaillierung von Geschäftsprozessen zur Ablauforganisation. So ist die SIPOC/LIPOK-Methode zwar gut geeignet, um Schnittstellen im Prozess zu diskutieren, jedoch nicht auf detaillierten Prozessebenen.[415] SOLAIMANI UND BOUWMAN betonen selbst, dass ihr Ansatz den Fokus auf die Interaktion der Objekte und auf Kosten einer detaillierten Ausgestaltung der Prozessketten legt.[416] Die Ansätze nach SPECK UND SCHNETGÖKE sowie SCHMELZER UND SESSELMANN empfehlen, sich zwecks Prozessdetaillierung nach den erzeugten Leistungen zu orientieren. Die Teilleistung einer Prozessfunktion bildet den Input für die nächste Prozessfunktion.[417] Auch MAREK schlägt die Betrachtung von Zwischenprodukten, Komponenten oder Fertigungs- bzw. Leistungsstufen vor.[418] Insgesamt stellen die Ansätze jedoch meist grundlegende Prinzipien dar, die in einzelnen Punkten Hinweise zur konkreten Durchführung liefern. Diese können für die vorliegende Arbeit berücksichtigt werden.

Berücksichtigung subskriptionsspezifischer Anforderungen an die Ablauforganisation

Die Beschreibung von subskriptionsspezifischen Prozessanforderungen bildet ein großes Defizit in den untersuchten Ansätzen. Lediglich die Ansätze nach LAH UND WOOD, TZUO UND WEISERT sowie SCHUH ET AL. betonen die Bedeutung kundenorientierter Prozesse und schlagen die Rolle eines Customer Success Managers vor, der eng in die Geschäftsprozesse eingebunden werden muss.[419] Darüber hinaus konnten in den untersuchten Literaturen des Geschäftsprozessmanagements, der Organisationsgestaltung sowie der Geschäftsmodelltransformation keine direkten Hinweise über subskriptionsspezifische Prozessanforderungen identifiziert werden.

Abwägung und Nutzung prozess- und funktionsorientierter Vorteile

Die Integration der Vorteile sowohl einer Prozess- als auch einer Funktionsorientierung finden vor allem bei den Ansätzen nach PICOT, KUGELER UND VIETING sowie

[415] Vgl. Krallmann, H. / Bobrik, A. / Levina, O. (2013) Systemanalyse im Unternehmen, S. 239; Hofmann, M. (2020) Prozessoptimierung, S. 86.

[416] Vgl. Solaimani, S. / Bouwman, H. (2012) Alignment of business model, S. 670.

[417] Vgl. Speck, M. / Schnetgöke, N. (2012) Sollmodellierung und Prozessoprimierung, S. 208; Schmelzer, H. / Sesselmann, W. (2020) Geschäftsprozessmanagement, S. 229.

[418] Vgl. Marek, D. (2020) Organisationsdesign, S. 70.

[419] Vgl. Lah, T. / Wood, J. (2016) Technology-as-a-service, S. 66; Tzuo, T. / Weisert, G. (2018) Subscribed, S. 136; Schuh, G. / Frank, J. et al. (2019) Monetizing Industry 4.0, S. 7 - 8.

MAREK statt, während MEISE sich nur auf die Prozessorientierung konzentriert. Die Vorteile einer hohen Spezialisierung werden von PICOT im letzten Schritt der Prozessdetaillierung berücksichtigt. Jedoch findet die Betrachtung lediglich für einzelne Stellen statt. Eine prozessübergreifende Betrachtung sowie eine Erhöhung der Ressourceneffizienz werden nicht berücksichtigt.[420] Im Gegensatz dazu versuchen KUGELER UND VIETING insbesondere die Ressourceneffizienz von Planstellen zu optimieren, indem ihre Kapazitätsauslastungen untersucht werden sollen.[421] Vorteile durch Spezialisierungseffekte werden von den Autoren jedoch nicht berücksichtigt. MAREK beschreibt ausführlich unterschiedliche aufbauorganisatorische Ausprägungen und wie sie sich auf die Spezialisierungseffekte auswirken können. Der Autor stellt jedoch keine Methodik zur Verfügung, um die Vorteile gezielt zu erschließen.[422]

In den Ansätzen der Geschäftsmodellforschung schlagen LAH UND WOOD eine funktionsorientierte, generische Aufbauorganisation für Anbieter von Subskription vor, die als Orientierungshilfe dienen kann. Die Vorteile durch eine höhere Prozessorientierung werden zwar erwähnt, finden aber keine bewusste Anwendung.[423] Unternehmensspezifische Gegebenheiten werden durch den generischen Ansatz ebenfalls nicht berücksichtigt. Die von TZUO UND WEISERT vorgeschlagene Organisationsstruktur weist eine höhere Prozessorientierung auf und orientiert sich am Lebenszyklus der Kundenbeziehung. Jedoch ist auch diese Aufbauorganisation von generischer Natur und berücksichtigt nicht unternehmensspezifische Gegebenheiten. Die Potenziale einer Funktionsorientierung finden keine systematische Berücksichtigung.[424]

Die reine Prozessorientierung wird auch von SCHMELZER UND SESSELMANN hinterfragt. Die Autoren stellen mögliche Formen der Aufbauorganisation vor, die prozess- und funktionsorientierte Vorteile vereinen könnten.[425] Allerdings wird keine Methodik zur systematischen Harmonisierung beider Vorteile zur Verfügung gestellt.

Gezielte Definition der Schnittstellen zwischen dem Subskriptions- und dem Transaktionsgeschäft

Die Minimierung der Anzahl von Schnittstellen ist ein erklärtes Ziel der Ansätze aus dem Geschäftsprozessmanagement. Diese konzentrieren sich jedoch hauptsächlich auf eine effektive Definition der Schnittstellen innerhalb eines Geschäftsprozesses. Geschäftsprozessübergreifende Schnittstellen werden lediglich im Ansatz nach SCHMELZER UND SESSELMANN im Schritt „Prozessmodularisierung" betrachtet.[426] Dabei

---

[420] Vgl. Picot, A. / Dietl, H. / Franck, E. (2020) Organisation, S. 291 - 296.
[421] Vgl. Kugeler, M. / Vieting, M. (2012) Prozessorientierte Aufbauorganisation, S. 266 - 267.
[422] Vgl. Marek, D. (2020) Organisationsdesign, S. 81 - 93.
[423] Vgl. Lah, T. / Wood, J. (2016) Technology-as-a-service, S. 103 - 110.
[424] Vgl. Tzuo, T. / Weisert, G. (2018) Subscribed, S. 202 - 206.
[425] Vgl. Schmelzer, H. / Sesselmann, W. (2020) Geschäftsprozessmanagement, S. 303 - 312.
[426] Vgl. Schmelzer, H. / Sesselmann, W. (2020) Geschäftsprozessmanagement, S. 231 - 233.

können auch Schnittstellen zu anderen Geschäftsmodellen oder Organisationen entstehen. Eine Gestaltungsmethodik wird jedoch nicht zur Verfügung gestellt.

Im Zuge einer prozessorientierten Gestaltung der Aufbauorganisation wird die Anzahl der Schnittstellen automatisch reduziert. Die Ansätze nach MEISE sowie KUGELER UND VIETING gehen explizit auf die Gestaltung von Schnittstellen ein. Zum einen soll so die Qualität der Schnittstellen zwischen Geschäftsprozessen erhöht werden. Andererseits sollen die Schnittstellen zwischen unterschiedlichen Organisationseinheiten aktiv gestaltet werden.[427] Die Autoren gehen jedoch nicht über die Beschreibung der Bedeutung hinaus. Eine konkrete Methodik wird nicht zur Verfügung gestellt.

Differenzierung zwischen der Einführung des Subskriptionsmodells und dem Zielbild paralleler Geschäftsmodelle

Literaturen aus der Geschäftsmodellforschung beleuchten in erster Linie organisatorische Herausforderungen und Lösungsansätze im Zustand paralleler Geschäftsmodelle. Besondere Herausforderungen während der Einführung eines neuen, parallelen Geschäftsmodells finden jedoch bei TZUO UND WEISERT Berücksichtigung. Die Autoren gehen insbesondere auf die finanziellen Herausforderungen ein und stellen das Fischmodell vor (siehe Abbildung 5-7). Ähnlich zu LAH UND WOOD sowie SCHUH ET AL. werden kulturelle Herausforderungen während der Einführung zwar angesprochen, jedoch nicht weiter spezifiziert.

Die Ansätze aus dem Geschäftsprozessmanagement zur Detaillierung von Geschäftsprozessen zur Ablauforganisation dienen als Brückenfunktion zwischen Geschäftsmodell und Aufbauorganisation. Sie sind somit unabhängig von der zeitlichen Phase eines Geschäftsmodells.

Die Ansätze der Organisationsgestaltung können zwar prinzipiell sowohl für die Einführung eines neuen Geschäftsmodells als auch für den Zustand paralleler Geschäftsmodelle eingesetzt werden. Herausforderungen, die während der Einführungsphase auftreten können, werden jedoch in den bestehenden Ansätzen nicht berücksichtigt.

Im Gegensatz dazu betrachten die Ansätze zur Geschäftsmodelltransformation explizit die Einführungsphase eines neuen Geschäftsmodells. So steht bei ZENG ET AL. die Gestaltung der IT, bei SANTOS ET AL. sowie SNIHUR UND TARZIJAN die (De)Zentralisierung der Führung im Mittelpunkt. Eine praktisch anwendbare Methodik zur Gestaltung der Ablauf- und Aufbauorganisation wird jedoch nicht bereitgestellt. SOUSA-ZOMER ET AL. identifizieren die organisatorischen Fähigkeiten, die insbesondere während der Einführung eines neuen Subskriptionsmodells erforderlich sind. Jedoch wird auch hierbei keine Gestaltungsmethodik vorgestellt. Darüber hinaus findet eine organisatorische Betrachtung im Zustand paralleler Geschäftsmodelle in allen Ansätzen nicht statt.

[427] Vgl. Meise, V. (2001) Prozessorientierte Organisationsgestaltung, S. 92.

3.7 Forschungsdefizit und Forschungsbedarf

Auf Basis der Untersuchungen lässt sich zusammenfassend feststellen, dass bestehende Ansätze die in Kapitel 3.1 abgeleiteten Anforderungen an die Gestaltung der Organisation bei Subskriptionsmodellen im Maschinen- und Anlagenbau nicht hinreichend erfüllen. So wurde zunächst festgestellt, dass keine umfassende Beschreibung für Subskription im Maschinen- und Anlagenbau existiert, um eine fundierte Basis nach dem Leitsatz „structure follows process follows strategy" zu bilden. Die wenigen bestehenden Literaturen stellen lediglich punktuelle Untersuchungen dar. Diese beinhalten zwar beispielhafte Leistungsangebote zur kundenseitigen Produktivitätssteigerung. Sie stellen jedoch keine Strukturierungsmöglichkeit zur Entwicklung des Geschäftsmodells zur Verfügung.

Bestehende Ansätze aus dem Geschäftsprozessmanagement sind sich darüber einig, dass Geschäftsprozesse top-down aus dem Geschäftsmodell zu entwickeln sind. Es wird jedoch keine konkrete, praktisch anwendbare Gestaltungsmethodik zur Detaillierung von Geschäftsprozessen zur Ablauforganisation beschrieben. Stattdessen bieten die Ansätze meist lediglich grundlegende Gestaltungsprinzipien. Darüber hinaus wird eine Adaptierung von Geschäftsprozessen an subskriptionsspezifische Prozessanforderungen nicht untersucht.

Auch in der Gestaltung der Aufbauorganisation werden die subskriptionsspezifischen Anforderungen nicht hinreichend berücksichtigt. Darüber hinaus integrieren die bestehenden prozessorientierten Ansätze nur unzureichend die potenziellen Vorteile einer funktionsorientierten Gestaltung. Die parallele Existenz von Geschäftsmodellen wird nicht betrachtet, wodurch es keine Ansätze gibt, um die Schnittstellen zwischen dem Subskriptions- und Transaktionsgeschäft zu gestalten.

Die parallele Existenz von Geschäftsmodellen wird von Ansätzen zur Geschäftsmodelltransformation aufgegriffen und untersucht. Im Fokus stehen die organisatorischen Dimensionen, die vor allem während der Einführung eines neuen Geschäftsmodells gestaltet werden müssen, sowie ihre Herausforderungen und mögliche Lösungen. Die Ansätze gehen jedoch nicht über eine Beschreibung grundlegender Faktoren und Prinzipien hinaus. Eine konkrete Gestaltungsmethodik wird nicht vorgestellt.

Auf Basis dieses Forschungsdefizites lässt sich der Handlungsbedarf zur Entwicklung einer praxisgerechten Methodik ableiten, die die Anforderungen aus Kapitel 3.1 umfassend erfüllt. Dabei kann auf einzelne untersuchte Ansätze aufgebaut werden, um bestehende Erkenntnisse zu erweitern.

4 Konzeption der Methodik zur Gestaltung der Organisation

Nachdem in den vorherigen Kapiteln der Handlungsbedarf aus der Praxis sowie das Forschungsdefizit auf Basis der bestehenden Literatur identifiziert wurden, findet in diesem Kapitel die Konzeption einer Methodik zur Gestaltung der Organisation bei Subskription im Maschinen- und Anlagenbau statt. Zunächst werden sowohl die inhaltlichen als auch die formalen Anforderungen an die Methodik aufgestellt (Kap. 4.1). Anschließend werden die grundlegenden Hypothesen der Arbeit beschrieben, die die Konzeption maßgeblich beeinflussen (Kap. 4.2). Schließlich wird das Grobkonzept der Arbeit entwickelt und beschrieben (Kap. 4.3). Mit Blick auf die Anforderungen wird für das Grobkonzept ein Zwischenfazit erstellt (Kap. 4.4).

4.1 Anforderungen an die Methodik

4.1.1 Inhaltliche Anforderungen

Die inhaltlichen Anforderungen der zu entwickelnden Methodik setzen sich aus der Zielsetzung der Arbeit (vgl. Kap. 1.2), den aus der Praxis abgeleiteten Anforderungen (vgl. Kap. 3.1) und dem in der bestehenden Literatur identifizierten Forschungsdefizit (vgl. Kap 3.7) zusammen. Die Summe bildet das inhaltliche Anforderungsprofil, das in Abbildung 4-1 dargestellt wird.

Die übergeordnete Zielsetzung der Arbeit besteht darin, eine Methodik zur Gestaltung der Organisationsstruktur beim Subskriptionsmodell für Hersteller des Maschinen- und Anlagenbaus zu entwickeln (vgl. Kap. 1.2). Um eine hohe Kundenorientierung zu erreichen, ist eine prozessorientierte Gestaltung anzustreben. Dafür soll die Methodik dem Leitsatz der Organisationslehre „structure follows process follows strategy" entsprechen, wobei die Strategie eines Unternehmens sich in Form des Geschäftsmodells konkretisiert. Auf diese Weise werden die Ablauf- und die Aufbauorganisation so gestaltet, dass sie zum Erfolg des Geschäftsmodells beitragen. Bei der Entwicklung der Methodik soll die Erwartung berücksichtigt werden, dass das Subskriptionsmodell nicht das traditionelle transaktionsbasierte Geschäftsmodell ersetzt, sondern ergänzt. Somit bildet der Betrieb paralleler Geschäftsmodelle das Zielbild der Organisationsgestaltung. Es können jedoch während der Einführungsphase des Subskriptionsmodells

Herausforderungen entstehen, die sich grundsätzlich von denen im Zielbild unterscheiden. Diese müssen durch die Methodik explizit untersucht werden.

Anforderungen aus der Zielsetzung der Arbeit (vgl. Kap. 1.2)		
- Entwicklung einer Methodik zur Gestaltung der Organisationsstruktur beim Subskriptionsmodell für Hersteller des Maschinen- und Anlagenbaus - Grundlegende Orientierung an den Leitsatz „structure follows process follows strategy" - Berücksichtigung der Herausforderungen während der Einführung und im Zielbild paralleler Geschäftsmodelle		
Anforderungen aus der Praxis (vgl. Kap. 3.1)		
Verständnis von Subskription	**Prozessorientierung** bei der Organisationsgestaltung	Konfliktpotenziale in der **Aufbauorganisation**
i. Umfassende Beschreibung von Subskription im Maschinen- und Anlagenbau ii. Strukturierung und Auswahl möglicher Leistungsangebote zur kundenseitigen Produktivitätssteigerung	iii. Systematische Ableitung von Geschäftsprozessen und Detaillierung zur Ablauforganisation iv. Berücksichtigung subskriptionsspezifischer Anforderungen an die Ablauforganisation	v. Abwägung und Nutzung prozess- und funktionsorientierter Vorteile vi. Gezielte Definition der Schnittstellen zwischen dem Subskriptions- und dem Transaktionsgeschäft
Differenzierung zwischen **Einführung** von Subskription und Zielbild **paralleler** Geschäftsmodelle		
vii.a. Differenzierung für (ii.)	- Keine Differenzierung notwendig	vii.b. Differenzierung für (v.) und (vi.)
Anforderungen aus dem Forschungsdefizit (vgl. Kap. 3.7)		
- Entwicklung eines **neuen Ansatzes**	- **Erweiterung bestehender Ansätze** durch Integration einzelner Merkmale - Identifikation subskriptionsspezifischer Anforderungen	- Entwicklung eines **neuen Ansatzes** zur Entwicklung der **Aufbauorganisation** - Untersuchung spezieller Anforderungen während der Einführungsphase

Abbildung 4-1: Inhaltliches Anforderungsprofil an die zu entwickelnde Methodik

Dem organisatorischen Leitsatz folgend können die Anforderungen aus der Praxis in die drei Kategorien Geschäftsmodell, Prozessgestaltung (Ablauforganisation) und Aufbauorganisation unterteilt werden. Zusätzlich müssen zwei unterschiedliche Phasen des Subskriptionsmodells betrachtet werden.

Als Ausgangsbasis zur Gestaltung der Organisation ist zunächst ein umfassendes *Verständnis* des Subskriptionsmodells notwendig, das aus einer umfassenden Definition und Beschreibung von Subskription im Maschinen- und Anlagenbau bestehen soll. Gleichzeitig ist es notwendig, die zahlreichen möglichen Leistungsangebote zur Erreichung einer kontinuierlichen, kundenseitigen Produktivitätssteigerung zu strukturieren. Dabei muss zwischen der Einführungsphase des Subskriptionsmodells und dem Zustand paralleler Geschäftsmodelle unterschieden werden. Auf Basis des Defizites bestehender Ansätze ist die Entwicklung eines neuen Ansatzes notwendig.

Die Gestaltung der Ablauforganisation muss sich an den wertschöpfenden *Prozessen* zur Realisierung der Leistungsangebote ausrichten, um eine hohe Kundenorientierung zu erreichen. Dabei muss die Detaillierung der Prozesse einen Detailgrad erreichen, dass die Gestaltung der *Aufbauorganisation* ermöglicht wird. Bestehende Ansätze können diese Anforderungen zwar zum Teil erfüllen, liefern jedoch nur vereinzelte Hinweise für eine konkrete, praxisgerechte Durchführung. Daher soll durch eine Integration und Anpassung verschiedener bestehender Ansätze eine neue Methodik entwickelt werden, die den inhaltlichen Anforderungen gerecht wird. Gleichzeitig müssen die subskriptionsspezifischen Charakteristika berücksichtigt werden. Diese müssen jedoch in der vorliegenden Arbeit grundlegend hergeleitet werden. Die Methodik zur Gestaltung der Ablauforganisation muss als Brückenfunktion zwischen Geschäftsmodell und Aufbauorganisation nicht die unterschiedlichen Phasen des Geschäftsmodells berücksichtigen.

Um die Vorteile einer funktionsorientierten Gestaltung ebenfalls zu berücksichtigen, müssen die Vorteile gegen die einer reinen Prozessorientierung abgewogen werden. Die Gestaltung der Aufbauorganisation muss zudem dem Umstand zukünftiger paralleler Geschäftsmodelle Rechnung tragen. In diesem Zielzustand müssen die Schnittstellen zwischen beiden Geschäftsmodellen gestaltet werden, um Reibungsverluste zu minimieren. Da bestehende Ansätze zwar grundlegende Prinzipien, jedoch keine konkret anwendbaren Vorgehensweisen beschreiben, soll in der vorliegenden Arbeit ein neuer praxisgerechter Ansatz entwickelt werden. Darüber hinaus müssen Herausforderungen identifiziert werden, die insbesondere während der Einführung eines neuen parallelen Geschäftsmodells auftreten können. Aufgrund des Defizites bestehender Ansätze müssen die Herausforderungen grundlegend erarbeitet werden.

4.1.2 Formale Anforderungen

Die zu entwickelnde Methodik soll darüber hinaus formalen Anforderungen genügen. Mit den von ROSEMANN ET AL. formulierten Grundsätzen ordnungsmäßiger Modellierung (GoM) soll die Qualität des Ergebnisses erhöht und sichergestellt werden:[428]

- *Grundsatz der Richtigkeit:* Die Methodik soll den darzustellenden Sachverhalt korrekt wiedergeben. Dies betrifft sowohl die Semantik, d.h. die beschriebene Struktur und das beschriebene Verhalten, als auch die Syntaktik, d.h. die Einhaltung der Notationsregeln.
- *Grundsatz der Relevanz:* Die Methodik soll nur wertsteigernde und relevante Informationen beinhalten.

---

[428] Vgl. Rosemann, M. / Schwegmann, A. / Delfmann, P. (2012) Prozessmodellierung, S. 49 - 50.

- *Grundsatz der Wirtschaftlichkeit:* Die Methodik soll ein angemessenes Kosten-Nutzen-Verhältnis gewährleisten, d.h. der Aufwand zur Anwendung der Methodik soll in angemessener Relation zum Nutzen stehen
- *Grundsatz der Klarheit:* Die Methodik soll für den Anwender verständlich und intuitiv gestaltet sein und nur eine geringe methodische Vorkenntnis erfordern
- *Grundsatz der Vergleichbarkeit:* Die Methodik soll einen einheitlichen Abstraktionsgrad von Modellen gewährleisten, die durch ihre Anwendung erstellt werden. Dadurch lassen sich die Modelle miteinander vergleichen und konsolidieren.
- *Grundsatz des systematischen Aufbaus:* Die Methodik soll die Gestaltung definierter Schnittstellen zu anderen Modellen berücksichtigen, um die einzelnen Ausschnitte der Realität in ihrer Gesamtkomplexität erfassen zu können. Für die vorliegende Arbeit ist besonders die Verknüpfung des Geschäftsmodells mit den Geschäftsprozessen sowie die Verknüpfung der Ablauforganisation (Detaillierung der Geschäftsprozesse) mit der Aufbauorganisation von großer Bedeutung.

Durch die Anwendung dieser sechs Grundsätze wird eine zielgerichtete, praxisgerechte und nutzenstiftende Anwendung der Methodik gewährleistet.

4.2 Grundlegende Hypothesen der Arbeit

Die Konzeption der Methodik zur Gestaltung der Organisationsstruktur beim Subskriptionsmodell für Hersteller des Maschinen- und Anlagenbaus basiert auf drei wesentlichen Hypothesen, die im Folgenden vorgestellt und in Abbildung 4-2 schematisch dargestellt werden.

Hypothese 1: Im Zielbild paralleler Geschäftsmodelle existiert das Subskriptionsgeschäft als eigenständiger Geschäftsbereich parallel zum Transaktionsgeschäft

In traditionell produktzentrierten Unternehmen werden neue dienstleistungsorientierte Leistungsangebote durch Unternehmensfunktionen erbracht, die innerhalb der bestehenden Organisation erweitert bzw. aufgebaut werden.[429] Während diese Lösung zumindest während der Aufbauphase eines neuen, parallelen Geschäftsmodells durchaus sinnvoll erscheint,[430] betonen Autoren, dass dies keine langfristige Lösung darstellt. Um eine höhere Agilität und eine höhere Kundenorientierung zu erreichen,

[429] Vgl. Kindström, D. / Kowalkowski, C. (2015) Service-driven business model innovation, S. 198.
[430] Vgl. Schuh, G. / Gudergan, G. / Klimek, G. (2016) Organisation industrieller Dienstleistungen, S. 241.

muss der dienstleistungsorientierte Geschäftsbereich vom klassisch produktorientierten Transaktionsgeschäft aufbauorganisatorisch getrennt werden.[431] Die Geschäftsbereiche müssen dabei so weit voneinander getrennt sein, dass sie sich nicht gegenseitig behindern und das Subskriptionsgeschäft eigene Kultur, Regeln und Systeme entwickeln kann. Gleichzeitig müssen sie jedoch nahe genug beieinander sein, um Synergiepotenziale nutzen zu können.[432] Auch eine anfänglich vollständig von der bestehenden Organisation getrennt installierte, unabhängige, neue Organisation, z.B. als Inkubatoren zur Entwicklung neuer Geschäftsmodelle, muss mit der Zeit in die ursprüngliche Organisation zurück integriert werden.[433] Eine Lösung besteht darin, das neue Geschäftsmodell als eine übergeordnete, weitgehend eigenständige Organisationseinheit, z.B. als Business Unit, direkt unterhalb der Geschäftsführung zu verankern. Dabei ist es entscheidend, dass sie die volle Verantwortung für den Gewinn und Verlust sowie für die strategische Weiterentwicklung der Geschäftsaktivitäten besitzt (siehe Abbildung 4-2).[434] Die parallele Etablierung der Geschäftsbereiche macht es notwendig, die Schnittstellen zwischen beiden explizit zu untersuchen.

Hypothese 2: Die Aufbauorganisation wird für wertschöpfende Prozesse prozessorientiert, für unterstützende Prozesse funktionsorientiert gestaltet

Die „echte" Herausforderung in der Gestaltung einer veränderungs- und innovationsfähigen Organisation besteht nicht darin, eine hohe Effizienz oder eine hohe Effektivität zu erreichen, sondern die Organisation differenziert zu gestalten.[435] Folglich ist es sinnvoll, den Geschäftsbereich der Subskription in Teilen prozessorientiert und in anderen Teilen funktionsorientiert zu entwickeln. In der Organisationsgestaltung kann zwischen wertschöpfenden Prozessen, unterstützenden Prozessen und Führungsprozessen unterschieden werden (vgl. Kap. 2.4.1). Jedoch steht die Erbringung des Kundennutzens durch erwünschte Leistungsangebote (wertschöpfende Prozesse) im Mittelpunkt eines Geschäftsmodells.[436] Hierbei sind in erster Linie eine hohe Effektivität der Leistungserstellung und eine hohe Gesamtprozesseffizienz, jedoch nicht eine hohe funktionale Kosteneffizienz anzustreben (vgl. Abbildung 2-15). Daher ist die Aufbauorganisation in Bezug auf die wertschöpfenden Prozesse prozessorientiert zu gestalten (siehe Abbildung 4-2).[437] Unterstützende Prozesse hingegen zeichnen sich durch keinen direkten Kundenbezug aus und haben unternehmensinterne Stellen als

431 Vgl. Markides, C. (2013) Business model innovation, S. 314; Bustinza, O. / Bigdeli, A. et al. (2015) Servitization and competitive advantage, S. 57 - 58; Schuh, G. / Gudergan, G. / Klimek, G. (2016) Organisation industrieller Dienstleistungen, S. 245.

432 Vgl. Markides, C. (2013) Business model innovation, 314, 317.

433 Vgl. Birkinshaw, J. / Gibson, C. (2004) Building ambidexterity, S. 55.

434 Vgl. Kindström, D. / Kowalkowski, C. (2015) Service-driven business model innovation, 198, 200; Schuh, G. / Gudergan, G. / Klimek, G. (2016) Organisation industrieller Dienstleistungen, S. 245.

435 Vgl. Baltes, G. / Selig, C. (2017) Organisationale Veränderungsintelligenz, S. 117.

436 Vgl. Johnson, M. W. / Christensen, C. M. / Kagermann, H. (2008) Reinventing business model, S. 61.

437 Vgl. Marek, D. (2020) Organisationsdesign, S. 32 - 33; Picot, A. / Dietl, H. / Franck, E. (2020) Organisation, S. 292.

Prozessauslöser und Leistungsempfänger (vgl. Kap. 2.4.1.1). In ihrer Gestaltung sind vor allem eine hohe Spezialisierung und eine hohe Kosteneffizienz der Funktionen anzustreben (vgl. Abbildung 2-15). Daher ist die Aufbauorganisation in dieser Hinsicht funktionsorientiert zu gestalten.[438] Dafür lassen sich in den Arbeiten von LAH UND WOOD sowie TZUO UND WEISERT Gestaltungshinweise finden. Demnach können die Funktionen wie Personalmanagement oder Finanzbuchhaltung auf der obersten Hierarchieebene als eigenständige, funktionsorientierte Zentralfunktionen gestaltet werden (vgl. Kap. 3.2). Im Rahmen der vorliegenden Arbeit ist zu prüfen, welche weiteren, subskriptionsspezifischen Zentralfunktionen berücksichtigt werden müssen. Schließlich werden Führungsprozesse i.d.R. in der Gestaltung der Aufbauorganisation, so auch in der vorliegenden Arbeit, nicht berücksichtigt, da sie als Koordinationsform gelten (vgl. Kap. 2.4.1).

Hypothese 3: Es ist im Subskriptionsgeschäft zunächst eine reine Prozessorganisation anzustreben, um anschließend die Funktionsorientierung zu stärken

Eine hohe Prozessorientierung der Aufbauorganisation besitzt im Vergleich zu einer hohen Funktionsorientierung viele Vorteile, z.B. eine hohe Kundenorientierung und folglich eine hohe Kundenzufriedenheit (vgl. Kap. 2.4). Dennoch dürfen die Vorteile einer hohen Funktionsorientierung nicht gänzlich vernachlässigt werden. Die Untersuchung der bestehenden Literatur hat gezeigt, dass die Integration funktionsorientierter Vorteile in eine prozessorientierte Aufbauorganisation praxisgerechter zu sein scheint als die Integration prozessorientierter Vorteile in eine funktionsorientierte Aufbauorganisation (vgl. Kap. 3.3 und Kap. 3.4). Vor diesem Hintergrund wird in der vorliegenden Arbeit ebenfalls die Integration funktionsorientierter Vorteile in eine prozessorientierte Aufbauorganisation bevorzugt. Kapitel 2.4.3 hat bereits unterschiedliche Zwischenstufen einer prozessorientierten Aufbauorganisation vorgestellt. Diese können nach dem Ansatz von PICOT in einem graduellen Ordnungsrahmen strukturiert werden (vgl. Kap. 2.4.3.4). Die grundlegende Idee der vorliegenden Arbeit besteht darin, im Subskriptionsgeschäft zunächst eine rein prozessorientierte Aufbauorganisation anzustreben, um eine möglichst hohe Kundenorientierung zu erreichen. Anschließend können die funktionsorientierten Vorteile systematisch gegen die prozessorientierten Vorteile abgewogen werden (siehe Abbildung 4-2). Auf diese Weise kann für jedes anwendende Unternehmen ein individuelles Ergebnis erarbeitet werden, das den Erfordernissen des Unternehmens optimal gerecht wird.

Die grundlegenden Hypothesen der vorliegenden Arbeit werden in der folgenden Abbildung zusammenfassend dargestellt.

[438] Vgl. Bach, N. / Brehm, C. et al. (2017) Organisation, S. 285 - 290; Marek, D. (2020) Organisationsdesign, S. 89 - 91.

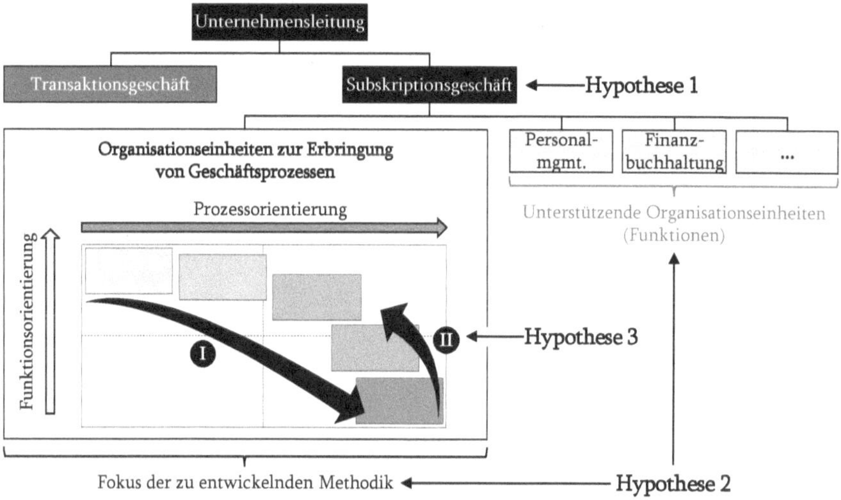

Abbildung 4-2: Grundlegende Hypothesen der vorliegenden Arbeit

4.3 Grobkonzept der Methodik zur Gestaltung der Organisation bei Subskription

Das Ziel der vorliegenden Arbeit ist die Entwicklung einer Methodik zur subskriptionsgerechten Gestaltung der Organisationsstruktur für Hersteller des Maschinen- und Anlagenbaus. Das Grobkonzept der Methodik folgt dem organisatorischen Leitsatz „structure follows process follows strategy“. So gliedert sich das Grobkonzept in die drei Phasen Geschäftsmodell (siehe Kap. 4.3.1), Geschäftsprozesse bzw. Ablauforganisation (siehe Kap. 4.3.2) und Aufbauorganisation (siehe Kap. 4.3.3). Diese drei Phasen lassen sich in Form des V-Modells nach VDI/VDE 2206 abbilden (vgl. Abbildung 4-3). Das V-Modell wurde im Jahr 1979 durch BOEHM als ein sequenzielles Lebenszyklusmodell zur Softwareentwicklung und -validierung vorgestellt.[439] Seitdem wurde es stetig weiterentwickelt und hat sich als eine geschützte Marke der Bundesrepublik Deutschland etabliert.[440] Im Kern symbolisiert der Buchstabe „V“ auf dem linken Schenkel die Zerlegung eines Systems in seine Elemente und auf dem rechten Schenkel die schrittweise Integration dieser zu Subsystemen und zum Gesamtsystem.[441] Im gleichen Sinne gilt es für die zu entwickelnde Methodik, zunächst die Geschäftsprozesse abzuleiten, diese in Form einer Ablauforganisation zu detaillieren, sie systema-

[439] Vgl. Boehm, B. W. (1979) Guidelines software and design.
[440] Vgl. Kneuper, R. (2018) Entwicklung des V-Modells, S. 4.
[441] VDI; VDE (2020) VDI/VDE 2206, S. 11.

tisch zu organisatorischen Einheiten zu überführen, schrittweise zu bündeln und schließlich zu einer Gesamtaufbauorganisation zu formen.

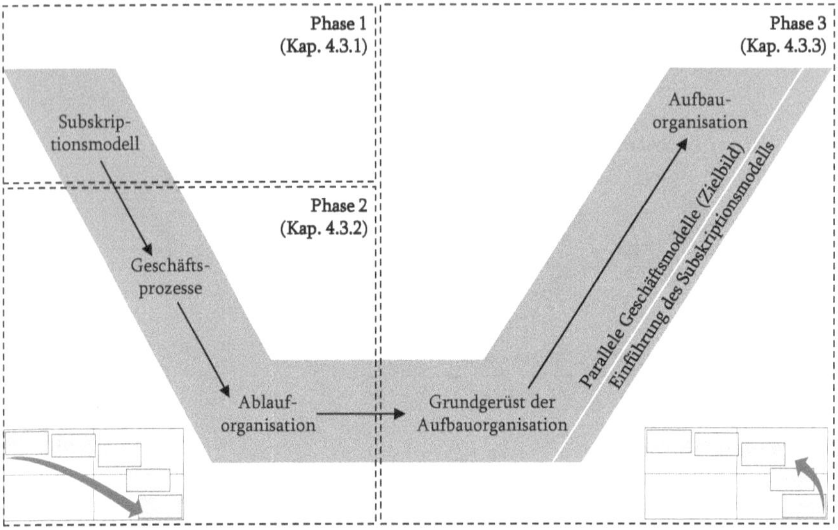

Abbildung 4-3: Grobkonzept der vorliegenden Arbeit auf Basis der grundlegenden Hypothesen

Die Phasen des Grobkonzeptes im V-Modell werden im Folgenden einzeln vorgestellt.

4.3.1 Phase 1: Verständnis von Subskription und Auswahl der Leistungsangebote

Das Ziel der ersten Phase ist einerseits die Entwicklung eines umfassenden Verständnisses von Subskription im Maschinen- und Anlagenbau in Form eines Beschreibungsmodells, das unternehmensübergreifend angewendet werden kann. Es bildet die Basis zur Ableitung der Geschäftsprozesse und folglich zur Gestaltung der Ablauf- und Aufbauorganisation in den weiteren Phasen. Andererseits soll ein Gestaltungsmodell entwickelt werden, durch dessen Anwendung mögliche Leistungsangebote zur kundenseitigen Produktivitätssteigerung strukturiert und zielgerichtet ausgewählt werden können. Damit können Hersteller nicht nur erstmalig ein individuelles Subskriptionsmodell konzipieren und einführen, sondern dieses auch kontinuierlich weiterentwickeln. Die Konzeption von Phase 1 ist in Abbildung 4-4 dargestellt.

Das Vorgehen zur Entwicklung des Beschreibungsmodells besteht darin, eine systematische Analyse bestehender Subskriptionsmodelle innerhalb und außerhalb des Maschinen- und Anlagenbaus durchzuführen, um ein umfassendes Verständnis zu erzielen (siehe Kap. 5.1.1 - Kap. 5.1.5). Bei Subskriptionsmodellen außerhalb des Maschinen- und Anlagenbaus ist zu prüfen, ob das Nutzenversprechen und die Leistungsangebote auf den Maschinen- und Anlagenbau übertragbar sind. Gleichzeitig müssen vorhandene wissenschaftliche Ansätze aus der Literatur zur Beschreibung von Subskription berücksichtigt werden (vgl. Kap. 3.2). In einem ersten Schritt sind die zentralen Nutzenversprechen im Maschinen- und Anlagenbau zu identifizieren, um auf ihrer Basis eine branchenspezifische Definition von Subskription zu entwickeln. Im zweiten Schritt sind mögliche Leistungsangebote zu identifizieren, die zur Erzeugung der Nutzenversprechen beitragen können. Für diese soll eine Strukturierungsmöglichkeit entwickelt werden, um Unternehmen die spätere Auswahl der Leistungsangebote zu erleichtern. In einem weiteren Schritt werden Erfolgsfaktoren für einen erfolgreichen Betrieb von Subskription identifiziert. Aus der Gesamtheit von Nutzenversprechen, Struktur der Leistungsangebote und Erfolgsfaktoren werden Voraussetzungen für die Einführung und den Betrieb von Subskription abgeleitet.

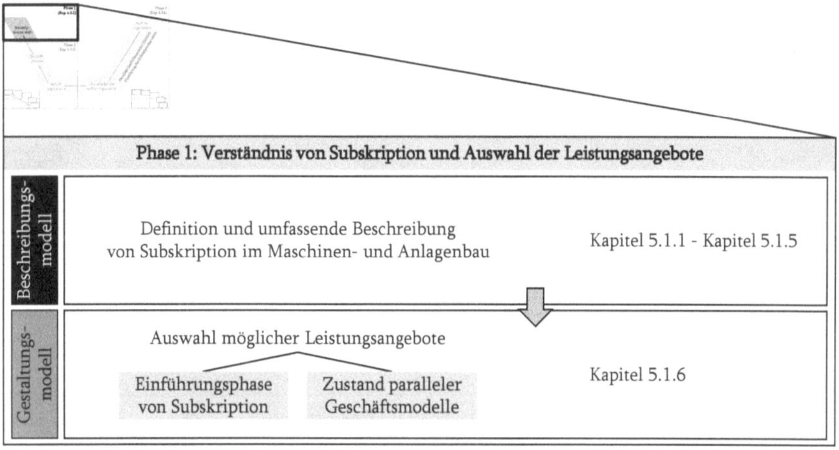

Abbildung 4-4: Grobkonzeption von Phase 1

Das methodische Vorgehen des Gestaltungsmodells soll aus zwei Schritten bestehen. In einem ersten Schritt sind diejenigen Leistungsangebote auszuwählen, die für das unternehmensindividuelle Subskriptionsmodell unmittelbar geeignet sind. Damit soll ein sogenanntes Minimum Viable Business Model für die Einführungsphase des Subskriptionsmodells entstehen.[442] Im zweiten Schritt ist das Subskriptionsmodell mit den sich ändernden Kundenwünschen kontinuierlich weiterzuentwickeln und die Leistungsangebote anzupassen. Dies trifft auch auf den Zustand paralleler Geschäftsmodelle zu, da die Entwicklung eines Geschäftsmodells kein Projekt, sondern ein kontinuierliches Unterfangen ist, das den Marktanforderungen angepasst werden muss.[443]

[442] Vgl. Xu, Y. / Koivumäki, T. (2019) Digital business model, S. 310.

[443] Vgl. Kindström, D. / Kowalkowski, C. (2015) Service-driven business model innovation, S. 195.

4.3.2 Phase 2: Gestaltung der Ablauforganisation auf Basis der Geschäftsprozesse

Das Ziel der zweiten Phase ist die Entwicklung eines Gestaltungsmodells zur Ableitung von Geschäftsprozessen und ihrer Detaillierung in Form einer Ablauforganisation, um die spätere Entwicklung der Aufbauorganisation zu ermöglichen. Dafür können Elemente bestehender Ansätze berücksichtigt und in das Gestaltungsmodell integriert werden (vgl. Kap. 4.1.1). Darüber hinaus sind subskriptionsspezifische Prozessanforderungen zu identifizieren, mit denen die Ablauforganisation angepasst werden soll. Die Konzeption von Phase 2 ist in Abbildung 4-5 dargestellt.

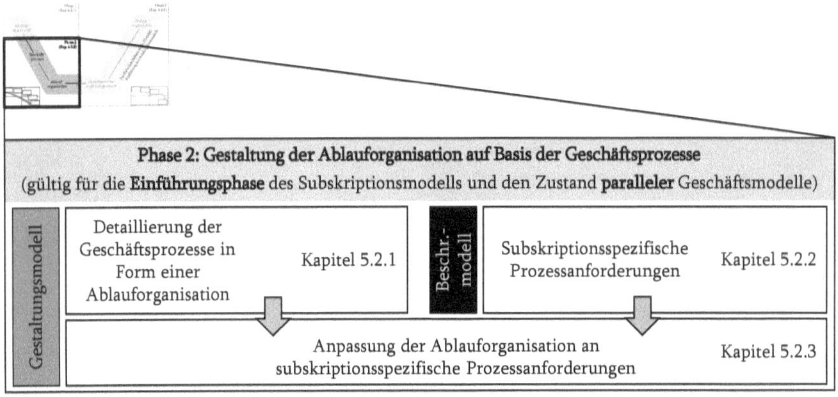

Abbildung 4-5: Grobkonzeption von Phase 2

Das methodische Vorgehen des Gestaltungsmodells besteht aus zwei sequenziellen Schritten. Im ersten und umfangreichsten Schritt sollen die Geschäftsprozesse systematisch in Form einer Ablauforganisation detailliert werden (siehe Kap. 5.2.1). Dabei sollen bestehende Ansätze des Geschäftsprozessmanagements und der Organisationsgestaltung genutzt werden. Diese nennen zwar wichtige Anhaltspunkte, stellen jedoch keine konkrete anwendbare Methodik zur Verfügung (vgl. Kap. 3.6). Daher sollen einzelne Merkmale der bestehenden Ansätze in eine neue, praxisgerechte Methodik überführt werden. Im zweiten Schritt wird die Ablauforganisation an subskriptionsspezifische Prozessanforderungen angepasst.

Das Vorgehen zur Entwicklung des Beschreibungsmodells für die subskriptionsspezifischen Prozessanforderungen basiert auf der Untersuchung bestehender Ansätze aus der Subskriptionsforschung in Kapitel 3.2. Da die bestehenden Ansätze jedoch keine direkten Hinweise liefern, die über die Rolle des Customer Success Managers hinausgehen, müssen die Prozessanforderungen zusätzlich auf Basis des entwickelten Verständnisses für Subskription hergeleitet werden (siehe Kapitel 5.2.2).

Das Gestaltungsmodell zur Detaillierung von Geschäftsprozessen zur Ablauforganisation stellt eine Überbrückungsfunktion zwischen der Gestaltung des Geschäftsmodells und der Aufbauorganisation dar. Ihre Anwendung hat primär einen operativen Durchführungscharakter und muss keine zusätzlichen strategischen Vorgaben berücksichtigen. Daher ist davon auszugehen, dass die Gestaltungsmethodik sowohl während der Einführung des Subskriptionsmodells als auch im Zustand paralleler Geschäftsmodelle angewendet werden kann.

4.3.3 Phase 3: Gestaltung der Aufbauorganisation

Das Ziel von Phase 3 ist die Entwicklung einer subskriptionsgerechten Aufbauorganisation auf Basis der Ablauforganisation. Sie bildet den umfangreichsten Teil der Gesamtmethodik der vorliegenden Arbeit. Dabei soll sowohl das Zielbild paralleler Geschäftsmodelle als auch die Einführungsphase des Subskriptionsmodells betrachtet werden. Um eine langfristige und zielgerichtete Entwicklung der Aufbauorganisation zu ermöglichen, muss die Gestaltung während der Einführung sich nach der Aufbauorganisation im Zielbild orientieren.[444] Dadurch werden im Zuge des Wachstums des Subskriptionsmodells organisatorische Unruhen reduziert. Wie Phase 1 und 2 enthält auch Phase 3 sowohl Beschreibungsmodelle als auch Gestaltungsmodelle als Ergebnis der vorliegenden Arbeit. Die Konzeption von Phase 3 ist in Abbildung 4-6 dargestellt.

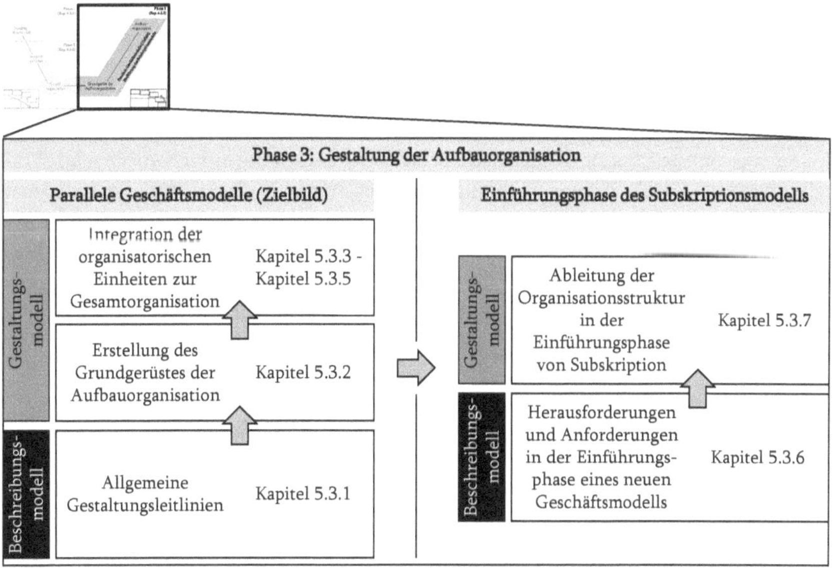

Abbildung 4-6: Grobkonzeption von Phase 3

444 Vgl. Kindström, D. / Kowalkowski, C. (2015) Service-driven business model innovation, S. 211.

Gestaltung der Aufbauorganisation bei parallelen Geschäftsmodellen (Zielbild)

Das Vorgehen zur Entwicklung des ersten Beschreibungsmodells sieht vor, allgemeine Gestaltungsleitlinien an die Aufbauorganisation auf Basis des entwickelten Verständnisses über Subskription im Maschinen- und Anlagenbau und über die notwendigen Geschäftsprozesse zu identifizieren. Diese Leitlinien sind unternehmensunabhängig und bilden daher ein allgemeingültiges Beschreibungsmodell, das Unternehmen als Grundlage zur Entwicklung der Aufbauorganisation dient (siehe Kap. 5.3.1).

Das methodische Vorgehen zur Entwicklung der Aufbauorganisation leitet auf Basis der Gestaltungsleitlinien und der grundlegenden Hypothesen der vorliegenden Arbeit (vgl. Kap. 4.2) zunächst ein Grundgerüst der Aufbauorganisation her (siehe Kap. 5.3.2). Dabei sollen unterstützende Aktivitäten als funktionsorientierte Zentralfunktionen abgebildet werden. Auf diese Weise ist der wertschöpfende Teil des Grundgerüstes zunächst rein prozessorientiert und hat das Ziel einer maximalen Fokussierung auf die Kundenzufriedenheit. Weitere funktionsorientierte Vorteile, z.B. die Erzielung von Spezialisierungseffekten und einer höheren Ressourceneffizienz, sollen im nächsten Schritt explizit gegen die prozessorientierten Vorteile abgewogen werden. Somit wird die Prozessorientierung bewusst zugunsten der Funktionsorientierung geschwächt, um unternehmensindividuelle Gegebenheiten abbilden zu können. Anschließend werden die einzelnen Organisationseinheiten nach und nach konsolidiert, bis sie eine Gesamtaufbauorganisation ergeben (siehe Kap. 5.3.3 - Kap. 5.3.5). Ausschlaggebend bei der Definition der Abteilungsgrenzen ist die Betrachtung der Schnittstellen zwischen den Abteilungen, die es zu minimieren gilt. Schließlich sollen die Schnittstellen mit dem bestehenden Transaktionsgeschäft so gestaltet werden, dass Synergiepotenziale möglichst genutzt und Konfliktpotenziale reduziert werden. Dafür sollen bestehende Erkenntnisse aus der Innovationsforschung auf das vorliegende Forschungsvorhaben übertragen werden. Diese beschäftigt sich u.a. mit der parallelen Verfolgung zweier unterschiedlicher Innovationsstrategien und untersucht die sogenannte ambidextre Organisationsgestaltung als ein mögliches Lösungselement (vgl. Kap. 2.2.5).[445] Das Ergebnis der Anwendungen dieser fünf Schritte ist eine Aufbauorganisation im Zielbild paralleler Geschäftsmodelle.

Gestaltung der Aufbauorganisation in der Einführungsphase von Subskription

Um organisatorische Unruhen zu reduzieren, soll sich die Gestaltung der Aufbauorganisation während der Einführung des Subskriptionsmodells prinzipiell nach der Aufbauorganisation im langfristigen Zustand (Zielbild) paralleler Geschäftsmodelle richten. Jedoch müssen zunächst die Herausforderungen während der Einführung identifiziert werden, die einen Einfluss auf die Aufbauorganisation haben (Beschreibungsmodell). Daher besteht *das Vorgehen zur Entwicklung des Beschreibungsmodells* in einer strukturierten Literaturrecherche, die neben den Herausforderungen

[445] Vgl. O'Reilly III, C. A. / Tushman, M. L. (2004) The ambidextrous organization, S. 75.

auch gleichzeitig mögliche Lösungsansätze identifizieren soll. Es wird erwartet, dass die relevanten Ergebnisse überwiegend unabhängig von Subskription sind und sich allgemein aus der Einführung eines neuen, parallelen Geschäftsmodells ergeben. Daher wird die Literaturrecherche nicht auf Subskriptionsmodelle beschränkt.

Das methodische Vorgehen zur Entwicklung der Aufbauorganisation während der Einführungsphase baut auf den Ergebnissen der Literaturrecherche auf. Dabei soll auch geprüft werden, ob die bisher entwickelte Gestaltungsmethodik im Zielbild paralleler Geschäftsmodelle den identifizierten Herausforderungen bereits gerecht wird und die identifizierten Lösungsansätze umsetzt. Die sich somit ergebenden Defizite der bisherigen Methodik sollen durch zusätzliche Elemente ergänzt werden.

4.4 Zwischenfazit: Potenziale der Methodik

Das im Kapitel 4.3 vorgestellte Grobkonzept bildet die Ausgangsbasis für die Entwicklung einer Methodik zur Gestaltung der Organisation bei Subskription im Maschinen- und Anlagenbau. Es berücksichtigt sowohl die allgemeine Zielsetzung der vorliegenden Arbeit aus Kapitel 1.2 als auch die Herausforderungen aus der Praxis, die in Kapitel 2.6 hergeleitet wurden. Die Untersuchung der bestehenden Ansätze in Kapitel 3 hat den konkreten wissenschaftlichen Handlungsbedarf festgestellt. Die daraus hergeleiteten inhaltlichen Anforderungen sowie die ebenfalls berücksichtigten formalen Anforderungen (vgl. Kap. 4.1) bildeten die Grundlage zur Entwicklung des Grobkonzeptes. Für seine Grundstruktur wurde in Anlehnung an den organisatorischen Leitsatz „structure follows process follows strategy“ das V-Modell nach VDI/VDE 2006 verwendet. Gleichzeitig stützt sich das Grobkonzept auf drei wesentliche Hypothesen, die in Kapitel 4.2 beschrieben wurden. Bereits im Grobkonzept wird außerdem ersichtlich, dass zwei unterschiedliche Arten von Ergebnissen in der vorliegenden Arbeit entstehen werden. Zum einen werden grundlegende Beschreibungsmodelle erarbeitet, die unabhängig vom anwendenden Unternehmen allgemein gültig sind. Zum anderen werden Gestaltungsmodelle erarbeitet, durch deren Anwendung unternehmensindividuelle Geschäftsmodelle sowie Ablauf- und Aufbauorganisationen entstehen können.

Die Unterteilung des Grobkonzeptes in drei Phasen strukturiert die Erfüllung der Anforderungen aus Kapitel 4.1. In Phase 1 wird zunächst ein umfassendes Beschreibungsmodell für Subskription im Maschinen- und Anlagenbau erarbeitet, das bislang in der bestehenden Literatur nicht existiert. Auch wird ein Gestaltungsmodell zur Strukturierung und gezielten Auswahl für potenzielle Leistungsangebote erarbeitet, mit dem Unternehmen systematisch ein individuelles Subskriptionsmodell entwerfen und kontinuierlich weiterentwickeln können. Damit werden die in Kapitel 4.1.1 aufgestellten inhaltlichen Anforderungen in der Dimension „Verständnis von Subskription“ und zum Teil in der Dimension „Differenzierung zwischen Einführung von Subskription und Zielbild paralleler Geschäftsmodelle“ erfüllt. Phase 2 entwickelt ein Gestaltungsmodell für die systematische Ableitung von Geschäftsprozessen und ihrer Detaillierung zur Ablauforganisation. Dafür sollen Elemente bestehender Ansätze genutzt und integriert werden. Außerdem soll ein Beschreibungsmodell für subskriptionsspezifische Prozessanforderungen entwickelt werden, mit dem die Ablauforganisation angepasst werden kann. Damit werden auch die Anforderungen aus Kapitel 4.1.1 in der Dimension „Prozessorientierung bei der Organisationsgestaltung“ erfüllt. Die dadurch erreichte reine Prozessorientierung wird zu Beginn von Phase 3 bewusst revidiert, um der Anforderung gerecht zu werden, sowohl die Vorteile einer prozessorientierten als auch die einer funktionsorientierten Aufbauorganisation zu berücksichtigen. Vor dem Hintergrund des zu erwartenden Zielbildes paralleler Geschäftsmodelle werden die Schnittstellen zur bestehenden, transaktionsbasierten Organisation systematisch gestaltet. Außerdem werden potenzielle Konflikte bei der Einführung des Subskriptionsmodells untersucht und diesen entgegengewirkt. Somit wird Phase 3 den Anforderungen in der Dimension „Konfliktpotenziale in der Aufbauorganisation“ und „Differenzierung zwischen Einführung von Subskription und Zielbild paralleler Geschäftsmodelle“ gerecht.

Die Ausdetaillierung der einzelnen Phasen des Grobkonzeptes zur Gestaltung der Organisation bei Subskription im Maschinen- und Anlagenbau wird in Kapitel 5 vorgestellt.

5 Detaillierung der Methodik zur Gestaltung der Organisation

Das in Kapitel 4.3 entwickelte Grobkonzept zur Gestaltung der Organisation bei Subskription im Maschinen- und Anlagenbau wird in diesem Kapitel detailliert. Die Gesamtmethodik ist in Abbildung 5-1 dargestellt.

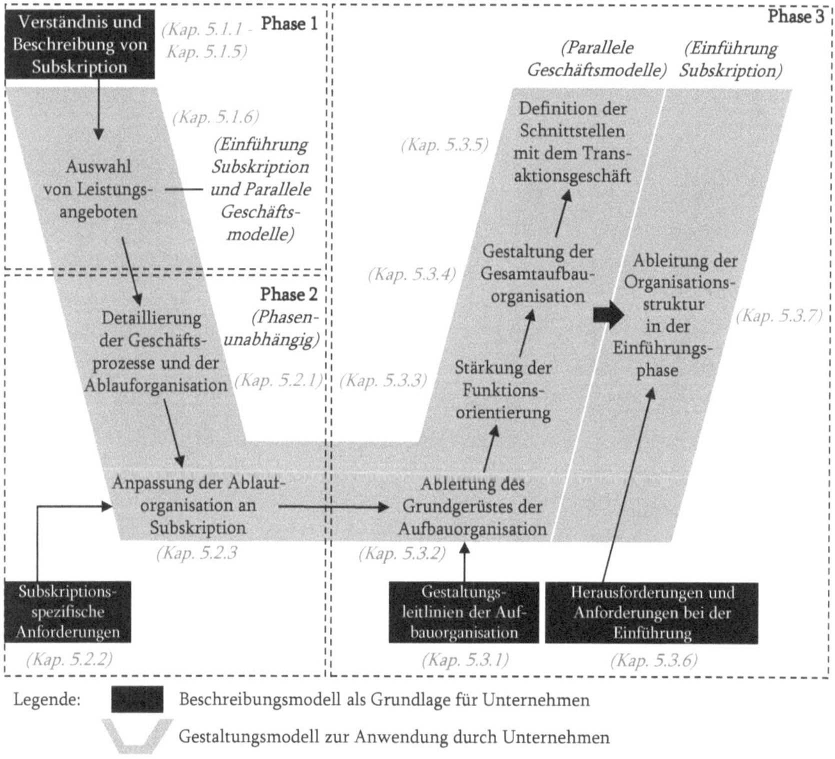

Abbildung 5-1: Feinkonzept zur Gestaltung der Organisation bei Subskription im Maschinen- und Anlagenbau

Die Kapitelstruktur folgt den im Grobkonzept definierten Phasen gemäß dem organisatorischen Leitsatz „structure follows process follows strategy“. Zunächst wird in Kapitel 5.1 ein umfassendes Verständnis für Subskription im Maschinen- und Anlagenbau entwickelt.[446] Dabei wird auch eine Methodik vorgestellt, um Leistungsangebote systematisch zu strukturieren und auszuwählen. Diese unterscheidet explizit zwischen der Einführungsphase des Subskriptionsmodells und dem Zustand paralleler Geschäftsmodelle. In Kapitel 5.2 wird eine Methodik zur subskriptionsspezifischen Detaillierung von Geschäftsprozessen zur Ablauforganisation vorgestellt. Daraus werden Prozessrollen abgeleitet, die die Basis für die Gestaltung der Aufbauorganisation. Diese findet in Kapitel 5.3 statt und bildet den umfangreichsten Teil der vorliegenden Arbeit. Dabei wird ebenfalls zwischen der Einführung eines Subskriptionsmodells und dem Zustand paralleler Geschäftsmodelle unterschieden.

5.1 Verständnis von Subskription im Maschinen- und Anlagenbau sowie Auswahl von Leistungsangeboten

Die Entwicklung eines Subskriptionsmodells bildet die Grundlage für die Gestaltung der Ablauf- und Aufbauorganisation. Dabei sollen Unternehmen befähigt werden, individuelle Leistungsangebote zu definieren und kontinuierlich weiterzuentwickeln. In Anlehnung an Kapitel 4.3.1 wird der Aufbau dieses Kapitels in Abbildung 5-2 dargestellt. Das Vorgehen soll die aus der Praxis abgeleiteten Anforderungen für das Verständnis von Subskription erfüllen (vgl. Abbildung 4-1):

- i. Umfassende Beschreibung von Subskription im Maschinen- und Anlagenbau
- ii. Strukturierung und Auswahl möglicher Leistungsangebote zur kundenseitigen Produktivitätssteigerung
- vii.a. Differenzierung zwischen Einführungsphase von Subskription und Zustand paralleler Geschäftsmodelle für (ii.)

Forschungsmethodik

Die Forschungsmethodik zur Entwicklung des Beschreibungsmodells für Subskription im Maschinen- und Anlagenbau ist in Abbildung 5-3 dargestellt. In einem ersten Schritt wurden die Erkenntnisse aus der bestehenden wissenschaftlichen Literatur untersucht. Es konnte jedoch festgestellt werden, dass Subskription bisher nur eine geringe Aufmerksamkeit in der Forschung erhalten hat. In der Folge konnten nur wenige relevante wissenschaftliche Veröffentlichungen identifiziert werden (vgl. Kap. 3.2). Diese Ansätze bieten jedoch keine Definition und keine umfassende Beschreibung von Subskription im Maschinen- und Anlagenbau (vgl. Kap. 3.6).

---

[446] Dieses basiert auf bereits veröffentlichten Erstüberlegungen des Autors, siehe Liu, Y. / Gützlaff, A. et al. (2021) Design of tailored subscription.

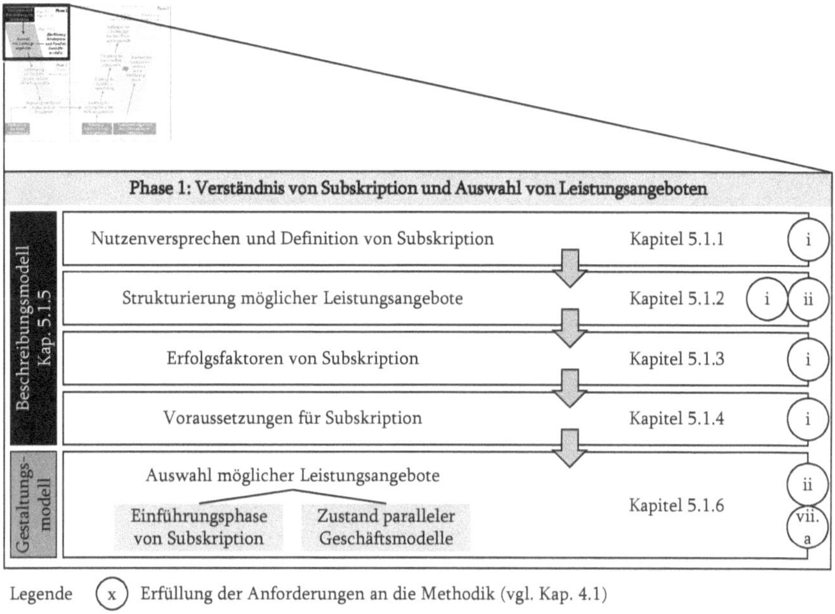

Abbildung 5-2: Feinkonzeption von Phase 1

Aus diesem Grund wurde die Untersuchung der wissenschaftlichen Literatur durch eine Untersuchung bestehender Subskriptionsmodelle in der Praxis ergänzt. Dabei wurden die Erkenntnisse kritisch auf ihre Übertragbarkeit auf den Maschinen- und Anlagenbau überprüft, sofern sie in anderen Branchen angeboten werden.

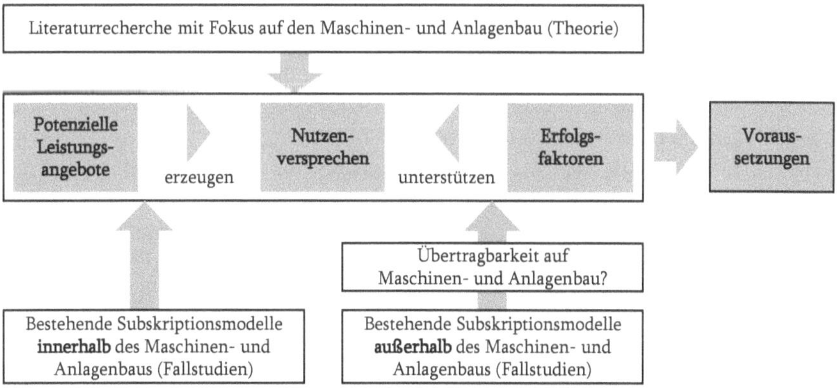

Abbildung 5-3: Forschungsmethodik zur Entwicklung des Verständnisses für Subskription im Maschinen- und Anlagenbau

Insgesamt wurden 107 Subskriptionsmodelle innerhalb und außerhalb des Maschinen- und Anlagenbaus untersucht. Besonders in der Software-, Dienstleistungs- und Unterhaltungsindustrie konnte viele Beispiele identifiziert werden. Abbildung 5-4 zeigt einige der identifizierten Beispiele.

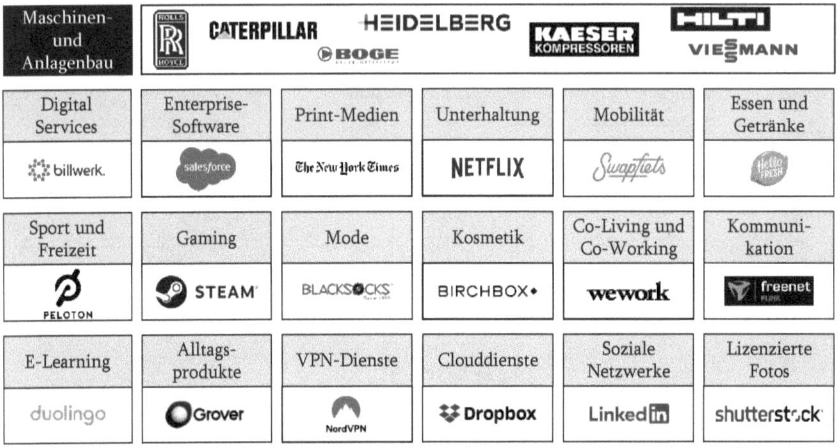

Abbildung 5-4: Beispiele der untersuchten Subskriptionsmodelle aus der Praxis

Die Untersuchung basierte auf populärwissenschaftlichen Veröffentlichungen, Unternehmensinformationen, Branchenberichten sowie persönlichen Korrespondenzen. Im Fokus der Untersuchung standen die Nutzenversprechen (engl. value propositions) als zentraler Bestandteil von Geschäftsmodellen (vgl. Kap. 2.1.2). Das Ziel war es, Nutzenversprechen zu identifizieren, die für Subskriptionsmodelle im Maschinen- und Anlagenbau charakteristisch sind. Auf dieser Basis soll eine Definition von Subskription im Maschinen- und Anlagenbau entwickelt werden. In einem zweiten Schritt wurden potenzielle Leistungsangebote identifiziert, mit denen die Nutzenversprechen erbracht werden können. Da eine kontinuierliche Produktivitätssteigerung eine zentrale Herausforderung von Kunden des Maschinen- und Anlagenbaus ist (vgl. Kap. 2.5.1), wurden die identifizierten Leistungsangebote speziell auf ihren Beitrag zur Erhöhung der Leistungsfähigkeit der Maschinen und Anlagen untersucht. Im dritten Schritt wurden Erfolgsfaktoren identifiziert, die den Erfüllungsgrad der Nutzenversprechen und somit den Mehrwert für Kunden erhöhen können. Auf Basis der aggregierten Ergebnisse wurden im vierten Schritt Voraussetzungen für anbietende Unternehmen identifiziert. Diese Anforderungen erleichtern die Transformation des Unternehmens zu einem subskriptionsbasierten Geschäftsmodell sowie dessen erfolgreichen Betrieb. Insgesamt bilden diese vier Schritte ein umfassendes Beschreibungsmodell für Subskription im Maschinen- und Anlagenbau.

5.1.1 Zentrale Nutzenversprechen und Definition von Subskription im Maschinen- und Anlagenbau (Beschreibungsmodell)

Die Einführung von Subskriptionsmodellen stellt im Maschinen- und Anlagenbau eine vergleichsweise junge Entwicklung dar. Weit verbreitete, erfolgreiche Beispiele für Subskriptionsmodelle sind vor allem aus B2C[447]-Industrien bekannt.[448] Die sehr unterschiedlichen Branchencharakteristika legen nahe, dass eine unmittelbare Übertragung des Subskriptionsmodells auf den Maschinen- und Anlagenbau nicht möglich ist. Die Komplexität der Kundenwünsche innerhalb von Produktionssystemen sowie die Komplexität der Möglichkeiten, um diese zu erfüllen, übertreffen häufig die der B2C-Branchen.[449] Daher ist die Entwicklung eines umfassenden Verständnisses von Subskription speziell für den Maschinen- und Anlagenbau notwendig.

Traditionell wird Subskription als ein Geschäftsmodell mit wiederkehrender Zahlung gegen wiederkehrende Leistungen beschrieben (vgl. Kap. 2.2.2). Moderne Subskriptionsmodelle stellen den Kunden konsequent in den Fokus und erzeugen damit vielfältige Nutzenversprechen. Durch eine Untersuchung bestehender Subskriptionsmodelle wurde eine Vielzahl möglicher Nutzenversprechen sowie ihrer Ausprägungen identifiziert. Ihre Übertragbarkeit auf den Maschinen- und Anlagenbau wurde durch einen Vergleich mit heute üblichen industriellen Leistungsangeboten sowie durch zahlreiche Experteninterviews kritisch überprüft. Auf dieser Basis wurden fünf zentrale Nutzenversprechen identifiziert, die im Folgenden vorgestellt werden.

Kontinuierliche Produktivitätssteigerung

Der Ersatz alter durch neue Maschinen verhilft Kunden zwar zu einer häufig signifikanten, jedoch nur einmaligen Erhöhung der Produktivität. Subskriptionsmodelle gehen über diesen einmaligen Effekt hinaus. Die untersuchten Beispiele aus der Praxis zeigen, dass sich Kunden von Subskription regelmäßig neue Leistungen wünschen und dadurch langfristig zufriedener sind. [450] Innovationszyklen dürfen sich nicht mehr über Produktgenerationen erstrecken, sondern müssen auf Basis modularer Produktstrukturen kürzer und häufiger umgesetzt werden. Im Maschinenbau gilt dies sowohl

---

[447] Business to Customer, d.h. eine Geschäftsbeziehung zwischen Unternehmen und privaten Konsumenten. Im Vergleich dazu können Geschäftsbeziehungen des Maschinen- und Anlagenbaus überwiegend als Business to Business (B2B), d.h. zwischen Unternehmen, beschrieben werden.

[448] Vgl. Schuh, G. / Frank, J. et al. (2019) Monetizing Industry 4.0, S. 1 - 2.

[449] Vgl. Schuh, G. / Riesener, M. et al. (2020) Industrie 4.0, S. 469.

[450] In diesem Zusammenhang wird das Softwareunternehmen Adobe häufig als Beispiel aufgeführt. Adobe stellte innerhalb von drei Jahren das Geschäftsmodell vollständig auf Subskription um. Statt jährlicher Produktupdates gegen jährliche Lizenzgebühren erhielten Kunden monatliche Updates gegen monatliche Gebühren. Adobe konnte dadurch den Trend sinkender Nutzerzahlen umkehren und verzeichnete in den 10 Jahren nach der Einführung von Subskription ein konstantes Wachstum. Mit seinem Erfolg inspirierte Adobe weitere Softwareunternehmen zu einer ähnlichen Entwicklung, so z.B. Microsoft, Autodesk, PTC Inc. und Cisco. Vgl. Tzuo, T. / Weisert, G. (2018) Subscribed, S. 80 - 96.

für physische als auch digitale Produkte sowie für Dienstleistungen. Nur so kann eine kontinuierliche, kundenseitige Produktivitätssteigerung erreicht werden.

Kundenindividuelle Angebote

Eine konsequente Kundenorientierung ermöglicht Anbietern von Subskription, das Kundenerlebnis zu verbessern und dadurch die Kundenzufriedenheit zu erhöhen.[451] Dafür müssen Leistungsangebote und Innovationszyklen auf die Probleme und Wünsche der Kunden ausgerichtet sein. Da sich jedoch Kunden voneinander unterscheiden, erwarten diese individuell angepasste Leistungsangebote.[452] Dies gilt vor allem für das hochpreisige Segment, das der deutsche Maschinen- und Anlagenbau überwiegend bedient. In diesem Segment sind die Kundenanforderungen häufig so speziell, dass entsprechende Anpassungen oder Sonderlösungen erbracht werden müssen.[453] Die Individualisierung muss sowohl für physische als auch digitale Produkte sowie Dienstleistungen erbracht werden. Darüber hinaus können standardisierte Leistungsangebote zu kundenindividuellen Leistungspaketen zusammengestellt werden. Dies ermöglicht anbietenden Unternehmen vor allem eine günstigere Kostenstruktur.

Flexibilität

Kunden von Subskriptionsmodellen schätzen die Freiheit in der Auswahl der Produkte und Dienstleistungen mehr als den Preis.[454] In der Folge müssen Anbieter von Maschinen- und Anlagen ihren Kunden gestatten, flexibel zwischen Produkten und Dienstleistungen zu wechseln. Angesichts der hohen Preise der Produkte geht dies mit einer großen finanziellen und logistischen Herausforderung einher, die entsprechend im Preis berücksichtigt werden muss. Nichtsdestotrotz profitieren Kunden von einer höheren finanziellen Flexibilität, da sie Maschinen nicht einmalig kaufen müssen, sondern regelmäßig für den Gebrauch zahlen.[455] Vor allem im Maschinen- und Anlagenbau werden dadurch hohe Investitionsausgaben (engl. capital expenditure, abgekürzt mit CAPEX) in regelmäßige niedrige Betriebsaufwände (engl. operational expenditure, abgekürzt mit OPEX) umgewandelt.

---

[451] Beispiele erfolgreicher Subskriptionsmodelle mit Fokus auf kundenindividuelle Leistungsangebote können in vielen Branchen beobachtet werden. In der Mode- und Kosmetikindustrie bilden individuell zusammengestellte Produktboxen ein zentrales Nutzenversprechen der Anbieter. In der Unterhaltungsbranche ermöglichen z.B. Netflix (Streamingdienst für Videos) und Spotify (Streamingdienst für Musik) durch die Analyse des Kundenverhaltens individuelle, auf die Vorliebe der Kunden angepasste Produktvorschläge.

[452] Vgl. Chen, T. / Fenyo, K. et al. (2018) Thinking inside subscription, S. 5; Plattform Industrie 4.0 (2019) Digital business models, S. 4.

[453] Vgl. Bauernhansl, T. / Paulus-Rohmer, D. et al. (2015) Geschäftsmodell-Innovation, S. 22.

[454] Vgl. Zuora (2019) End of ownership.

[455] Die Flexibilität in der Auswahl von Produkten lässt sich durchgehend in Subskriptionsmodellen aller Branchen beobachten. Sie fällt jedoch besonders im Bereich der Mobilität auf. So können Kunden von swapfiet jederzeit das über Subskription bezogene Fahrrad austauschen lassen. Eine Mitgliedschaft bei Porsche Passport ermöglicht es Kunden, täglich ein anderes Automodell der Marke Porsche zu nutzen. Auch das Geschäftsmodell „Flottenmanagement" des Unternehmens Hilti bietet den Kunden die Möglichkeit, Baumaschinen flexibel auszutauschen (vgl. Kap. 2.2.4.1).

Risikobeteiligung

Indem Anbieter von Maschinen und Anlagen ihren Gewinn aus dem Verkauf ihrer Produkte nicht einmalig, sondern über einen langen Zeitraum erzielen, gehen sie ein finanzielles Risiko ein. Bei einer Insolvenz des Kunden ist es möglich, dass der Anbieter unter Berücksichtigung des Wertverlustes der Maschinen insgesamt ein negatives Geschäftsergebnis erzielt. Abhängig vom Erlösmodell wird das Risiko zusätzlich verstärkt, wenn die Einnahmen vom Produktionsvolumen des Kunden abhängen (pay per outcome).[456] Andererseits bietet die höhere Risikoanfälligkeit den Herstellern eine intrinsische Motivation, enger mit dem Kunden zu kooperieren. Dadurch wird eine Gleichrichtung der Interessen zwischen Anbieter und Kunden erreicht. Mit dem kombinierten Knowhow der Maschinen und der Erzeugnisse kann die Leistungsfähigkeit des Kunden kontinuierlich gesteigert werden (vgl. Kap. 2.2.3). Im Umkehrschluss müssen Anbieter intelligente Preisstrategien entwickeln, um das finanzielle Risiko zu berücksichtigen. Gleichzeitig sollten potenzielle Kunden für Subskription sorgfältig ausgesucht werden. Kunden mit schlechter wirtschaftlicher Lage bzw. Perspektive sollte Subskription womöglich nicht angeboten werden.

Bequemlichkeit

Studien zeigen, dass Kunden von Subskription im B2C-Bereich einen großen Wert auf die Bequemlichkeit der Geschäftsmodelle legen, d.h. einen möglichst einfachen Prozess zur Erlangung sowie in der Nutzung der Produkte und Dienstleistungen. Dadurch sind sie sogar unter Umständen bereit, einen höheren Preis zu zahlen.[457] Dafür müssen die Leistungsangebote intuitiv bedienbar und abrufbar sein (easy-to-use), möglichst automatisiert ablaufen und sicher bzw. verlässlich zur Verfügung stehen.[458] Darüber hinaus sind produzierende Unternehmen bestrebt, sich auf ihre wertschöpfenden Prozesse zu konzentrieren. Nicht-wertschöpfende Tätigkeiten müssen soweit wie möglich automatisiert bzw. mit wenig Aufwand zu verrichten sein. Vor diesem Hintergrund können Anbieter maschinenbezogene unterstützende Prozesse ihrer Kunden

[456] Die Heidelberger Druckmaschinen AG bot interessierten Kunden ursprünglich lediglich das heute als „Subscription Plus" bezeichnete Subskriptionsmodell an (vgl. Kap. 2.2.4.2). Um das eigene finanzielle Risiko zu reduzieren, wurde das „Subscription Smart" eingeführt, bei dem die Maschine selbst nicht Teil der Subskription ist. Jedoch sieht in beiden Fällen das Erlösmodell einen variablen Zahlungsanteil vor, der erst beginnt, wenn der Kunde ein monatlich vereinbartes Inklusiv-Volumen von gedruckten Seiten übersteigt. In kundenseitig auftragsschwachen Zeiten erzielen somit Kunde und Anbieter geringere Erlöse.

[457] Vgl. Wang, C. L. / Ye, L. R. et al. (2005) Subscription online services, S. 305.

[458] Die Interpretation der Bequemlichkeit hängt maßgeblich von der jeweiligen Branche ab. In Subskriptionsmodellen im B2C-Bereich, die in erster Linie den Zugang zu Leistungen bieten, besteht die Bequemlichkeit darin, dass Kunden nicht aktiv nach diesen suchen müssen. Dies kann z.B. in den Branchen Print-Medien, Unterhaltung, Essen und Getränke, Sport, Gaming und Mode beobachtet werden. Im Maschinen- und Anlagenbau existieren aufgrund der zahlreichen nicht-wertschöpfenden Prozesse der Kunden viele Möglichkeiten, eine kundenseitige Bequemlichkeit zu erreichen. So können Planungsprozesse automatisiert, Überwachungs- und Wartungsprozesse übernommen sowie plattformbasiert ein Zugang zu einer Vielzahl an ergänzenden Produkten angeboten werden. Vgl. dazu auch Kap. 5.1.6.

übernehmen, sodass diese sich auf die Kernprozesse konzentrieren können. Zum Beispiel können prädiktive Wartungen Kunden vollständig von der Planung und Durchführung von Wartungsarbeiten entlasten.

Auf Basis dieser zentralen Nutzenversprechen wurde eine Definition von Subskription im Maschinen- und Anlagenbau entwickelt (siehe Abbildung 5-5). Sie dient Anbietern von Maschinen und Anlagen als grundlegende Orientierung bei der Entwicklung eines individuellen Subskriptionsmodells und der Organisationsstruktur:

Kontinuierliche Produktivitätssteigerung

Kundenindividuelle Angebote

Flexibilität

Risikobeteiligung

Bequemlichkeit

Definition von Subskription im Maschinen- und Anlagenbau

Subskriptionsbasierte Geschäftsmodelle im Maschinen- und Anlagenbau beschreiben eine langfristige Beziehung zwischen Anbieter und Kunden, die gegen wiederkehrende Zahlungen wiederkehrende Leistungen erhalten. Auf Basis einer konsequenten Kundenorientierung wird der generierte Nutzen auf die Probleme und Wünsche der Kunden ausgerichtet, insbesondere auf eine kontinuierliche Produktivitätssteigerung. Der Nutzen wird nicht nur durch physische, sondern auch durch digitale Produkte sowie Dienstleistungen erzeugt, die von Kunden benötigt und gewünscht werden.

Abbildung 5-5: Zentrale Nutzenversprechen und Definition von Subskription im Maschinen- und Anlagenbau

5.1.2 Strukturierung möglicher Leistungsangebote zur kundenseitigen Produktivitätssteigerung (Beschreibungsmodell)

Basierend auf der vorgestellten Definition von Subskription im Maschinen- und Anlagenbau sollten die Leistungsangebote so gestaltet sein, dass sie die Probleme der Kunden lösen und ihre Wünsche erfüllen. Dafür stehen Anbietern eine Vielzahl möglicher Leistungsangebote zur Verfügung. Diese beinhalten sowohl konventionelle Leistungsangebote, z.B. Wartung und Instandsetzung, als auch moderne digitale Leistungsangebote, z.B. plattformbasierte Services. Die Herausforderung für Anbieter besteht in einer fehlenden Strukturierung dieser Vielfalt. Vor diesem Hintergrund wurden auf Basis der vorangegangenen Untersuchung sechs Kategorien definiert, um einen Strukturierungsrahmen zu bilden (siehe Abbildung 5-6). Die Struktur unterscheidet zwischen maschinenfokussierten und erweiterten Dienstleistungen.

Maschinenfokussiertes Subskriptionsmodell

Obwohl die Definition von Subskription nahelegt, dass die Produktivität der *Maschinen und Anlagen* für den Kunden wichtiger sind als der Besitz dieser, bilden physische Produkte dennoch den Kern von Subskriptionsmodellen. Während sie selbst nicht Bestandteil des subskriptionsbasierten Erlösmodells sein müssen, wird die Mehrheit aller Leistungsangebote der anderen Kategorien so gestaltet, um ihre Produktivität zu erhöhen.[459] Daher ist eine grundlegende, zuverlässige technische Qualität der Maschinen und Anlagen auch in Subskription unverzichtbar. *Wartung und Instandsetzung* sind nicht nur in Subskription, sondern auch in anderen Geschäftsmodellen des Maschinen- und Anlagenbaus ein grundlegendes Leistungsangebot. Durch sie wird zwar keine kontinuierliche Produktivitätssteigerung, jedoch ein konstant hohes Produktivitätsniveau erreicht. Darauf aufbauend kann durch die *Modernisierung* der physischen Komponenten, der digitalen Lösungen und der Dienstleistungen eine schrittweise Erhöhung der Produktivität über die Zeit erreicht werden. Zusammen bilden Wartung und Instandsetzung sowie Modernisierung ein grundlegendes Subskriptionsmodell zur kundenseitigen kontinuierlichen Produktivitätssteigerung.

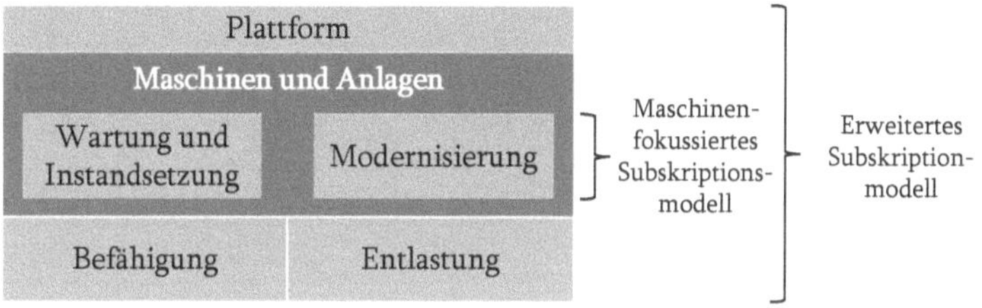

Abbildung 5-6: Strukturierung möglicher Leistungsangebote

Erweitertes Subskriptionsmodell

Der Erfüllungsgrad der identifizierten zentralen Nutzenversprechen kann durch weitere Leistungsangebote erhöht werden. Zum einen können Kunden dazu *befähigt* werden, selbst eine kontinuierliche Steigerung der Produktivität zu erzielen. Anbieter nehmen dabei eine unterstützende Rolle ein, um Kunden die dazu notwendigen Fähigkeiten und Wissen zu vermitteln. Zum anderen können nicht-wertschöpfende Prozessen gänzlich von den Anbietern übernommen werden, sodass Kunden von diesen *entlastet* werden und sich auf die wertschöpfenden Prozesse konzentrieren können. Zusätzlich zu diesen beiden Kategorien werden *Plattformen* bereits heute durch einige Hersteller von Maschinen und Anlagen bereitgestellt. Diese können einen wichtigen Einfluss auf den Erfolg des Geschäftsmodells haben.[460] Plattformen können die Planung und Steuerung der Leistungsangebote der anderen Kategorien automatisiert abwickeln, wodurch Hersteller entlastet werden.[461] Gleichzeitig können Plattformen die Häufigkeit von Upselling und Cross-Selling erheblich steigern und gleichzeitig die Vertriebskosten senken (vgl. Kap. 2.2.3).[462] Auch kann das Kundenerlebnis im Umgang mit den Maschinen durch eine intuitive und transparente Plattform er-

[459] In diesem Fall werden Maschinen und Anlagen durch eine einmalige Transaktion, jedoch die dazugehörigen Dienstleistungen durch Subskription erworben. Bestehende Beispiele sind z.B. die Heidelberger Druckmaschinen AG (vgl. Kap. 2.2.4.2) und Caterpillar Inc.

[460] Vgl. Accenture (2018) Digitale Geschäftsmodelle, S. 9.

[461] Vgl. Lah, T. / Wood, J. (2016) Technology-as-a-service, S. 74.

[462] Vgl. Plattform Industrie 4.0 (2019) Digital business models, S. 28 - 29.

heblich verbessert werden.[463] Zusammen bilden die sechs Kategorien ein erweitertes Subskriptionsmodell, mit dem die kundenseitige Produktivität kontinuierlich gesteigert werden kann. Dadurch können Anbieter ein Kundenverhältnis aufbauen, das nur schwer durch Wettbewerber ersetzt werden kann.

5.1.3 Erfolgsfaktoren für Subskription im Maschinen- und Anlagenbau (Beschreibungsmodell)

Die zentralen Nutzenversprechen sowie die Struktur der Leistungsangebote wurden entsprechend der entwickelten Definition von Subskription konsequent aus der Kundenperspektive identifiziert. Subskriptionsmodelle unterscheiden sich jedoch von anderen Geschäftsmodellen auch aus der Anbieterperspektive. Erfolgsfaktoren, die vom Anbieter effektiv umgesetzt werden, können den Erfüllungsgrad der Nutzenversprechen erheblich steigern. Im Rahmen der Untersuchung bereits existierender Subskriptionsmodelle wurden sieben zentrale Erfolgsfaktoren für den Maschinen- und Anlagenbau identifiziert, die im Folgenden vorgestellt werden.

Kontinuierliche Innovation

Das zentrale Nutzenversprechen einer kontinuierlichen Produktivitätssteigerung legt nahe, dass Anbieter ihre Leistungsangebote kontinuierlich innovieren müssen. Damit können Kundenwünsche immer besser erfüllt bzw. kann Änderungen der Kundenwünsche nachgekommen werden. Dafür müssen zum einen die perspektivisch notwendigen mit den vorhandenen Kompetenzen kontinuierlich überprüft werden. Zum anderen müssen Anbieter sogenannte dynamische Fähigkeiten der Organisation fördern, um die interne Innovationsfähigkeit zu stärken und externe Innovationen systematisch zu integrieren (vgl. Kap. 2.2.5).

Kundenintegration

Um die Kundenorientierung der Innovationen zu stärken, können Kunden in die Innovationsprozesse des Anbieters integriert werden. Das Ziel ist es, sowohl explizite als auch implizite Kundenwünsche zu identifizieren sowie diese in der Entwicklung zukünftiger Produkte und Dienstleistungen zu berücksichtigen. Dadurch kann ein besonders hoher Erfüllungsgrad der Kundenwünsche erreicht werden. Es ist jedoch zu beachten, dass nicht alle Kunden dafür geeignet sind, sondern gezielt und sorgfältig ausgewählt werden müssen.[464]

Analyse des Kundennutzungsverhaltens

Eine weitere Möglichkeit, implizite Kundenwünsche zu identifizieren, ist die datenbasierte Analyse des Kundennutzungsverhaltens. Dabei ist besonders die Korrelation zwischen der Interaktion der Kunden mit der Maschine und den Leistungsdaten der

---

[463] Vgl. Lah, T. / Wood, J. (2016) Technology-as-a-service, S. 102 - 103.

[464] Vgl. Lah, T. / Wood, J. (2016) Technology-as-a-service, S. 236 - 237.

Maschine von Interesse. Die daraus abgeleiteten Erkenntnisse können sowohl für die Entwicklung individueller Lösungen als auch zukünftiger Maschinengenerationen genutzt werden. Auch können auf Basis der gewonnenen Erkenntnisse neue Leistungsangebote entwickelt werden (vgl. Kap. 2.2.3).

Transparenz

Anbieter des Maschinen- und Anlagenbaus können durch die konsequente Kundenorientierung eine enge, langfristige Partnerschaft mit den Kunden aufbauen. Innerhalb dieser Partnerschaft ist es essenziell, eine solide Vertrauensbasis zu schaffen. Dies kann erreicht werden, indem alle relevanten Informationen (z.B. Leistungsdaten in Echtzeit) und Entscheidungen (z.B. Begründungen für Wartungsarbeiten) für Kunden transparent gemacht werden. Bei erzeugnisorientierten Erlösmodellen ist zudem eine transparente Abrechnung besonders wichtig.

Prozessautomatisierung

Gemäß der vorgestellten Definition von Subskription müssen die individuellen Probleme und Wünsche der Kunden berücksichtigt werden. Insbesondere bei datenbasierten Dienstleistungen müssen oftmals kundenindividuelle Anpassungen vorgenommen werden.[465] Dadurch werden anbieterseitige Effizienzpotenziale durch eine Standardisierung der Leistungsangebote und Geschäftsprozesse teilweise wieder eliminiert. Um jedoch eine ökonomische Kostenstruktur des Anbieters aufrechtzuerhalten, ist eine hohe Automatisierung der anbieterseitigen Prozesse notwendig. Dies kann sowohl wertschöpfende Prozesse, z.B. prädiktive Wartung, als auch unterstützende Prozesse, z.B. Finanzbuchhaltung, betreffen. Auch tragen Plattformen zu einer Kostensenkung bei, indem bspw. Upselling und Cross-Selling automatisiert werden.

Wertbasierte Preisgestaltung

Die Zahlungsbereitschaft von Kunden zu identifizieren ist eine besonders große Herausforderung für Anbieter von Subskription.[466] Dabei ist die Preisgestaltung einer der wichtigsten Hebel für den wirtschaftlichen Erfolg von Subskriptionsmodellen.[467] Die Untersuchung bestehender Subskriptionsmodelle hat gezeigt, dass erfolgreiche Anbieter eine höhere Profitabilität erzielen, indem die Preisstrategie wertbasiert statt traditionell kostenbasiert entwickelt wird. Im Maschinen- und Anlagenbau stellt dies jedoch bisher eine große Herausforderung für die Anbieter dar.[468]

Customer Journey Management

In Subskription hängt der Erfolg des Anbieters maßgeblich vom Erfolg des Kunden ab. Daher müssen Anbieter Kunden darin unterstützen, ihre Leistungsfähigkeit aus-

---

[465] Vgl. Kampker, A. / Stich, V. (2019) Service-Innovation, S. 11.

[466] Vgl. Kindström, D. / Kowalkowski, C. (2015) Service-driven business model innovation, S. 200; Tzuo, T. / Weisert, G. (2018) Subscribed, S. 151 - 154.

[467] Vgl. Tzuo, T. / Weisert, G. (2018) Subscribed, S. 151.

[468] Vgl. Bremer, M. / (Keine Angabe) (2019) Convention digital opportunities, S. 41.

zuwerten und zu steigern. Um diese Aufgabe durchzuführen, empfehlen bestehende Literaturen den Einsatz sogenannter Customer Success Manager (CSM). Diese stehen in regelmäßigem Kontakt zu Kunden und versuchen deren Bedürfnisse ganzheitlich zu erfassen. Gleichzeitig müssen sie Opportunitäten von Upselling und Cross-Selling erkennen (vgl. Kap. 2.2.3).[469] Der klassische Vertrieb ist hierfür nur wenig geeignet, da in Subskription andere Argumente notwendig sind, um Kunden zu überzeugen.[470] Der Einsatz von CSM allein reicht jedoch nicht aus, da die Befähigung vom Kunden zu höherer Produktivität eine Aufgabe für die gesamte Organisation des Anbieters darstellt, die koordiniert werden muss. Dafür sind auch Ressourcen im Backoffice[471] zur Unterstützung der CSM notwendig. Zum Zweck einer sprachlichen Differenzierung soll die proaktive, ganzheitliche Unterstützung der Kunden als Customer Journey Management bezeichnet werden. Dazu gehört einerseits die Koordination der internen Aufgaben zur kontinuierlichen Weiterentwicklung der Leistungsangebote hinsichtlich einer einfachen (easy-to-use), automatisierten und verlässlichen Nutzung. Andererseits umfasst es auch die Entwicklung neuer Leistungsangebote.

5.1.4 Voraussetzungen für Subskription im Maschinen- und Anlagenbau (Beschreibungsmodell)

Ein Blick auf die Definition von Subskription, die möglichen Leistungsangebote sowie die Erfolgsfaktoren legt nahe, dass Unternehmen zunächst einige Voraussetzungen für die erfolgreiche Einführung eines Subskriptionsmodells erfüllen müssen. Diese können in technische und organisatorische Voraussetzungen unterschieden werden.

5.1.4.1 Technische Voraussetzungen

Modularität der Leistungsangebote

Die kontinuierliche Bereitstellung und Verbesserung von individuellen Leistungsangeboten können zu hohen Prozesskosten für Anbieter führen und somit die Profitabilität des Geschäftsmodells gefährden. Um dennoch eine ökonomische Kostenstruktur aufrechtzuerhalten, müssen die physischen und digitalen Produkte sowie die Dienstleistungen modular gestaltet werden. Nichtsdestotrotz muss gleichzeitig die Variantenvielfalt in einem überschaubaren Rahmen gehalten werden.

Echtzeit-Konnektivität

Für einige Leistungsangebote, z.B. die Überwachung des Maschinenzustandes, ist eine echtzeitfähige Konnektivität der Maschinen notwendig. Dafür müssen sie in der Lage

[469] Vgl. Lah, T. / Wood, J. (2016) Technology-as-a-service, 66, 207-208; Tzuo, T. / Weisert, G. (2018) Subscribed, S. 165; Hochstein, B. / Rangarajan, D. et al. (2020) Customer Success Management, S. 3.

[470] Vgl. Kindström, D. / Kowalkowski, C. (2015) Service-driven business model innovation, S. 203.

[471] Als Backoffice werden die Teile eines Unternehmens bezeichnet, die operative Prozesse durchführen, dabei jedoch keinen direkten Kontakt zu Kunden und zur Öffentlichkeit haben. Vgl. Cambridge Dictionary, https://dictionary.cambridge.org/dictionary/english/back-office, zuletzt aufgerufen am 30.04.2021

sein, Daten in Echtzeit zu sammeln, zu verarbeiten und zu übermitteln. Um die notwendigen Informations- und Kommunikationstechnologien effektiv zu nutzen, müssen sowohl interne als auch externe Stakeholder eingebunden werden. Die dadurch entstehende Komplexität stellt viele Unternehmen vor große Herausforderungen.[472]

Vertrag zum Datenaustausch

Da Kundendaten ihre Leistungsfähigkeit und ihr Knowhow offenbaren können, haben viele Kunden eine große Skepsis gegenüber dem Teilen ihrer Daten. Viele Kunden müssen zunächst vom Mehrwert neuer Dienstleistungen überzeugt werden, bevor sie bereit sind, ihre Daten freizugeben. Dadurch können das Kundennutzungsverhalten nicht analysiert und infolgedessen die Leistungsangebote nicht kontinuierlich weiterentwickelt werden.[473] Auch kann die technische Ausstattung der Maschinen und Anlagen mit Technologien zur Erfassung relevanter Daten erschwert werden.[474] Daher empfiehlt es sich, einen expliziten Vertrag zum Datenaustausch und zur Datennutzung zu vereinbaren. Dieser kann die Basis für ein langfristiges, vertrauensvolles Verhältnis zwischen Anbietern und Kunden bilden.

Internet of Production (IoP)

Um auch komplexe Verbesserungspotenziale zu identifizieren, sind domainübergreifende Analysen des Kundennutzungsverhaltens notwendig. Durch die Kombination unterschiedlicher Datensysteme können Erkenntnisse gewonnen werden, die einer einzelnen Enterprise-Software verborgen sind. Für diesen Zweck wurde vom Werkzeugmaschinenlabor (WZL) der RWTH Aachen University das Konzept des sogenannten Internet of Production entwickelt. Es bietet eine geeignete Dateninfrastruktur, um zielgerichtet domainübergreifende Daten miteinander zu kombinieren, auszuwerten und Anwendern übersichtlich zur Verfügung zu stellen. Für eine detaillierte Vorstellung des IoP sei auf entsprechende Literatur verwiesen.[475]

5.1.4.2 Organisatorische Voraussetzungen

Finanzielle Ressourcen

Aufgrund der beschriebenen Notwendigkeit zur Integration von Informations- und Kommunikationstechnologien sowie zur Automatisierung der Geschäftsprozesse müssen Unternehmen verstärkt ihre Geschäfte digitalisieren. Dabei bilden begrenzte finanzielle Mittel die größte Hürde für Unternehmen.[476] Zusätzlich stellen Subskriptionsmodelle aufgrund der Natur ihrer Erlösmodelle anbietende Unternehmen besonders in der Einführungsphase vor große finanzielle Herausforderungen. Im Vergleich zum Transaktionsgeschäft werden die Einnahmen nur in kleinen, regelmäßigen

[472] Vgl. Kampker, A. / Stich, V. (2019) Service-Innovation, S. 7.
[473] Vgl. Bollhöfer, E. / Buschak, D. et al. (2015) B2B-Dienstleistungen, S. 534.
[474] Vgl. Kampker, A. / Stich, V. (2019) Service-Innovation, S. 10.
[475] Vgl. Schuh, G. / Riesener, M. et al. (2020) Industrie 4.0, S. 467 - 471.
[476] Vgl. Riedel, O. / Heinen, M. (2015) Digitalisierung, S. 27.

Transaktionen erzielt. Dadurch wird der Unternehmensumsatz, der bspw. auf Quartals- und Jahresbasis gemessen wird, mit großer Wahrscheinlichkeit zunächst einen spürbaren Rückgang erleben. Gleichzeitig entstehen hohe Kosten für die Transformation, z.B. um neue IT-Infrastrukturen aufzubauen und Mitarbeiter zu qualifizieren. Dies belastet das finanzielle Ergebnis zusätzlich. Erst mit der Zeit übersteigen die kumulierten Gewinne die des Transaktionsgeschäftes. Diese zum Teil langjährige Übergangsphase ist auch als das Fischmodell bekannt (vgl. Abbildung 5-7).[477]

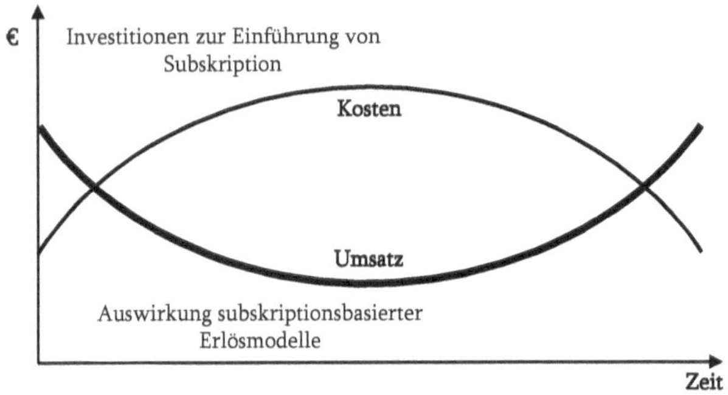

Abbildung 5-7: Das Fischmodell zur Veranschaulichung der finanziellen Herausforderung in der Einführung von Subskription [478]

Digitale dynamische Fähigkeiten

Für die Transformation zum Subskriptionsmodell benötigen Unternehmen digitale Kompetenzen, z.B. für die Integration proprietärer Systeme und für Data Analytics. Jedoch sind diese Kompetenzen im Maschinen- und Anlagenbau oftmals nur schwer vorzufinden. Mindestens zwei Drittel aller Unternehmen schätzen ihre digitale Fachkräftekompetenz als unzureichend ein.[479] Die Anwerbung bzw. der Aufbau dieser Kompetenzen ist ein langfristiges Unterfangen. Zugleich müssen die digitalen Kompetenzen mit den organisatorischen, dynamischen Kompetenzen kombiniert werden (vgl. Kap. 2.2.5), um die Unternehmensstrategie kontinuierlich zu erneuern.[480]

Spezialisierter Vertrieb

Klassische Vertriebsmitarbeiter sind auf den einmaligen Verkauf von Produkten spezialisiert. Während sie i.d.R. den Großteil des Unternehmensumsatzes verantworten, werden Dienstleistungen in vielen Unternehmen lediglich als Extra für das eigentliche physische Produkt (die Maschine bzw. Anlage) betrachtet.[481] Dies führt dazu, dass

---

[477] Vgl. Tzuo, T. / Weisert, G. (2018) Subscribed, S. 80 - 96.
[478] I.A.a. Tzuo, T. / Weisert, G. (2018) Subscribed, S. 86.
[479] Vgl. Lichtblau, K. / Stich, V. et al. (2015) Industrie 4.0-Readiness, S. 54.
[480] Vgl. Warner, K. / Wäger, M. (2019) Building dynamic capabilities, S. 346.
[481] Schuh, G. / Gudergan, G. / Kampker, A. (2016) Management industrieller Dienstleistungen, S. 249.

klassische Vertriebsmitarbeiter nicht mit dem Wert von Dienstleistungen für den Unternehmensumsatz vertraut sind. Außerdem sind in dienstleistungsbasierten Geschäftsmodellen andere Argumente notwendig, um Kunden zu überzeugen.[482] Daher ist es für Anbieter in vielen Fällen einfacher, auf Subskription spezialisierte Vertriebsmitarbeiter zu akquirieren als bestehende Vertriebskräfte umzuschulen.

Angepasste Organisationsstruktur

Nicht nur im Vertrieb des Anbieters, sondern auch im gesamten Unternehmen muss die Organisationsstruktur angepasst werden. Eine Methodik zur Erfüllung dieser Voraussetzung ist das Ziel der vorliegenden Arbeit (vgl. Kap. 1.1).

5.1.5 Aggregiertes Beschreibungsmodell von Subskription im Maschinen- und Anlagenbau

Die zentralen Nutzenversprechen, die Definition, die Struktur möglicher Leistungsmodelle, die Erfolgsfaktoren und die Voraussetzungen werden in einem Beschreibungsmodell aggregiert, um das umfassende Verständnis für Subskription im Maschinen- und Anlagenbau übersichtlich darzustellen (siehe Abbildung 5-8).

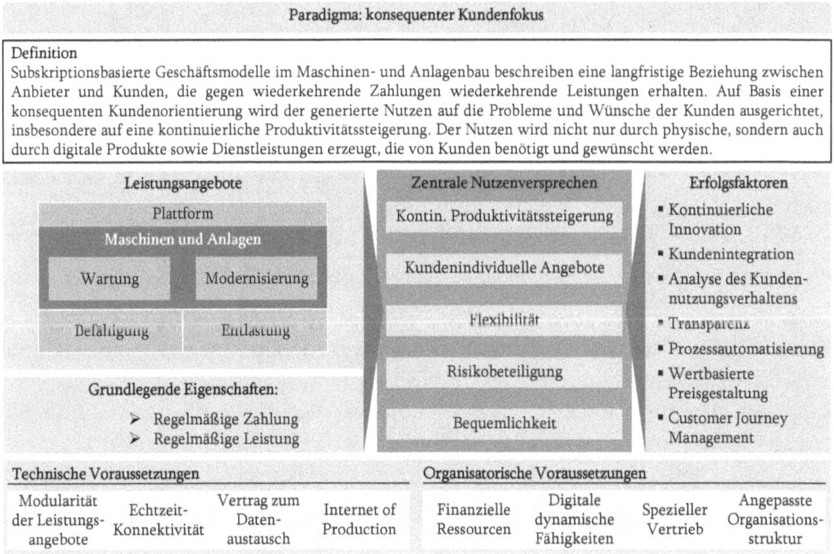

Abbildung 5-8: Aggregiertes Beschreibungsmodell für Subskription im Maschinen- und Anlagenbau

[482] Vgl. Kindström, D. / Kowalkowski, C. (2015) Service-driven business model innovation, S. 203.

5.1.6 Methodik zur Auswahl möglicher Leistungsangebote für das Subskriptionsmodell (Gestaltungsmodell)

Auf Basis der Untersuchung bestehender Subskriptionsmodelle im Maschinen- und Anlagenbau wurden einige Leistungsangebote identifiziert, die mit verfügbaren Technologien angeboten werden können (siehe Abbildung 5-9). Sie repräsentieren jedoch nur eine Momentaufnahme der industriellen Praxis. Mit der Weiterentwicklung von Technologien können zusätzliche Leistungsangebote entstehen. Die Übersicht muss entsprechend unternehmensindividuell und fortlaufend ergänzt werden, damit sie als Grundstruktur zur Weiterentwicklung des Leistungsportfolios dienen kann.

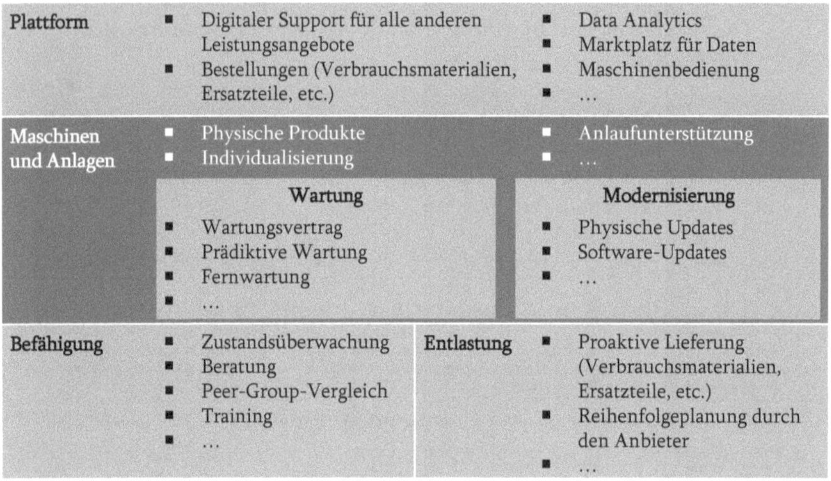

Abbildung 5-9: Beispiele möglicher Leistungsangebote in Subskriptionsmodellen im Maschinen- und Anlagenbau [483]

Um die Erfolgsaussichten von jungen, innovativen Geschäftsmodellen zu erhöhen, wird das sogenannte Minimum Viable Business Models (MVBM) angewendet (vgl. Kap. 2.5.4). Die Idee besteht darin, neue Leistungsangebote möglichst früh und mit geringer Investition an die Kunden zu bringen, um schnell einen Mehrwert zu erzeugen. Unternehmen können aus der frühzeitigen Interaktion mit den Kunden lernen, ihre Wünsche besser zu verstehen und die Leistungsangebote schnell zu optimieren.[484]

[483] Als Peer-Group-Vergleich werden Dienstleistungen bezeichnet, bei denen Hersteller Performancedaten unterschiedlicher Kunden anonymisiert auswerten und darstellen. Die Daten können z.B. die monatliche Gesamtarbeitszeit, die monatliche Produktionsmenge, die Ausbringung, die Anzahl der Mitarbeiter, usw. beinhalten. Dadurch können Kunden objektiv Defizite erkennen und werden zu Verbesserungsmaßnahmen motiviert, die gemeinsam mit dem Hersteller erarbeitet werden können.

[484] Vgl. Ries, E. (2017) The Lean startup, S. 77; Kampker, A. / Stich, V. (2019) Service-Innovation, S. 21 - 22; Deakins, D. / Scott, J. / Freel, M. (2021) Entrepreneurship, S. 262.

Dies soll mit möglichst geringem Ressourceneinsatz erreicht werden, da diese während der Entstehung des neuen Geschäftsmodells besonders knapp sind. Auch kann der Erfolgs eines MVBM genutzt werden, um das Potenzial des neuen Geschäftsmodells anschaulich zu machen und an relevante Stakeholder zu kommunizieren.[485] Insgesamt wird im MVBM ein früher Markteintritt höher geschätzt als ein vollumfängliches Spektrum der Leistungsangebote. Die Herausforderung für Unternehmen besteht häufig nicht in der Identifikation, sondern in der Priorisierung und Bewertung der Vielzahl möglicher Leistungsangebote sowie deren Umsetzung.[486]

5.1.6.1 Auswahl möglicher Leistungsangebote bei der Einführung des Subskriptionsmodells

Im Sinne des MVBM sind bei der Entwicklung und Einführung eines neuen Geschäftsmodells zunächst solche Leistungsangebote zu priorisieren, die vergleichsweise einfach umgesetzt werden können. Dadurch werden die ohnehin knappen Ressourcen optimal genutzt. Eine einfache Umsetzung kann dabei immer auf die beiden Aspekte Kosten und Zeit reduziert werden, die es möglichst zu minimieren gilt.[487] Zusätzlich sind Leistungsangebote zu priorisieren, die mit der übergeordneten Unternehmensstrategie übereinstimmen,[488] da Produkte und Dienstleistungen sich als die Konkretisierung einer Unternehmensstrategie verstehen.[489] Daher müssen die Leistungsangebote einen möglichst großen Kundennutzen generieren.[490] Bei Beachtung dieser drei Kriterien bietet das MVBM die Chance, die traditionelle Produktorientierung des Maschinen- und Anlagenbaus durch eine hohe Kundenorientierung zu ersetzen.[491]

Grundstruktur der Auswahlmethodik

Da Leistungsangebote als die Konkretisierung der Unternehmensstrategie betrachtet werden können und den zentralen Bestandteil von Geschäftsmodellen, d.h. die Kundennutzen erzeugen, werden in einem ersten Schritt die zuvor erwähnten Kriterien „Übereinstimmung mit Unternehmensstrategie“ und „Hoher Kundennutzen“ der Leistungsangebote miteinander kombiniert. Zusammen mit dem Kriterium „Einfache Umsetzung“ kann somit eine zweidimensionale Darstellung der Methodik und eine vereinfachte Anwendung in der Praxis ermöglicht werden. Dazu werden die Kundennutzen, die durch das Subskriptionsmodell erfüllt werden sollen, zunächst anhand der Unternehmensstrategie bewertet. Als Grundlage können die in Kapitel 5.1.1 identifi-

[485] Vgl. Nguyen-Duc, A. (2020) Planning minimum viable products, S. 83.

[486] Vgl. etventure (2019) Digitale Transformation, S. 20.

[487] Vgl. Ghezzi, A. (2020) Lean startup approaches, S. 6; Nguyen-Duc, A. (2020) Planning minimum viable products, S. 86; Deakins, D. / Scott, J. / Freel, M. (2021) Entrepreneurship, S. 262.

[488] Vgl. Bosch, J. / Holmström Olsson, H. et al. (2013) Early stage software startup, S. 4.

[489] Vgl. Roelens, B. / Steenacker, W. / Poels, G. (2019) Realizing strategic fit, S. 631 - 632; Marek, D. (2020) Organisationsdesign, S. 32.

[490] Vgl. Bosch, J. / Holmström Olsson, H. et al. (2013) Early stage software startup, S. 2.

[491] Vgl. Fletcher, G. / Griffiths, M. / Dron, R. (2019) What to plan, S. 136.

zierten zentralen Nutzenversprechen verwendet werden, die jedoch unternehmensspezifisch anzupassen sind. Stimmt ein zentrales Nutzenversprechen in hohem Maß mit der Unternehmensstrategie überein, so wird dies mit 1,0 gewichtet. Passt ein Nutzenversprechen jedoch nicht zur Unternehmensstrategie, so wird dies mit 0,0 gewichtet. Die Summe der Gewichtungen ergibt die Spannweite der X-Achse, d.h. den maximal möglichen Kundenwert eines Leistungsangebotes. Das Kriterium „Einfache Umsetzung" wird auf der Y-Achse abgebildet. Es umfasst die Aspekte Kosten und Zeit und deckt eine Spannweite von 0,0 bis 1,0 ab. Die Grundstruktur der Auswahlmethodik ist in Abbildung 5-10 dargestellt.

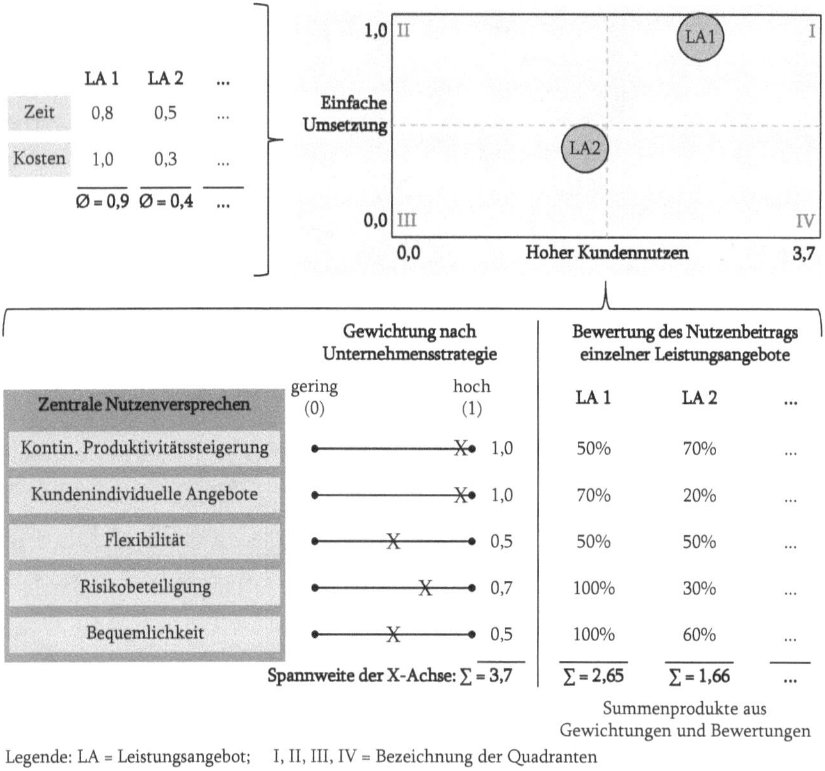

Abbildung 5-10: Methodik zur Bewertung und Auswahl von Leistungsangeboten

Bewertung und Auswahl möglicher Leistungsangebote

Anhand der Gewichtung der einzelnen Nutzenversprechen werden im nächsten Schritt die möglichen Leistungsangebote bewertet und entlang der Achsen eingetragen. Leistungsangebote können zur Erfüllung mehrerer Nutzenversprechen gleichzeitig beitragen. Dies soll am Beispiel „Prädiktive Wartung" veranschaulicht werden. Das

Leistungsangebot reduziert die Ausfallzeiten einer Maschine und hält dadurch die Produktivität auf einem konstant hohen Niveau. Sie trägt jedoch nicht zu einer *kontinuierlichen Produktivitätssteigerung* bei. Daher würde die Erfüllung dieses Nutzenversprechens wahrscheinlich mit einer Zahl zwischen 0 % und 100 % bewertet werden. Falls der Kunde die zu überwachenden Parameter und die Visualisierung dieser selbst bestimmen kann, so trägt das Leistungsangebot zusätzlich zum Nutzenversprechen *kundenindividuelle Angebote* bei. Eine kundenseitige *Flexibilität* kann bspw. in Form einer monatlichen Kündigungsfrist angeboten werden. Ist das Erlösmodell an die Verfügbarkeit der Maschine gekoppelt, so trägt der Hersteller zu einem hohen Grad das unternehmerische *Risiko* des Kunden mit. Schließlich trägt das Leistungsangebot zu einer höheren *Bequemlichkeit* des Kunden bei, sofern die Planung und Durchführung von Wartungen vom Anbieter übernommen werden. Die Bewertung des Leistungsangebotes ergibt sich aus dem Summenprodukt aus der strategischen Gewichtung der Nutzenversprechen und der Bewertung zur Erfüllung dieser.

Die Bestimmung der Position auf der Y-Achse wird durch die Dimensionen *Zeit* und *Kosten* beeinflusst. Diese werden zunächst unabhängig voneinander bewertet. Ist ein Unternehmen in der Lage, ein Leistungsangebot unmittelbar anzubieten, so wird die zeitliche Dimension mit 1,0 bewertet. Ist die Einführung jedoch nur mit langer Vorlaufzeit möglich, beispielsweise weil die notwendigen Kompetenzen erst akquiriert oder die Datengrundlagen mit der Zeit aufgebaut werden müssen, so wird die zeitliche Dimension mit 0,0 bewertet. Die Kostendimension ist mit 1,0 zu bewerten, wenn zur Einführung eines Leistungsangebotes keine Investitionen notwendig sind bzw. diese unmittelbar finanziert werden können, ohne die Liquiditätsplanung des Unternehmens zu beeinflussen. Ist die Einführung hingegen nur mit großen Investitionen möglich, die das Unternehmen nicht bzw. nur mit zusätzlichem Eigen- oder Fremdkapital finanzieren kann, so ist die Kostendimension mit 0,0 zu bewerten.

Die Bewertung der einzelnen Leistungsangebote erfolgt subjektiv, da zum Zeitpunkt der Einführung eines neuen Geschäftsmodells keine ausreichende Datengrundlage für eine quantitative Bewertung vorliegt. Es empfiehlt sich, für eine transparente und systematische Bewertung Expertengremien einzusetzen.[492] Das Ergebnis der Bewertung ist eine übersichtliche Verteilung möglicher Leistungsangebote entlang beider Achsen. Gemäß den identifizierten Kriterien sind vorrangig solche Leistungsangebote für ein MVBM zu priorisieren, die sich im Quadranten „I“ oder in dessen Nähe befinden (siehe Abbildung 5-11).

492 Vgl. Kampker, A. / Stich, V. (2019) Service-Innovation, S. 19.

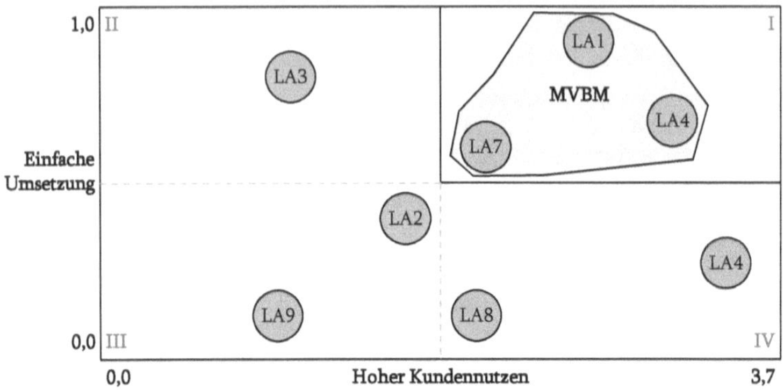

Legende: LA = Leistungsangebote; MVBM = Minimum Viable Business Model
I, II, III, IV = Bezeichnung der Quadranten

Abbildung 5-11: Auswahl möglicher Leistungsangebote für ein subskriptionsbasiertes Minimum Viable Business Model

5.1.6.2 Auswahl möglicher Leistungsangebote bei der kontinuierlichen Weiterentwicklung des Subskriptionsmodells

Die Entwicklung eines Geschäftsmodells ist kein Projekt, das zu einem bestimmten Zeitpunkt abgeschlossen sein kann. Es muss kontinuierlich mit den Marktanforderungen gespiegelt werden, um Notwendigkeiten zur Weiterentwicklung abzuleiten.[493] Besonders bei datenbasierten Dienstleistungen eines MVBM gilt es, schnell aus Kundeninteraktionen zu lernen und die tatsächlichen Kundenanforderungen zu verstehen. Auf dieser Basis müssen Leistungsangebote kontinuierlich angepasst und verbessert sowie nicht marktrelevante Komponenten und Funktionalitäten eliminiert werden, um die begrenzten Ressourcen zu schonen.[494] In der Folge müssen die Leistungsangebote neu bewertet werden (siehe Abbildung 5-12). Aber auch unveränderte Leistungsangebote müssen aufgrund der neuen Erkenntnisse neu bewertet werden. Die Bewertung kann durch Experten und datenbasiert unterstützt werden.

Mit der Zeit können weitere potenzielle Leistungsangebote in das Subskriptionsmodell integriert werden, um das Leistungsspektrum zu vergrößern und somit den insgesamt erzielbaren Kundennutzen zu erhöhen. Dabei müssen stets die eingangs identifizierten Kriterien „Übereinstimmung mit Unternehmensstrategie", „Hoher Kundennutzen" und „Einfache Umsetzung" berücksichtigt werden. Zusätzlich entstehen durch voranschreitende Technologien mit der Zeit neue innovative, für das Subskriptionsmodell geeignete Leistungsangebote. Diese gilt es systematisch zu identifizieren und in die Bewertungsmethodik aufzunehmen. Dabei können zusätzlich zu Kunden-

---

[493] Vgl. Kindström, D. / Kowalkowski, C. (2015) Service-driven business model innovation, S. 195.

[494] Vgl. Carroll, R. / Casselman, R. M. (2019) The Lean discovery process, S. 5394; Kampker, A. / Stich, V. (2019) Service-Innovation, S. 15 - 16.

interaktionen auch weitere Quellen, z.B. Kooperationspartner, Lieferanten oder Dienstleister, einbezogen werden.[495]

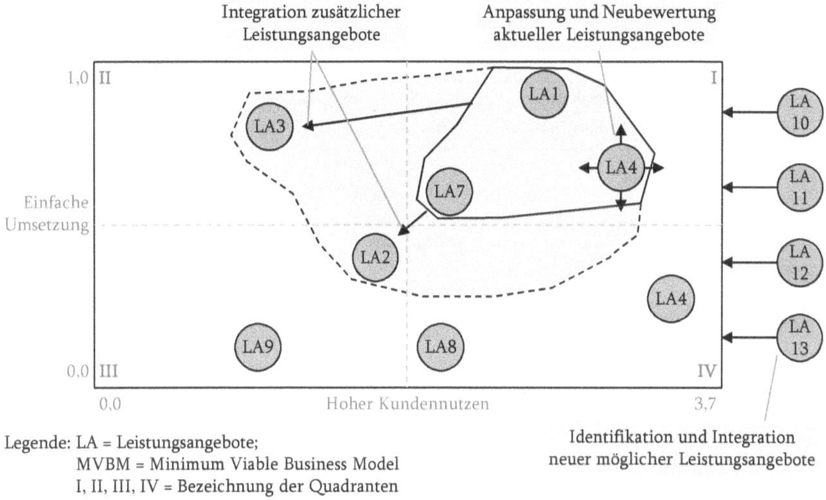

Abbildung 5-12: Kontinuierliche Weiterentwicklung des Subskriptionsmodells

Insgesamt muss die Geschäftsmodellentwicklung als eine niemals endende Aufgabe betrachtet werden.[496] Mit der vorgeschlagenen Methodik können Anbieter potenzielle Leistungsangebote, mit denen die Herausforderungen und Wünsche der Kunden angesprochen werden können, zielgerichtet strukturieren und auswählen.

5.2 Gestaltung der Ablauforganisation

Auf Basis der identifizierten Leistungsangebote werden im nächsten Schritt die Geschäftsprozesse abgeleitet und zur Ablauforganisation detailliert. Diese bildet die Ausgangsbasis zur Gestaltung der Aufbauorganisation. In Anlehnung an Kapitel 4.3.2 wird der Aufbau dieses Kapitels in Abbildung 5-13 verdeutlicht. Das Vorgehen soll die aus der Praxis abgeleiteten Anforderungen an die Prozessorientierung bei der Organisationsgestaltung erfüllen (vgl. Kap. 4.1):

iii. Systematische Ableitung von Geschäftsprozessen und Detaillierung zur Ablauforganisation

iv. Berücksichtigung subskriptionsspezifischer Anforderungen an die Ablauforganisation

---

[495] Vgl. Kampker, A. / Stich, V. (2019) Service-Innovation, S. 17 - 18.

[496] Vgl. McGrath, R. (2010) Business models, S. 248.

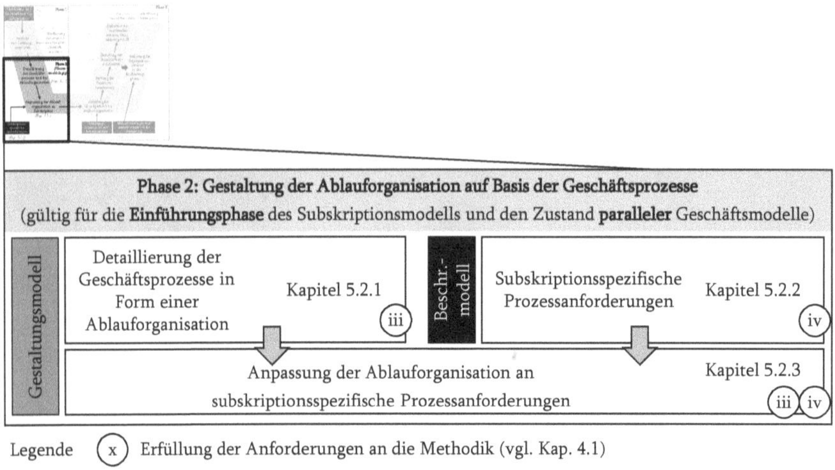

Abbildung 5-13: Feinkonzeption von Phase 2

5.2.1 Detaillierung der Geschäftsprozesse in Form einer Ablauforganisation (Gestaltungsmodell)

Ein Ansatz zur Ableitung und Detaillierung von Geschäftsprozessen muss in der Lage sein, sowohl die relevanten Geschäftsprozesse aus dem Geschäftsmodell zu bestimmen als auch diese systematisch zur Ablauforganisation zu detaillieren. Gleichzeitig muss der notwendige Detaillierungsgrad festgelegt werden, der im Allgemeinen zu den zentralen Fragestellungen einer Prozessmodellierung gehört.[497] Auf Basis dieser drei Anforderungen wird ein Grobkonzept der Methodik erstellt (siehe Abbildung 5-14).

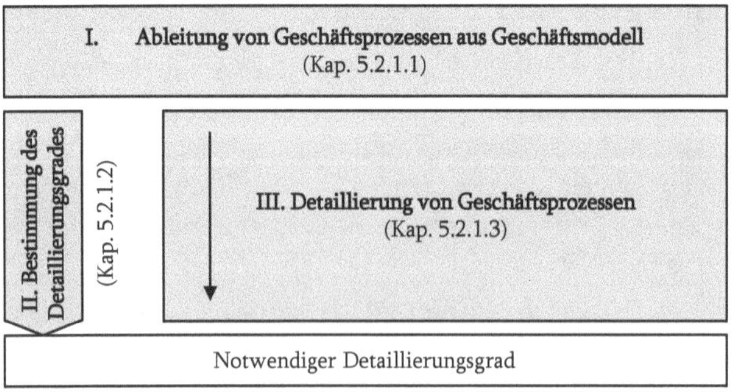

Abbildung 5-14: Grobkonzept der Methodik zur Ableitung und Detaillierung von Geschäftsprozessen

[497] Vgl. Rosemann, M. / Schwegmann, A. / Delfmann, P. (2012) Prozessmodellierung, S. 90; Speck, M. / Schnetgöke, N. (2012) Sollmodellierung und Prozessoprimierung, S. 197.

Die Ausgestaltung der Methodik soll auf bestehende Ansätze des Geschäftsprozessmanagements und der Organisationsgestaltung aufbauen. Einige der dafür relevanten wissenschaftlichen Ansätze wurden bereits in Kapitel 3 vorgestellt. Darüber hinaus werden weitere Ansätze berücksichtigt, die ebenfalls untersucht, jedoch nicht explizit vorgestellt wurden. Zwar kann keiner der bestehenden Ansätze alle drei Anforderungen nach Abbildung 5-14 gleichzeitig erfüllen. Jedoch enthalten sie jeweils einzelne Elemente, die für die Entwicklung einer ganzheitlichen Methodik berücksichtigt werden können. Durch deren Zusammenführung entsteht somit eine neue Methodik.

5.2.1.1 Ableitung von Geschäftsprozessen aus dem Geschäftsmodell

Der wichtigste Schritt im Geschäftsprozessmanagement ist die Identifikation der Geschäftsprozesse. Sie bestimmt die Identifikation aller relevanten Aktivitäten des Unternehmens, die einen Kundenmehrwert schaffen (vgl. Kap. 2.4.1). Folglich hat die Identifikation von Geschäftsprozessen einen entscheidenden Einfluss auf die Gestaltung der Ablauforganisation und damit auf die Gestaltung der Aufbauorganisation.

Die Analyse der bestehenden Literatur des Geschäftsprozessmanagements hat bereits gezeigt, dass bei der Ableitung von Geschäftsprozessen aus dem Geschäftsmodell ein top-down Ansatz einem bottom-up Ansatz vorzuziehen ist (vgl. Kap. 3.6). MAREK sowie SPECK UND SCHNETGÖKE konkretisieren diese Sichtweise und schlagen die Leistungsangebote des Geschäftsmodells als Ausgangsbasis zur Identifikation der Geschäftsprozesse vor.[498] Folglich sind solche Prozesse als Geschäftsprozesse zu betrachten, die direkt zur Erzeugung eines Leistungsangebotes beitragen. Nach SPATH ET AL. ist dies notwendig, um den Fokus der Ablauforganisation auf die Werterzeugung für den Kunden zu lenken.[499] SCHMELZER UND SESSELMANN betonen zusätzlich, dass der Kunde sowohl am Anfang als auch am Ende eines Prozesses stehen muss, um diesen als Geschäftsprozess zu klassifizieren (vgl. Kap. 2.4.1.2).

Auf Basis dieser Erkenntnisse sollen in der zu entwickelnden Methodik diejenigen Prozesse als Geschäftsprozesse definiert werden, die direkt zur Erzeugung der Leistungsangebote eines Geschäftsmodells beitragen. Dafür bilden die in Kapitel 5.1.6 identifizierten Leistungsangebote die Grundlage.

5.2.1.2 Bestimmung des Detaillierungsgrades

Nach SCHMELZER UND SESSELMANN können unterschiedliche Ebenen einer Prozessbeschreibung gewählt werden. Diese reichen von übergeordneten, aus dem Geschäftsmodell abgeleiteten Geschäftsprozessen bis zu einzelnen Aktivitäten einzelner Mitarbeiter (vgl. Abbildung 3-9). Der geeignete Detaillierungsgrad muss jedoch in Abhängigkeit vom Zweck der Prozessbeschreibung festgelegt werden (vgl. Kap. 3.3.3). In der

---

498 Vgl. Speck, M. / Schnetgöke, N. (2012) Sollmodellierung und Prozessoprimierung, S. 208; Marek, D. (2020) Organisationsdesign, S. 34.

499 Vgl. Spath, D. (2017) Organisationsgestaltung, S. 17.

vorliegenden Arbeit besteht der Zweck darin, aus der Prozessbeschreibung einzelne Organisationseinheiten abzuleiten und zu einer Aufbauorganisation zu integrieren. Daher ist der notwendige Detaillierungsgrad unabhängig von Unternehmen, sondern muss durch die vorliegende Arbeit bestimmt und vorgegeben werden.

Die Untersuchung der bestehenden Ansätze hat ergeben, dass die Bestimmung des notwendigen Detaillierungsgrades nur von wenigen wissenschaftlichen Arbeiten der Organisationsgestaltung thematisiert wird. Viele Arbeiten beschreiben lediglich die Notwendigkeit, aus einzelnen Verrichtungen Stellen zu bilden.[500] Die Frage nach dem notwendigen Detaillierungsgrad bleibt dabei offen.

Es konnten lediglich zwei relevante Arbeiten identifiziert werden, die konkrete Hinweise auf den notwendigen Detaillierungsgrad liefern. Nach KUGELER UND VIETING sowie nach MEISE (vgl. Kap. 2.4) müssen Prozesse so detailliert beschrieben werden, dass die für eine Stellenbildung erforderlichen Fähigkeiten, Kenntnisse und personellen Kapazitäten bestimmt werden können. Dafür schlagen die Autoren eine Definition von erforderlichen „Rollen“ vor. Eine Rolle beschreibt eine spezifische Fähigkeit, die zur Erfüllung einer Teilaufgabe benötigt wird. Sie ist explizit von einer Stelle abzugrenzen. Eine Stelle kann mehrere Fähigkeiten, d.h. mehrere Rollen beinhalten. Rollenbeschreibungen können daher auch als Anforderungsprofil in der Stellenbildung betrachtet werden. Die Stellenbildung erhält dadurch eine stärkere Flexibilität, die sich auch auf die Gestaltung der Aufbauorganisation auswirkt.[501] So sind bspw. bei der Erstellung eines technischen Angebotes typischerweise technisches Planungs-Know-how sowie kalkulatorische und juristische Kenntnisse notwendig. Hierfür kann es im Sinne einer ganzheitlichen Aufgabenstruktur sinnvoll sein, einen Konstruktions-Ingenieur hinsichtlich Kalkulation und Recht fortzubilden, um Schnittstellen gänzlich zu vermeiden. Dadurch werden drei Rollen in einer Stelle vereint. Es ist jedoch auch möglich, jeweils einen Konstrukteur, einen Kalkulator und einen Juristen zu beschäftigen, womit aus drei Rollen auch drei Stellen geschaffen werden.[502] Die Abwägung zwischen diesen beiden Möglichkeiten hängt stark von unternehmensspezifischen Anforderungen ab, z.B. der Möglichkeit zur Auslastung der Stellen, und soll nicht in der vorliegenden Arbeit berücksichtigt werden. Rollen hingegen sind auf die Beschreibung einer bestimmten Fähigkeit beschränkt. Durch die Unterscheidung von „Rollen“ und „Stellen“ können die Phasen der Entwicklung der Ablauf- und der Aufbauorganisation konsequent getrennt werden.

---

[500] Vgl. Kosiol, E. (1976) Organisation der Unternehmung, S. 240; Bleicher, K. (1991) Organisation, S. 49; Jones, G. / Bouncken, R. (2008) Organisation, S. 241; Schulte-Zurhausen, M. (2014) Organisation, S. 168 - 169; Bach, N. / Brehm, C. et al. (2017) Organisation, S. 260.

[501] Vgl. Meise, V. (2001) Prozessorientierte Organisationsgestaltung, 105, 113-114; Kugeler, M. / Vieting, M. (2012) Prozessorientierte Aufbauorganisation, S. 261 - 262.

[502] Vgl. Kugeler, M. / Vieting, M. (2012) Prozessorientierte Aufbauorganisation, S. 261 - 262.

Auf Basis dieser Erkenntnisse wird für die zu entwickelnde Methodik empfohlen, die relevanten Prozesse so weit zu detaillieren, dass Prozessrollen abgeleitet werden können. Dadurch soll während der Prozessdetaillierung ein Rückfall in tradierte Stellenbeschreibungen verhindert werden, die eventuell nicht den Prozessanforderungen entsprechen. Stattdessen sollen die erforderlichen Qualifikationen als Basis der Rollenbildung im Fokus der Betrachtung stehen.

5.2.1.3 Detaillierung von Geschäftsprozessen

Die Detaillierung von Geschäftsprozessen bildet den umfangreichsten Teil der in diesem Kapitel zu entwickelnden Methodik. Dabei soll eine konkrete Vorgehensweise beschrieben werden, die durch Unternehmen praxisgerecht eingesetzt werden kann. Die entwickelte Methodik ist in Abbildung 5-15 dargestellt. Subskriptionsspezifische Prozessanforderungen, die erst in Kapitel 5.2.2 identifiziert werden, sind noch nicht berücksichtigt.

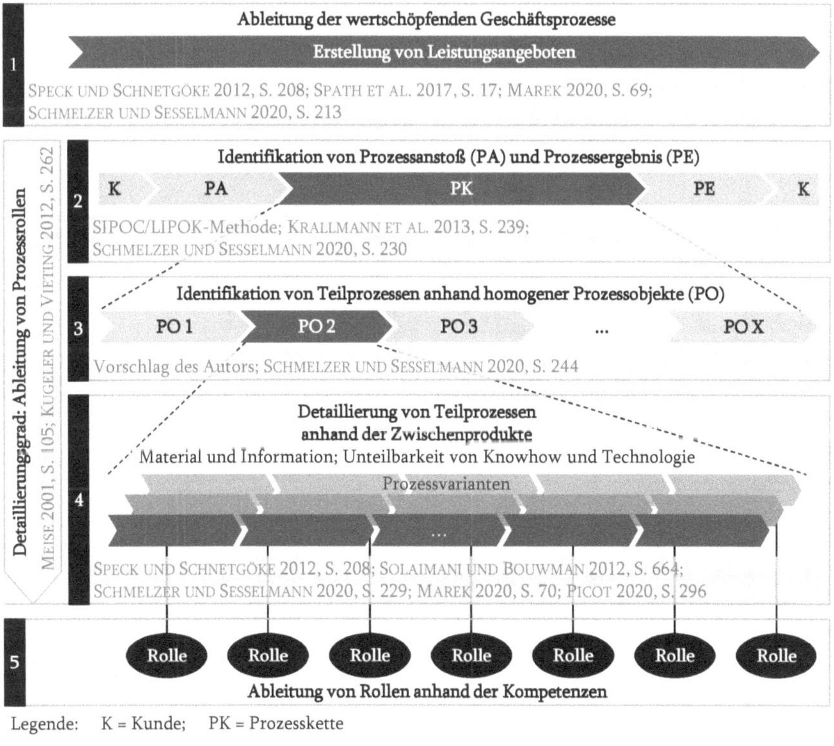

Abbildung 5-15: Methodik zur Ableitung und Detaillierung von Geschäftsprozessen (ohne subskriptionsspezifische Prozessanforderungen)

Identifikation von Prozessanstoß (PA) und Prozessergebnis (PE)

Auf der obersten Stufe muss ein Geschäftsprozess zunächst grob strukturiert werden. Dafür eignet sich insbesondere die SIPOC/LIPOK-Methode, die in Kapitel 3.3.1 vorgestellt wurde. Dabei kann der Prozess auch durch einen Kunden ausgelöst werden (vgl. Abbildung 3-6). Diese Sichtweise entspricht dem end-to-end Verständnis von Geschäftsprozessen (vgl. Kap. 2.4.1). Um Missverständnisse zu vermeiden und sich von den weiteren Detaillierungsebenen bewusst abzugrenzen, werden außerdem in Anlehnung an SCHMELZER UND SESSELMANN drei sprachliche Anpassungen vorgenommen. Erstens wird der initiale Prozessinput als *Prozessanstoß* (PA) bezeichnet. Zweitens wird analog dazu der Output des Geschäftsprozesses als *Prozessergebnis* (PE) bezeichnet.[503] Drittens wird der dazwischen ablaufende Prozess als Prozesskette bezeichnet, um sich vom gesamten Geschäftsprozess, der sich aus der Summe der fünf sequenziellen Komponenten (Kunde, PA, Prozesskette, PE und Kunde) bildet, zu differenzieren.

Durch die Anwendung der angepassten SIPOC/LIPOK-Methode werden somit in diesem Schritt die Grenzen der Prozesskette eindeutig bestimmt.

Identifikation von Teilprozessen anhand homogener Prozessobjekte (PO)

Bei der eigentlichen Detaillierung der Prozesskette, die auch als Prozessdekomposition bezeichnet wird (vgl. Abbildung 3-9), können nach MAREK die Zwischenprodukte sowie eine mögliche Unteilbarkeit der Prozessschritte betrachtet werden.[504] Die Erfahrung des Autors der vorliegenden Arbeit aus zahlreichen Beratungsprojekten in produzierenden Unternehmen zeigt jedoch, dass der Begriff „Zwischenprodukt" auf ein teilweise sehr unterschiedliches Verständnis stößt. So können die betrachteten Zwischenprodukte detaillierter sein als zunächst benötigt, sodass keine Teilprozesse, sondern direkt Prozessschritte oder Aktivitäten mit einer großen Detailtiefe abgeleitet werden. Dadurch können die Diskussionen zur Prozessdetaillierung sehr komplex und unstrukturiert ablaufen. Aus diesem Grund soll vor der Identifikation der Zwischenprodukte zunächst die Art der betrachteten Prozessobjekte untersucht werden. Dabei wird das Ziel verfolgt, möglichst homogene Prozessobjekte zu identifizieren. Darunter verstehen SCHMELZER UND SESSELMANN Prozessobjekte mit identischen bzw. ähnlichen Eigenschaften.[505] Diese können unter anderem in Form von Informationen (z.B. Kundenanfrage, Maschinendaten, etc.), Produktanforderungen (z.B. Lastenheft), CAD-Dateien (z.B. aus 3D-Konstruktionen), physischen Zwischenprodukten (z.B. Design-Prototyp, Funktions-Prototyp, Endprodukt, Ersatzteil, etc.), durchzuführenden Dienstleistungen (z.B. Wartungsdienstleistung) vorhanden sein.

---

[503] Vgl. Schmelzer, H. / Sesselmann, W. (2020) Geschäftsprozessmanagement, S. 230.

[504] Vgl. Marek, D. (2020) Organisationsdesign, S. 70.

[505] Vgl. Schmelzer, H. / Sesselmann, W. (2020) Geschäftsprozessmanagement, S. 244.

Durch die Identifikation der Transformation von einem homogenen Prozessobjekt zum nächsten wird somit die Prozesskette in homogene Teilprozesse unterteilt.

Detaillierung der Teilprozesse anhand der Informations- und Materialflüsse

Die abgeleiteten Teilprozesse können im nächsten Schritt weiter in Prozessschritte bzw. Aktivitäten detailliert werden. Dieser Ansatz entspricht dem Vorgehen nach SPECK UND SCHNETGÖKE, SCHMELZER UND SESSELMANN sowie nach MAREK (vgl. Kap. 3.3 und Kap. 3.4). Nach SOLAIMANI UND BOUWMAN müssen dabei jedoch nicht nur der Materialfluss, sondern auch der Informationsfluss betrachtet werden (vgl. Kap. 3.3.2). Ferner kann nach PICOT die Betrachtung der Unteilbarkeit des Knowhows (spezifisches Fachwissen) bzw. Technologie (Maschinen, Geräte, etc.) die Prozessdetaillierung unterstützen.[506]

Ein weiterer Aspekt in der Detaillierung der Teilprozesse ist nach SPECK UND SCHNETGÖKE (vgl. Kap. 3.3.3), SCHMELZER UND SESSELMANN (vgl. Kap. 3.3.4) sowie SCHULTE-ZURHAUSEN[507] die Identifikation von Prozessvarianten. Darunter verstehen die Autoren Prozesse, die grundsätzlich einem gleichen übergeordneten Prozessablauf folgen, jedoch in der detaillierten Beschreibung unterschiedliche Prozessstrukturen aufweisen. Prozessvarianten erhöhen zwar die Komplexität der Ablauforganisation, können jedoch auch strategische Wettbewerbsvorteile durch Leistungsdifferenzierung bieten, indem Kundenbedürfnisse besser erfüllt werden.[508] Die daraus entstehenden unterschiedlichen Rollen müssen berücksichtigt werden, da diese ebenfalls in später benötigte notwendige Organisationseinheiten resultieren.

Anschließend an die Prozessdetaillierung werden im letzten Schritt die Prozessrollen abgeleitet. Wie bereits in Kapitel 5.2.1.2 beschrieben, werden dafür die erforderlichen Qualifikationen betrachtet.

5.2.1.4 Exemplarische Anwendung der Methodik

Die Methodik soll beispielhaft auf einen fiktiven Geschäftsprozess „Wartungsdienstleistung" eines fiktiven Unternehmens angewendet werden (siehe Abbildung 5 16). Zunächst werden der Prozessanstoß und das Prozessergebnis identifiziert. In diesem Fall soll angenommen werden, dass der Geschäftsprozess „Wartungsdienstleistung" in jedem Fall durch eine Meldung vom Kunden über eine Maschinenstörung (z.B. per Anruf oder über eine Plattform) eingeleitet wird. Das Ergebnis des Geschäftsprozesses ist eine störungsfreie Maschine, die wieder den Betrieb aufnehmen kann.
Durch die Betrachtung homogener Prozessobjekte können die Teilprozesse identifiziert werden. Im Teilprozess „Problemfall analysieren" werden Daten gesammelt und ausgewertet sowie ein möglicher Kundenbesuch durchgeführt. Das Prozessobjekt sind

[506] Vgl. Picot, A. / Dietl, H. / Franck, E. (2020) Organisation, S. 296.
[507] Vgl. Schulte-Zurhausen, M. (2014) Organisation, S. 112.
[508] Vgl. Schmelzer, H. / Sesselmann, W. (2020) Geschäftsprozessmanagement, S. 241.

Informationen zur Beschreibung der Fehlerursache. Im Teilprozess „Maßnahme ableiten“ wird eine technische Maßnahme erarbeitet. Das Prozessobjekt ist eine konzeptionelle Lösung zur Behebung der Störung. Das Prozessobjekt im Teilprozess „Wartung vorbereiten“ sind organisatorische Planungsaufgaben, die für eine Wartung vorbereitend stattfinden. Schließlich ist das Prozessobjekt des Teilprozesses „Wartung durchführen“ die eigentliche, vom Kunden wahrnehmbare Dienstleistung vor Ort, für die der Kunde zu zahlen bereit ist.

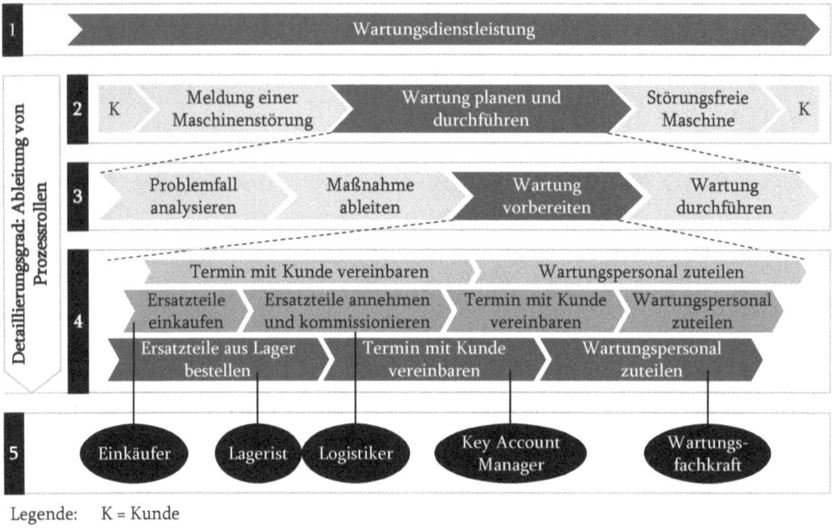

Abbildung 5-16: Beispielhafte fiktive Ableitung der Prozessrollen aus dem Geschäftsprozess „Wartungsdienstleistung“

Bei der Detaillierung der Teilprozesse zu Prozessschritten sollen drei unterschiedliche Prozessvarianten betrachtet werden. Zum einen ist es denkbar, dass keine besonderen Ersatzteile benötigt werden. Somit kann direkt ein Termin mit dem Kunden vereinbart und Mitarbeiter für die Aufgabe zugeteilt werden. Werden jedoch Ersatzteile benötigt, so können diese entweder standardmäßig im Lager sein, sodass sie dort lediglich abgerufen werden müssen, oder sie müssen beim Lieferanten bestellt werden, weil sie bspw. nur selten benötigt werden. In beiden Fällen kann erst nach diesem Schritt ein möglicher Wartungstermin abgeschätzt und mit dem Kunden vereinbart werden. Aus den drei Prozessvarianten können schließlich die Prozessrollen Einkäufer, Lagerist, Logistiker, Key Account Manager und Wartungsfachkraft abgeleitet werden. Weitere Rollen können aus den weiteren Teilprozessen abgeleitet werden, die hier aus Gründen der Veranschaulichung nicht betrachtet werden.

5.2.1.5 Sonderfall Plattform

Die Plattform bildet ein zentrales Leistungsangebot in digitalen Geschäftsmodellen, das den Erfolg des Geschäftsmodells maßgeblich beeinflussen kann (vgl. Kap. 5.1.2). Die Bedienung der Plattform durch den Kunden verursacht für den Anbieter keine Aufwände und stellt keinen Geschäftsprozess dar, der für die Entwicklung der Aufbauorganisation betrachtet werden muss. Jedoch kann die Weiterentwicklung der Plattform als Geschäftsprozess betrachtet werden. Sie erfolgt in vielen Fällen proaktiv als Teil unternehmensinterner Abläufe und kann bspw. durch die Analyse der Nutzungsstatistiken der Plattform oder durch gesammeltes Kundenfeedback ausgelöst werden (Prozessanstoß). Je nach Signifikanz der Neuerung der Plattform (Prozessergebnis) wird diese zum Teil, jedoch nicht immer, an Kunden kommuniziert.

Die Ableitung von Prozessrollen für die Plattform muss vor diesem Hintergrund durchgeführt werden. In Anlehnung an Abbildung 5-9 sind nicht die einzelnen, konkreten Funktionen der Plattform, sondern die Entwicklung bzw. Weiterentwicklung der Plattform als Ganzes als ein Geschäftsprozess zu betrachten.

5.2.2 Subskriptionsspezifische Prozessanforderungen (Beschreibungsmodell)

Die entwickelte Methodik zur Ableitung und Detaillierung von Geschäftsprozessen muss an subskriptionsspezifische Prozessanforderungen angepasst werden. Bestehende Arbeiten weisen hierfür lediglich auf die Notwendigkeit hin, die Rolle des Customer Success Managers einzuführen. Darüber hinaus müssen weitere Prozessanforderungen grundlegend hergeleitet werden (vgl. Kap. 4.1.1). Dafür wird das in Kapitel 5.1 entwickelte Verständnis von Subskription im Maschinen- und Anlagenbau zugrunde gelegt. Die Prozessanforderungen werden in Kapitel 5.2.3 genutzt, um die bisher entwickelte Methodik anzupassen.

Die Rolle des Customer Success Managers (CSM)

CSM und Customer Journey Management wurden bereits in Kapitel 5.1.3 als ein Erfolgsfaktor für Subskriptionsmodelle im Maschinen- und Anlagenbau eingeführt. Das Ziel ist eine kontinuierliche Unterstützung der Kunden bei der Auswertung und Verbesserung ihrer Leistungsfähigkeit. Da in diesem Kapitel lediglich die Geschäftsprozesse betrachtet werden, die sich durch ihren end-to-end-Charakter auszeichnen, sind nur die CSM als Prozessrollen relevant, da diese im direkten Kundenkontakt stehen. Das Customer Journey Management führt im Backoffice unterstützende Prozesse aus und wird in der Gestaltung der unterstützenden Organisationseinheiten in der Aufbauorganisation wieder aufgegriffen (siehe Kap. 5.3.2.2).

Die Rolle des CSM wird bereits von vielen bestehenden wissenschaftlichen Arbeiten vorgeschlagen (vgl. Kap. 5.1.3). Diese unterscheidet sich vom klassischen Key Account Manager, Technischen Vertrieb oder Servicemitarbeiter darin, dass sie eine breitere und proaktivere Funktion einnimmt. Außerdem ist sie insbesondere auf die datenbasierte Analyse des Kundenverhaltens fokussiert, um die Kundenbedürfnisse besser zu verstehen. Vor allem aber pflegt sie einen direkten, kontinuierlichen Kontakt zum Kunden.[509] Dafür hat sich das Prinzip „one-face-to-the-customer" bewährt, nach dem die gesamte Kommunikation zum Kunden von einer Person betreut wird.[510] Somit muss die Rolle CSM am Anfang (Prozessanstoß) und am Ende (Prozessergebnis) jeden Geschäftsprozesses involviert werden, sofern eine Interaktion stattfindet. Gegebenenfalls muss sie auch innerhalb der Geschäftsprozesse eingebunden werden. Für die vorliegende Arbeit ist es jedoch lediglich wichtig, die Rolle CSM identifiziert zu haben, um sie in der Entwicklung der Aufbauorganisation zu berücksichtigen.

Proaktive Auslösung eines Geschäftsprozesses

Durch die datenbasierte Analyse des Kundennutzungsverhaltens eröffnet sich für Anbieter die Möglichkeit, auf deren Bedürfnisse einzugehen, bevor sie diese aktiv kommunizieren (vgl. Kap. 5.1.3). Dies ist besonders für Leistungsangebote der Kategorie „Entlastung" erforderlich (vgl. Abbildung 5-9). Geschäftsprozesse können vom Anbieter eingeleitet werden, um den Kunden einen noch stärkeren Fokus auf ihre Kernaktivitäten zu ermöglichen. So können Anbieter bspw. die Lieferung von Verbrauchsmaterialien und Ersatzteilen initiieren, ohne dass Kunden diese selbst bestellen müssen. Doch auch in den anderen Kategorien von Leistungsangeboten kann eine proaktive Kundenkommunikation zu einer höheren Kundenzufriedenheit und einem höheren Erfolg des Subskriptionsmodells führen. So können Anbieter bspw. auf Basis der Nutzungsdaten Potenziale für die Verbesserung von Hardware, Software und Dienstleistungen ableiten und diese mit dem Kunden besprechen (vgl. Kap. 2.2.3). Auch hat sich gezeigt, dass bereits angebotene Dienstleistungen verstärkt und effektiver von Kunden genutzt werden, wenn Anbieter wiederholt auf deren Einsatzmöglichkeiten aufmerksam machen.[511]

Im Fall einer proaktiven Prozessauslösung wird der CSM nicht mehr im unmittelbaren Prozessanstoß eingebunden. Es ist jedoch denkbar, dass er einen angestoßenen Geschäftsprozess frühzeitig mit dem Kunden bespricht, um eine effektive Bearbeitung sicherzustellen. Am Ende des Geschäftsprozesses kann er wiederum eingebunden werden, um mit dem Kunden das Prozessergebnis zu besprechen.

Definition strategischer Kundenkontaktpunkte

Eine konsequente Kundenorientierung ist das Paradigma von Subskriptionsmodellen (vgl. Abbildung 5-8). Gemäß der in Kapitel 5.1.5 vorgestellten Definition von Subskription im Maschinen- und Anlagenbau muss der generierte Nutzen des Geschäftsmodells auf die Probleme und Wünsche des Kunden ausgerichtet sein. Um dies zu

[509] Vgl. Gelb, B. / Rangarajan, D. et al. (2020) Repeat business, S. 14.
[510] Vgl. Schuh, G. / Hoffart, C. et al. (2016) Kundensysteme, S. 164.
[511] Vgl. Gelb, B. / Rangarajan, D. et al. (2020) Repeat business, S. 16.

erreichen, wird durch die vorliegende Arbeit vorgeschlagen, innerhalb eines Geschäftsprozesses systematische Rücksprachen mit dem Kunden zu halten. Zwar bleibt der Kunde weiterhin als Initiator und Empfänger des Geschäftsprozesses bestehen. Jedoch können weitere Kontaktpunkte zum Kunden, z.B. der Austausch von Zahlen, Daten und Dokumenten, dabei helfen, eine höherwertigere Leistung zu erzielen.[512] Auch können so mögliche Missverständnisse vermieden werden, um eine zielgerichtete Erstellung eines Leistungsangebotes sicherzustellen. So kann es bspw. sinnvoll sein, die 3D-Konstruktion einer Maschinenkomponente zunächst mit dem Kunden zu besprechen, bevor ein Funktionsprototyp gefertigt und getestet wird. Im Sinne des Prinzips „one-face-to-the-customer“ sollten diese Kontaktpunkte auch durch den CSM abgedeckt werden.

Prozessautomatisierung zur Kostensenkung

Wie bereits in Kapitel 5.1.3 beschrieben, kann ein konsequenter Kundenfokus zu einer Vielzahl an Varianten der Ablauforganisation und somit zu hohen Kosten für den Anbieter führen. Um jedoch eine ökonomische Kostenstruktur des Anbieters aufrechtzuerhalten, ist eine hohe Automatisierung der unternehmensinternen Prozesse durch Digitalisierung notwendig.

Die Anforderung nach einer hohen Prozessautomatisierung kann jedoch nicht direkt in der Gestaltung der Geschäftsprozesse umgesetzt werden. Sie ist vielmehr ein kontinuierliches Unterfangen, das hochspezialisierte Kompetenzen erfordert und systematisch gefördert werden muss. Der Bedarf nach einer hohen Prozessautomatisierung hat damit keine direkten Implikationen auf die Gestaltung der Ablauf-, sondern der Aufbauorganisation und wird bei der Herleitung allgemeiner Gestaltungsleitlinien berücksichtigt (siehe Kap. 5.3.1.2).

5.2.3 Anpassung der Ablauforganisation an subskriptionsspezifische Prozessanforderungen (Gestaltungsmodell)

Um den hergeleiteten subskriptionsspezifischen Prozessanforderungen gerecht zu werden, muss die in Kapitel 5.2.1 vorgestellte Methodik zur Ableitung und Detaillierung von Geschäftsprozessen angepasst werden (siehe Abbildung 5-17).

Die Rolle CSM ist eine explizite Empfehlung vieler wissenschaftlicher Arbeiten. Da sie die direkte Kontaktfunktion zum Kunden übernimmt, wird sie gleich an mehreren Stellen des Geschäftsprozesses aktiv. Sie ist am Anfang eines Geschäftsprozesses einzubinden, sofern der Prozessanstoß vom Kunden initiiert wird. Am Ende eines Geschäftsprozesses ist sie einzubinden, um bspw. das Prozessergebnis mit dem Kunden zu besprechen. Dadurch sollen die Ergebnisqualität sichergestellt und der Kundenkontakt gepflegt werden.

---

[512] Vgl. Schifferer, S. / Reitzenstein, B. v. (2018) Organisationsentwicklung, S. 44.

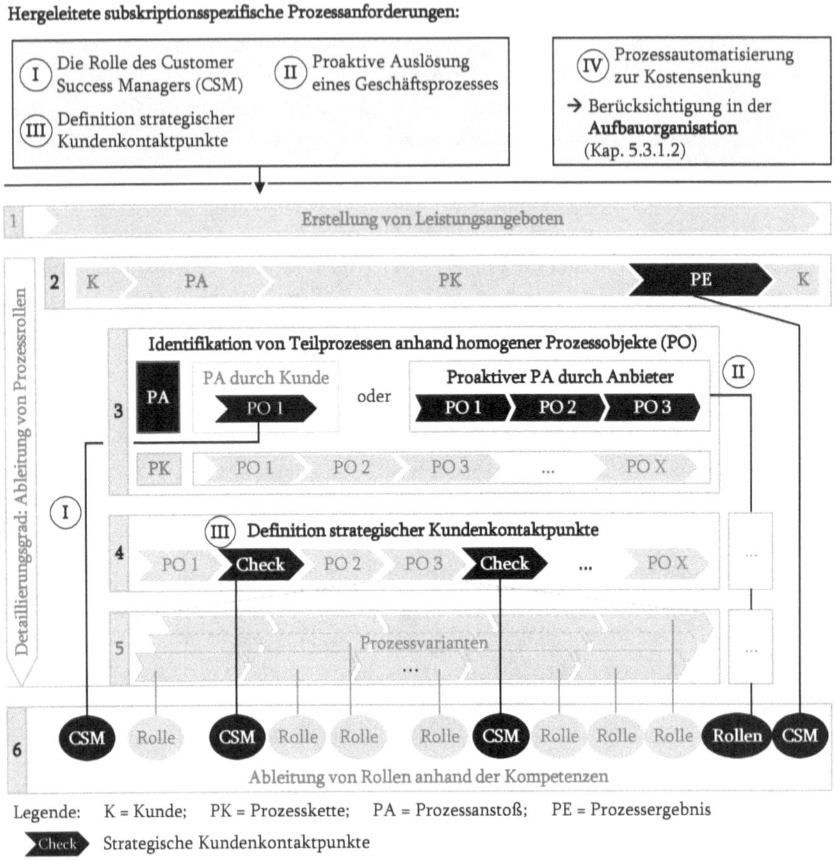

Abbildung 5-17: Anpassung der Methodik an subskriptionsspezifische Prozessanforderungen

Die proaktive Auslösung eines Geschäftsprozesses vergrößert den internen Prozessumfang des Anbieters. Für sie müssen ebenfalls benötigte Rollen ableitet werden, um sie in der Aufbauorganisation zu berücksichtigen. In diesem Fall ist es möglich, dass der CSM nicht im Prozessanstoß eingebunden werden muss. Grundsätzlich müssen Unternehmen für sich selbst definieren, für welche Geschäftsprozesse eine proaktive Auslösung relevant ist.

Zur Identifikation der strategischen Kundenkontaktpunkte (in Abbildung 5-17 als „Check“ bezeichnet“, um den Zweck zu verdeutlichen) wird ein neuer Zwischenschritt zwischen der „Identifikation von Teilprozessen anhand homogener Prozessobjekte“ (Schritt 3) und der „Detaillierung von Teilprozessen anhand der Zwischenprodukte“ (zuvor Schritt 4, nun Schritt 5) eingefügt. Hierbei müssen Unternehmen definieren, an welchen Stellen des Geschäftsprozesses eine Rücksprache mit dem Kunden zu den Zwischenergebnissen sinnvoll ist. Dafür empfiehlt sich die Rolle des CSM.

Die vollständige Methodik zur Ableitung und Detaillierung von Geschäftsprozessen wird in Abbildung 5-18 zusammenfassend dargestellt.

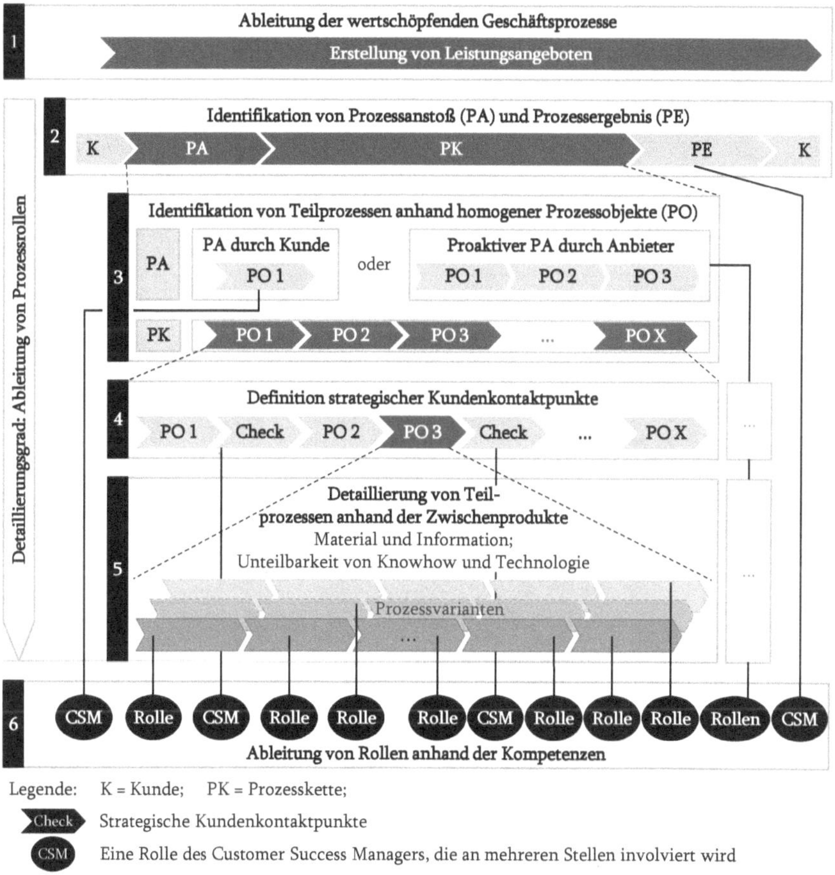

Abbildung 5-18: Vollständige Methodik zur Ableitung und Detaillierung von Geschäftsprozessen in Subskription im Maschinen- und Anlagenbau

5.2.3.1 Exemplarische Anwendung der Methodik

Die Anpassung der Ablauforganisation an die subskriptionsspezifischen Prozessanforderungen soll am fiktiven Beispiel „Wartungsdienstleistung“ aus Abbildung 5-16 vorgenommen werden (siehe Abbildung 5-19). Der Prozessanstoß soll proaktiv ausgelöst werden. Die dafür notwendigen Teilprozesse können bspw. aus „Daten analysieren", „Problemfall antizipieren" und „Problemfall melden" bestehen. Aus einer weiteren Detaillierung dieser Teilprozesse kann sich bspw. der Bedarf nach einer Rolle „Datenanalyst" ergeben. Die Einbindung eines CSM ist hierbei jedoch nicht notwendig. In Schritt 4 werden strategische Kontaktpunkte mit dem Kunden definiert. Diese können durch den CSM durchgeführt werden. Am Ende des Geschäftsprozesses bespricht der CSM das Prozessergebnis mit dem Kunden, um die Ergebnisqualität sicherzustellen. Weitere Rollen können aus den weiteren Teilprozessen und Prozessschritten abgeleitet werden, die hier aus Gründen der Veranschaulichung nicht dargestellt werden.

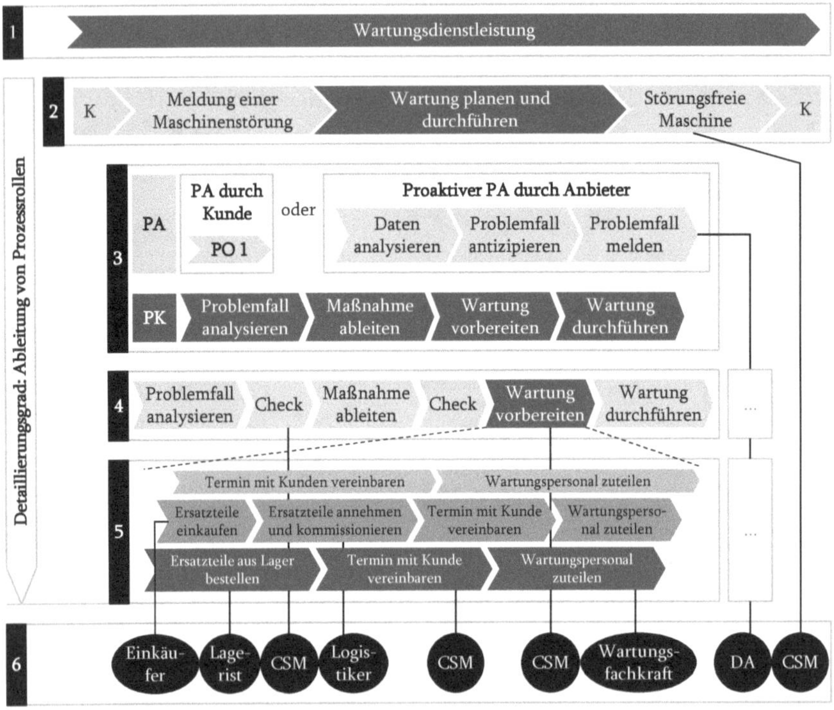

Legende: K = Kunde; PA = Prozessanstoß; PE = Prozessergebnis;
CSM = Customer Success Manager; DA = Datenanalyst

Abbildung 5-19: Anpassung des fiktiven Beispiels „Wartungsdienstleistung" an subskriptionsspezifische Prozessanforderungen

Das Ergebnis der Anwendung der Methodik sind abgeleitete Prozessrollen, die in grundlegende Organisationseinheiten übersetzt und in Form einer Aufbauorganisation integriert werden.

5.3 Gestaltung der Aufbauorganisation

Nachdem die benötigten Rollen der wertschöpfenden Prozesse identifiziert wurden, werden sie in aufbauorganisatorische Einheiten überführt und zu einer Gesamtaufbauorganisation geformt. Der Aufbau dieses Kapitels wird in Anlehnung an Kapitel 4.3.3 in Abbildung 5-20 dargestellt. Das Vorgehen soll die aus der Praxis abgeleiteten Anforderungen an die Bewältigung der Konfliktpotenziale in der Aufbauorganisation erfüllen (vgl. Kap. 4.1):

- v. Abwägung und Nutzung prozess- und funktionsorientierter Vorteile
- vi. Gezielte Definition der Schnittstellen zwischen dem Subskriptions- und dem Transaktionsgeschäft
- vii.b. Differenzierung zwischen der Einführung des Subskriptionsmodells und dem Zustand paralleler Geschäftsmodelle für (v.) und (vi.)

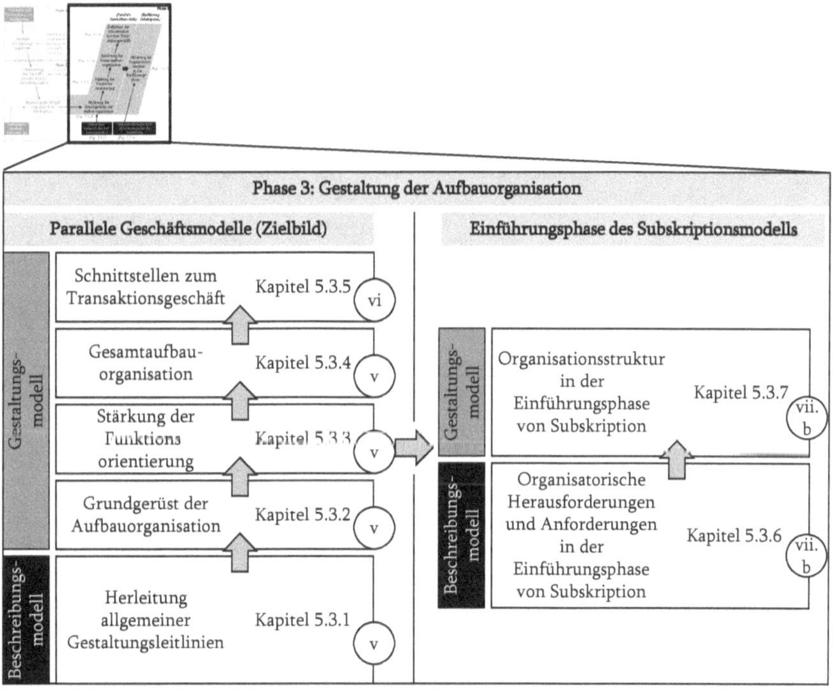

Legende (x) Erfüllung der Anforderungen an die Methodik (vgl. Kap. 4.1)

Abbildung 5-20: Feinkonzeption von Phase 3

5.3.1 Herleitung allgemeiner Gestaltungsleitlinien der Aufbauorganisation (Beschreibungsmodell)

Im ersten Schritt der Gestaltung der Aufbauorganisation werden allgemeine Gestaltungsleitlinien aus den bisherigen Ergebnissen der vorliegenden Arbeit hergeleitet. Diese haben zwar den Anspruch einer allgemeinen, unternehmensunabhängigen Gültigkeit. Es wird jedoch ausdrücklich empfohlen, sie im einzelnen Anwendungsfall zu überprüfen und nach Bedarf anzupassen. Die Leitlinien werden in drei Kategorien unterteilt. „Übergeordnete Leitlinien“ haben einen Einfluss auf alle Bereiche der Aufbauorganisation in Subskription sowie auf die Interaktion mit dem Transaktionsgeschäft. Die „erbringungsorientierten Leitlinien“ sollen die wertschöpfenden Geschäftsprozesse positiv beeinflussen. Die „innovationsorientierten Leitlinien“ fördern die Innovationsfähigkeit der Organisation und ermöglichen die kontinuierliche Verbesserung der Leistungsangebote. Die Leitlinien sowie ihre Auswirkungen auf die Gestaltung der Aufbauorganisation werden im Folgenden vorgestellt.

5.3.1.1 Übergeordnete Leitlinien

Die übergeordneten Leitlinien sind in Abbildung 5-21 dargestellt.

Übergeordnete Leitlinien	Implikation für die Aufbauorganisation
Modulare Strukturen für eine höhere Wandlungsfähigkeit	Jeder Geschäftsprozess bildet eine eigene Einheit (Kap. 5.3.2)
Generierung von Spezialisierungseffekten für eine höhere Ressourceneffizienz	Gezielte Konsolidierung von Rollen (Kap. 5.3.3)
Zielgerichtete Zusammenarbeit mit dem Transaktionsgeschäft	Anwendung von Erkenntnissen aus der ambidextren Organisationsforschung (Kap. 5.3.5)

Abbildung 5-21: Übergeordnete Leitlinien zur Gestaltung der Aufbauorganisation

Modulare Strukturen für eine höhere Wandlungsfähigkeit

Subskriptionsanbieter müssen sich kontinuierlich den Veränderungen des Kundenwunsches anpassen (vgl. Kap. 5.1). Notwendigerweise unterliegen vor allem die Geschäftsprozesse, die einen Kundennutzen generieren, und in der Konsequenz auch die Aufbauorganisation der Notwendigkeit einer kontinuierlichen Anpassungsfähigkeit, um auf die Veränderungen zu reagieren.[513] In diesem Zusammenhang beschreibt der Begriff „Wandlungsfähigkeit“ die Fähigkeit eines Unternehmens, sich aus eigener Kraft anzupassen und weiter zu entwickeln.[514] Eine der Voraussetzungen dafür besteht darin, Kompetenzen und Verantwortungen überschneidungsfrei und stets in Kombination zu vergeben. Dadurch wird insbesondere eine bottom-up getriebene Wandlungsfähigkeit gefördert. Folglich muss den organisatorischen Einheiten eine hohe Autonomie und Entscheidungsfreiheit in ihren Bereichen zugestanden werden.

[513] Vgl. Vanhaverbeke, W. / Torremans, H. (1998) Organizational structure, S. 6.
[514] Vgl. Braun, J. (2003) Grundlagen der Organisationsgestaltung, S. 5 - 6.

Diese müssen im Sinne des Leistungssystems auch mit einer entsprechenden Ergebnisverantwortung einhergehen.[515] Für eine prozessorientierte Aufbauorganisation bedeutet dies, dass die Geschäftsprozesse zur Erbringung der Leistungsangebote als eigenständige organisatorische Einheiten (z.B. Abteilungen) zu organisieren sind, die einen hohen Grad an Entscheidungsfreiheit besitzen (siehe Kap. 5.3.2).

Generierung von Spezialisierungseffekten für eine höhere Ressourceneffizienz

Eine reine prozessorientierte Aufbauorganisation ist nicht zielführend, da sie wichtige Effizienzpotenziale und Spezialisierungseffekte vernachlässigt, die sich in Form von verbesserter Auslastung der Ressourcen, höherer Skaleneffekte, Lerneffekten und einheitlichen Arbeitsweisen zeigen können (vgl. Kap. 2.4). Um diese zu realisieren, muss ausgehend von der reinen Prozessorientierung bewertet werden, welche Prozessrollen anhand ihrer Qualifikationen gebündelt werden sollen (vgl. grundlegende Hypothesen der vorliegenden Arbeit, Kap. 4.2). Dies wird innerhalb der vorliegenden Arbeit mit der schrittweisen Konsolidierung von Rollen zur Steigerung der organisatorischen Effizienz und Effektivität berücksichtigt (siehe Kap. 5.3.3).

Zielgerichtete Zusammenarbeit mit dem Transaktionsgeschäft

Es wird allgemein erwartet, dass Subskription mittelfristig nicht das traditionelle Transaktionsgeschäft ersetzen kann, sondern parallel angeboten wird (vgl. Kap. 2.2.2). Der parallele Betrieb zweier unterschiedlicher Geschäftsmodelle stellt Unternehmen vor viele Herausforderungen. Dabei wird in der Geschäftsmodellforschung primär befürchtet, dass Synergiepotenziale vernachlässigt und Konflikte gefördert werden.[516] Unter anderem entsteht im Vertrieb das Risiko einer gegenseitigen Kannibalisierung, wenn das Subskriptions- und Transaktionsgeschäft um dieselben Kunden werben.[517] Daher ist eine strukturierte und zielgerichtete Zusammenarbeit beider Geschäftsmodelle von essenzieller Bedeutung. Diese Leitlinie ist Gegenstand des fünften Schrittes der Methodik zur Gestaltung der Aufbauorganisation. Dabei wird auf Erkenntnisse der ambidextren Organisationsforschung zurückgegriffen (siehe Kap. 5.3.5).

5.3.1.2 Erbringungsorientierte Leitlinien

Die erbringungsorientierten Leitlinien sind in Abbildung 5-22 dargestellt.

Prozessorientierte Erbringung der Leistungen

Die Vorteile einer prozessorientierten Leistungserbringung haben sich als fester Bestandteil der Geschäftsprozess- und Organisationsforschung mit dem Verweis auf die resultierende Prozesseffizienz und Kundenorientierung etabliert (vgl. Kap. 2.4). Dadurch werden Schnittstellen und damit einhergehend die Koordinationsaufwände reduziert. In diesem Zusammenhang muss ein sogenannter „Process Owner" ernannt

[515] Vgl. Braun, J. (2003) Grundlagen der Organisationsgestaltung, S. 59 - 62.
[516] Vgl. Markides, C. (2013) Business model innovation, S. 314.
[517] Vgl. Markides, C. (2013) Business model innovation, S. 314; Velu, C. / Stiles, P. (2013) Parallel business models, S. 444; Kindström, D. / Kowalkowski, C. (2015) Service-driven business model innovation, S. 207.

werden, der die Effektivität und Effizienz des Prozesses von der Kundenanforderung bis hin zu deren Erfüllung verantwortet. Dabei koordiniert er das Prozessteam und operiert mit weitgehenden Kompetenzen (vgl. Kap. 2.4.2). Für die vorliegende Arbeit liegt es nahe, dass die Leiter der zuvor definierten Organisationseinheiten, die jeweils ein Leistungsangebot erbringen, die Rollen der Process Owner einnehmen. Sie haben damit sowohl die fachliche als auch die disziplinarische Führung aller Prozessmitarbeiter.

Erbringungsorientierte Leitlinien	Implikation für die Aufbauorganisation
Prozessorientierte Erbringung der Leistungen	Geschäftsprozessverantwortlicher entspricht Process Owner
Customer Journey Management zur Sicherstellung der Wirksamkeit der Leistungsangebote	Funktionale organisatorische Einheit „Customer Journey Management“
Systematische Automatisierung der Leistungserbringung	Funktionale organisatorische Einheit „Prozessautomatisierung“

Abbildung 5-22: Erbringungsorientierte Leitlinien zur Gestaltung der Aufbauorganisation

Customer Journey Management zur Sicherstellung der Wirksamkeit der Leistungsangebote

In der Entwicklung des grundlegenden Verständnisses von Subskription im Maschinen- und Anlagenbau wurde bereits das Customer Journey Management, d.h. die systematische Unterstützung der Kunden zur kontinuierlichen Erhöhung ihrer Produktivität, als ein Erfolgsfaktor identifiziert (vgl. Kap. 5.1.3). Das Customer Journey Management ist erforderlich, um die in der Ablauforganisation definierten Prozessrollen Customer Success Manager zu unterstützen. Außerdem stellt es die Erreichung der Kundennutzen sicher und koordiniert die internen Aufgaben zur kontinuierlichen Weiterentwicklung der Leistungsangebote hinsichtlich einer einfachen (easy-to-use), automatisierten und verlässlichen Nutzung. Ebenso ist es für die Entwicklung neuer Leistungsangebote zuständig. Daher soll das Customer Journey Management in der Aufbauorganisation als eigenständige Zentralfunktion abgebildet werden.

Systematische Automatisierung der Leistungserbringung

Die Gestaltung der Ablauforganisation hat bereits die subskriptionsspezifische Prozessanforderung „Automatisierung“ identifiziert (vgl. Kap. 5.2.3). Der konsequente Kundenfokus in Subskriptionsmodellen birgt die Gefahr, mit der Zeit eine große Anzahl individualisierter Prozesse zur Leistungserstellung zu akkumulieren. Eine manuelle Durchführung ist nur mit hohem Aufwand und damit hohen Kosten möglich. Durch eine Automatisierung der Prozesse können die Leistungen kostengünstig bereitgestellt werden (vgl. Kap. 5.1.3). Die Prozessautomatisierung konzentriert sich auf unternehmensinterne Prozesse und ist vom Leistungsangebot „Plattform“ zu trennen, bei der Kunden die Möglichkeit haben, die Ausführung mancher Prozesse selbst zu übernehmen, z.B. die Überwachung des Maschinenzustandes (vgl. Abbildung 5-9). Mögliche Synergiepotenziale dieser beiden werden in Kapitel 5.3.3 untersucht.

5.3.1.3 Innovationsorientierte Leitlinien

Die erbringungsorientierten Leitlinien sind in Abbildung 5-23 dargestellt.

Innovationsorientierte Leitlinien	Implikation für die Aufbauorganisation
Datenbasiertes Lernen als Befähiger einer kundenzentrierten Innovation	Funktionale organisatorische Einheit „Data Analytics“
Kontinuierliche Entwicklung und Kommerzialisierung von Innovationen	Funktionale organisatorische Einheit „Innovation Scouting“

Abbildung 5-23: Innovationsorientierte Leitlinien zur Gestaltung der Aufbauorganisation

Datenbasiertes Lernen als Befähiger einer kundenzentrierten Innovation

Daten spielen für die Wertschöpfung in den Geschäftsmodellen des Maschinen- und Anlagenbaus eine zentrale Rolle. Die Herausforderung besteht darin, die Masse an Daten wirtschaftlich zu nutzen und daraus Informationen zu generieren.[518] In Subskription müssen Anbieter kontinuierlich das Kundennutzungsverhalten analysieren und das datenbasierte Wissen in neue Innovationen überführen (vgl. Kap. 5.1.3). Dabei muss die Wirksamkeit der bestehenden Leistungsangebote sowie zukünftiger Opportunitäten quantitativ bewertet werden. Folglich stellen die Daten eine kontinuierliche Basis zur Entscheidungsfindung bei Innovationsprojekten, aber auch im operativen Betrieb dar. Die dafür notwendigen Daten müssen durch entsprechende Rollen im Unternehmen bereitgestellt werden. Die Durchführung dieser Aufgaben erfordert eine hohe fachliche Spezialisierung, die bspw. in Form einer funktionalen Organisationseinheit „Data Analytics“ abgebildet werden kann.[519]

Kontinuierliche Entwicklung und Kommerzialisierung von Innovationen

Wie bereits in Kapitel 5.1.6 dargestellt, müssen Subskriptionsanbieter Innovationsprozesse etablieren, um kontinuierlich neue Opportunitäten zu identifizieren und diese in konkrete Leistungsangebote zu überführen. Dies umfasst auch die Bewertung und Detaillierung erster Innovationsideen.[520] Hierfür ist u.a. eine prozessuale Verankerung der Wahrnehmung von Opportunitäten in den Bereichen der Kundenbedürfnisse, Technologien, Wissenschaft, Wettbewerber, Zulieferer und der internen Forschung notwendig. Damit wird eine Grundlage zur Wahrnehmung, Filterung und Gestaltung der Opportunitäten geschaffen.[521] Vor diesem Hintergrund wird in der vorliegenden Arbeit vorgeschlagen, eine entsprechende Zentralfunktion „Innovation Scouting“ einzusetzen. Darüber hinaus müssen für die Entwicklung erster Innovationsideen zu

---

[518] Vgl. Bauernhansl, T. / Paulus-Rohmer, D. et al. (2015) Geschäftsmodell-Innovation, S. 49.
[519] Vgl. Kampker, A. / Stich, V. (2019) Service-Innovation, S. 7.
[520] Vgl. Schuh, G. / Kampker, A. et al. (2011) Prozessmanagement, S. 337.
[521] Vgl. Teece, D. J. (2007) Explicating dynamic capabilities, S. 1323 - 1324.

konkreten Leistungsangeboten meist mehrere Organisationseinheiten zusammenarbeiten. Aufgrund der Interdisziplinarität wird daher typischerweise eine zentrale, koordinierende Querschnittsfunktion genutzt.[522] Durch ihre Kundennähe kann die zuvor definierte Einheit „Customer Journey Management“ diese Funktion einnehmen.

5.3.2 Ableitung des Grundgerüstes der Aufbauorganisation (Gestaltungsmodell)

Auf Basis der Gestaltungsleitlinien und der grundlegenden Hypothesen aus Kapitel 4.2 kann ein Grundgerüst der Aufbauorganisation entwickelt werden. Das Grundgerüst enthält sowohl rein prozessorientierte dezentrale Organisationseinheiten, die die Geschäftsprozesse abbilden, als auch rein funktionsorientierte zentrale Organisationseinheiten, die die unterstützenden Prozesse abbilden. Damit entspricht das Grundgerüst zunächst einer „Prozessorganisation mit funktionalen Zentralfunktionen“ (vgl. Abbildung 2-21 und Abbildung 4-2).

5.3.2.1 Rein prozessorientierte dezentrale Organisationseinheiten

Entsprechend der ersten übergeordneten Leitlinie wird die Durchführung der Geschäftsprozesse jeweils in Form einer eigenständigen, dezentralen Einheit aufbauorganisatorisch abgebildet.[523] Diese besitzen eine hohe Autonomie in Kombination mit einer entsprechenden Ergebnisverantwortung. Durch diese modulare Struktur der Aufbauorganisation soll die Wandlungsfähigkeit der Prozesse in der Leistungserbringung mit dem Ziel einer hohen Kundenorientierung gestärkt werden. Jeder Geschäftsprozessverantwortliche, d.h. der Leiter einer dezentralen Einheit, übernimmt dabei die Rolle des Process Owners, der das Prozessteam und die Ressourcen koordiniert und die Verantwortung für die Effektivität und Effizienz der Prozesse übernimmt.[524] Ferner sind in diesem Schritt die Rollen festzuhalten, die durch die Entwicklung der Ablauforganisation identifiziert wurden (vgl. Kap. 5.2.1 und Kap. 5.2.3). Diese werden im nächsten Schritt der Methodik auf ihr Potenzial zur Spezialisierung und Ressourceneffizienz durch eine Konsolidierung untersucht.

Eine Besonderheit bildet der Prozess zur Erbringung des Leistungsangebotes „Plattform“ (vgl. Abbildung 5-9). Obwohl diese in der Praxis häufig als eine zentrale Unterstützungsfunktionen organisiert wird,[525] betrachtet die vorliegende Arbeit den Prozess zur kontinuierlichen Weiterentwicklung der Plattform in Anlehnung an Kapitel 5.2.1.5 als einen Geschäftsprozess. Daher wird „Plattform“ ebenfalls als eigenständige, dezentrale, direkt wertschöpfende Organisationseinheit gebildet.

[522] Vgl. Schuh, G. / Kampker, A. et al. (2011) Prozessmanagement, S. 337; Picot, A. / Dietl, H. / Franck, E. (2020) Organisation, S. 296.

[523] Übergeordnete Leitlinie „Modulare Strukturen für eine höhere Wandlungsfähigkeit“

[524] Erbringungsorientierte Leitlinie „Prozessorientierte Erbringung der Leistungen“

[525] Vgl. Plattform Industrie 4.0 (2019) Digital business models, S. 28 - 29.

5.3.2.2 Rein funktionsorientierte zentrale Organisationseinheiten

Unterstützende Prozesse zeichnen sich durch den fehlenden direkten Kundenbezug aus und haben unternehmensinterne Stellen als Prozessauslöser sowie Leistungsempfänger (vgl. Kap. 2.4.1.1). In ihrer Gestaltung sind vor allem eine hohe Spezialisierung und eine hohe Kosteneffizienz der Stellen anzustreben (vgl. Abbildung 2-15), weshalb die unterstützenden Prozesse funktionsorientiert und zentral gestaltet werden. Dafür bieten die Arbeiten von LAH UND WOOD sowie TZUO UND WEISERT wertvolle Vorschläge (vgl. Kap. 3.2). Weitere Funktionen wurden durch die erbringungs- und innovationsorientierten Leitlinien identifiziert: „Customer Journey Management“,[526] „Prozessautomatisierung“,[527] „Data Analytics“,[528] und „Innovation Scouting“.[529]

Die Unterstützungsprozesse können nach dem gleichen Vorgehen wie bei der Detaillierung der Geschäftsprozesse zur Ablauforganisation ausgearbeitet werden (vgl. Kap. 5.2). Dabei können relevante Rollenprofile identifiziert werden, aus denen später Stellen gebildet werden. Für die vorliegende Arbeit wird aufgrund der Zielstellung, d.h. der Gestaltung einer Aufbauorganisation, ein höheres Abstraktionsniveau empfohlen, um eine praxisgerechte Anwendung sicherzustellen. Die Stellenbildung ist unternehmensindividuell und wird ohnehin nicht betrachtet. Aufgrund der funktionalen Orientierung der unterstützenden Einheiten kann für die darin enthaltenen Rollen eine hohe Ähnlichkeit der Kompetenzanforderungen erwartet werden. Daher werden die unterstützenden Einheiten als geschlossene Funktionen betrachtet, ohne einzelne Rollen herauszuarbeiten.

Bei der Definition der Unterstützungsfunktionen ist es wichtig, dass diese nicht direkt an den wertschöpfenden Prozessen beteiligt sind, d.h. die Unterstützungsfunktionen dürfen in ihren Rollen nicht den identifizierten Rollen der Ablauforganisation gleichen. Bei einer Überschneidung soll die Unterstützungsfunktion vorerst nicht als Zentraldefinition definiert werden. Sie wird sich in späteren Schritten der Methodik herauskristallisieren. Dies reduziert in Schritt 4 der Methodik zur Gestaltung der Gesamtaufbauorganisation den Aufwand in der Erstellung und Auswertung der Konsolidierungsmatrix (siehe Kap. 5.3.4).[530]

Das somit entwickelte Grundgerüst ist in Abbildung 5-24 schematisch dargestellt.

---

[526] Erbringungsorientierte Leitlinie „Customer Journey Management zur Sicherstellung der Wirksamkeit der Leistungsangebote“

[527] Erbringungsorientierte Leitlinie „Systematische Automatisierung der Leistungserbringung“

[528] Innovationsorientierte Leitlinie „Datenbasiertes Lernen als Befähiger einer kundenzentrierten Innovation“

[529] Innovationsorientierte Leitlinie „Kontinuierliche Entwicklung und Kommerzialisierung von Innovationen“

[530] Als Beispiel kann die Funktion „Einkauf“ genannt werden, der in vielen Unternehmen eine klassische, unterstützende Zentralfunktion darstellt. Sofern in einem Geschäftsprozess (z.B. „Bereitstellung von Verbrauchsmaterialien“) bereits die Rolle „Einkäufer“ identifiziert wurde, soll in diesem Schritt der „Einkauf“ nicht von vornherein als Zentralfunktion definiert werden.

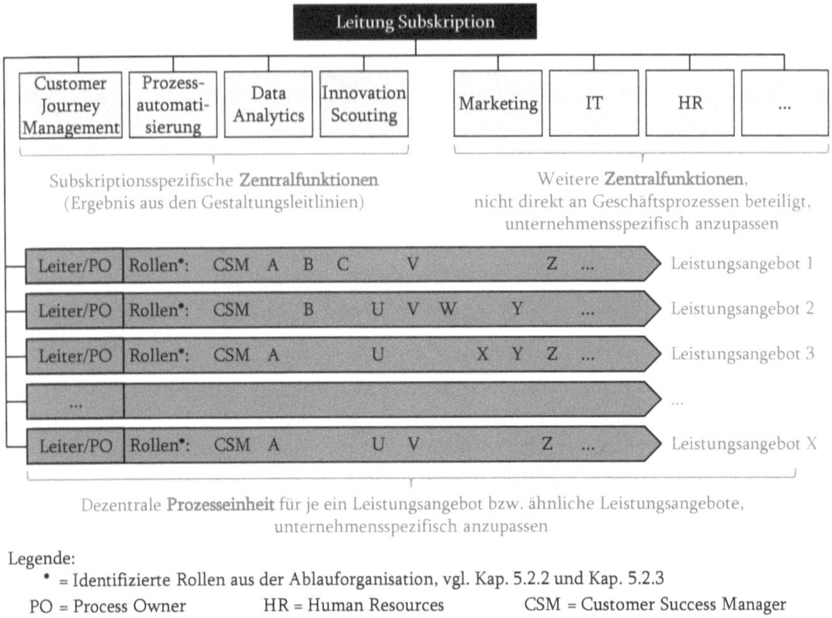

Abbildung 5-24: Grundgerüst der Aufbauorganisation in Subskription (schematische Darstellung)

Je nach Unternehmen können die dezentralen und zentralen Organisationseinheiten angepasst werden. So wird der Vertrieb häufig als Geschäftsprozess betrachtet, kann aber auch als zentrale Einheit organisiert werden.[531]

5.3.2.3 Zusammenführung von dezentralen Prozesseinheiten

Bereits an dieser Stelle kann untersucht werden, inwiefern einzelne dezentrale Prozesseinheiten zusammengeführt werden können, um die organisatorische Komplexität zu reduzieren. Dazu werden die in Kapitel 5.2 abgeleiteten Prozessschritte und Rollen verschiedener Geschäftsprozesse miteinander verglichen. Liegt eine starke Überdeckung vor, so deutet dies auf eine hohe Ähnlichkeit in der Erbringung zweier Leistungsangebote hin. Somit liegt es nahe, dass diese Leistungsangebote durch dieselbe Organisationseinheit erbracht werden können. Diese Bewertung unterliegt jedoch einem individuellen Ermessensspielraum. Abbildung 5-25 zeigt beispielhaft den Vergleich zwischen den Leistungsangeboten „Wartung durchführen“ und „Instandsetzung durchführen“.

[531] Vgl. Bach, N. / Brehm, C. et al. (2017) Organisation, S. 290; Schmelzer, H. / Sesselmann, W. (2020) Geschäftsprozessmanagement, S. 224.

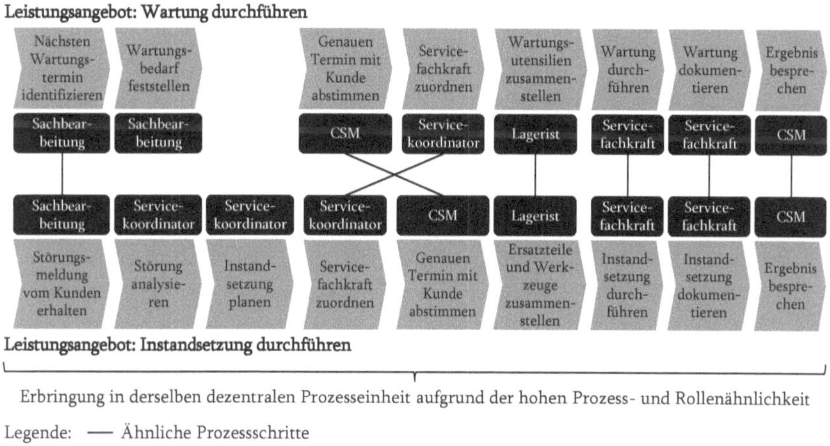

Abbildung 5-25: Beispielhafte Zusammenführung von Prozesseinheiten - „Wartung durchführen" und „Instandsetzung durchführen"

Beide Leistungsangebote weisen sehr ähnliche Prozessschritte auf, haben jedoch eine leicht variierende Reihenfolge und unterschiedliche Prozessobjekte (Wartungswerkzeuge bzw. Ersatzteile). Es empfiehlt sich dennoch aufgrund der hohen Prozess- und Rollenähnlichkeit, beide Leistungsangebote in einer Organisationseinheit zu erbringen. In diesem Fall können die leicht variierenden Geschäftsprozesse als Prozessvarianten betrachtet werden. Dadurch wird die organisatorische Gesamtkomplexität bereits zu einem frühen Zeitpunkt reduziert. Außerdem wird dadurch das Potenzial für eine höhere Ressourceneffizienz geschaffen, da Kompetenzen in der späteren Stellenbesetzung leichter gebündelt werden können.

5.3.3 Stärkung der Funktionsorientierung der Aufbauorganisation (Gestaltungsmodell)

Im Grundgerüst sind die dezentralen Prozesseinheiten rein prozessorientiert gestaltet. Im folgenden Schritt gilt es nun, die Potenziale der Spezialisierung und der Ressourceneffizienz zu untersuchen. Dies soll durch eine gezielte Bündelung der identifizierten Rollen erreicht werden. Dafür muss auch die Frage geklärt werden, in welchem Grad diese Rollen prozessorientiert bzw. funktionsorientiert geführt werden sollen. Im Hinblick auf die Kompetenzen möglicher Leitungsstellen wird zwischen der disziplinarischen und der fachlichen Führung unterschieden.[532] Diese werden im Folgenden zunächst vorgestellt (Kap. 5.3.3.1) und daran anknüpfend die Implikationen für

[532] Vgl. Bühner, R. (2009) Betriebswirtschaftliche Organisationslehre, S. 65; Schulte-Zurhausen, M. (2014) Organisation, S. 173.

die vorliegende Arbeit erörtert (Kap. 5.3.3.2). Dabei wird aus Gründen einer sprachlichen Verständlichkeit zunächst von Mitarbeitern statt von Rollen gesprochen, obwohl methodisch bisher noch keine Stellen gebildet wurden, denen Mitarbeiter zugeteilt werden können. Die inhaltliche Logik ist dennoch uneingeschränkt auf die Rollen übertragbar. Die eigentliche Methodik wird in Kapitel 5.3.3.3 mit der Bestimmung der Führungsart für einzelne Rollen der Ablauforganisation fortgesetzt.

5.3.3.1 Aufgaben der disziplinarischen und fachlichen (operativen) Führung

Abbildung 5-26 zeigt einige Beispiele für die Befugnisse beider Führungsarten. Die disziplinarische Führung umfasst alle Befugnisse im Hinblick auf die Umgangs- und Verhaltensnormen sowie die Mitarbeiterentwicklung und -steuerung. Sie hat das personalpolitische Recht, gegenüber den Mitarbeitern Maßnahmen zu ergreifen, um ihr Handeln oder Verhalten zu loben bzw. zu tadeln. Dies schließt insbesondere die Beförderung bzw. Entlassung von Mitarbeitern mit ein. Die fachliche Führung hingegen hat das Recht, die zur Aufgabendurchführung notwendigen Handlungsanweisungen zu treffen. Dies schließt alle Fragestellungen von den zu erledigenden Aufgaben über die einzusetzenden Ressourcen bis hin zum Ort und Zeitpunkt der Verrichtung mit ein.[533]

Disziplinarische Führung	Operative (fachliche) Führung
Langfristige Mitarbeitersteuerung: ▪ Beförderungen und Entlassungen ▪ Aus- und Weiterbildungsmaßnahmen ▪ Mitarbeiterbeurteilung und Gehaltsfindung ▪ Einstellung neuer Mitarbeiter ▪ ... **Kurzfristige Mitarbeitersteuerung:** ▪ Anwesenheits- und Pünktlichkeitskontrolle ▪ Regelung von Abwesenheits- und Urlaubszeiten ▪ Regelungen im Rahmen der flexiblen Arbeitszeit ▪ Innerbetriebliche Bewilligungsverfahren (z.B. Dienstreisen) ▪ ...	**Entscheidungen über:** ▪ Mitarbeiter und Aufgaben (wer soll was tun) ▪ Verfahren ▪ Sachmitteleinsatz (Art, Umfang) ▪ Informationen (was ist zu berücksichtigen) ▪ Zeit (bis wann, wie lange) ▪ Ort (wo, wohin, woher) ▪ Menge (wieviel, wie oft) ▪ ...

Abbildung 5-26: Befugnisse disziplinarischer und operativer (fachlicher) Führung (Beispiele) [534]

Besonders in zentralen, spezialisierten Unternehmensfunktionen ist der Begriff der „fachlichen Führung“ in der Praxis oft irreführend. Der Konflikt kann am Beispiel eines Mitarbeiters der Rechtsabteilung verdeutlicht werden, der temporär (z.B. für mehrere Wochen) in technischen Projekten unterstützt. Die Entscheidung über seine

[533] Vgl. Bühner, R. (2009) Betriebswirtschaftliche Organisationslehre, S. 65; Schulte-Zurhausen, M. (2014) Organisation, S. 174.

[534] I.A.a. Kugeler, M. / Vieting, M. (2012) Prozessorientierte Aufbauorganisation, S. 234; Schulte-Zurhausen, M. (2014) Organisation, S. 174.

Beförderung obliegt den disziplinarischen Befugnissen des Leiters der Rechtsabteilung, der seine Fachkenntnisse beurteilt. Der Projektverantwortliche, z.B. der Vertriebsleiter bei Vertriebsprojekten, entscheidet durch die fachlichen Befugnisse lediglich über die Durchführung der Projektaufgaben im operativen Tagesgeschäft. Der Begriff „fachliche Führung" erweckt jedoch den irreführenden Eindruck, dass der Projektverantwortliche den Mitarbeiter in Rechtsfragen anleiten könne.

Um diese Missverständnisse zu vermeiden, wird in der vorliegenden Arbeit von der „operativen" statt der „fachlichen" Führung gesprochen.

5.3.3.2 Implikation der Führungsarten für die Aufbauorganisation

Die beiden unterschiedlichen Führungsarten spannen zusammen mit den beiden Möglichkeiten einer zentralen oder dezentralen Organisation der Führung eine 2x2-Matrix auf (siehe Abbildung 5-27). Dabei sind vor allem die drei Quadranten „dezentrale Prozesseinheit", „Zentralfunktion" und „Kompetenzgruppe" für die Aufbauorganisation relevant.

Mitarbeiter einer *Zentralfunktion* sind aufgrund der Bündelung ähnlicher Aufgaben hochspezialisiert und erreichen eine hohe Effizienz in ihren fachspezifischen Aktivitäten. Im Grundgerüst der Aufbauorganisation bilden Customer Journey Management, Prozessautomatisierung, Data Analytics, Innovation Scouting, Marketing, IT und HR jeweils eine Zentralfunktion (vgl. Abbildung 5-24). Der Leiter einer Zentralfunktion verfügt sowohl über disziplinarische als auch operative Führungsbefugnisse. In diesem Fall wird von einer „dualen" bzw. „differenzierten" Führung gesprochen.[535] Durch ihre unterstützende Funktion in der Leistungserstellung sind stets Schnittstellen zwischen den Zentralfunktionen und den dezentralen Prozesseinheiten notwendig, die zu Ineffizienzen im Gesamtprozess führen (vgl. Kap. 2.4.2). Diese Nachteile können nur durch eine hohe Notwendigkeit zur rollenspezifischen Spezialisierung rechtfertigt werden.

Dezentrale Prozesseinheiten erbringen ein oder mehrere definierte Leistungsangebote (vgl. Kap. 5.3.2). Der Leiter einer Prozesseinheit ist gemäß den hergeleiteten Gestaltungsleitlinien gleichzeitig der Process Owner und verfügt ebenfalls sowohl über disziplinarische als auch operative Führungsbefugnisse. Im Gegensatz zu den Zentralfunktionen sind die Mitarbeiter mit hoher Wahrscheinlichkeit weniger spezialisiert, da sie mehrere Prozessrollen bzw. Kompetenzen gleichzeitig abdecken müssen. Dies führt zwar zu einer hohen Effizienz des Gesamtprozesses sowie zu einer hohen Kundenorientierung, da die Schnittstellen innerhalb des Prozesses minimiert werden und die Implikationen jeder Aktivität auf den Kunden leichter erkennbar sind. Jedoch können die Effizienz und die Qualität einzelner Aktivitäten darunter leiden (vgl. Kap. 2.4.2).[536] Gleichzeitig sinkt die Ressourceneffizienz, wenn bestimmte Kompeten-

[535] Vgl. Schulte-Zurhausen, M. (2014) Organisation, S. 174.

[536] Vgl. Picot, A. / Dietl, H. / Franck, E. (2020) Organisation, S. 295.

zen in mehreren Prozesseinheiten vorgehalten, aber nicht durchgehend benötigt werden. In diesem Fall würden ggf. kostenintensive Kompetenzträger Aufgaben übernehmen, die auch kostengünstigeres Personal abdecken könnte.

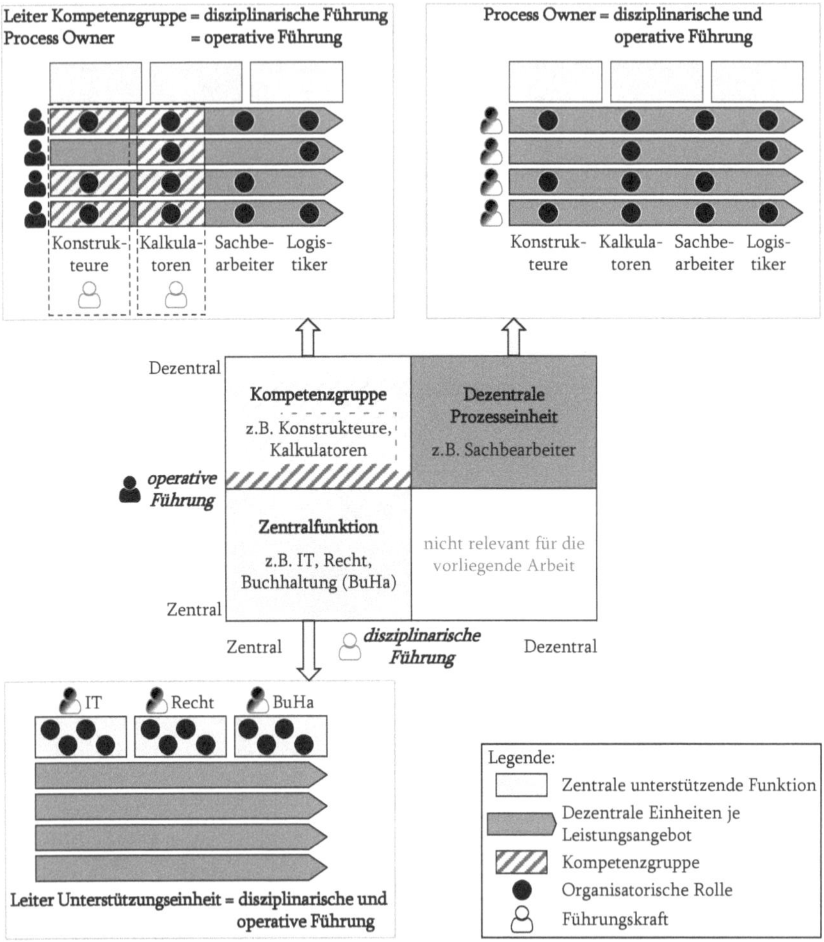

Abbildung 5-27: Bestimmung der Führungsart der direkt wertschöpfenden Prozessrollen

Kompetenzgruppen können die Nachteile der geringen Ressourceneffizienz und der fehlenden Spezialisierung von dezentralen Prozesseinheiten ausgleichen und gleichzeitig die prozessorientierten Vorteile zum Teil erhalten. Dabei arbeiten die Mitarbeiter einer Kompetenzgruppe operativ in dezentralen Prozesseinheiten und unterstehen somit der operativen Führung des Process Owners (siehe auch das Beispiel des Mitarbeiters der Rechtsabteilung in Kap. 5.3.3.1). So können die Vorteile der Prozessorientierung, z.B. eine Minimierung der Schnittstellen, weitgehend beibehalten werden. Disziplinarisch unterstehen sie jedoch dem jeweiligen Leiter der Kompetenzgruppe. Dieser fördert systematisch die Weiterentwicklung ihrer Fachkompetenzen, wodurch eine hohe Spezialisierung erreicht werden kann. Er kann ebenfalls darüber entscheiden, welcher Mitarbeiter temporär in welcher dezentralen Prozesseinheit arbeitet, um dadurch eventuelle Ausfälle (z.B. durch Krankheit) prozessübergreifend auszugleichen. Auch können prozessübergreifend Standards definiert werden, die letztlich ebenfalls zu einer höheren Effizienz der Geschäftsprozesse beitragen.

Der vierte Quadrant mit einer dezentralen disziplinarischen und zentralen operativen Führung ist keine typische Ausprägung einer Primärorganisation (d.h. der Aufbauorganisation). Es ist jedoch denkbar, dass diese Führungsform in der Sekundärorganisation[537] abgebildet wird. Da die Sekundärorganisation außerhalb des Betrachtungsbereiches der vorliegenden Arbeit liegt, wird der vierte Quadrant im Folgenden nicht berücksichtigt.

5.3.3.3 Bestimmung der Führungsarten für die Prozessrollen

Die Führungsarten und ihre Implikationen für die Aufbauorganisation wurden aus Gründen der sprachlichen Verständlichkeit aus Sicht von Mitarbeitern erörtert, obwohl methodisch bisher noch keine Stellen gebildet wurden, denen Mitarbeiter zugeteilt werden können. Die inhaltliche Logik ist dennoch auf die Rollen übertragbar, die in der Entwicklung der Ablauforganisation identifiziert wurden. Es gilt im nächsten Schritt der Methodik, diese Rollen jeweils in die 2x2-Matrix der Führungsarten zu verorten. Dafür werden Kriterien definiert, mit denen der Zentralisierungsgrad einzelner Rollen in der disziplinarischen und operativen Führung bewertet werden kann. Diese hängen maßgeblich von den Einflussmöglichkeiten der beiden Führungsarten ab. Die vorangegangenen Erläuterungen der Kompetenzgruppen dienen als Basis für die Herleitung der Kriterien, da insbesondere in den Kompetenzgruppen die Vorteile beider Führungsarten differenziert sind.

Es sei an dieser Stelle betont, dass dieser Teil der Methodik sich lediglich auf die dezentralen Prozesseinheiten gemäß Abbildung 5-24 bezieht. Diese sind bisher rein prozessorientiert gestaltet. Unterstützungsfunktionen sind per Definition zentralisiert. Für sie ist eine geringe Prozessorientierung akzeptiert.[538]

---

[537] Als Sekundärorganisation werden Koordinationsformen bezeichnet, bei denen Beteiligte aus unterschiedlichen Organisationseinheiten und Verantwortungsbereichen zwecks besserer Arbeitsteilung und Absprache übergreifende Themen bearbeiten, z.B. Qualitätszirkel, Arbeitsgruppe oder Steuerungsgruppe. Vgl. Marek, D. (2020) Organisationsdesign, S. 104.

[538] Vgl. Kugeler, M. / Vieting, M. (2012) Prozessorientierte Aufbauorganisation, S. 265.

Bestimmung des Zentralisierungsgrades der disziplinarischen Führung

Anhand der Erläuterungen zu den Kompetenzgruppen können für die Bestimmung des Zentralisierungsgrades in der disziplinarischen Führung drei Kriterien definiert werden (siehe Abbildung 5-28).

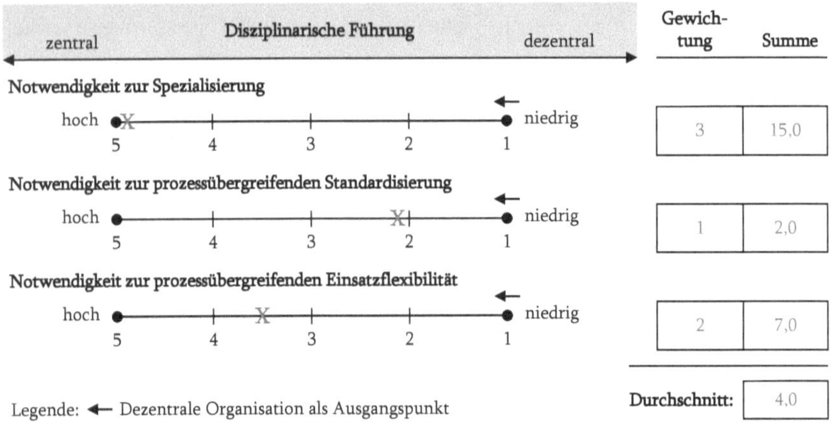

Abbildung 5-28: Verortungskriterien für die disziplinarische Führung am Beispiel der Rolle eines Juristen

Zum einen muss die *Notwendigkeit zur Spezialisierung* einer Rolle beurteilt werden. Diese kann bspw. dann besonders hoch sein, wenn die durchzuführenden Aufgaben eine hohe Komplexität besitzen;[539] wenn die Aufgaben besondere Fähigkeiten erfordern, deren Reife maßgeblich über die Qualität des Ergebnisses entscheidet;[540] oder wenn Fehler zu gravierenden Konsequenzen führen können.[541] In diesen Fällen ist eine zentrale disziplinarische Führung anzustreben. Ein weiteres wichtiges Kriterium für den Zentralisierungsgrad ist die *Notwendigkeit zur prozessübergreifenden Standardisierung.* Diese kann bspw. dann besonders hoch sein, wenn Arbeitsergebnisse vergleichbar sein müssen;[542] wenn Arbeitsergebnisse einen bestimmten Qualitätsstandard erreichen müssen;[543] oder wenn die Arbeitseffizienz prozessübergreifend durch standardisierte Werkzeuge erhöht werden soll.[544] Schließlich muss beurteilt werden, inwiefern ein *prozessübergreifender Einsatz einer Rolle notwendig* ist. Dieser umgangssprachlich auch als temporäres „Abstellen eines Mitarbeiters" bezeichnete Vorgang beschreibt eine disziplinarische Weisung und ist von den operativen Befugnissen

[539] Z.B. die Auslegung umfangreicher rechtlicher Rahmbedingungen durch einen Juristen
[540] Z.B. die Optimierung der Bedienbarkeit einer Software durch einen Designer
[541] Z.B. die Einhaltung von Regularien durch einen Produktmanager in der Medizintechnik
[542] Z.B. Testvorgaben und verwendete Software für Qualitätsprüfer
[543] Z.B. Logik, Annahmen und Hilfsmittel bei der Projektkalkulation
[544] Z.B. Vertragsvorlagen für Juristen

abzugrenzen (vgl. Abbildung 5-26). Ein prozessübergreifender Einsatz ist dann besonders sinnvoll, wenn abzusehen ist, dass eine Rolle innerhalb einzelner Geschäftsprozesse langfristig nicht ausgelastet werden kann. Er kann auch als Mittel genutzt werden, um Mitarbeiter gezielt weiterzubilden, indem sie umfangreiche Erfahrungen sammeln.

Die Kriterien werden auf einer einfachen numerischen Skala für jede Rolle bewertet und gegeneinander gewichtet. Bei der Gewichtung können beliebige Zahlen eingetragen werden, da nur das relative Verhältnis der Gewichtungen zueinander entscheidend ist. Am Ende der Berechnung wird ein Durchschnittswert gebildet, der lediglich als eine Empfehlung für den Zentralisierungsgrad einer Rolle zu verstehen ist. Ist der Wert über 3, so bringt eine zentrale disziplinarische Führung der Rolle voraussichtlich insgesamt mehr Vorteile als eine dezentrale disziplinarische Führung.

Am Beispiel der Rolle „Jurist" ist es denkbar, dass ein Unternehmen zu dem Schluss kommt, dass eine hohe Spezialisierung hochgradig notwendig sei. Seine Aufgaben können nur zum Teil standardisiert werden, z.B. in Form von Vertragsvorlagen, während die meisten Aufgaben nicht standardisiert werden können. Die wertschöpfenden Aktivitäten des Unternehmens erfordern zwar in vielen, jedoch nicht in allen Geschäftsprozessen eine juristische Expertise, sodass die vorhandenen Juristen besser nach Bedarf temporär an einzelne Prozesseinheiten „ausgeliehen" werden. Insgesamt bewertet das Unternehmen die juristische Sorgfalt seiner Aktivitäten am wichtigsten, wobei ein flexibler Einsatz der juristischen Mitarbeiter aus Kostengründen ebenfalls als wichtig erachtet wird. Schließlich ergibt sich eine Durchschnittsbewertung von 4,0 und damit eine Empfehlung zur zentralen disziplinarischen Führung.

Bestimmung des Zentralisierungsgrades der operativen Führung

Die Bestimmung des Zentralisierungsgrades der operativen Führung einer Rolle ist nur anzuwenden, wenn zuvor eine zentrale disziplinarische Führung ausgewählt wurde. Bei einer dezentralen Organisation der disziplinarischen ist auch die operative Führung dezentral zu organisieren (vgl. Abbildung 5-27). Anhand der Erläuterungen zu den Kompetenzgruppen können für den Zentralisierungsgrad der operativen Führung ebenfalls drei Kriterien definiert werden (siehe Abbildung 5-29).

Zum einen muss das *Potenzial zur Steigerung der Effizienz einzelner Aktivitäten* bewertet werden. Dies umfasst alle generierbaren Effizienzpotenziale einer singulären Verrichtung, unter anderem der zeitlichen, physischen und finanziellen Ressourcen. So ist eine Zentralisierung dann besonders sinnvoll, wenn eine durch Spezialisierung erreichte höhere Arbeitsgeschwindigkeit mit deutlich geringeren Kosten verbunden ist.[545] Sie ist auch besonders bei einer Unteilbarkeit von Ressourcen (z.B. Lizenzen,

---

545 Z.B. eine möglichst kurze Belegung teurer externer Testzentren durch den eigenen Testingenieur

Maschinen) sinnvoll, deren Duplizierung hohe Kosten verursachen würde.[546] Ein weiteres Kriterium ist das *Potenzial zur Standardisierung der Interaktion mit anderen Prozessrollen.* Dieses übt einen starken Einfluss auf die Schnittstellen zwischen verschiedenen Organisationseinheiten aus. So ist eine Zentralisierung dann besonders sinnvoll, wenn eine Standardisierung der Interaktionen möglich ist und dadurch die Schnittstellenkomplexität für diese Rolle reduziert werden kann.[547] Es kann jedoch auch vorkommen, dass Rollen einer hohen *prozessübergreifenden Dynamik der Interaktionspartner* ausgesetzt sind. Dies bedeutet, dass eine Rolle über die Zeit mit wechselnden Rollen aus verschiedenen Geschäftsprozessen interagieren muss. In diesem Fall ist eine zentrale operative Führung sinnvoll, um eine prozessübergreifende Koordination der Dynamik zu erleichtern.[548]

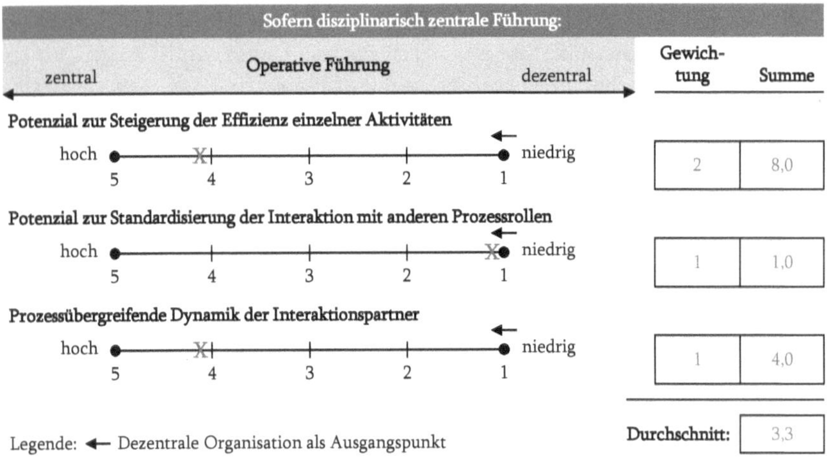

Abbildung 5-29: Verortungskriterien für die operative Führung am Beispiel der Rolle eines Juristen

Am Beispiel der Rolle „Jurist" kann eine fundierte Expertise eine deutlich geringere Bearbeitungszeit komplexer juristischer Fragestellungen bewirken. Gleichzeitig ist es denkbar, dass ein Unternehmen diese operative Arbeitseffizienz als besonders wichtig einschätzt, damit die Klärung juristischer Fragen die allgemeinen Geschäftsaktivitäten nicht wesentlich verzögert. Im Gegensatz dazu könnte eine Standardisierung der Interaktionen mit anderen Prozessrollen nur schwer möglich sein, da juristische Fragen

[546] Vgl. Picot, A. / Dietl, H. / Franck, E. (2020) Organisation, S. 296.

[547] Z.B. Testingenieure, die standardisierte Prüfanfragen aus Forschung und Entwicklung erhalten

[548] Die „prozessübergreifende Dynamik der Interaktionspartner" wird vor allem am Beispiel des Customer Success Managers deutlich. Dieser hat die Aufgabe, Kunden bei der Steigerung der Produktivität ganzheitlich zu unterstützen. Dabei muss er je nach Fragestellung mit unterschiedlichen dezentralen Prozesseinheiten interagieren. In diesem Fall wäre die prozessübergreifende Dynamik als hoch einzustufen.

von sehr unterschiedlicher Natur sein können. Standardisierte Formulare für Anfragen, wie sie bspw. für Prüfanfragen an Testingenieure verschickt werden können, sind nur bedingt möglich. Ferner ist es denkbar, dass juristische Vereinbarungen in einem Geschäftsprozess Auswirkungen auf andere Geschäftsprozesse haben können, wodurch ein hoher Absprachebedarf zwischen den Prozesseinheiten entstehen kann. Dadurch kann die Rolle „Jurist" situationsspezifisch sehr unterschiedliche Ansprechpartner haben. Insgesamt ergibt sich somit ein Durchschnittswert von 3,3 und damit eine Empfehlung zur zentralen operativen Führung.

5.3.3.4 Pragmatische Anwendung der Verortungskriterien in der Praxis

Durch die Anwendung der Verortungskriterien kann der Zentralisierungsgrad für alle Rollen der dezentralen Prozesseinheiten bestimmt werden. Somit kann die ursprünglich reine Prozessorientierung in diesem Teil der Aufbauorganisation zugunsten der funktionsorientierten Vorteile reduziert werden. In der Praxis kann jedoch die Anzahl der identifizierten Prozessrollen sehr groß sein, sodass die Bestimmung des Zentralisierungsgrades insgesamt mit einem hohen Aufwand verbunden wäre.

Um den Aufwand in der Praxis zu reduzieren, können mehrere pragmatische Maßnahmen getroffen werden. Erstens können Rollen, die nur in einer dezentralen Prozesseinheit auftauchen, auch weiterhin dezentral organisiert werden. Eine Zentralisierung wäre selbst bei einer entsprechenden Bewertung wenig sinnvoll, da keine Synergiepotenziale mit anderen Geschäftsprozessen möglich wären. Zweitens können Rollen mit einer hohen Ähnlichkeit der Anforderungen und Qualifikationen zusammengefasst werden, bevor der Zentralisierungsgrad bestimmt wird. So können bspw. die Rollen „CNC-Fräser" und „Schweißer" in eine übergeordnete Rolle „Produktionsmitarbeiter" abstrahiert werden. Drittens wird empfohlen, die Rolle CSM pauschal als Zentralfunktion zu definieren. Diese steht in direktem Kontakt mit Kunden und ist nach dem Prinzip „one face to the customer" dessen Ansprechpartner für alle Leistungsangebote im Subskriptionsmodell (vgl. Kap. 5.2.3). Folglich muss jeder CSM mit allen Prozesseinheiten interagieren und kann nicht einer festen Prozesseinheit zugeteilt werden (vgl. Abbildung 5-30).

Die Ergebnisse durch die Anwendung der Verortungskriterien sind lediglich als Empfehlungen zu betrachten. Für die endgültige Entscheidung über die Zentralisierung der Führungsarten ist es ausdrücklich ratsam, weitere unternehmensspezifische Kriterien sowie die Erfahrungen der Mitarbeiter zu berücksichtigen. Im Zweifelsfall wird empfohlen, beim Ausgangspunkt, d.h. einer rein dezentralen Führung zu bleiben, um die Vorteile einer hohen Prozessorientierung zu erhalten.

Das Zwischenergebnis der Aufbauorganisation nach der Anwendung der Verortungsmatrix ist schematisch in Abbildung 5-30 dargestellt.

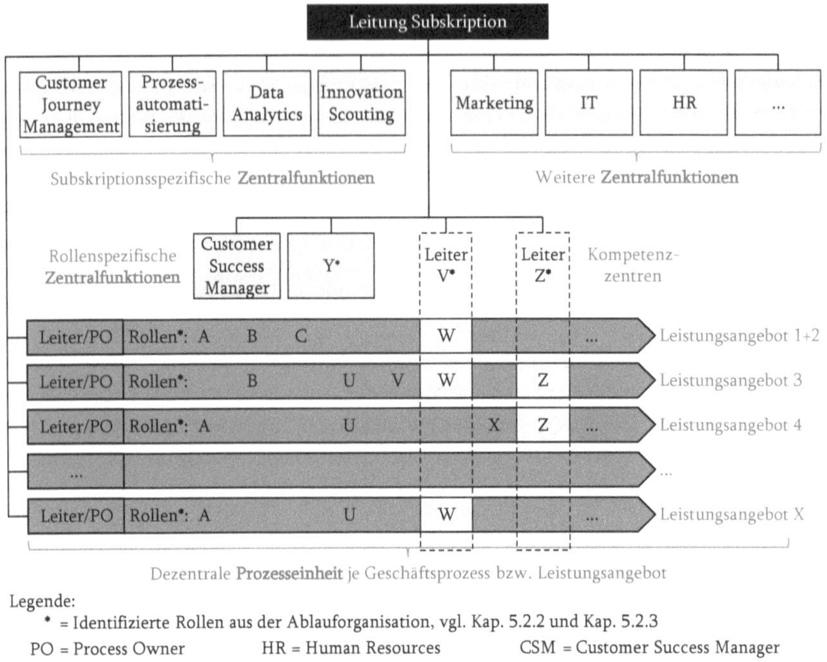

Abbildung 5-30: Anpassung des Grundgerüstes der Aufbauorganisation um stärkere Funktionsorientierung (schematische Darstellung)

5.3.4 Gestaltung der Gesamtaufbauorganisation (Gestaltungsmodell)

Die vorangegangene Zusammenfassung von Rollen auf Basis der Führungsarten auf der untersten Ebene der Aufbauorganisation wird auch als primäre Abteilungsbildung (erster Ordnung) bezeichnet. Im nächsten Schritt werden die gebildeten Organisationseinheiten zu Abteilungen höherer Ordnung zusammengefasst. Hierbei wird auch von der sekundären Abteilungsbildung gesprochen.[549] Im Folgenden werden zunächst die grundlegenden Prinzipien der Abteilungsbildung vorgestellt, bevor anschließend die Methodik der vorliegenden Arbeit fortgesetzt wird.

5.3.4.1 Grundlegende Vorgehensweisen und Prinzipien der Abteilungsbildung

Die Abteilungsbildung kann sowohl als ein top-down getriebener Delegationsprozess als auch als eine bottom-up getriebene Zusammenfassung bestehender Einheiten gesehen werden.[550] Diese beiden Perspektiven bilden die zwei grundlegenden Vorgehensweisen zur Abteilungsbildung (vgl. Abbildung 5-31).

[549] Vgl. Kosiol, E. (1976) Organisation der Unternehmung, S. 175.
[550] Vgl. Schulte-Zurhausen, M. (2014) Organisation, S. 209.

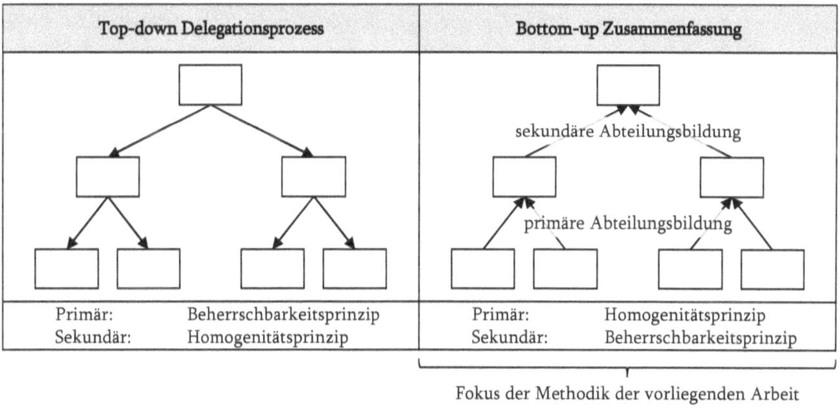

Abbildung 5-31: Vorgehensweisen und Prinzipien der Abteilungsbildung [551]

Dem *Delegationsprozess* liegt die Intention zugrunde, eine Überlastung der Leitungsstelle zu vermeiden. Es sind nur so viele Stellen zu einer Abteilung zusammenzufassen, dass die Leitungsstelle ihren Aufgaben noch nachkommen kann. Hierbei wird auch vom sogenannten *Beherrschbarkeitsprinzip* gesprochen. Bei der *Zusammenfassung* sollen Abteilungen mit einer hohen thematischen oder operativen Verflechtung bzw. Ähnlichkeit zu einem geschlossenen Verantwortungsbereich zusammengefasst werden, um abteilungsübergreifende Koordinationsaufwände zu reduzieren.[552] Hierbei wird auch vom sogenannten *Homogenitätsprinzip* gesprochen. Obwohl beim Delegationsprozess das Beherrschbarkeitsprinzip und bei der Zusammenfassung das Homogenitätsprinzip jeweils primär zum Tragen kommen, müssen bei beiden Vorgehensweisen beide Prinzipien berücksichtigt werden.[553]

Da in der vorliegenden Arbeit zunächst auf der untersten Organisationsebene die Rollen identifiziert und zu einer Aufbauorganisation zusammengefasst werden, liegt es nahe, die Vorgehensweise der bottom-up Zusammenfassung anzuwenden.

5.3.4.2 Rollenbasierte Stellenbildung

Die Berücksichtigung des Beherrschbarkeitsprinzips setzt eine Stellenbildung innerhalb der Organisationseinheiten voraus. Für die Stellenbildung müssen der personelle Kapazitätsbedarf für jede Rolle ermittelt, ihre voraussichtliche Auslastung abgeschätzt und in notwendige Planstellen übersetzt werden.[554] Da die Stellenbildung vom notwendigen personellen Kapazitätsbedarf abhängt, ist sie eine unternehmensspezifische Aufgabe und unterliegt einer kontinuierlichen zeitlichen Veränderung. Sofern sie

[551] Eigene Darstellung basierend auf: Schulte-Zurhausen, M. (2014) Organisation, S. 209.

[552] Vgl. Schulte-Zurhausen, M. (2014) Organisation, S. 209.

[553] Vgl. Schulte-Zurhausen, M. (2014) Organisation, S. 210.

[554] Vgl. Jones, G. / Bouncken, R. (2008) Organisation, S. 266.

zum Zeitpunkt der Anwendung der vorliegenden Methodik nicht möglich ist, weil der personelle Kapazitätsbedarf im Zielbild paralleler Geschäftsmodelle nicht abgeschätzt werden kann, so kann das Beherrschbarkeitsprinzip zunächst vernachlässigt werden. Die Abteilungsbildung erfolgt dann nur auf Basis des Homogenitätsprinzips.

5.3.4.3 Konsolidierung der Organisationseinheiten zu Abteilungen

Durch die Konsolidierung von Rollen anhand der Führungsarten wurde die hohe Prozessorientierung im Grundgerüst der Aufbauorganisation bereits zugunsten einer stärkeren Funktionsorientierung abgeschwächt. Um die noch verbliebene Prozessorientierung zu wahren, sollen die dezentralen Prozesseinheiten nicht in der weiteren Konsolidierung berücksichtigt werden. Ferner werden während der weiteren Konsolidierung die Zentralfunktionen und Kompetenzgruppen gemeinsam betrachtet. Dies liegt darin begründet, dass die Fähigkeiten einer Kompetenzgruppe sich denen einer Zentralfunktion ähneln können. In diesem Fall kann die Führung durch eine gemeinsame Leitungsstelle sinnvoll sein, um funktionsorientierte Vorteile noch stärker zu entfalten.

Das Vorgehen zur Konsolidierung der Organisationseinheiten zu Abteilungen enthält drei Schritte, die im Folgenden vorgestellt werden.

Schritt 1: Erstellung der Konsolidierungsmatrix

Die Konsolidierungsmatrix dient dem Zweck, die Homogenität zwischen zwei Organisationseinheiten zu bewerten, d.h. die thematische oder operative Verflechtung und die Ähnlichkeit der jeweiligen Kompetenzen. Bei der Erstellung der Konsolidierungsmatrix werden die Organisationseinheiten (Zentralfunktionen und Kompetenzgruppen) horizontal und vertikal aufgetragen. Anschließend werden sie jeweils im paarweisen Vergleich hinsichtlich der bilateralen Homogenität bewertet. Eine hohe Verflechtung liegt zum Beispiel vor, wenn eine Einheit in den Aktivitäten einer anderen Einheit mitwirkt; wenn eine Einheit ihre Ergebnisse an eine andere weiterleitet; oder wenn eine Einheit Entscheidungen trifft, die sich auf eine andere Einheit auswirken.[555] Je stärker die Verflechtung, desto höher ist der positive Effekt einer Konsolidierung beider Einheiten. Eine hohe Ähnlichkeit liegt vor, wenn die Kompetenzen beider Einheiten vergleichbar sind. Eine Konsolidierung würde zu einem verstärkten Knowhow-Austausch und dadurch zu einer höheren Spezialisierung sowie zu einer höheren Ressourceneffizienz führen.

Die Erstellung der Konsolidierungsmatrix wird in Abbildung 5-32 beispielhaft dargestellt. Bei einer hohen bilateralen Homogenität zweier Einheiten wird die Zahl „3" vergeben. Liegt keinerlei Verflechtung und Ähnlichkeit vor, wird die Zahl „0" eingetragen. Die Zahlen „1" und „2" können als Zwischenstufen vergeben werden. Da jede Paarung nur einmal innerhalb der Matrix bewertet werden muss, wird zunächst nur

---

[555] Vgl. Kugeler, M. / Vieting, M. (2012) Prozessorientierte Aufbauorganisation, S. 272.

die obere Hälfte, d.h. über der Diagonalen, ausgefüllt. Die Ergebnisse können anschließend auf die untere Hälfte übertragen werden.

Schritt 2: Paarweiser Vergleich der Gesamthomogenität

Es ist denkbar, dass zwei Zentralfunktionen zwar eine hohe bilaterale Homogenität zueinander besitzen, jedoch sehr unterschiedliche Schnittstellen zu anderen Unternehmensbereichen haben. Damit haben sie eine geringe gemeinsame „Gesamthomogenität". In diesem Fall würde eine Konsolidierung zu einer Abteilung führen, die zwar in sich bilaterale Synergiepotenziale erzeugen kann, aber insgesamt über sehr komplexe Schnittstellen verfügt. Aus diesem Grund muss die Gesamthomogenität als weiteres Kriterium in der Konsolidierung berücksichtigt werden. Für eine ganzheitliche Bewertung muss die Konsolidierungsmatrix an dieser Stelle um die dezentralen Prozesseinheiten erweitert werden, da die Berechnung der Gesamthomogenität zwischen zwei Zentralfunktionen auch von ihrer Interaktion mit diesen abhängt.

Für die Bewertung der Gesamthomogenität kann die Konsolidierungsmatrix, nach klassischer Darstellung von paarweisen Vergleichen, nach rechts pyramidal erweitert werden. Bei der Berechnung wird die tatsächliche absolute Gesamthomogenität zweier Organisationseinheiten durch ihre maximal mögliche absolute Gesamthomogenität ins Verhältnis gesetzt. Dies soll in Anlehnung an Abbildung 5-32 am Beispiel der Gesamthomogenität zwischen Customer Journey Management (CJM) und Customer Success Manager (CSM) veranschaulicht werden.

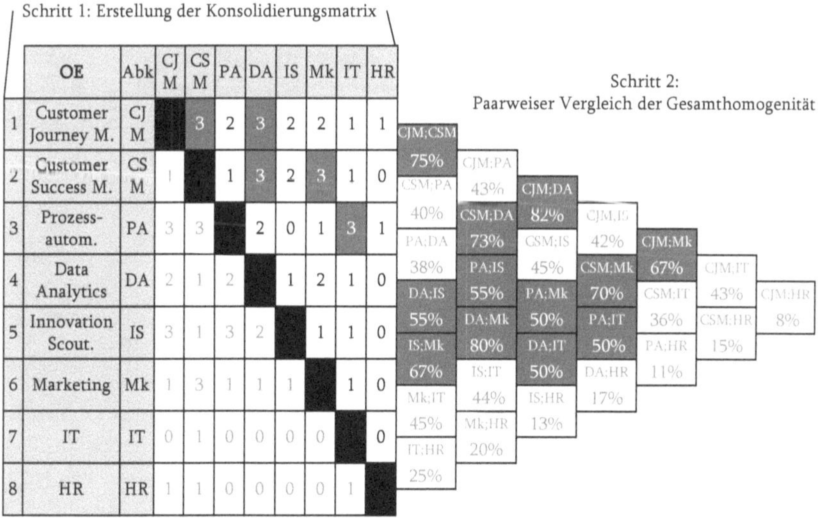

Legende: OE = Organisationseinheit; Abk = Abkürzung; IT = Informationstechnologie; HR = Human Resources, dt. Personalabteilung

Abbildung 5-32: Homogenitätsbewertung der Organisationseinheiten

Im Vergleich dieser beiden mit „Prozessautomatisierung" ist die Übereinstimmung der bilateralen Homogenitäten „1", während maximal „2" möglich wäre. Im Vergleich mit „Marketing" ist die Übereinstimmung „2", während maximal „3" möglich wäre. Im Vergleich mit „HR" ist die Übereinstimmung „0", maximal möglich wäre „1". Im Vergleich mit „Data Analytics", „Innovation Scout" und „IT" ist die Übereinstimmung der bilateralen Homogenitäten gleich der maximal möglichen Zahl. Das Verhältnis der Summen der tatsächlichen und maximal möglichen Übereinstimmungen bildet die relative Übereinstimmung, d.h. die Gesamthomogenität zwischen CJM und CSM. Die Berechnung kann wie folgt mathematisch beschrieben werden:

$$Gesamthomogenität\ GH_{CJ;CS} = \frac{\sum_{i=1}^{OE} \min(H_{CJ:i}; H_{CS:i})}{\sum_{i=1}^{OE} \max(H_{CJ:i}; H_{CS:i})} \qquad mit\ i \neq 1; 2$$

$$= \frac{1+3+2+2+1+0}{2+3+2+3+1+1} = 75\ \%$$

Hierbei entspricht „OE" der Anzahl der Organisationseinheiten, die abgebildet werden (d.h. „8"). „H" steht für die jeweilige bilaterale Homogenität. „i" entspricht der Nummerierung der Organisationseinheiten in Abbildung 5-32.

Schritt 3: Bildung von Abteilungen

Bei der abschließenden Bildung von Abteilungen müssen sowohl die bilateralen als auch die Gesamthomogenitäten berücksichtigt werden. Eine hohe Gesamthomogenität kann bspw. vorliegen, wenn diese gleich oder über 50 % liegt, wobei dieser Wert unternehmensindividuell variiert werden kann. Liegen sowohl eine hohe bilaterale Homogenität (d.h. eine „3") als auch eine hohe Gesamthomogenität vor, so wird die Konsolidierung dieser beiden Einheiten empfohlen. Bei hoher bilateraler und niedriger Gesamthomogenität bzw. bei niedriger bilateraler und hoher Gesamthomogenität ist eine Konsolidierung fallspezifisch zu beurteilen. Hierbei kann auf die Erfahrung der Mitarbeiter zurückgegriffen werden. Auch müssen die betriebspolitischen Rahmenbedingungen berücksichtigt werden.

An diesem Punkt der Abteilungsbildung ist das Beherrschbarkeitsprinzip anzuwenden, sofern bereits Stellen gebildet wurden (vgl. Kap. 5.3.4.2). Dabei müssen nach SCHULTE-ZURHAUSEN mehrere Einflussfaktoren berücksichtigt werden. Diese umfassen unter anderem Aufgabenmerkmale, persönliche Merkmale, den Führungsstil des Vorgesetzten und organisatorische sowie personelle Merkmale. Die Entscheidungsfindung ist somit eine höchst unternehmens- und personenspezifische sowie subjektive Aufgabe.[556] Daher wird an dieser Stelle der Methodik lediglich auf mögliche Einflussfaktoren verwiesen, die je nach Unternehmen und Anwendung anzupassen sind (siehe

[556] Vgl. Schulte-Zurhausen, M. (2014) Organisation, S. 213 - 215.

Tabelle 9.1 im Anhang). Zeichnet sich eine Abteilung mit erschwerter Beherrschbarkeit ab, die aber aus Homogenitätsgründen möglichst bestehen bleiben soll, können Stabstellen gebildet werden (vgl. Kap. 2.3.5.2).

Für die Besetzung der Stellen liefert MARKIDES wichtige Hinweise. Um die Innovationskraft des neuen Geschäftsbereiches zu stärken und die Etablierung einer neuen Kultur zu erleichtern, wird empfohlen, eine neue Führungskraft mit der Leitung des neuen Geschäftsbereiches zu betrauen, die extern rekrutiert wird. Aus dem gleichen Grund ist in den einzelnen Abteilungen des neuen Geschäftsbereiches ebenfalls darauf zu achten, nicht nur Mitarbeiter aus dem Transaktionsgeschäft zu übernehmen, sondern auch neue Mitarbeiter von außerhalb zu rekrutieren (siehe Kap. 5.3.5.2).[557]

Ist eine Stellenbildung zum Zeitpunkt der Anwendung nicht möglich, weil der personelle Kapazitätsbedarf im zukünftigen Zustand paralleler Geschäftsmodelle nicht abgeschätzt werden kann, kann das Beherrschbarkeitsprinzip in diesem Schritt vernachlässigt werden. Es obliegt dem anwendenden Unternehmen, mit dem Wachstum des Subskriptionsmodells kontinuierlich die Anzahl der Stellen anzupassen und die Abteilungsbildung nach dem Beherrschbarkeitsprinzip kritisch zu prüfen.

Die Abteilungsbildung am veranschaulichten Beispiel wird schematisch in Abbildung 5-33 dargestellt.

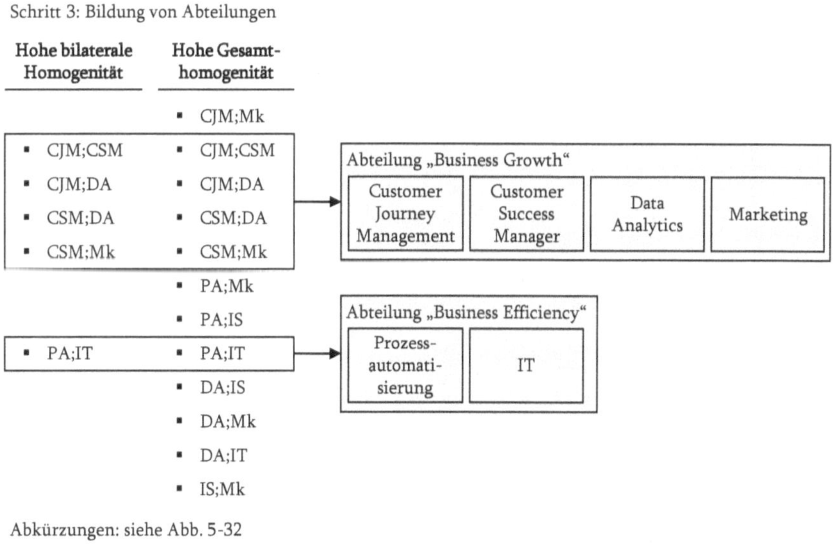

Abbildung 5-33: Abteilungsbildung anhand der durchgeführten Homogenitätsbewertung

[557] Vgl. Markides, C. (2013) Business model innovation, S. 318.

Als generisches Beispiel wurde hierbei lediglich das Homogenitätsprinzip angewendet. Die Bezeichnungen der neuen Abteilungen wurden exemplarisch gewählt und können unternehmensspezifisch angepasst werden. Zur Erklärung der Abkürzungen sei auf Abbildung 5-32 verwiesen.

Die auf Basis der beispielhaft durchgeführten Homogenitätsbewertung und der daraus resultierende Gesamtaufbauorganisation wird in Abbildung 5-34 dargestellt.

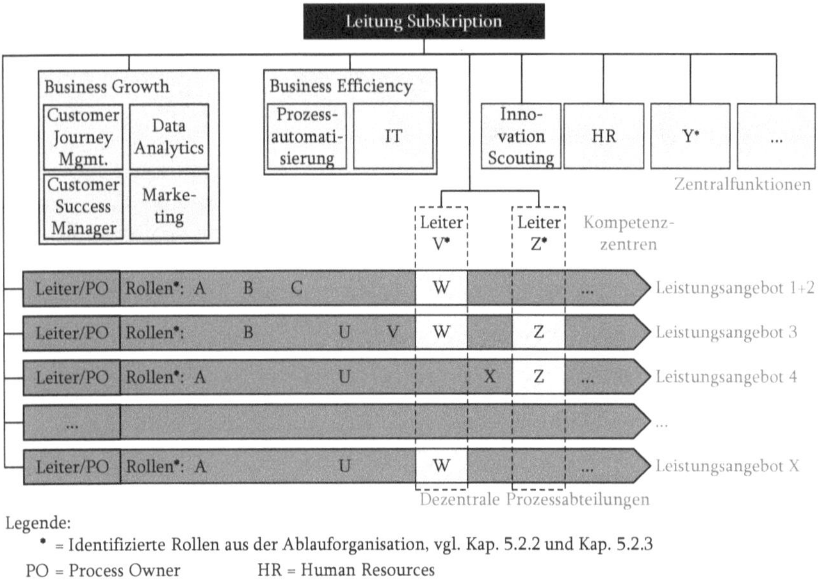

Abbildung 5-34: Gesamtaufbauorganisation anhand der durchgeführten Homogenitätsbewertung (schematische Darstellung)

5.3.5 Definition der Schnittstellen mit dem Transaktionsgeschäft (Gestaltungsmodell)

Im fünften Schritt der Methodik zur Gestaltung der Aufbauorganisation werden die Schnittstellen des Subskriptionsgeschäftes mit dem bestehenden Transaktionsgeschäft betrachtet. Beide Geschäftsmodelle existieren direkt unterhalb der Geschäftsführung als eigenständige Geschäftsbereiche mit voller Verantwortung für Gewinn und Verlust (vgl. Kap. 4.2). In dieser Konstellation müssen die Schnittstellen hinsichtlich potenzieller Synergien und Konflikte gestaltet werden.[558]

[558] Vgl. Markides, C. (2013) Business model innovation, S. 314.

Das Managen zweier unterschiedlicher Strategien in einem Unternehmen ist auch Gegenstand der Innovationsforschung. Dabei wird untersucht, wie zwei unterschiedliche Innovationsstrategien gleichzeitig verfolgt werden können. Ein mögliches Lösungselement bildet die sogenannte organisatorische Ambidextrie, bei der die gezielte Gestaltung der Organisationsstruktur zur Handhabung einer gegensätzlichen strategischen Dualität im Vordergrund steht (vgl. Kap. 2.2.5). Damit können die Erkenntnisse dieses Teilbereiches der Innovationsforschung prinzipiell auf die Organisationsgestaltung übertragen werden.[559]

Auf dieser Basis sollen die Erkenntnisse der organisatorischen Ambidextrie interdisziplinär auf ihre Relevanz für die vorliegende Arbeit untersucht werden. Der Vorteil dieser Vorgehensweise liegt in der Möglichkeit, auf eine große Anzahl wissenschaftlicher Arbeiten aus der Innovationsforschung zurückgreifen zu können. Dadurch wird der Erkenntnisgewinn der vorliegenden Arbeit nicht durch die vergleichsweise geringe Anzahl wissenschaftlicher Arbeiten in der Subskriptionsforschung eingeschränkt. Vor diesem Hintergrund werden zunächst die Grundlagen der organisatorischen Ambidextrie vorgestellt (Kap. 5.3.5.1), um anschließend die übertragbaren Erkenntnisse für die Schnittstellengestaltung anzuwenden (Kap. 5.3.5.2).

5.3.5.1 Interdisziplinärer Exkurs in die Innovationsforschung: Grundlagen der organisatorischen Ambidextrie

Die Ambidextrieforschung entstammt der Motivation, sowohl eine exploitative als auch eine explorative Innovationsstrategie zu verfolgen. Dabei beschreibt die Exploitation die wertsteigernde Entwicklung eines Unternehmens auf Basis seiner bestehenden Ressourcen und Fähigkeiten, während Exploration die Entwicklung neuer Ressourcen und Fähigkeiten beschreibt.[560] Als Pionier der ambidextren Organisationsforschung erkannte MARCH, dass ein Unternehmen beide Aspekte verfolgen muss, um langfristig erfolgreich zu sein.[561] In der Konsequenz müssen Unternehmen sowohl in der Lage sein, bestehende Ressourcen, Fähigkeiten, Prozesse und Geschäftsmodelle kontinuierlich weiter zu entwickeln als auch neue zu erschließen.[562] TUSHMAN UND O'REILLY definieren die organisatorische Ambidextrie als die „Fähigkeit, sowohl inkrementelle als auch diskontinuierliche Innovation gleichzeitig zu verfolgen... und dabei mehrere gegensätzliche Strukturen, Prozesse und Kulturen innerhalb eines Unternehmens zu pflegen.“[563] Ein solches Unternehmen wird als ambidextre, d.h. eine „beidhändige“ Organisation bezeichnet.[564]

---

559 Vgl. Markides, C. (2013) Business model innovation, S. 315.

560 Vgl. Ebers, M. (2017) Organisationsmodelle für Innovation, S. 84.

561 Vgl. March, J. (1991) Exploration and exploitation, S. 72 - 74; O'Reilly, C. / Tushman, M. L. (2013) Organizational ambidexterity, S. 325.

562 Vgl. Schneeberger, S. J. / Habegger, A. (2020) Ambidextrie, S. 110.

563 Vgl. O'Reilly, C. / Tushman, M. L. (2013) Organizational ambidexterity, S. 325.

564 Vgl. Ebers, M. (2017) Organisationsmodelle für Innovation, S. 84; Schneeberger, S. J. / Habegger, A. (2020) Ambidextrie, S. 106.

In der Ambidextrieforschung werden drei unterschiedliche Ansätze unterschieden, um den divergierenden Anforderungen von Exploitation und Exploration zu begegnen (vgl. Abbildung 5-35).

Abbildung 5-35: Lösungsansätze der Ambidextrieforschung für gegensätzliche Innovationsstrategien [565]

Die *sequenzielle Ambidextrie* geht auf DUNCAN zurück und sieht vor, dass Unternehmen ihre Prozesse und Strukturen im Laufe der Zeit verändern müssen, um sie kontinuierlich an die Strategie auszurichten.[566] Folglich wechseln Organisationen zwischen Exploitation und Exploration, ohne beides gleichzeitig zu betrachten. Nachteilig an diesem Ansatz ist die geringe Effektivität bei schnellen Änderungen des notwendigen strategischen Fokus.[567] Bei der *strukturellen Ambidextrie* werden exploitative und explorative Innovationen gleichzeitig verfolgt. Nach O'REILLY UND TUSHMAN liegt der Erfolg dabei in der operativen Trennung beider Innovationsstrategien, um individuelle Prozesse, Strukturen, Kompetenzen sowie Kulturen zu ermöglichen. Folglich ist ein Unternehmen laut den Autoren sogar nur dann ambidext, wenn beide Geschäftsbereiche in der Organisationsstruktur voneinander getrennt sind.[568] Der überdurchschnittliche Innovationserfolg von strukturell ambidextren Organisationen wurde in mehreren wissenschaftlichen Studien nachgewiesen.[569] Die *kontextuelle Ambidextrie* geht auf BIRKINSHAW UND GIBSON zurück und versucht, die gegensätzlichen Herausforderungen der Ambidextrie auf dem Level einzelner Individuen zu harmonisieren und zu lösen. Die Mitarbeiter eines Unternehmens haben selbst die Möglichkeit zu entscheiden, wann und mit wieviel Zeit sie sich Projekten mit unterschiedlichen strategischen Zielen widmen.[570] Die kontextuelle Ambidextrie wird von den Autoren

[565] Eigene Darstellung als Zusammenfassung der Grundlagen der Ambidextrieforschung

[566] Vgl. Duncan, R. B. (1976) The ambidextrous organization, S. 172 - 173.

[567] Vgl. Tushman, M. L. / O'Reilly, C. (1996) Ambidextrous organizations, S. 15; O'Reilly, C. / Tushman, M. L. (2013) Organizational ambidexterity, S. 327.

[568] Vgl. O'Reilly III, C. A. / Tushman, M. L. (2004) The ambidextrous organization, S. 75; Schneeberger, S. J. / Habegger, A. (2020) Ambidextrie, S. 112.

[569] Für eine Auswahl von Studien: vgl. O'Reilly, C. / Tushman, M. L. (2013) Organizational ambidexterity, S. 328.

[570] Vgl. Birkinshaw, J. / Gibson, C. (2004) Building ambidexterity, S. 49.

nicht als Gegensatz, sondern als Komplement zur strukturellen Ambidextrie gesehen.[571] MARKIDES geht sogar darüber hinaus und betont, dass das Verhalten von Individuen in einem System maßgeblich durch die Strukturen des Systems beeinflusst wird.[572]

Insgesamt versuchen alle drei Ansätze, sowohl exploitative als auch explorative Innovationsstrategien in einem Unternehmen zu verfolgen. Aufgrund der simultanen Betrachtung beider Gegensätze sind insbesondere die strukturelle und die kontextuelle Ambidextrie für die vorliegende Arbeit interessant. Schließlich kann die Einführung eines Subskriptionsmodells als Exploration und die Fortführung des traditionellen Transaktionsgeschäftes als Exploitation betrachtet werden. Beide Geschäftsmodelle werden simultan vom Anbieter verfolgt. Die strukturelle Ambidextrie setzt voraus, dass beide Geschäftsmodelle organisatorisch voneinander getrennt sind, jedoch einer gemeinsamen Unternehmensleitung unterstehen. Dies bestätigt die in Kapitel 4.2 formulierte erste Hypothese. Es wird daher vermutet, dass die wissenschaftlichen Erkenntnisse der strukturellen Ambidextrie eine direkte Relevanz für die vorliegende Arbeit haben. Die kontextuelle Ambidextrie besagt, dass das Mitarbeiterverhalten durch die Organisationsstruktur beeinflusst werden kann. Es wird daher vermutet, dass die wissenschaftlichen Erkenntnisse zumindest eine indirekte Relevanz für die vorliegende Arbeit haben.

5.3.5.2 Anwendung der Erkenntnisse aus der organisatorischen Ambidextrie für die vorliegende Arbeit

Die Idee zur Nutzung der Erkenntnisse aus der Ambidextrieforschung für die geschäftsmodellmotivierte Organisationsgestaltung ist nicht grundlegend neu. MARKIDES postulierte, dass die Herausforderung paralleler Geschäftsmodelle als eine ambidextre Herausforderung betrachtet werden kann, da sie ebenfalls eine konfliktreiche Dualität darstellt, der sich Unternehmen stellen müssen.[573] Der Autor führt eine umfangreiche Literaturrecherche durch und konzentriert sich ebenfalls auf die strukturelle und kontextuelle Ambidextrie. Aus seiner Untersuchung heraus leitet er insgesamt 30 Gestaltungsmechanismen ab, die auf die Geschäftsmodellforschung übertragen werden können. Diese haben unterschiedliche Wirkungsweisen. Die für die vorliegende Arbeit relevanten Mechanismen werden in Abbildung 5-36 nach ihren Einflüssen dargestellt. Darüber hinaus erläutert MARKIDES weitere Gestaltungsmechanismen, die bspw. die Gestaltung der Unternehmenskultur und die Leistungsbewertung der Geschäftsbereiche thematisieren. Für diese weiterführenden Mechanismen sei an dieser Stelle auf die ursprüngliche Publikation verwiesen.[574]

---

[571] Vgl. Birkinshaw, J. / Gibson, C. (2004) Building ambidexterity, S. 55.

[572] Vgl. Markides, C. (2013) Business model innovation, S. 316.

[573] Vgl. Markides, C. (2013) Business model innovation, 313, 315.

[574] Vgl. Markides, C. (2013) Business model innovation, S. 318.

Einfluss auf die Struktur der Schnittstellen	Einfluss auf die Stellenbesetzung in den Schnittstellen
▪ Den neuen Geschäftsbereich durch starke operative Autonomie abschirmen, aber nicht isolieren ▪ Eine gemeinsame Geschäftsführung für beide Geschäftsbereiche mit Kontrolle über die strategischen Ausrichtungen ▪ Einen aktiven, und glaubwürdigen Integrator benennen ▪ Synergiepotenziale in der Werterzeugung heben	▪ Ambidextre Mitarbeiter an den Schnittstellenfunktionen einsetzen ▪ Durch Mitarbeitertransfer Silomentalität vermeiden

Abbildung 5-36: Erkenntnisse über Gestaltungsmechanismen für Schnittstellen und Stellenbesetzung aus der Ambidextrieforschung [575]

Ein grundlegender Gestaltungsmechanismus nach MARKIDES besagt, dass dem neuen Geschäftsbereich eine hohe operative Autonomie einzuräumen ist, ohne diesen aber komplett zu isolieren. Dadurch soll der neue Geschäftsbereich die Möglichkeit bekommen, eigene Werte, Kultur und Ansichten zu entwickeln. Weiterhin sollen die Geschäftsbereiche derselben Unternehmensführung unterstehen. Diese muss die strategische Ausrichtung beider Geschäftsbereiche steuern. Mit diesen beiden Gestaltungsmechanismen wird die erste grundlegende Hypothese dieser Arbeit bestätigt (vgl. Kap. 4.2). Besonders im Vertrieb können diese zwei Gestaltungsmechanismen helfen, Konflikte zu lösen und eine gegenseitige Kannibalisierung zu vermeiden.

Ein weiterer Gestaltungsmechanismus besteht darin, einen aktiven und glaubwürdigen Integrator zu benennen. Dieser hat die Aufgabe, die Interaktion zwischen den beiden Geschäftsbereichen zu koordinieren. Der Integrator muss dabei eine möglichst neutrale Rolle einnehmen. Für die vorliegende Arbeit wird daher vorgeschlagen, eine Stabstelle unterhalb der Geschäftsführung einzuführen.[576] Dadurch erhält der Integrator die notwendige Autorität, um Entscheidungen durchsetzen zu können.

Schnittstellen können auch auf tieferer Ebene gestaltet werden, um Synergien optimal zu nutzen und Konflikte zu vermeiden. Eine konkrete Gestaltungsempfehlung wird von MARKIDES jedoch nicht erwähnt. Darum wird im nächsten Schritt eine Vorgehensweise zur weiteren Schnittstellengestaltung vorgeschlagen.

Weitere Gestaltungsmechanismen von MARKIDES geben Hinweise auf die Stellenbesetzung in den Schnittstellen zwischen den beiden Geschäftsbereichen. Vor allem in zentralisierten Funktionen ist es wichtig, sowohl Mitarbeiter aus dem Transaktions- als auch aus dem Subskriptionsgeschäft zu beschäftigen. Dies fördert die Verständigung zwischen beiden Geschäftsbereichen und verringert die klassische Silomentalität. In allen anderen Bereichen ohne zentralisierte Schnittstellen kann dieses Ziel erreicht werden, indem bewusst Mitarbeiter temporär transferiert werden.

[575] Eigene Darstellung basierend auf: Markides, C. (2013) Business model innovation, S. 318.

[576] Für die Definition einer Stabstelle siehe auch Kapitel 2.3.5.2

Weitere Schnittstellengestaltung mit Fokus auf Synergie- und Konfliktpotenziale

Die Methodik zur Gestaltung der organisationsübergreifenden Schnittstellen soll sich auf die Zentralfunktionen bzw. Kompetenzgruppen beschränken, um die dezentrale, unabhängige Struktur der Prozesseinheiten und somit ihre starke Kundenorientierung und Innovationskraft nicht einzuschränken. Dabei muss der Zentralisierungsgrad der Schnittstellen individuell für jede Abteilung im Subskriptionsgeschäft gestaltet werden, die in Interaktion mit dem Transaktionsgeschäft steht.[577] So soll für eine Abteilung zunächst das Maß synergetischer bzw. antagonistischer Wirkbeziehungen mit dem Transaktionsgeschäft bewertet werden (siehe Abbildung 5-37). Typische Abteilungen mit einem hohen Maß an Wirkbeziehungen sind z.B. Einkauf (Erzielen von Skaleneffekten), Produktion (Erzielen von Ressourceneffizienz), Marketing (geschäftsmodellübergreifende Wahrnehmung der Marke) sowie Forschung und Entwicklung (Reduzierung der Variantenvielfalt und Erzielen von Ressourceneffizienz).

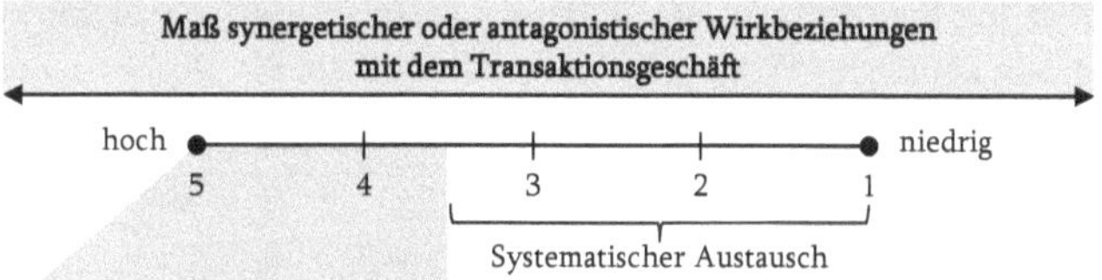

	Lösungsansätze: Gremium	Lösungsansätze: Zentralisierung
Vorteile	• Ausgewogene Entscheidungen • Berücksichtigung unterschiedlicher Perspektiven • Verkürzte und vereinfachte Kommunikation • Stärkung menschlicher Beziehungen	• Höhere Ressourceneffizienz • Stärkere Spezialisierung • Einfachere Durchführung der Aufgaben • Einfachere gegenseitige Unterstützung
Nachteile	• Einschränkung der Innovationskraft durch Kompromisse • Lähmung der Entscheidungsfindung	• Geringere Anpassungsfähigkeit bei externen und internen Veränderungen • Verminderte Verteilung des Wissens

Abbildung 5-37: Bewertung des Zentralisierungsbedarfs der Schnittstellen [578]

Liegen nur schwache Wirkbeziehungen vor, reicht ein systematischer Austausch der entsprechenden Abteilung mit dem Transaktionsgeschäft aus. Dadurch wird die Selbstorganisation der Mitarbeiter gestärkt und die höhere Managementebene entlastet. Bei starken Wirkbeziehungen bieten sich die Bildung eines Gremiums und die Zentralisierung der Abteilungen aus beiden Geschäftsbereichen an. Gremien stellen Personenmehrheiten dar, die fortlaufend in direktem Austausch stehen.[579] Sie können

---

[577] Vgl. Snihur, Y. / Tarzijan, J. (2018) Managing complexity, S. 58.

[578] I.A.a. Kosiol, E. (1976) Organisation der Unternehmung, S. 159 - 165; Laux, H. / Liermann, F. (2005) Grundlagen der Organisation, S. 326; Teece, D. J. (2007) Explicating dynamic capabilities, S. 1327; Gaitanides, M. (2012) Prozessorganisation, S. 154; Binner, H. (2018) Organisation 4.0, S. 103; Frese, E. / Graumann, M. et al. (2019) Grundlagen der Organisation, S. 404 - 405.

[579] Vgl. Binner, H. (2018) Organisation 4.0, S. 103.

anhand ihrer Kompetenz- und Aufgabenweite in Entscheidungs-, Beratungs-, Informations- und Ausführungsgremien unterschieden werden.[580] Die Vor- und Nachteile von Gremien und einer Zentralisierung der Abteilungen sind bereits in Abbildung 5-37 zusammengefasst.

Sofern die Wirkbeziehungen als hoch eingestuft werden, hängt die Wahl des Lösungsansatzes maßgeblich von zwei Faktoren ab. Zum einen ist zu prüfen, ob die Abteilung im Subskriptionsgeschäft bzw. das entsprechende Pendant im Transaktionsgeschäft eine hohe strategische Bedeutung für das jeweilige Geschäftsmodell hat. So sind bspw. in Abbildung 5-34 die dezentralen Prozesseinheiten sowie die Abteilung „Business Growth" für das Subskriptionsmodell unverzichtbar. Eine Schwächung der Führungsbefugnisse über diese Abteilungen durch ihre Zentralisierung mit dem Transaktionsgeschäft würde den Erfolg des Subskriptionsmodells stark gefährden. Im Gegensatz dazu ist eine Zusammenführung der anderen Unterstützungseinheiten mit dem Transaktionsgeschäft denkbar. Zum anderen ist die Wahl des Lösungsansatzes von der jeweiligen Abteilungsgröße abhängig. Diese kann durch die Anzahl der vorhandenen bzw. zu erwartenden Stellen repräsentiert werden. Besitzt bspw. die Personalabteilung im Subskriptionsmodell deutlich weniger Stellen als im Transaktionsgeschäft, so ist es aus Gründen der Ressourceneffizienz und der Spezialisierung der Mitarbeiter sinnvoll, diese Stellen im Transaktionsgeschäft zu integrieren (Zentralisierung in Transaktion). Eine übergreifende Zentralisierung, bei der die Personalabteilungen aus dem Zuständigkeitsbereich beider Geschäftsmodelle entfernt werden, würde im Transaktionsgeschäft eine hohe organisatorische Unruhe sowie einen hohen Aufwand verursachen, die den Nutzen übersteigen könnten. In allen anderen Fällen wird die Bildung eines Gremiums empfohlen. Die Logik in der Wahl des Lösungsansatzes wird in Abbildung 5-38 zusammengefasst.

Im Anschluss ist zu prüfen, ob im Subskriptionsgeschäft einzelne Rollen existieren, die aufgrund ihrer singulären Bedeutung für einzelne dezentrale Prozesseinheiten nicht zentralisiert wurden, aber eine vergleichbare Kompetenz mit einer Abteilung des Transaktionsgeschäftes besitzen. Diese Rollen können über eine Sekundärorganisation in den fachlichen Austausch mit dem Transaktionsgeschäft treten. Als Beispiel kann die Rolle des Konstrukteurs erwähnt werden, die im Subskriptionsmodell nur in einer dezentralen Prozesseinheit, z.B. „Physische Updates", benötigt wird. Für diese Rolle wird nach der bisherigen Methodik weder eine Zentralfunktion noch eine Kompetenzgruppe gebildet. Im Transaktionsgeschäft sind jedoch viele Konstrukteure beschäftigt, die für die Entwicklung der Maschinen benötigt werden. Durch einen gezielten Austausch können sich die wenigen Konstrukteure des Subskriptionsgeschäftes tiefer spezialisieren und die Variantenvielfalt im Gesamtunternehmen besser gesteuert werden.

---

[580] Vgl. Kosiol, E. (1976) Organisation der Unternehmung, S. 161 - 165.

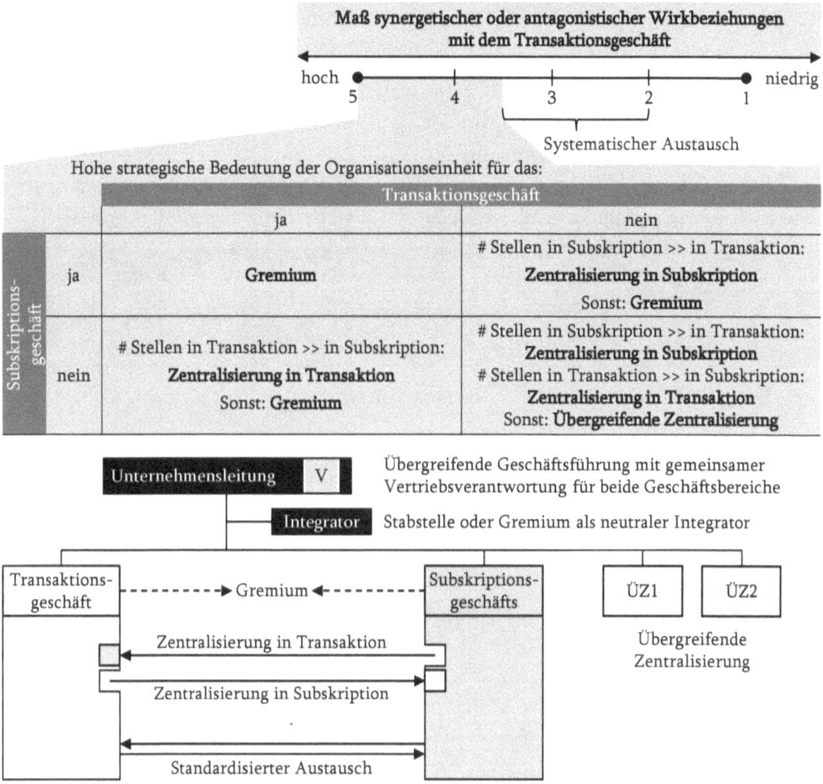

Abbildung 5-38: Definition der Schnittstellen zwischen Subskriptions- und Transaktionsgeschäft (schematische Darstellung)

5.3.6 Identifikation der organisatorischen Herausforderungen und Lösungsansätze bei der Einführung von Subskription (Beschreibungsmodell)

Die in den vorangehenden Kapiteln 5.3.1 bis 5.3.5 vorgestellte Methodik setzt einen Zustand paralleler Geschäftsmodelle voraus, bei dem Subskription und Transaktion gleichzeitig angeboten werden (vgl. Abbildung 5-20). Mögliche Herausforderungen, die insbesondere während der Einführung des Subskriptionsmodells auftreten und den Erfolg des neuen Geschäftsmodells gefährden können, sind jedoch noch nicht berücksichtigt. Daher sollen diese durch eine strukturierte Literaturrecherche identifiziert und untersucht werden. Gleichzeitig sollen Lösungsansätze erfasst werden, die in den relevanten Literaturen ebenfalls vorgestellt werden. Die Lösungsansätze bilden die Anforderungen für die Organisation des Anbieters. Auf dieser Basis wird die bisherige Methodik in Kapitel 5.3.7 daran angepasst.

Das Vorgehen der strukturierten Literaturrecherche basiert auf dem Ansatz nach KITCHENHAM UND CHARTERS (siehe Abbildung 5-39) und wird durch Maschinelles Lernen unterstützt. Für eine Erläuterung der Planungs- und Durchführungsphase sei an dieser Stelle auf den Anhang verwiesen (siehe Kap. 9.2). Im Folgenden sollen unmittelbar die Ergebnisse der strukturierten Literaturrecherche vorgestellt werden.

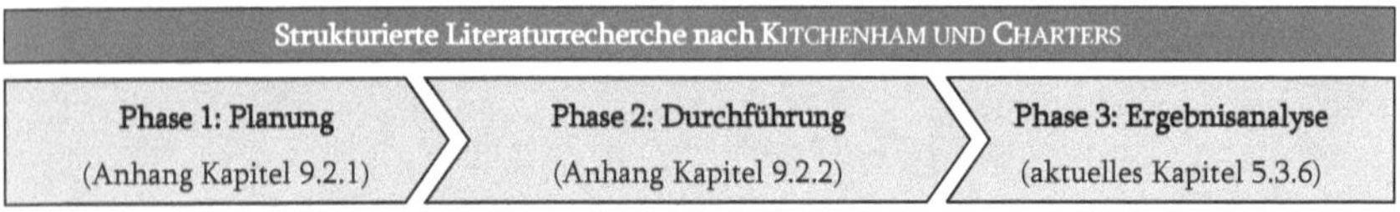

Abbildung 5-39: Die Phasen der strukturierten Literaturrecherche nach KITCHENHAM UND CHARTERS[581]

5.3.6.1 Ergebnisse der strukturierten Literaturrecherche

Auf Basis der Recherche wurden insgesamt 20 relevante Literaturen identifiziert, die Hinweise auf organisatorische Herausforderungen und Lösungsansätze bei der Einführung eines neuen Geschäftsmodells geben. Diese sind mit den dazugehörigen bibliografischen Angaben im Anhang aufgelistet (siehe Tabelle 9.3 und Tabelle 9.4) und werden im Folgenden kurz vorgestellt. In Kapitel 5.3.6.2 werden die Lösungsansätze durch weitere kreative Lösungsansätze des Autors ergänzt. In Bezug auf die daraus erstellte Abbildung 5-40 werden alle Lösungsansätze von „L1“ bis „L13“ zwecks einer besseren Nachvollziehbarkeit nummeriert.

Konfliktpotenzial zwischen beiden Geschäftsmodellen

Parallele Geschäftsmodelle können in vielen Fällen der Ausgangspunkt von *internen Konflikten* sein, die insbesondere das neue Geschäftsmodell bedrohen, da dieses noch aufgebaut werden muss.[582] Die Konflikte können in vielen Dimensionen sichtbar werden. So ist es auf der strategischen Steuerungsebene möglich, dass eines der Geschäftsmodelle grundsätzlich *bevorzugt oder vernachlässigt* wird.[583] Dies kann Auswirkungen auf wichtige Steuerungselemente wie bspw. die Verteilung von finanziellen und physischen Ressourcen haben. Gleichzeitig geht mit der Einführung eines neuen Geschäftsmodells oft eine Umverteilung von Verantwortlichkeiten einher. Aus Angst vor Machtverlust könnten vor allem individuelle Führungskräfte Widerstände gegen das neue Geschäftsmodell erzeugen.[584] Diese Angst kann besonders häufig im Vertrieb

[581] Eigene Darstellung basierend auf: Kitchenham, B. / Charters, S. (2007) Systematic literature reviews, S. 6.
[582] Vgl. Baines, T. / Lightfoot, H. (2013) Made to serve, S. 156 - 157; Appelfeller, W. / Feldmann, C. (2018) Digitale Transformation, S. 197 - 198.
[583] Vgl. Sund, K. / Villarroel, J. / Bogers, M. (2014) Organizational aspects, S. 4 - 5; Meinhardt, S. / Pflaum, A. (2019) Digitale Geschäftsmodelle Band 1, S. 216 - 217.
[584] Vgl. Appelfeller, W. / Feldmann, C. (2018) Digitale Transformation, S. 197 - 198.

beobachtet werden, wo sogenannte *Kannibalisierungseffekte* entstehen.[585] Darüber hinaus ist es auf der operativen Ebene möglich, dass beide Geschäftsmodelle auf die *gleichen Ressourcen zugreifen* müssen, die aus Gründen der mangelnden Verfügbarkeit, der Kosteneffizienz, der Unteilbarkeit etc. nur einmal existieren. Aufgrund begrenzter Verfügbarkeit dieser Ressourcen können Konflikte zwischen beiden Geschäftsmodellen entstehen.[586]

Aus den untersuchten Literaturen konnten zwei Lösungsansätze von MARKIDES identifiziert werden, um diesen Herausforderungen zu begegnen. Zum einen kann die Stelle eines *aktiven und glaubwürdigen Integrators* dazu beitragen, die Interessen aus beiden Geschäftsmodellen gleichermaßen zu vertreten, eventuellen Konflikten vorzubeugen und entstandene Konflikte aus einer neutralen Perspektive zu schlichten (Lösungsansatz „L1"). Vor allem aber könnte eine *gemeinsame Geschäftsführung* die Wahrung der Interessen beider Geschäftsbereiche sicherstellen (Lösungsansatz „L2"). In Fällen von Konflikten wäre sie die geeignete Instanz, um diese effektiv zu lösen.[587] Diese Lösungsansätze wurden bereits im Zuge der Schnittstellengestaltung zwischen Subskription und Transaktion identifiziert und berücksichtigt.

Entfaltung des neuen Geschäftsmodells

Die Einführung eines neuen serviceorientierten Geschäftsmodells erfordert grundlegend *neue Prozesse, IT-Systeme und ein neues Mindset*.[588] Dafür braucht der neue Geschäftsbereich die notwendige Freiheit, um sich entfalten zu können.[589] Gleichzeitig erfordert die Nutzung von Synergiepotenzialen eine punktuell enge Zusammenarbeit zwischen beiden Geschäftsbereichen. So muss insgesamt eine Balance zwischen *Separation und Integration* beider Geschäftsmodelle gewahrt werden.[590]

Zur Lösung dieser Herausforderungen bieten bestehende Literaturen vor allem zwei Ansätze. Auf der einen Seite muss das neue Geschäftsmodell *organisatorisch vom bestehenden Geschäftsmodell in Form einer separaten Geschäftseinheit getrennt* werden (Lösungsansatz „L3").[591] Auf der anderen Seite darf es jedoch *nicht vollständig vom klassischen Geschäft isoliert* werden. Stattdessen müssen *bewusst Schnittstellen geschaffen* werden, um Synergiepotenziale nutzen zu können (Lösungsansatz „L4").[592] Ein Lösungsansatz zur Wahrung der Balance zwischen Separation und Integration konnte indes nicht identifiziert werden.

585 Vgl. Bilgeri, D. / Wortmann, F. / Fleisch, E. (2018) Digital transformation, S. 1905.

586 Vgl. Palo, T. / Åkesson, M. / Löfberg, N. (2019) Servitization, S. 492.

587 Vgl. Markides, C. (2013) Business model innovation, S. 318.

588 Vgl. Palo, T. / Åkesson, M. / Löfberg, N. (2019) Servitization, S. 494; Correani, A. / Massis, A. de et al. (2020) Digital strategy, S. 49.

589 Vgl. Chen, K.-L. / Møller, C. (2019) Transformation towards servitization, S. 109.

590 Vgl. Helms, T. (2016) Asset transformation, S. 110.

591 Vgl. Barnett, N. / Parry, G. et al. (2013) Servitization, S. 151; Meinhardt, S. / Pflaum, A. (2019) Digitale Geschäftsmodelle Band 1, S. 216 - 217; Mohr, T. (2020) Digital Navigator, S. 101 - 103.

592 Vgl. Markides, C. (2013) Business model innovation, S. 318.

Kulturelle Veränderungen (Soft Skills)

Ein wichtiger Aspekt in der angesprochenen Änderung des Mindsets der Mitarbeiter ist die Transition *vom Fokus auf Transaktion zum Fokus auf Kundenbeziehung*.[593] Ein solcher Fokus geht über die klassische Kundenbeziehung hinaus, die häufig nur bei Problemfällen aktiviert wird. Die Transition scheitert jedoch oftmals an einer *mangelnden Veränderungsbereitschaft* der Mitarbeiter. Dies liegt in vielen Fällen daran, dass Mitarbeiter ihr existierendes Geschäftsverständnis und die sich darin bewährten Praktiken nur schwer ablegen können.[594] Auch herrscht in vielen Unternehmensbereichen eine *Silo-Mentalität* vor, die vor allem an den Schnittstellen beider Geschäftsbereiche eine Zusammenarbeit erschwert.[595]

Um einen Fokus auf Kundenbeziehungen herzustellen, ist eine *neue Organisationseinheit* zu schaffen, die über den klassischen Key Account Manager hinausgeht (Lösungsansatz „L7").[596] Das Ziel ist es, die individuellen Bedürfnisse des Kunden umfassend zu verstehen und auf diese einzugehen. Darüber hinaus kann eine kulturelle Veränderung durch die Wahl in der personellen Stellenbesetzung gefördert werden. So können im neuen Geschäftsbereich *gemischte Teams aus bestehenden, internen und neuen, externen Mitarbeitern* gebildet werden (Lösungsansatz „L8").[597] Rein intern besetzte Teams können *ambidext mit Mitarbeitern aus beiden Geschäftsbereichen* gebildet werden, um die Silomentalität zu durchbrechen (Lösungsansatz „L9").[598] Schließlich müssen grundlegende *gemeinsame Werte* in der Gesamtorganisation geschaffen werden, auf die sich unterschiedliche Kulturen aufbauen können (Lösungsansatz „L10").[599]

Neue Fähigkeiten (Hard Skills)

Ein neues Geschäftsmodell mit neuen Leistungsangeboten und neuen Prozessen erfordert meistens *neue Fähigkeiten*, um diese auch umzusetzen.[600] Besonders bei der Einführung digitaler Geschäftsmodelle stehen Unternehmen vor der Herausforde-

---

593 Vgl. Gebauer, H. / Saul, C. et al. (2017) Organizational capabilities, S. 162 - 163; Chen, K.-L. / Møller, C. (2019) Transformation towards servitization, S. 109; Paiola, M. / Gebauer, H. (2020) Internet of things, S. 257.

594 Spath, D. / Westkämper, E. et al. (2017) Unternehmensorganisation, S. 65.

595 Vgl. Appelfeller, W. / Feldmann, C. (2018) Digitale Transformation, S. 197 - 198; Tronvoll, B. / Sklyar, A. et al. (2020) Transformational shifts, S. 301.

596 Vgl. Bilgeri, D. / Wortmann, F. / Fleisch, E. (2018) Digital transformation, S. 1906.

597 Vgl. Markides, C. (2013) Business model innovation, S. 318.

598 Vgl. Markides, C. (2013) Business model innovation, S. 318; Lienert, A. / Süße, T. et al. (2019) Organizational transformation, S. 315.

599 Vgl. Markides, C. (2013) Business model innovation, S. 318.

600 Vgl. Schüritz, R. / Seebacher, S. et al. (2018) Datatization, S. 1108; Tronvoll, B. / Sklyar, A. et al. (2020) Transformational shifts, S. 296 - 302.

rung, *digitale Fähigkeiten* zu akquirieren.[601] Dazu gehören vor allem Fähigkeiten *zur Datenanalyse*, um die Kundenbedürfnisse zu erkennen,[602] sowie Fähigkeiten zur Stärkung der *IT-Sicherheit*, um sowohl die Stabilität der IT-Infrastruktur als auch den Schutz vor externen Angriffen zu stärken.[603] Bei serviceorientierten Geschäftsmodellen in traditionell produktorientierten Unternehmen werden darüber hinaus insbesondere *neue Vertriebsfähigkeiten* benötigt, um den Wert von Dienstleistungen überzeugend vermitteln zu können.[604]

Um sich die neuen benötigten Fähigkeiten anzueignen, ist es am effektivsten, aus dem *externen Umfeld neue Mitarbeiter* zu rekrutieren (Lösungsansatz „L11"). Diese können gleichzeitig positiv zur kulturellen Veränderung beitragen, während bestehende Mitarbeiter in gewohnten Regeln und Normen verfangen sein könnten.[605]

Agile Anpassungsfähigkeit

Da sich Kundenwünsche dynamisch ändern können, müssen Unternehmen in der Lage sein, die Leistungsangebote sowie die für die Erbringung notwendigen *Geschäftsprozesse agil anzupassen*.[606] Bestehende Literaturen weisen zwar auf die Bedeutung der prozessualen Agilität hin, bieten jedoch keine konkreten Hinweise, wie sie erreicht werden kann.

Schwierige Kostenallokation

Eine weitere organisatorische Herausforderung kann entstehen, wenn die parallelen Geschäftsmodelle eines Unternehmens strikt nach deren individuellem Umsatz und Gewinn gesteuert werden. So kann es vorkommen, dass eine Maschine, die im Transaktionsgeschäft entwickelt und produziert wurde, an einen Subskriptionskunden ausgeliefert wird. In diesem Fall werden i.d.R. zwischen beiden Geschäftsbereichen einmalig interne Kosten verrechnet. Dadurch entsteht eine *schwierige Kostenallokation*, da auf lange Sicht der Subskriptionsbereich wiederkehrende Umsätze erwirtschaftet und profitabel erscheint, während der Transaktionsbereich nur einen einmaligen, geringfügigen Gewinn erwirtschaftet hat. Als Lösung wird ein *adäquates Kosten- und Gewinnverrechnungsmodell* vorgeschlagen, um diese Konflikte zu vermeiden (Lösungsansatz „L13").[607]

---

[601] Vgl. Bilgeri, D. / Wortmann, F. / Fleisch, E. (2018) Digital transformation, S. 1902; Frank, A. / Mendes, G. et al. (2019) Servitization and Industry 4.0, S. 348; Tronvoll, B. / Sklyar, A. et al. (2020) Transformational shifts, S. 296.

[602] Vgl. Paiola, M. / Gebauer, H. (2020) Internet of things, S. 257.

[603] Vgl. Aagaard, A. / Presser, M. / Andersen, T. (2019) IoT as leverage, S. 3.

[604] Vgl. Paiola, M. / Gebauer, H. (2020) Internet of things, S. 257.

[605] Vgl. Palo, T. / Åkesson, M. / Löfberg, N. (2019) Servitization, S. 495.

[606] Vgl. Correani, A. / Massis, A. de et al. (2020) Digital strategy, S. 49.

[607] Vgl. Baines, T. / Lightfoot, H. (2013) Made to serve, S. 158.

5.3.6.2 Erweiterung der identifizierten Lösungsansätze

Ein Abgleich der durch die strukturierte Literaturrecherche identifizierten Herausforderungen und Lösungsansätze ergibt, dass manche der Herausforderungen nicht durch bestehende Lösungsansätze abgedeckt werden können. Daher werden im Folgenden weitere kreative Lösungsansätze durch den Autor vorgeschlagen. Die Gesamtheit aller Herausforderungen und Lösungsansätze ist in Abbildung 5-40 dargestellt.

Die Entfaltung des neuen Geschäftsmodells erfordert neue Prozesse, die definiert werden müssen. Daher ist eine *systematische Entwicklung der neuen Prozesse* gerade während der Einführung des neuen Geschäftsmodells wichtig (Lösungsansatz „L5"). Gleichzeitig muss die Balance zwischen Separation und Integration gewahrt werden. Dafür müssen *Synergiepotenziale explizit und systematisch in der Gestaltung der Aufbauorganisation berücksichtigt* werden (Lösungsansatz „L6"). Eine agile Anpassungsfähigkeit der Geschäftsprozesse soll vor allem durch eine hohe Autonomie dieser erreicht werden. Dadurch werden die Schnittstellen der Geschäftsprozesse reduziert und die Reaktionsfähigkeit gestärkt. Die Organisation der *Geschäftsprozesse in jeweils dezentralen Prozesseinheiten* soll hierfür die Grundlage bilden (Lösungsansatz „L12").

Gleichzeitig kann festgestellt werden, dass einige der Lösungsansätze für die Gestaltung der Aufbauorganisation irrelevant sind. So wirkt sich die Bildung *gemischter Teams aus bestehenden, internen und neuen, externen Mitarbeitern* lediglich auf die Stellenbesetzung in der Aufbauorganisation aus (Lösungsansatz „L8"). Auch die Bildung *ambidextrer Teams mit Mitarbeitern aus beiden Geschäftsbereichen* wirkt sich hauptsächlich auf die Stellenbesetzung aus und wurde bereits in Kapitel 5.3.5.2 besprochen (Lösungsansatz „L9"). Dagegen bildet die *Schaffung gemeinsamer Werte* eine direkte normative Maßnahme zur Gestaltung der Unternehmenskultur, die unabhängig von der Aufbauorganisation getroffen werden kann (Lösungsansatz „L10"). Das *Rekrutieren neuer Mitarbeiter* erfordert hauptsächlich die operative Durchführung durch die Personalabteilung (Lösungsansatz „L11"). Schließlich stellt ein *adäquates Kosten- und Gewinnverrechnungsmodell* ein wichtiges internes Steuerungs- und Kontrollinstrument dar, das unabhängig von der Organisationsstruktur eingesetzt werden kann (Lösungsansatz „L13").

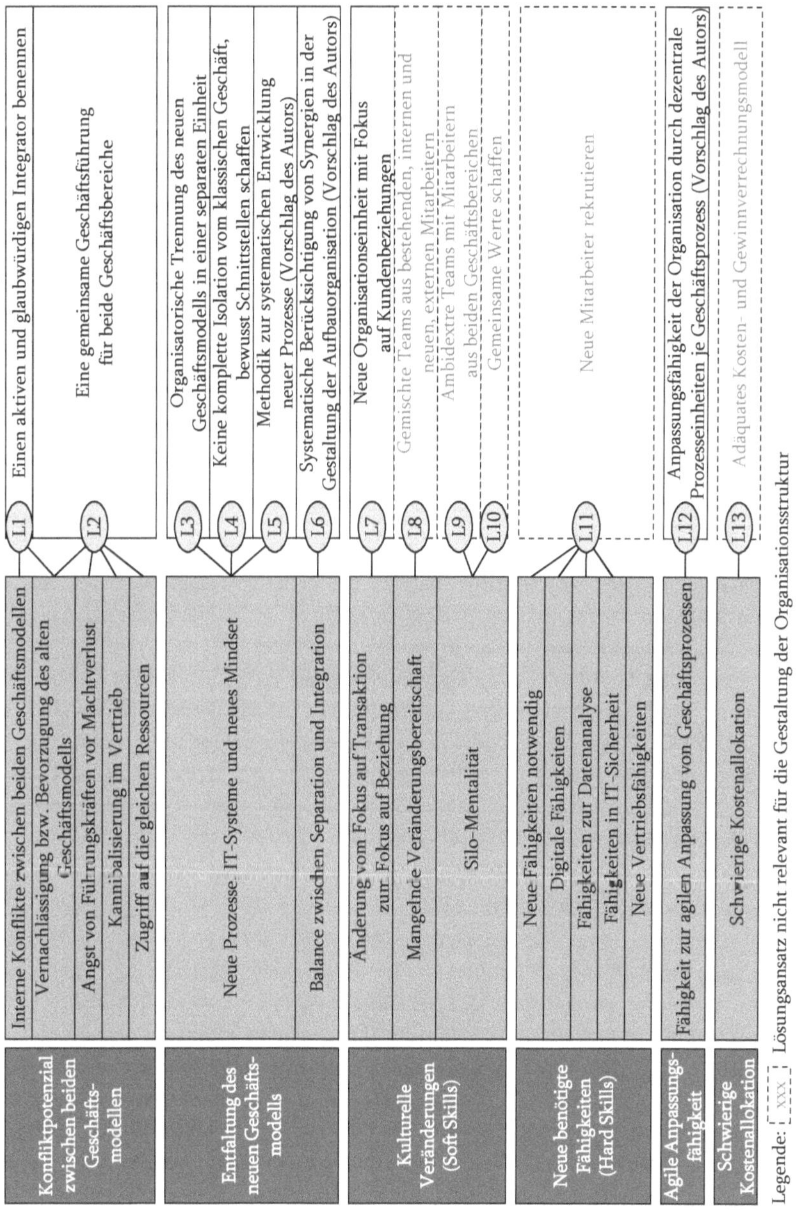

Abbildung 5-40: Herausforderungen und Lösungsansätze während der Einführung eines neuen parallelen Geschäftsmodells

5.3.7 Ableitung der Organisationsstruktur in der Einführungsphase (Gestaltungsmodell)

Insgesamt ergeben sich acht Lösungsansätze, die während der Einführung von Subskription als neues paralleles Geschäftsmodell berücksichtigt werden müssen. Aus einem Abgleich der bisher entwickelten Methodik und diesen Lösungsansätzen kann der Anpassungsbedarf der bisherigen Methodik identifiziert werden. Das Ergebnis des Abgleichs wird in Abbildung 5-41 dargestellt.

In Kapitel 5.2 der vorliegenden Arbeit wurde bereits eine Methodik vorgestellt, um neue Geschäftsprozesse systematisch zu entwickeln und zu detaillieren. Damit wird der Lösungsansatz „L5" bereits umgesetzt. Bei der Identifikation der Prozessrollen im selben Kapitel wurde die Rolle des Customer Success Managers vorgestellt, die die Bedürfnisse der Kunden detailliert verstehen und die Kundenbeziehungen aufrechterhalten muss. Damit wird der Lösungsansatz „L7" bereits umgesetzt. Bei der Entwicklung der allgemeinen Gestaltungsleitlinien und des Grundgerüstes der Aufbauorganisation (vgl. Kap. 5.3.1 und Kap. 5.3.2) wurde für jeden Geschäftsprozess eine separate Prozesseinheit definiert, die in ihrer eigenverantwortlichen Organisation eine hohe Agilität und Anpassungsfähigkeit erreichen kann (Lösungsansatz „L12"). Bei der Definition der Schnittstellen zwischen den beiden Geschäftsbereichen wurden viele weitere Lösungsansätze umgesetzt (vgl. Kapitel 5.3.5). So wurde die Benennung eines aktiven und glaubwürdigen Integrators bereits berücksichtigt (Lösungsansatz „L1"). Die organisatorische Trennung beider Geschäftsbereiche (Lösungsansatz „L3") sowie ihre Steuerung durch eine gemeinsame Unternehmensführung (Lösungsansatz „L2") sind ebenfalls bereits Teil der Methodik. Sie sind gleichzeitig die logische Schlussfolgerung aus der grundlegenden Hypothese 1 der vorliegenden Arbeit (vgl. Kapitel 4.2). In Kapitel 5.3.5 wurden auch bereits bewusst Schnittstellen zwischen beiden Geschäftsbereichen geschaffen, um Synergiepotenziale nutzen zu können (Lösungsansätze „L4" und „L6").

Es kann abschließend festgestellt werden, dass die relevanten Lösungsansätze für die Einführungsphase des Subskriptionsmodells bereits in der entwickelten Methodik zur Gestaltung der Aufbauorganisation im Zielbild paralleler Geschäftsmodelle vollständig berücksichtigt wurden. In der Praxis kann die damit entwickelte Aufbauorganisation als Vorlage dienen, um die in der Einführungsphase bereits notwendigen Rollen zu platzieren. Mit dem Wachstum des neuen Geschäftsmodells wächst die Anzahl der notwendigen Rollen, womit die Vorlage mit der Zeit zunehmend vervollständig wird. Es muss jedoch berücksichtigt werden, dass insbesondere in der Einführungsphase das Vorhalten spezialisierter Fähigkeiten besonders kostenintensiv sein kann, da diese voraussichtlich nicht immer ausgelastet werden können. In diesem Fall ist es kostengünstiger, auf die entsprechenden Ressourcen im Transaktionsgeschäft zurückzugrei-

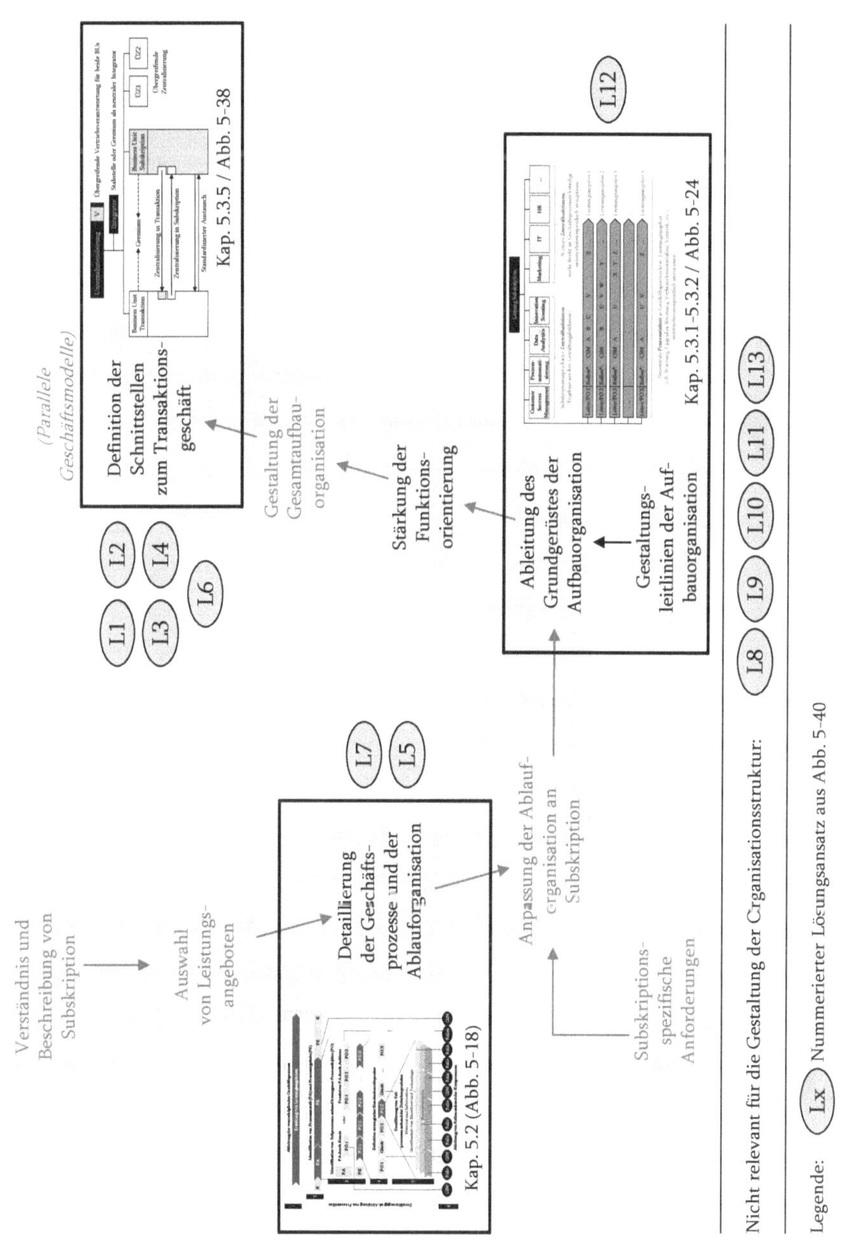

Abbildung 5-41: Abgleich der Lösungsansätze für die Einführung eines neuen parallelen Geschäftsmodells mit der bereits entwickelten Methodik

fen. Weil dadurch jedoch eine zusätzliche organisatorische Schnittstelle entsteht, müssen die Vor- und Nachteile bewusst abgewogen werden. Dies entspricht in der entwickelten Methodik dem Schritt „Definition Schnittstellen zum Transaktionsgeschäft“ (vgl. Kap. 5.3.5) und bewirkt eine zielgerichtete Balance zwischen Separation und Integration beider Geschäftsbereiche. Aufgrund der hohen organisatorischen Dynamik eines neuen Geschäftsmodells kurz nach der Einführung muss diese Balance immer wieder sichergestellt werden. Dies gilt vor allem dann, wenn neue Leistungsangebote und folglich neue Prozesse sowie Prozessrollen entstehen. In der Folge muss auch der Schritt „Definition Schnittstellen zum Transaktionsgeschäft“ kontinuierlich wiederholt werden (siehe Abbildung 5-42).

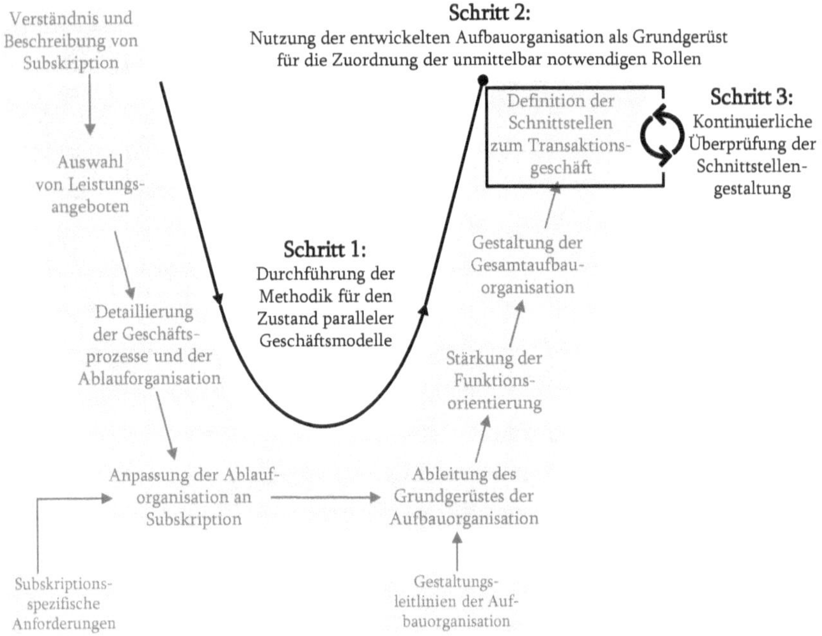

Abbildung 5-42: Anwendung der entwickelten Methodik in der Einführungsphase von Subskription parallel zum Transaktionsgeschäft

5.4 Zwischenfazit: Gestaltung der Organisation bei Subskription im Maschinen- und Anlagenbau

Im vorliegenden Kapitel 5 wurde das Grobmodell aus Kapitel 4.3 zur Gestaltung der Organisationsstruktur für Anbieter vom Subskriptionsmodell im Maschinen- und Anlagenbau ausdetailliert. Die Basis dafür bildeten der organisatorische Leitsatz „structure follows process follows strategy", das in Kapitel 2.2.5 vorgestellt wurde, sowie die grundlegenden Hypothesen der vorliegenden Arbeit aus Kapitel 4.2.

Zunächst wurde in Kapitel 5.1 ein grundlegendes Verständnis von Subskription entwickelt. Es beinhaltet sowohl eine Definition als auch eine Beschreibung der Charakteristika, der zentralen Nutzenversprechen, der möglichen Leistungsangebote, der Erfolgsfaktoren und der Voraussetzungen von Subskription im Maschinen- und Anlagenbau. Dieses Ergebnis ist allgemein gültig und unabhängig vom Unternehmen, das es anwendet. Die zentralen Nutzenversprechen bilden die Basis für eine systematische Bewertung und Auswahl unternehmensindividueller Leistungsangebote im Subskriptionsmodell. Dabei wurde explizit zwischen der Einführungsphase von Subskription und dem Zustand paralleler Geschäftsmodelle unterschieden.

In Kapitel 5.2 wurde eine Methodik entwickelt, um die für die Erstellung der Leistungsangebote notwendigen Geschäftsprozesse zu detaillieren (Ablauforganisation) und somit eine spätere Entwicklung der Aufbauorganisation zu ermöglichen. Dabei muss ein Detaillierungsgrad erreicht werden, bei dem Prozessrollen abgeleitet werden können. Die Methodik enthält insgesamt sechs Schritte und berücksichtigt subskriptionsspezifische Prozessanforderungen, die auf Basis bestehender Literaturen sowie dem Verständnis von Subskription hergeleitet wurden. Es empfiehlt sich, zunächst die Prozessrollen für alle langfristig absehbaren Leistungsangebote zu entwickeln. Nur so kann anschließend in Kapitel 5.3 die Aufbauorganisation im langfristigen Zustand paralleler Geschäftsmodelle entwickelt werden. Als Ausgangsbasis wurden in einem ersten Schritt acht allgemeine Gestaltungsleitlinien hergeleitet. Wie das Verständnis von Subskription sind auch die Gestaltungsleitlinien allgemein gültig und unabhängig vom Unternehmen, das sie anwendet. Das damit erstellte Grundgerüst der Aufbauorganisation ist im wertschöpfenden Bereich zunächst rein prozessorientiert und im unterstützenden Bereich rein funktionsorientiert. Um vor allem Spezialisierungs- und Synergieeffekte zu nutzen, werden die zuvor abgeleiteten Prozessrollen im wertschöpfenden Bereich bzgl. ihrer disziplinarischen und operativen Führung bewertet. Dadurch kann der geeignete Zentralisierungsgrad der Rollen ermittelt werden, wodurch die reine Prozessorientierung zwecks einer stärkeren Funktionsorientierung abgeschwächt wird. Die somit entstandenen Organisationseinheiten werden auf Basis des Homogenitätsprinzips zu Abteilungen integriert. Dabei ist nicht nur die jeweilige bilaterale Homogenität entscheidend, sondern auch die Gesamthomogenität in der Interaktion mit allen anderen Organisationseinheiten. Das Ergebnis ist die Gesamtaufbauorganisation im Subskriptionsgeschäft. Um Synergiepotenziale mit dem Transaktionsgeschäft zu nutzen und Konfliktpotenziale zu vermeiden, werden die Schnittstellen zwischen beiden Geschäftsbereichen gestaltet. Dafür werden vor allem die Erkenntnisse der Ambidextrieforschung nach MARKIDES genutzt, die konkrete Vorschläge für die Gestaltung paralleler Geschäftsmodelle bieten. Die somit entwickelte Aufbauorganisation im langfristigen Zustand paralleler Geschäftsmodelle dient als Vorlage für die Einführungsphase von Subskription. Unmittelbar relevante Prozessrollen können darin platziert werden. Die Validität dieser Vorgehensweise wurde durch eine strukturierte, von Maschinellem Lernen unterstütze Literaturrecherche bestätigt. Mit der Entwicklung des Subskriptionsmodells und der Zunahme von Prozessrollen müssen die Schnittstellen zum Transaktionsgeschäft jedoch kontinuierlich überprüft und neu gestaltet werden. Dadurch kann ein optimales Zusammenspiel zwischen beiden Geschäftsbereichen ermöglicht werden.

Zur Validierung der in Kapitel 5 entwickelten Methodik wurde diese in einem realen Industrieunternehmen angewendet. Die Ergebnisse sowie die Erkenntnisse werden im folgenden Kapitel 6 vorgestellt.

6 Anwendung und Reflexion der Methodik

Die in Kapitel 5 entwickelte Methodik zur Gestaltung der Organisationsstruktur bei Subskription im Maschinen- und Anlagenbau wurde zur Validierung in einem realen Unternehmen, der Werkzeugmaschinen GmbH (Name anonymisiert), angewendet. Die Vorgehensweise und Ergebnisse werden in Kapitel 6.1 beschrieben. Die dabei gewonnenen Erkenntnisse werden genutzt, um die Methodik in Kapitel 6.2 kritisch zu reflektieren.

6.1 Anwendung der Methodik in einem realen Unternehmen

Die Werkzeugmaschinen GmbH ist ein traditionsreicher deutscher Maschinenbauer und gilt als typischer Vertreter ihrer Branche. Ihre Ausgangssituation vor der Anwendung der Methodik wird in Kapitel 6.1.1 beschrieben. Die Anwendung folgt dem beschriebenen V-Modell in Abbildung 5-1. Zunächst werden in Kapitel 6.1.2 konkrete Leistungsangebote für ein zukünftiges Subskriptionsmodell ausgewählt. Daraus werden in Kapitel 6.1.3 die Geschäftsprozesse abgeleitet, detailliert sowie Prozessrollen identifiziert. Auf dieser Basis wird schließlich in Kapitel 6.1.4 die Aufbauorganisation im langfristigen Zielbild paralleler Geschäftsmodelle sowie für die Einführungsphase des Subskriptionsmodells entwickelt (siehe Abbildung 6-1).

6.1.1 Ausgangssituation der Werkzeugmaschinen GmbH

Die Werkzeugmaschinen GmbH ist ein weltweit führender, traditionsreicher Hersteller von spanenden Werkzeugmaschinen aus Deutschland. Das Unternehmen beschäftigt weltweit mehrere Tausend Mitarbeitende in zahlreichen Produktionsstätten sowie Vertriebs- und Servicestandorten. Die Maschinen werden traditionell in Transaktionsgeschäften verkauft, wobei unterschiedliche Finanzierungsmodelle möglich sind. In den vergangenen Jahren wurde der Dienstleistungsbereich des Unternehmens, insbesondere digitale Dienstleistungen, stark ausgebaut. Außerdem wurde die Einführung eines subskriptionsbasierten Geschäftsmodells beschlossen, das parallel zum Transaktionsgeschäft angeboten wird. Dazu hat die Werkzeugmaschinen GmbH die Position des „Head of Subscription“ eingeführt, der das zukünftige Subskriptionsmodell verantworten soll. Zum Zeitpunkt der Validierung befand sich das Subskriptions-

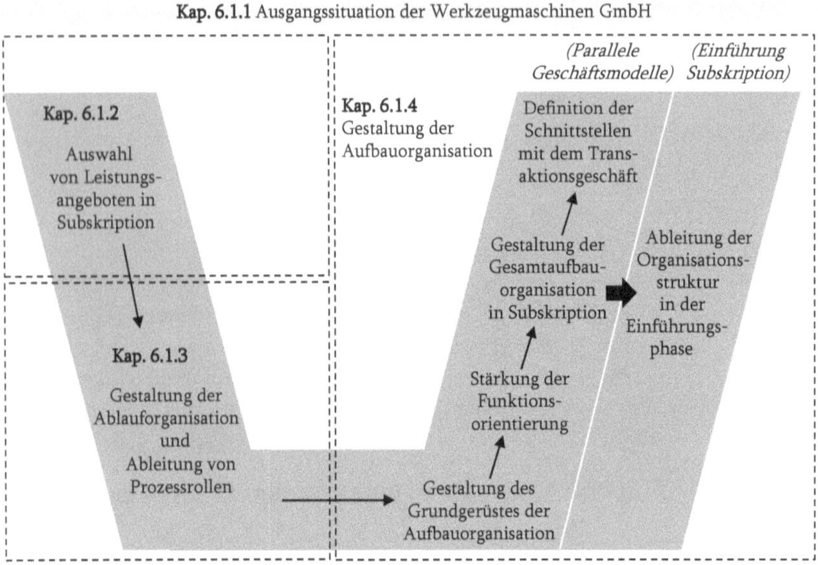

Abbildung 6-1: Anwendung der Methodik zur Gestaltung der Organisation bei Subskription bei der Werkzeugmaschinen GmbH

modell noch im Aufbau und dessen Einführung wurde noch nicht durch das Unternehmen offiziell verkündet. Vor diesem Hintergrund stellt die Werkzeugmaschinen GmbH einen idealen Validierungspartner dar, um das Ergebnis der vorliegenden Arbeit anzuwenden, da alle untersuchten Fragestellungen eine hohe Relevanz haben und die Ergebnisse der Validierung potenziell einen hohen Nutzen für das Unternehmen darstellen können.

Die Validierung fand in einer Reihe von Workshops mit dem Head of Subscription statt. Die Ergebnisse werden im Folgenden vorgestellt.

6.1.2 Auswahl von Leistungsangeboten in Subskription

In Anlehnung an das V-Modell aus Abbildung 5-1 wurden im ersten Schritt der Validierung die in der vorliegenden Arbeit entwickelte Definition sowie die umfassende Beschreibung von Subskription im Maschinen- und Anlagenbau vorgestellt. Diese fanden große Zustimmung, weshalb der Fokus in diesem Schritt auf der Auswahl konkreter Leistungsangebote lag. Dazu wurden zunächst anhand der Struktur in Abbildung 5-6 die möglichen zukünftigen Leistungsangebote des Subskriptionsmodells der Werkzeugmaschinen GmbH definiert (siehe Abbildung 6-2).

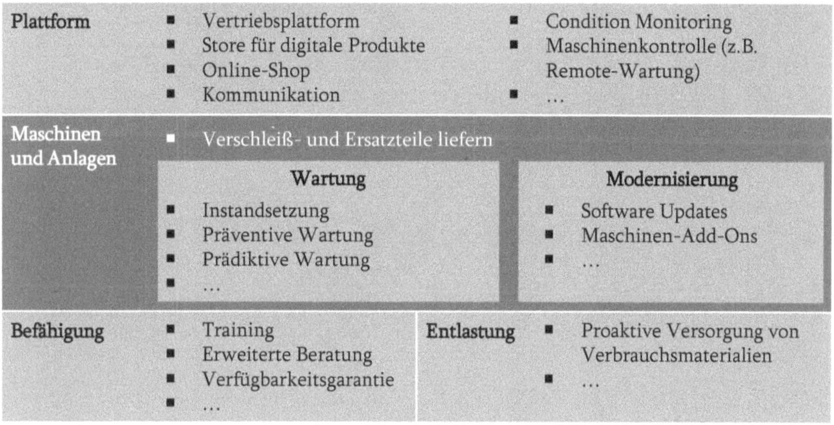

Abbildung 6-2: Definition möglicher Leistungsangebote im zukünftigen Subskriptionsmodell bei der Werkzeugmaschinen GmbH

Im nächsten Schritt galt es, diese Leistungsangebote zu bewerten. Zunächst wurde festgestellt, dass alle fünf zentralen Nutzenversprechen mit der Unternehmensstrategie übereinstimmten, weshalb ihnen jeweils die maximale Bewertung von „1,0“ zugewiesen wurde. Entsprechend reicht die Spannweite der X-Achse der Matrix bis maximal „5,0“. In der Bewertung des Beitrags einzelner Leistungsangebote zu den Nutzenversprechen zeigte sich jedoch erwartungsgemäß ein weniger homogenes Bild (siehe Abbildung 6-3). Die Erfüllung der „kontinuierlichen Produktivitätssteigerung“ und der „kundenindividuellen Bedürfnisse“ konnten durch alle Leistungsangebote entweder ganz oder zu einem hohen Grad erfüllt werden. Hingegen konnte die „Flexibilität“ von einigen gar nicht bzw. nur zu einem geringen Grad erfüllt werden. Dies liegt vor allem daran, dass einige Leistungsangebote, z.B. Instandsetzung und Präventive Wartung, standardisierte Dienstleistungen darstellen, die in ihrer Ausgestaltung nicht variiert werden. Dadurch ist der Nutzen für Kunden fest definiert und von diesen nicht flexibel beeinflussbar. Die niedrigste Positionierung auf der X-Achse lag bei 2,4 und die höchste bei 4,0.

Die Bewertung der Umsetzbarkeit (Y-Achse) ergab eine breitere Streuung. Manche Leistungsangebote, z.B. „Versand von Verschleiß- und Ersatzteilen“, „Instandsetzung“ und „Präventive Wartung“, werden bereits in gleicher oder ähnlicher Form im Transaktionsgeschäft angeboten und können ohne besonderen Zeit- und Kostenaufwand auch im Subskriptionsmodell angeboten werden. Dahingegen stellen Leistungsangebote wie die „Proaktive Versorgung“ (von Verbrauchsmaterialien) sowie die „Prädiktive Wartung“ neue Dienstleistungen dar. Für diese müssen u.a. zunächst Kompetenzen akquiriert und eine geeignete IT-Infrastruktur geschaffen werden.

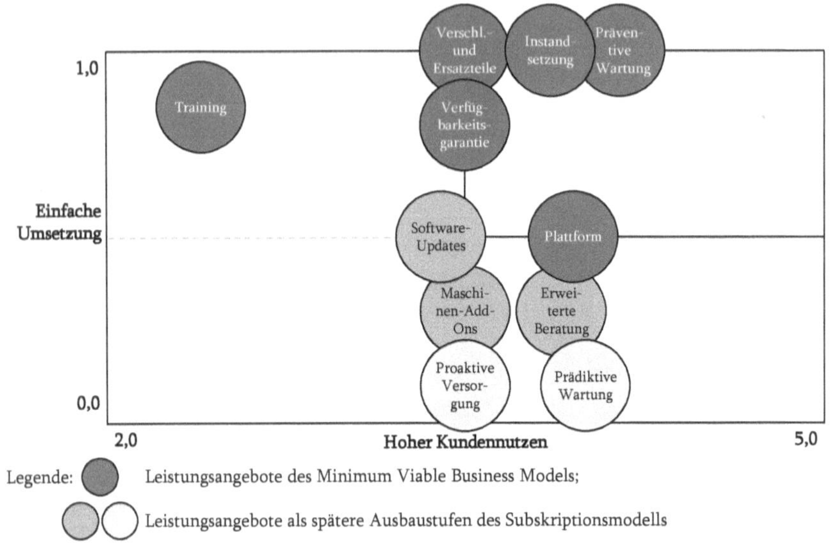

Abbildung 6-3: Bewertung und Auswahl von Leistungsangeboten im Subskriptionsmodell der Werkzeugmaschinen GmbH

6.1.3 Gestaltung der Ablauforganisation und Ableitung von Prozessrollen

Auf Basis der identifizierten Leistungsangebote wurden anhand des Ansatzes aus Kapitel 5.2 die Geschäftsprozesse zu Ablauforganisationen detailliert, die für die Erbringung der Leistungsangebote notwendig sind. Bereits zu Beginn der Prozessdetaillierung wurde eine Besonderheit der Werkzeugmaschinen GmbH festgestellt, die übergeordnet berücksichtigt werden musste. Während die Notwendigkeit eines Customer Success Managers (CSM) grundsätzlich erkannt wurde, wurde auch betont, dass dieser nicht den klassischen Area Sales Manager (ASM) ersetzen darf. Die Rolle des ASM ist in der globalen Konzernstruktur fest verankert und ist in jeder geografischen Region in einer Vertriebsgesellschaft organisiert. Der ASM ist traditionell der Ansprechpartner für alle Kunden einer Region. Eine komplette Ersetzung des ASM durch den CSM würde zu einem konzernweiten Widerstand gegen das neue Geschäftsmodell sowie zu starker Unruhe im Unternehmen führen. Daher sollen CSM und ASM in allen Geschäftsprozessen, wo immer möglich, zusammenarbeiten. Abbildung 6-4 zeigt beispielhaft die Detaillierung des Erbringungsprozesses für „Präventive Wartung“. Bei diesem Leistungsangebot wird mit dem Kunden eine bestimmte Häufigkeit geplanter Wartungen vertraglich vereinbart.

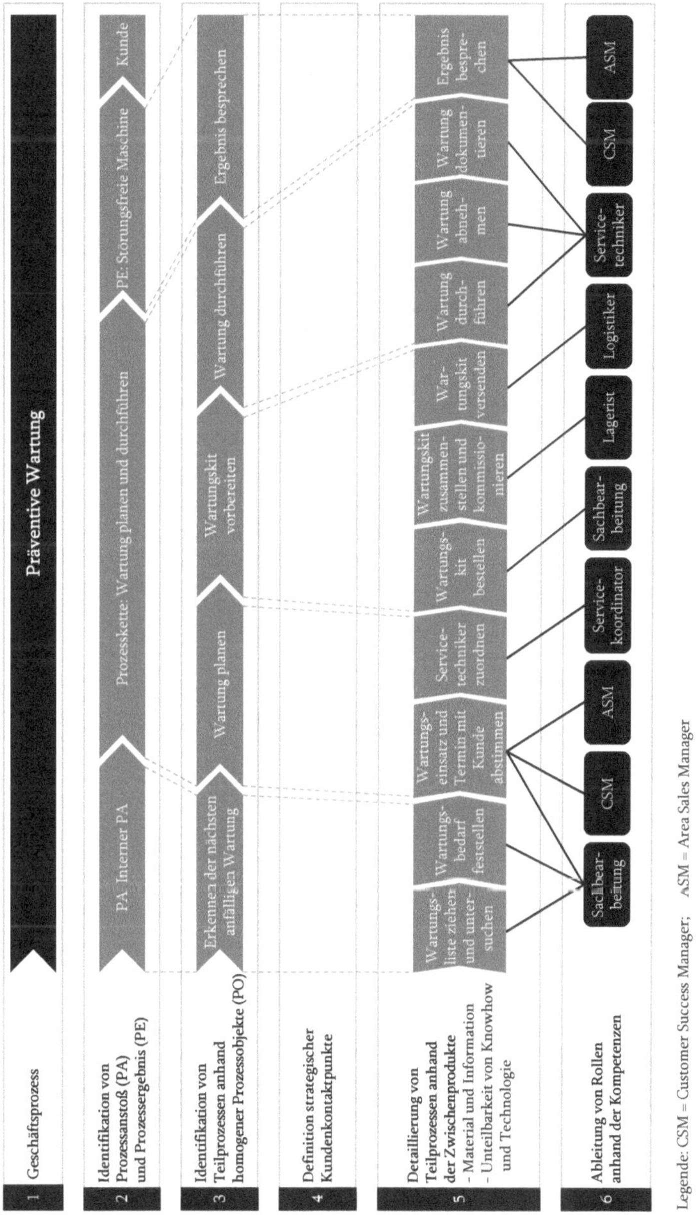

Abbildung 6-4: Detaillierung des Geschäftsprozesses „Präventive Wartung" bei der Werkzeugmaschinen GmbH

Der Geschäftsprozess wird intern ausgelöst, sobald die nächste planmäßige Wartung zeitnah ansteht. Im Teilprozess „Wartung planen“ werden Details zur Durchführung, z.B. der genaue Termin, mit dem Kunden abgestimmt. Da in den Teilprozessen „Wartung durchführen“ und „Ergebnis besprechen“ ebenfalls eine Interaktion mit dem Kunden stattfindet, wurde im Schritt 4 der Methodik auf zusätzliche strategische Kundenkontaktpunkte verzichtet. Insgesamt wurden sieben verschiedene Prozessrollen identifiziert.

Für die Dokumentation der Detaillierung weiterer Geschäftsprozesse sei an dieser Stelle auf den Anhang verwiesen (Abbildung 9-6 bis Abbildung 9-14). Das Leistungsangebot „Verfügbarkeitsgarantie“ wurde jedoch nicht betrachtet, da es sich dabei lediglich um eine vertragliche Regelung und keinen Geschäftsprozess handelt. Beim Geschäftsprozess „Maschinen-Add-Ons“ wurde die Annahme getroffen, dass relevante Hardwarekomponenten bereits in den Maschinen verbaut sind, die nach dem Kauf des Add-Ons lediglich aktiviert werden müssen. Die „Erweiterte Beratung“ soll eine proaktive Dienstleistung darstellen, die i.d.R. vom Anbieter initiiert wird. Schließlich wurde im Geschäftsprozess „Plattform“ nicht der Prozess der Plattformnutzung, sondern die kontinuierliche Weiterentwicklung der Plattform betrachtet (vgl. Kap. 5.2.1.5).

Somit wurden insgesamt 10 Ablauforganisationen entwickelt, aus denen 21 direkt wertschöpfende Prozessrollen abgeleitet wurden. Diese müssen in der Entwicklung der Aufbauorganisation berücksichtigt werden.

6.1.4 Gestaltung der Aufbauorganisation

Gestaltung des Grundgerüstes der Aufbauorganisation

Auf Basis der detaillierten Geschäftsprozesse wurden in Anlehnung an Kapitel 5.3.2 zehn dezentrale Prozesseinheiten gebildet, die jeweils ein Leistungsangebot erbringen. Darüber hinaus wurde die Notwendigkeit der vier subskriptionsspezifischen Zentralfunktionen „Customer Journey Management“, „Prozessautomatisierung“, „Data Analytics“ und „Innovation Scouting“ bestätigt. Zusätzlich wurden „Recht“, „Marketing“, „IT“, „HR“ und „Buchhaltung“ (BuHa) als weitere notwendige Zentralfunktionen definiert (siehe Abbildung 6-5).

In Anlehnung an Kapitel 5.3.2.3 wurde in einem Vergleich zwischen „Präventive Wartung“ und „Prädiktive Wartung“ festgestellt, dass die Prozessschritte und -rollen sehr ähnlich sind. Dies ist naheliegend, da beide Geschäftsprozesse Wartungsdienstleistungen planen und erbringen. Auch die Prozessschritte und -rollen des Geschäftsprozesses „Instandsetzung“ ähneln denen der Wartungsdienstleistungen. Der Unterschied besteht hauptsächlich darin, dass für Wartungen sogenannte Wartungskits, für die Instandsetzung Ersatzteile vorbereitet werden. Da Verschleiß- bzw. Ersatzteile auch den Fokus des Geschäftsprozesses „Verschleiß- und Ersatzteile“ bilden, wurde auch hier eine starke Ähnlichkeit der Prozessschritte und -rollen festgestellt. Aus diesen Gründen wurden diese vier dezentralen Organisationseinheiten zusammengefasst.

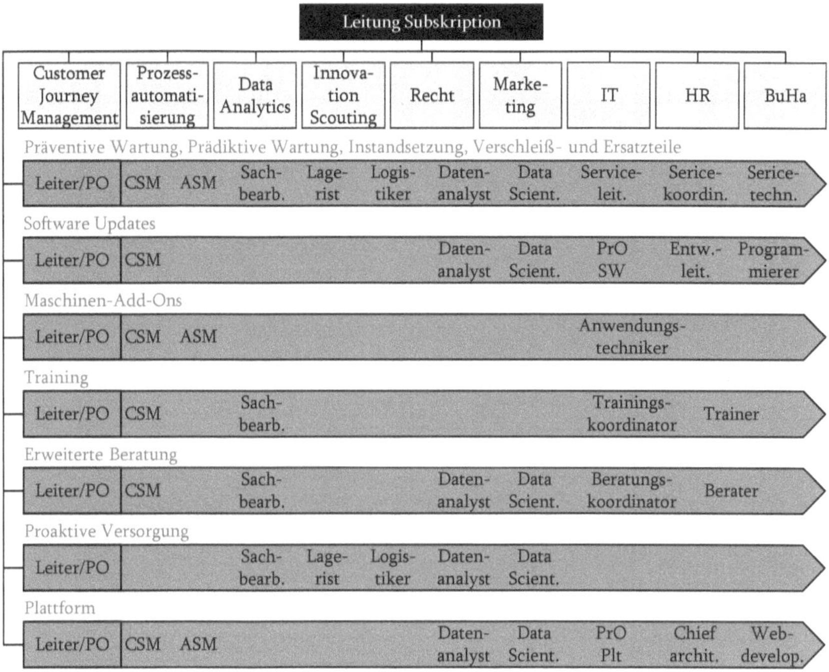

Legende: HR = Human Resources; BuHa = Buchhaltung; für weitere Abkürzungen sei auf die jeweilige Abbildung der Prozessdetaillierung im Anhang (Abb. 9-6 bis Abb. 9-14) verwiesen

Abbildung 6-5: Grundgerüst der Aufbauorganisation in Subskription bei der Werkzeugmaschinen GmbH

Stärkung der Funktionsorientierung

Die anschließende Bestimmung des notwendigen Zentralisierungsgrades für die Prozessrollen wurde unter Berücksichtigung der pragmatischen Empfehlungen aus Kapitel 5.3.3.4 durgeführt. So wurden die Prozessrollen, die nur in einer dezentralen Prozesseinheit benötigt wurden, pauschal einer rein dezentralen Führung zugeordnet. In Abbildung 6-5 sind dies alle 14 Prozessrollen rechts von der Prozessrolle „Data Scient." (Abk. für „Data Scientist"). Darüber hinaus wurde die Rolle „Sachbearbeitung" ebenfalls einer rein dezentralen, die restlichen sechs Prozessrollen einer Zentralfunktion zugeordnet. Kompetenzgruppen wurden nicht gebildet (siehe Abbildung 6-6).

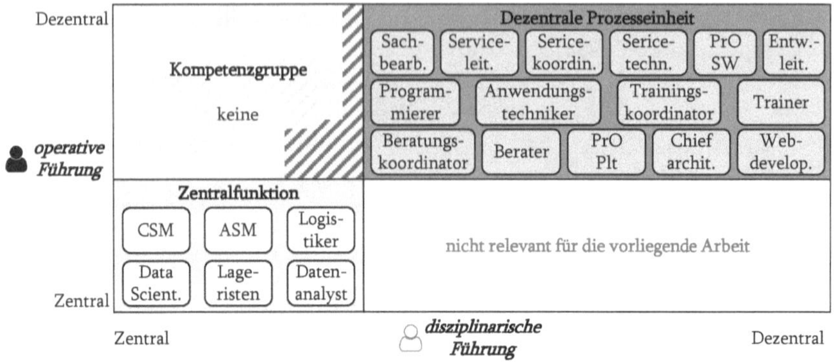

Für die Abkürzungen sei auf Abb. 6-4 und die jeweilige Abbildung der Prozessdetaillierung im Anhang (Abb. 9-6 bis Abb. 9-14) verwiesen.

Abbildung 6-6: Bestimmung der Führungsart der direkt wertschöpfenden Prozessrollen bei der Werkzeugmaschinen GmbH

Die auf dieser Basis angepasste Aufbauorganisation ist in Abbildung 6-7 dargestellt. Darin wurde die Zentralfunktion „Datenanalyst", die sich aus der Bewertung der notwendigen Führungsart ergab, mit der ohnehin definierten subskriptionsspezifischen Zentralfunktion „Data Analytics" vereint, da es sich hierbei um die gleiche Unternehmensfunktion bzw. die gleichen Qualifikationen handelt. Insgesamt ergaben sich somit 14 Zentralfunktionen, die bei der Gestaltung der Gesamtaufbauorganisation berücksichtigt werden müssen.

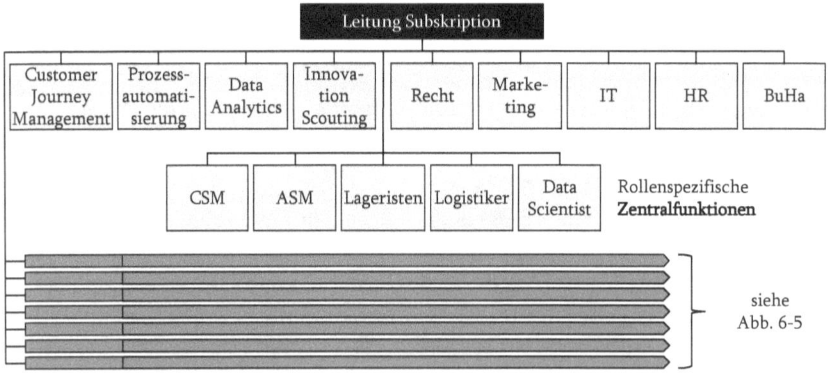

Legende: HR = Human Resources; BuHa = Buchhaltung; CSM = Customer Success Manager; ASM = Area Sales Manager

Abbildung 6-7: Anpassung des Grundgerüstes der Aufbauorganisation um stärkere Funktionsorientierung bei der Werkzeugmaschinen GmbH

Gestaltung der Gesamtaufbauorganisation in Subskription

Die Zentralfunktionen wurden in Anlehnung an Kapitel 5.3.4.3 in eine Konsolidierungsmatrix überführt, in der die bilateralen sowie die Gesamthomogenitäten bewertet wurden (siehe Abbildung 6-8). Es wurde zunächst festgestellt, dass insbesondere die Zentralfunktionen „Prozessautomatisierung" und „Data Analytics" eine hohe Interaktion mit den anderen Unternehmensbereichen aufweisen, was die Bedeutung der Digitalisierung im Subskriptionsmodell unterstreicht. Bei der Analyse der Gesamthomogenitäten wurde beschlossen, zwei höhere Schwellen zu definieren (60 % und 70 %), um eine differenziertere spätere Abteilungsbildung zu ermöglichen. Die Gesamthomogenitäten, die dadurch als „hoch" eingestuft wurden, sowie die Logik der Abteilungsbildung sind in Abbildung 6-9 dargestellt.

Da „Lageristen" und „Logistiker" mit 100 % Übereinstimmung die maximal mögliche Gesamthomogenität und auch eine hohe bilaterale Homogenität aufwiesen, wurden diese in einer neuen Abteilung „Warenwirtschaft" integriert. Auf ähnlicher Basis wurde beschlossen, auch „Data Analytics" (DA) und „Data Scientists" (DS) in einer neuen Abteilung zu integrieren. DA und DS besaßen gleichzeitig eine hohe Gesamthomogenität (über 60 % Übereinstimmung) mit den Zentralfunktionen „Prozessautomatisierung" (Auto) und „IT", welche auch untereinander eine hohe bilaterale Homogenität aufwiesen. Daher wurden auch diese in die neue Abteilung aufgenommen, die daraufhin „Digitale Wertschöpfung" genannt wurde. Ferner wurde festgestellt, dass die Zentralfunktionen „Innovation Scouting" (IS), CSM und ASM untereinander eine hohe bilaterale und Gesamthomogenität aufwiesen. Daher wurden auch diese drei Zentralfunktionen in einer neuen Abteilung integriert. Da die CSM in der Praxis durch das „Customer Journey Management" (CJM) unterstützt werden sollen, wurde CJM ebenfalls in die neue Abteilung aufgenommen, obwohl keine hohe Gesamthomogenität festgestellt wurde. Die neue Abteilung wurde „Customer Success Science" genannt, um die notwendige kundenorientierte Unternehmenskultur zu betonen.

In der Abteilungsbildung wurde die hohe Gesamthomogenität zwischen IS und DS bewusst ignoriert. Deren Berücksichtigung hätte zu einer Verschmelzung der beiden Abteilungen „Digitale Wertschöpfung" und „Customer Success Science" geführt. Als Folge wäre eine sehr große Abteilung entstanden, die höchstwahrscheinlich gegen das Beherrschbarkeitsprinzip verstoßen hätte (vgl. Kap. 5.3.4.1).

	OE	1	2	3	4	5	6	7	8	9	10	11	12	13	14
1	Customer Journey M.		2	1	1	3	2,5	0	0	1	3	1	0	1	0
2	Prozess-automatis.	2		3	1,5	2	2	3	3	3	3	1	0	2	1
3	Data Analytics	1	3		2	3	3	1	1	3	3	1	1	1	0
4	Innovation Scouting	1	1,5	2		3	2	0	0	3	3	2	1	1	1
5	Customer Success M.	3	2	3	3		3	0	0	3	1	2	2	1	1
6	Area Sales Manager	2,5	2	3	2	3		0	0	2	1	0	1	0	0
7	Lageristen	0	3	1	0	0	0		3	1	2	0	1	1	0
8	Logistiker	0	3	1	0	0	0	3		1	2	0	1	1	0
9	Data Scientist	1	3	3	3	3	2	1	1		3	0	2	0	1
10	IT	3	3	3	3	1	1	2	2	3		1	2	1	1
11	Marketing	1	1	1	2	2	0	0	0	0	1		2	1	1
12	Recht	0	0	1	1	2	1	1	1	2	2	2		1	1
13	Buch-haltung	1	2	1	1	1	0	1	1	0	1	1	1		1
14	HR	0	1	0	1	1	0	0	0	1	1	1	1	1	

1;2 46%	1;3 66%	1;4 66%	1;5 46%	1;6 50%	1;7 34%	1;8 34%	1;9 49%	1;10 34%	1;11 38%	1;12 49%	1;13 38%	1;14 42%
2;3 61%	2;4 57%	2;5 50%	2;6 42%	2;7 33%	2;8 33%	2;9 55%	2;10 66%	2;11 30%	2;12 51%	2;13 35%	2;14 23%	
3;4 72%	3;5 58%	3;6 56%	3;7 38%	3;8 38%	3;9 74%	3;10 59%	3;11 38%	3;12 50%	3;13 43%	3;14 35%		
4;5 67%	4;6 53%	4;7 30%	4;8 30%	4;9 63%	4;10 50%	4;11 46%	4;12 56%	4;13 39%	4;14 36%			
5;6 64%	5;7 24%	5;8 24%	5;9 58%	5;10 71%	5;11 45%	5;12 40%	5;13 36%	5;14 30%				
6;7 27%	6;8 27%	6;9 58%	6;10 50%	6;11 46%	6;12 31%	6;13 39%	6;14 32%					
7;8 100%	7;9 32%	7;10 36%	7;11 26%	7;12 32%	7;13 38%	7;14 33%						
8;9 32%	8;10 36%	8;11 26%	8;12 32%	8;13 38%	8;14 33%							
9;10 65%	9;11 46%	9;12 42%	9;13 46%	9;14 21%								
10;11 38%	10;12 42%	10;13 44%	10;14 28%									
11;12 44%	11;13 57%	11;14 50%										
12;13 47%	12;14 40%											
13;14 50%												

Legende: OE = Organisationseinheit; Abk = Abkürzung; HR = Human Resources, dt. Personalabteilung
3 = hohe bilaterale Homogenität; X% = Hohe Gesamthomogenität (>70%); X% = Hohe Gesamthomogenität (> 60%)

Abbildung 6-8: Homogenitätsbewertung der Organisationseinheiten bei der Werkzeugmaschinen GmbH

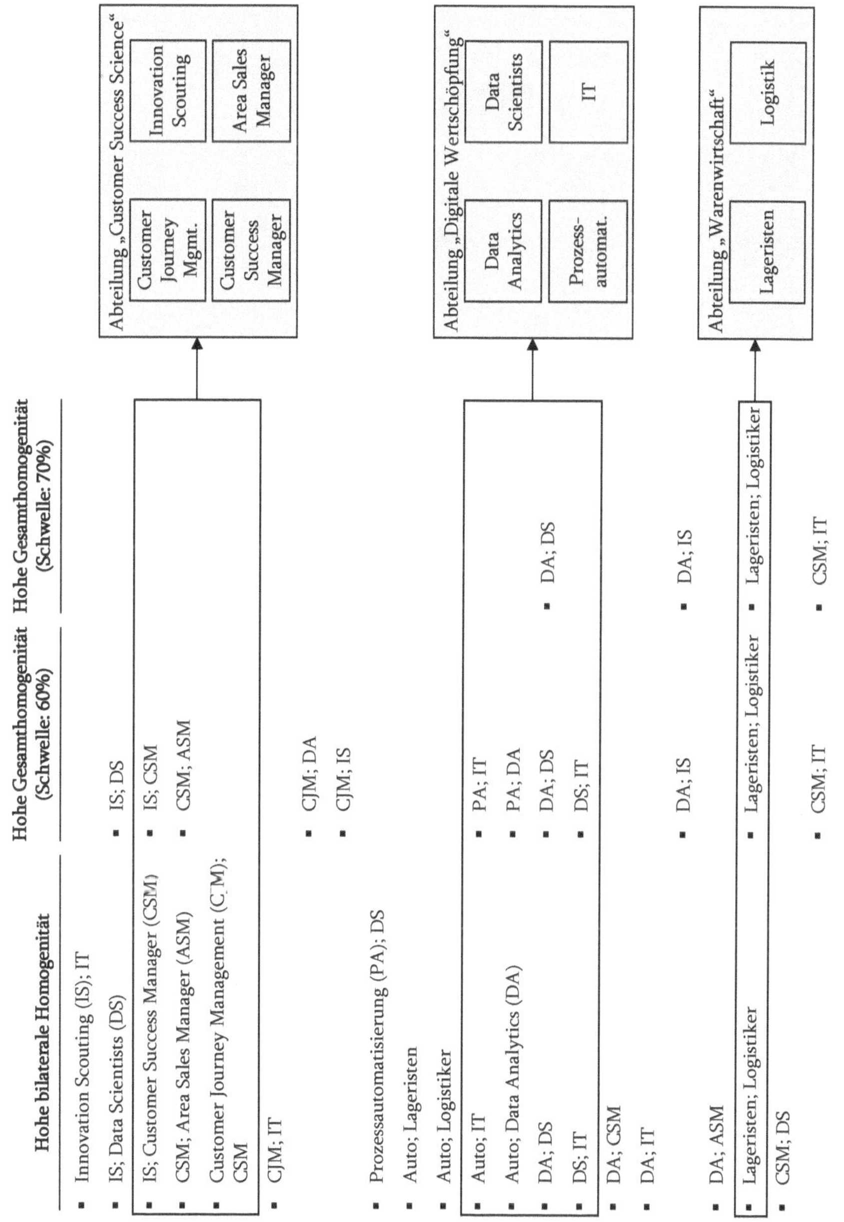

Abbildung 6-9: Abteilungsbildung anhand der durchgeführten Homogenitätsbewertung bei der Werkzeugmaschinen GmbH

Auf Basis der gebildeten Abteilungen konnte die Gesamtaufbauorganisation in Subskription entwickelt werden (sieh Abbildung 6-10).

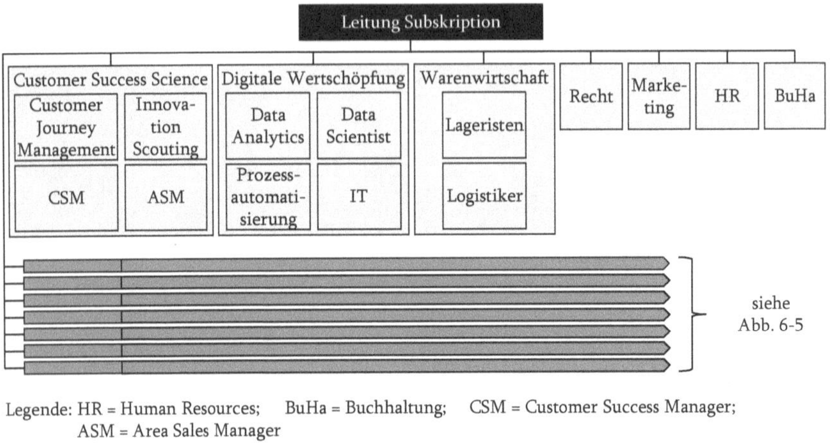

Abbildung 6-10: Gesamtaufbauorganisation im Zielbild paralleler Geschäftsmodelle bei der Werkzeugmaschinen GmbH

Definition der Schnittstellen mit dem Transaktionsgeschäft

Die gebildeten Abteilungen im Subskriptionsgeschäft bzw. ihre Pendants im Transaktionsgeschäft wurden in Anlehnung an Kapitel 5.3.5.2 qualitativ bewertet. Maßgeblich dabei waren die zu erwartenden synergetischen bzw. antagonistischen Wirkbeziehungen, die strategische Bedeutung der Abteilungen für den jeweiligen Geschäftsbereich sowie das zu erwartende Verhältnis der notwendigen Stellen. Auf dieser Basis wurden zunächst aufgrund der potenziellen Konflikte im Vertrieb die Wirkbeziehungen beider Geschäftsbereiche als hoch eingestuft. Darüber hinaus ist die Pflege des Kundenverhältnisses in beiden Geschäftsbereichen strategisch wichtig. Aus diesen Gründen wurde beschlossen, für die Interaktion der Abteilung „Customer Success Science“ mit dem Transaktionsgeschäft ein Gremium einzurichten. In dieser Konstellation war das zu erwartende Verhältnis der zukünftigen Stellen nicht mehr ausschlaggebend (vgl. Abbildung 5-38). Ähnlich zu „Customer Success Science“ wurde auch die „Digitale Wertschöpfung“ im Subskriptionsgeschäft bzw. ihr Pendant im Transaktionsgeschäft als strategisch wichtig erachtet. Aufgrund der geringen zu erwartenden Wirkbeziehungen reicht jedoch höchstwahrscheinlich ein systematischer Austausch aus. Bei allen anderen Abteilungen wurden hohe synergetische Wirkbeziehungen mit dem Transaktionsgeschäft erwartet. Aufgrund der niedrigen strategischen Bedeutung in beiden Geschäftsmodellen war dadurch das Verhältnis der Anzahl der Stellen ausschlaggebend. Da langfristig in allen Funktionen deutlich mehr Stellen im Transaktions- als im Subskriptionsgeschäft erwartet wurden, wurde eine Zentralisierung dieser Funktionen im Transaktionsgeschäft beschlossen. Das Ergebnis der Bewertung ist in Tabelle 6.1 dargestellt.

Tabelle 6.1: Bestimmung der notwendigen Schnittstellen zwischen Subskriptions- und Transaktionsgeschäft bei der Werkzeugmaschinen GmbH

Organisationseinheit (Subskription)	Maß Wirkbeziehungen mit dem Transaktionsgeschäft	Strategisch wichtig für Subskription?	Strategisch wichtig für Transaktion?	Verhältnis der Anzahl von Stellen	Empfohlener Lösungsansatz
Customer Success Science	4,5	ja	ja	keine deutliche Asymmetrie	Gremium
Digitale Wertschöpfung	2,5	ja	ja	keine deutliche Asymmetrie	Systematischer Austausch
Warenwirtschaft	5	nein	nein	Transaktion >> Subskription	Zentralisierung in Transaktion
Recht	5	nein	nein	Transaktion >> Subskription	Zentralisierung in Transaktion
Marketing	5	nein	nein	Transaktion >> Subskription	Zentralisierung in Transaktion
HR	5	nein	nein	Transaktion >> Subskription	Zentralisierung in Transaktion
Buchhaltung	5	nein	nein	Transaktion >> Subskription	Zentralisierung in Transaktion

Darüber hinaus wurden auch die grundsätzlichen Empfehlungen der Schnittstellengestaltung diskutiert. Grundsätzlich stieß die Trennung zwischen dem Subskriptions- und dem Transaktionsgeschäft sowie eine gemeinsame Unternehmensleitung, vor allem mit Blick auf die gemeinsame Vertriebsverantwortung und -steuerung, auf eine hohe Zustimmung. Die Werkzeugmaschinen GmbH ist bereits in internen Diskussionen zu einem ähnlichen Ergebnis gekommen. Dadurch wird die grundlegende Hypothese der vorliegenden Arbeit auch in der Praxis bestätigt (vgl. Kap. 4.2). Im Gegensatz dazu wurde die Stabstelle des neutralen Integrators als ein neuer Denkanstoß aufgenommen, der so bei der Werkzeugmaschinen GmbH noch nicht besprochen wurde.

Das Ergebnis der Schnittstellengestaltung ist in Abbildung 6-11 dargestellt.

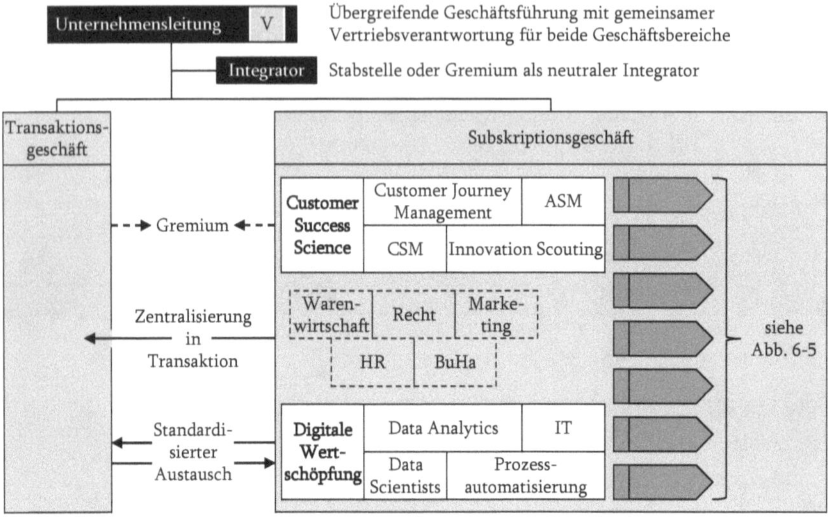

Legende: HR = Human Resources; BuHa = Buchhaltung; CSM = Customer Success Manager; ASM = Area Sales Manager

Abbildung 6-11: Definition der Schnittstellen zwischen Subskriptions- und Transaktionsgeschäft bei der Werkzeugmaschinen GmbH

Ableitung der Organisationsstruktur in der Einführungsphase von Subskription

Da die Werkzeugmaschinen GmbH zum Zeitpunkt der Validierung kurz vor der Einführung des Subskriptionsmodells stand, war die Gestaltung der Aufbauorganisation vor allem während der Einführungsphase von großer Relevanz. Dazu wurden zunächst die Herausforderungen bei der Einführung eines neuen, parallelen Geschäftsmodells sowie mögliche Lösungsansätze diskutiert, die durch die strukturierte Literaturrecherche identifiziert wurden (vgl. Abbildung 5-40). Dabei wurden vor allem die Kannibalisierungseffekte im Vertrieb sowie das Konfliktpotenzial im Zugriff auf gemeinsame Ressourcen als besonders relevant empfunden. Entsprechende Maßnahmen, z.B. eine gemeinsame Unternehmensführung sowie Regeln für den Ressourcenzugriff, wurden bereits beschlossen und bestätigten das Ergebnis der vorliegenden Arbeit. Im Gegensatz dazu wurden die Herausforderungen der Kategorie „Neue benötigte Fähigkeiten (Hard Skills)" als weniger relevant befunden. Dies lag daran, dass die Werkzeugmaschinen GmbH bereits viele digitale Leistungen anbietet und die entsprechenden Fähigkeiten im Unternehmen vorhanden sind. Alle weiteren Herausforderungen und Lösungsansätze wurden weitgehend im Gespräch bestätigt.

Zur Gestaltung der Aufbauorganisation wurden zunächst die fünf Leistungsangebote im Minimum Viable Business Model nach Abbildung 6-3 betrachtet. Eine gesonderte Detaillierung der Geschäftsprozesse sowie die Ableitung der Prozessrollen waren nicht notwendig, da diese bereits in Kapitel 6.1.3 durchgeführt wurden. Somit ergaben sich für die Einführungsphase deutlich weniger relevante Prozessrollen. Auch eine Bewertung dieser Prozessrollen hinsichtlich der Führungsart war nicht notwendig, da dies bereits durchgeführt wurde. Somit konnte die in Abbildung 6-10 erarbeitete Aufbauorganisation im Zustand paralleler Geschäftsmodelle als Vorlage genutzt werden, um die Prozessrollen zuzuordnen (siehe Abbildung 6-12).

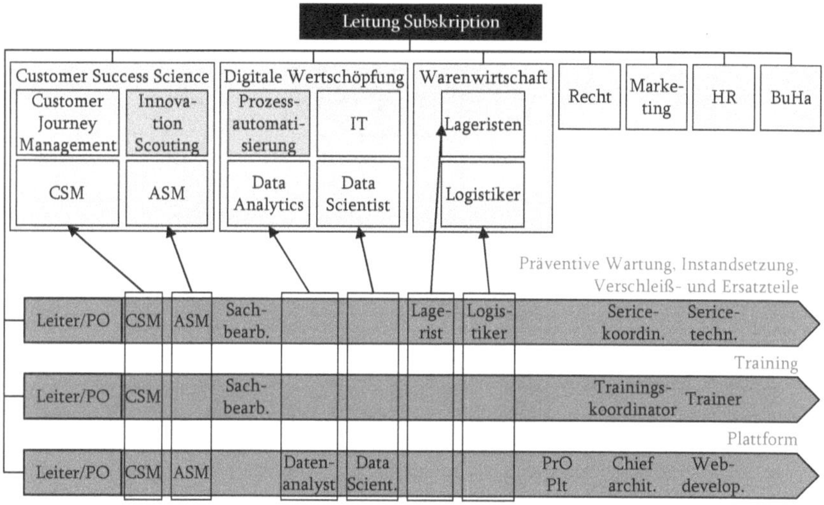

Legende: HR = Human Resources; BuHa = Buchhaltung; für weitere Abkürzungen sei auf die jeweilige Abbildung der Prozessdetaillierung im Anhang (Abb. 9-6 bis Abb. 9-14) verwiesen

x Organisationseinheiten, die während der Einführungsphase noch nicht zwingend benötigt werden

Abbildung 6-12: Gesamtaufbauorganisation in der Einführungsphase des Subskriptionsmodells bei der Werkzeugmaschinen GmbH

Die Bereiche „Customer Journey Management", „Innovation Scouting", „Prozessautomatisierung" und „IT" wurden bereits als grundlegende Zentralfunktionen identifiziert. Es wurde jedoch im Gespräch festgestellt, dass die Zentralfunktionen „Innovation Scouting" und „Prozessautomatisierung" während der Einführung des Subskriptionsmodells für die Werkzeugmaschinen GmbH noch nicht unmittelbar relevant sind. Im Gegensatz dazu müssen die Funktionen „Customer Journey Management" und „IT" von Anfang an berücksichtigt werden.

Im nächsten Schritt wurden die Schnittstellen zum Transaktionsgeschäft neugestaltet. Dafür wurden die Schnittstellen für die Abteilungen des Subskriptionsgeschäftes neu bewertet. Im Vergleich zur Tabelle 6.1 ergab sich nur eine geringfügige Änderung: Während der Einführungsphase ist die Anzahl der Stellen in Transaktion auch für „Customer Success Science" und „Digitale Wertschöpfung" viel größer als in Subskription. Dies hatte jedoch in Anlehnung an die Bewertungsmethodik (vgl. Abbildung

5-38) keine Auswirkung auf die Schnittstellen. Das Ergebnis der Schnittstellengestaltung zwischen beiden Geschäftsbereichen während der Einführung des Subskriptionsmodells ist in Abbildung 6-13 dargestellt.

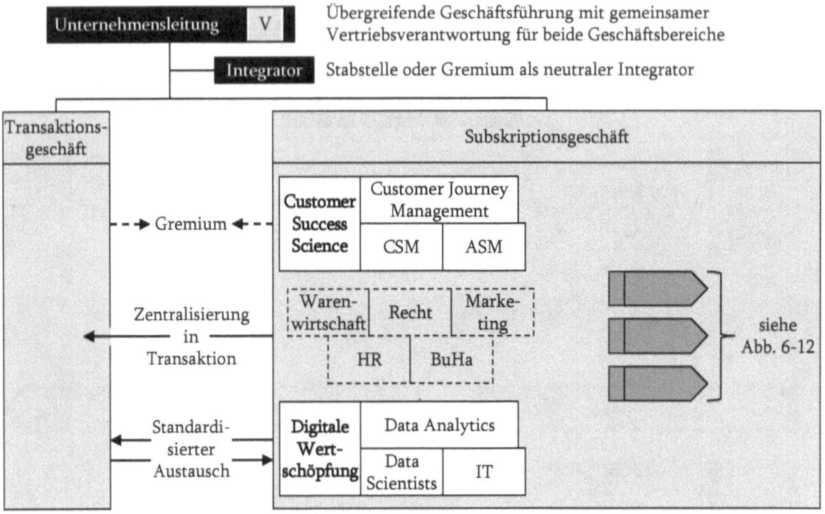

Abbildung 6-13: Definition der Schnittstellen in der Einführungsphase des Subskriptionsmodells bei der Werkzeugmaschinen GmbH

6.2 Kritische Reflexion der Validierung

Die Validierung der Methodik zur Gestaltung der Organisationsstruktur bei der Werkzeugmaschinen GmbH hat gezeigt, dass diese zielführend angewendet werden kann. Die Methodik wurde vom Head of Subscription als sehr strukturiert und verständlich befunden. Im Folgenden werden die Erkenntnisse aus der Validierung vor dem Hintergrund der in Kapitel 4.1.1 definierten Anforderungen kritisch reflektiert.

Anforderungen aus der Zielsetzung der Arbeit (vgl. Kap. 1.2)

Die Anwendung der Methodik hat gezeigt, dass sie eine systematische Entwicklung der Organisationsstruktur eines Subskriptionsanbieters im Maschinen- und Anlagenbau in der Praxis ermöglicht. Die sequenziellen Schritte der Methodik folgen dem organisatorischen Leitsatz „structure follows process follows strategy“. Dadurch wird sichergestellt, dass die Aufbauorganisation in Subskription sowie die Schnittstellen zum Transaktionsgeschäft die Entfaltung des neuen Geschäftsmodells und einer neuen

Kultur strukturell unterstützen. Dabei wurde an den notwendigen Stellen bewusst zwischen der Einführungsphase von Subskription und dem langfristigen Zielbild paralleler Geschäftsmodelle unterschieden.

Anforderungen aus der Praxis (vgl. Kap. 3.1)

Die Validierung hat gezeigt, dass die entwickelte *umfassende Beschreibung von Subskription* im Maschinen- und Anlagenbau stark zum Verständnis des Geschäftsmodells beiträgt. Besonders die hohe Praxisrelevanz der zentralen Nutzenversprechen wurde positiv hervorgehoben. So bildet die kontinuierliche Produktivitätssteigerung und -optimierung des Kunden ein zentrales Nutzenversprechen, womit das zentrale Element der Motivation der vorliegenden Arbeit bestätigt wurde. Ferner stimmte der Validierungspartner der Aussage zu, dass für Subskription ein spezieller Vertrieb notwendig sei. Bei der Werkzeugmaschinen GmbH hätten die regionalen Vertriebsgesellschaften traditionell sehr viel Autonomie und ständen im direkten Kontakt zu den Kunden. Das Subskriptionsmodell würde die Kunden jedoch stärker an die Unternehmenszentrale binden, wodurch die Vertriebsgesellschaften stark an Einfluss verlieren würden. Außerdem sind in Subskription andere Vertriebsargumente notwendig, um Kunden vom neuen Geschäftsmodell zu überzeugen. Aus diesen Gründen sind die bestehenden Vertriebsgesellschaften nicht für den Vertrieb des Subskriptionsmodells geeignet. Bei der *systematischen Auswahl von Leistungsangeboten* wurde die Struktur der Vorgehensweise positiv bewertet. Die bewusste Betrachtung möglicher Leistungsangebote für ein Minimum Viable Subscription ermöglicht eine verständliche *Differenzierung zwischen der Einführung von Subskription* und dem langfristigen Zielbild paralleler Geschäftsmodelle. Es wurde allerdings auch festgestellt, dass in diesem Schritt der Methodik die zentralen Nutzenversprechen ausführlich beschrieben werden müssen, um den Beitrag einzelner Leistungsangebote dazu bewerten zu können. Eine kurze und prägnante Benennung, wie in Abbildung 5-8 dargestellt, lässt Interpretationsspielraum zu. Darüber hinaus wurde resümiert, dass die Auswahl der Leistungsangebote mit mehreren Workshopbeteiligten aus unterschiedlichen Unternehmensfunktionen durchgeführt werden müsste, um die Qualität des Ergebnisses zu erhöhen. Dies war leider aus internen Gründen der Werkzeugmaschinen GmbH für die durchgeführte Validierung nicht möglich.

Die *systematische Ableitung und Detaillierung von Geschäftsprozessen* zu Ablauforganisationen stellte nach Meinung des Validierungspartners ein abstraktes und komplexes Unterfangen dar. Dennoch ermöglichte die strukturierte Vorgehensweise der Methodik eine verständliche und übersichtliche Durchführung. Besonders die gewählten Prozessebenen der Methodik trugen zu einem hohen Verständnis bei. Es wurde weiter festgestellt, dass die *subskriptionsspezifischen Anforderungen an die Ablauforganisation* verständlich hergeleitet und in die Methodik integriert wurden. Es müsse bedacht werden, dass der CSM nicht immer am Anfang oder Ende eines Geschäftsprozesses involviert werden muss. Jedoch sei es entlang des Geschäftsprozesses sinnvoll, bewusst den Einsatz des CSM zu prüfen. Darüber hinaus wurde bestätigt, dass in diesem Schritt der Methodik *keine Differenzierung zwischen verschiedenen Phasen* des Geschäftsmodells notwendig ist. Schließlich wurde auch in diesem Schritt der Methodik betont, dass die Durchführung mit mehreren Workshopbeteiligten zu einem besseren Ergebnis beitragen würde. Auch könnten in einem vorgelagerten Workshop feste Prozessrollen definiert werden, um Interpretationsspielraum bei der Ableitung der Prozessrollen aus der Ablauforganisation zu minimieren.

Bei der Gestaltung der Aufbauorganisation wurde durch die Bildung dezentraler Prozesseinheiten sowie die schrittweise funktionsorientierte Konsolidierung der Prozessrollen die Anforderung nach einer *Abwägung und Nutzung prozess- und funktionsorientierter Vorteile* gänzlich erfüllt. Die grundlegenden Gestaltungsleitlinien und ihre Übersetzung in ein Grundgerüst der Aufbauorganisation konnten logisch nachvollzogen werden. Auch die Konsolidierung der Rollen anhand der Führungsart wurde für sinnstiftend und gut nachvollziehbar befunden. Der Meinung des Autors der vorliegenden Arbeit, dass die Konsolidierung in der Praxis mit pragmatischen Ansätzen durchgeführt werden muss (vgl. Kap. 5.3.3.4), wurde stark zugestimmt. Bei der Abteilungsbildung wurde bestätigt, dass ein bestimmtes Maß an Subjektivität des Anwenders akzeptiert sein muss. Dies ist einerseits notwendig, da die Homogenitätsmatrix mit Blick auf die Zukunft ausgefüllt wird. Andererseits kann so das Beherrschbarkeitsprinzip bei der Abteilungsbildung auf Basis der bewerteten Homogenitäten pragmatisch eingehalten werden. Bei der *Definition der Schnittstellen zum Transaktionsgeschäft* wurde die zugrundeliegende Logik ebenfalls als logisch nachvollziehbar empfunden. Gleichzeitig wurde angemerkt, dass in der Praxis eine Zentralisierung im Transaktionsgeschäft oft bevorzugt würde, da der Aufwand einer Loslösung vom Transaktionsgeschäft oft zu hoch sei. Dennoch bietet die Methodik eine gute Struktur, um die strategischen Entscheidungen im Unternehmen diesbezüglich zu unterstützen. Schließlich wurde die Methodik zur Gestaltung der *Aufbauorganisation während der Einführung des Subskriptionsmodells* positiv aufgenommen. Es wurde festgestellt, dass die identifizierten Herausforderungen und Lösungsansätze eine hohe Praxisrelevanz haben. Einige der Zentralfunktionen, z.B. „Innovation Scouting" und „Prozessautomatisierung", sind jedoch im ersten Schritt nicht zwingend erforderlich. Vielmehr sei es wichtig, das Geschäftsmodell schnell und verlässlich auf den Markt zu bringen. Schließlich wurde betont, dass die Akquise bzw. der Aufbau neuer digitaler Kompetenzen zwar essenziell wichtig, jedoch in der Praxis sehr schwierig sei.

Anforderungen aus dem Forschungsdefizit (vgl. Kap. 3.7)

Durch die vorliegende Arbeit konnten auch die in Kapitel 3.7 identifizierten Forschungsdefizite geschlossen werden. So wurde zur Beschreibung von Subskription im Maschinen- und Anlagenbau und zur Auswahl möglicher Leistungsangebote ein neuer Ansatz entwickelt. Für die Ableitung und Detaillierung von Geschäftsprozessen konnte auf Basis bestehender Ansätze ein neues subskriptionsspezifisches Vorgehen entwickelt werden, das besonders praxisgerecht angewendet werden kann und eine spätere Entwicklung der Aufbauorganisation ermöglicht. Schließlich wurde ein neuer Ansatz zur Entwicklung einer subskriptionsgerechten Aufbauorganisation entwickelt, der sowohl prozess- als auch funktionsorientierte Vorteile nutzbar macht. Dabei wurden auch spezielle Anforderungen während der Einführungsphase des neuen, parallelen Geschäftsmodells berücksichtigt.

Zusammenfassend kann festgestellt werden, dass die in der vorliegenden Arbeit entwickelte Methodik alle in Kapitel 4.1.1 definierten Anforderungen erfüllt. Sie bietet Unternehmen die Möglichkeit, ihre Aufbauorganisation gezielt zur Unterstützung des neuen Geschäftsmodells und der dafür notwendigen Prozesse auszurichten. Die Methodik zeichnet sich vor allem durch eine hohe Praxisrelevanz und -tauglichkeit aus, die während der Validierung bestätigt wurde. Trotzdem betonte der Head of Subscription der Werkzeugmaschinen GmbH aus eigener Erfahrung, dass eine Anwendung der Methodik durch unternehmenseigene Mitarbeiter schwierig sei, da diese nur selten neutral bleiben können. Eine objektive Anwendung kann am besten durch externe Experten gewährleistet werden.

7 Zusammenfassung und Ausblick

Anbieter des Maschinen- und Anlagenbaus, insbesondere aus Hochlohnländern, sehen sich aufgrund eines zunehmend globalisierten Wettbewerbs großem Druck ausgesetzt und müssen sich stärker von der Konkurrenz differenzieren. Dafür reichen klassische Produkt- und Prozessinnovation nicht länger aus. Stattdessen rücken verstärkt Geschäftsmodellinnovationen in den Fokus von Industrie und Wissenschaft. Dabei steht vor allem das Subskriptionsmodell im Mittelpunkt. Aufgrund seines Erfolges in anderen Industriebranchen beschäftigen sich auch immer mehr Maschinen- und Anlagenbauer mit dem Subskriptionsmodell. Dennoch wird erwartet, dass es langfristig nicht das Transaktionsgeschäft ersetzen kann, sondern parallel angeboten wird. Da Kunden des Maschinen- und Anlagenbaus selbst unter einem wachsenden Wettbewerbsdruck stehen, muss das Subskriptionsmodell darauf ausgerichtet sein, ihre Produktivität kontinuierlich zu steigern. Die Einführung eines neuen, parallelen Geschäftsmodells hat jedoch direkte Auswirkungen auf die Organisation und insbesondere auf die Organisationsstruktur des Anbieters. Bei deren Gestaltung hat sich der Leitsatz „structure follows process follows strategy“ etabliert. Dieser impliziert vor allem eine prozessorientierte Gestaltung der Aufbauorganisation, die jedoch in der Praxis nur selten umgesetzt wird.

Vor diesem Hintergrund war das Ziel der vorliegenden Arbeit die Entwicklung einer praxisgerechten Methodik, die sowohl während der Einführung des Subskriptionsmodells als auch im langfristigen Zustand paralleler Geschäftsmodelle eine prozessorientierte Gestaltung der Organisationsstruktur für Unternehmen des Maschinen- und Anlagenbaus zum Zweck einer kontinuierlichen kundenseitigen Produktivitätssteigerung ermöglicht.

7.1 Zusammenfassung des Erkenntnisgewinns

Aufbauend auf der praxisorientierten Motivation in Kapitel 1 wurde in Kapitel 2 zunächst der Betrachtungs- und Gestaltungsbereich eingegrenzt. Anschließend verdeutlichte eine Erörterung der Grundlagen des Subskriptionsmodells und der Organisationsgestaltung sowohl die Potenziale von Subskription im Maschinen- und Anlagenbau als auch die Bedeutung der Organisationsstruktur für den Erfolg eines Geschäftsmodells. Jedoch existiert bisher kein einheitliches, umfassendes Verständnis von Subskription im Maschinen- und Anlagenbau. In der Organisationsgestaltung wird der Leitsatz „structure follows process follows strategy“ zwar weitgehend prinzipiell anerkannt, jedoch in der Praxis nur selten umgesetzt. Darüber hinaus müssen Unternehmen in der Aufbauorganisation mehrere gegenläufige Zieldimensionen miteinander harmonisieren, insbesondere im Zusammenspiel mit dem Transaktionsgeschäft. In diesem Zusammenhang müssen die unterschiedlichen Phasen des Geschäftsmodells differenziert gestaltet werden, da während der Einführung besondere Herausforderungen auftreten können.

In Kapitel 3 wurden die Herausforderungen aus der Praxis den bestehenden wissenschaftlichen Ansätzen gegenübergestellt. Für den Zweck einer gründlichen Untersuchung wurden Ansätze unterschiedlicher Forschungsgebiete beleuchtet: der Geschäftsmodellforschung, des Geschäftsprozessmanagements, der Organisationsgestaltung und der Geschäftsmodelltransformation. Die bestehenden Ansätze können die Herausforderungen jedoch nur zum Teil erfüllen, woraus der Handlungsbedarf für die vorliegende Arbeit abgeleitet wurde.

Der Handlungsbedarf wurde zunächst in Kapitel 4 in ein Grobkonzept für eine Methodik zur Gestaltung der Organisationsstruktur in Subskription im Maschinen- und Anlagenbau übersetzt und anschließend in Kapitel 5 ausdetailliert. Die Methodik besteht in Anlehnung an den organisatorischen Leitsatz aus drei übergeordneten Phasen. In der ersten Phase werden unternehmensspezifische Leistungsangebote für das Subskriptionsmodell ausgewählt. Dabei wird zwischen Leistungsangeboten für ein Minimum Viable Business Model (Einführungsphase) und denen für spätere Phasen des Subskriptionsmodells unterschieden. Die Grundlage für die Auswahl bildet ein umfassendes, grundlegendes Verständnis von Subskription im Maschinen- und Anlagenbau, das in der vorliegenden Arbeit entwickelt wurde. In der zweiten Phase werden die Geschäftsprozesse zur Erbringung der Leistungsangebote systematisch zu Ablauforganisationen detailliert. Der dafür entwickelte Ansatz beruht maßgeblich auf bestehenden wissenschaftlichen Arbeiten und berücksichtigt subskriptionsspezifische Prozessanforderungen, die identifiziert wurden. Aus den Ablauforganisationen werden Prozessrollen abgeleitet, die den Übergang zur Gestaltung der Aufbauorganisation bilden. In der dritten Phase wird auf Basis dieser Prozessrollen und acht hergeleiteten grundlegenden Gestaltungsleitlinien zunächst ein Grundgerüst der Aufbauorganisation entwickelt. Um die Funktionsorientierung der Rollen zu stärken, werden sie hinsichtlich des geeigneten Zentralisierungsgrades in der disziplinarischen und operativen Führung bewertet. Anschließend werden für alle Zentralfunktionen und Kompetenzzentren die bilateralen sowie die Gesamthomogenitäten bestimmt. Dadurch werden Abteilungen sowie die Gesamtaufbauorganisation im Subskriptionsgeschäft geformt. Zur Bestimmung der Schnittstellen zum Transaktionsgeschäft wird der Bedarf dazu systematisch bewertet und identifiziert, wobei auch auf die Erkenntnisse der Ambidextrieforschung zurückgegriffen wird. Schließlich wurden für die Gestaltung der Aufbauorganisation während der Einführungsphase von Subskription zunächst die organisatorischen Herausforderungen und Lösungsansätze auf Basis einer strukturierten Literaturrecherche mithilfe von Maschinellem Lernen identifiziert. Da die relevanten Lösungsansätze bereits durch die Methodik für den Zustand paralleler Geschäftsmodelle umgesetzt werden, wird die entwickelte Aufbauorganisation als Vorlage genutzt, um die während der Einführung bereits relevanten Rollen und Funktionen zuzuordnen. Während des Wachstums des Subskriptionsmodells ist es jedoch wichtig, die Schnittstellen zum Transaktionsgeschäft kontinuierlich zu überprüfen und neu zu gestalten.

Die entwickelte Methodik wurde in Kapitel 6 im Rahmen einer Validierung bei einem global führenden Hersteller von modernen Werkzeugmaschinen angewendet. Dieser befand sich zum Zeitpunkt der Validierung kurz vor der Einführung eines Subskriptionsmodells, weshalb die Anwendung der Methodik einen konkreten Mehrwert für das Unternehmen darstellte. Es hat sich in einer Reihe von sequenziellen Workshops gezeigt, dass die Methodik in der Praxis aufwandsgerecht und verständlich angewendet werden kann. Auch konnten die in Kapitel 4 vorgestellten grundlegenden Hypothesen bestätigt werden. Insgesamt wurde vor allem die hohe Praxistauglichkeit der Methodik positiv bewertet. Mit der Validierung konnte das Unternehmen in der Klärung wichtiger organisatorischer Fragen für die geplante Einführung des Subskriptionsmodells unterstützt werden.

7.2 Ausblick

Mit der zielgerichteten Gestaltung einer Organisationsstruktur durch die entwickelte Methodik werden zentrale organisatorische Fragen in der Einführung und im Betrieb eines Subskriptionsmodells beantwortet. Damit liefert die vorliegende Arbeit einen wichtigen Beitrag bei der Steigerung der Wettbewerbsfähigkeit von Maschinen- und Anlagenbauern angesichts des steigenden globalen Wettbewerbsdrucks. Außerdem bietet sie eine fundierte Basis für weitere Forschungsarbeiten, um die Gestaltung der Organisationsstruktur für Anbieter von Subskription weiter zu optimieren.

Als sozio-technische Systeme stehen Unternehmen unter ständiger Wechselwirkung mit ihren externen Anspruchsgruppen, z.B. Kunden, Lieferanten, Staat, Kapitalgeber, etc. Die Einflüsse dieser auf die Organisationsstruktur des Unternehmens müssen kontinuierlich überprüft und berücksichtigt werden. Eine systematische, kontinuierliche Analyse der Unternehmensumwelt und ihre Berücksichtigung für die Organisationsstruktur kann nicht nur die Profitabilität des Subskriptionsmodells erhöhen, sondern auch die Resilienz des Unternehmens besonders in Krisenzeiten stärken. Dafür kann das Ergebnis der vorliegenden Arbeit erweitert werden.

Um den Aufwand einer kontinuierlichen Überprüfung und Anpassung der Organisationsstruktur zu reduzieren, können digitale Technologien eingesetzt werden. So können bspw. die Dynamik der Umwelt und ihre Auswirkungen auf das Unternehmen durch den Einsatz Künstlicher Intelligenz automatisiert überwacht werden. Auch können bestehende Geschäftsprozesse durch Process Mining kontinuierlich erfasst und kritisch hinterfragt werden. Dies könnte bspw. dazu beitragen, dass die Homogenitätsbewertung der Organisationseinheiten zum Zweck der Abteilungsbildung automatisiert und objektiviert wird. Auch eine automatisierte Identifikation von Prozessschwachstellen und Verbesserungsmöglichkeiten ist prinzipiell denkbar.

Weiterer Forschungsbedarf entsteht insbesondere aus dem weitreichenden Potenzial von Subskription. Durch die datenbasierte Analyse des Nutzungsverhaltens können Anbieter nicht nur die Produktivität, sondern auch die Nachhaltigkeit ihrer Kunden kontinuierlich steigern. So können bspw. der Materialverbrauch und die Emissionsbelastungen systematisch reduziert werden, um eine höhere ökologische Nachhaltigkeit des Kunden zu erreichen. Mit steigender Marktdurchdringung von Subskription wird außerdem branchenweit das Verhältnis zwischen der Gesamtanzahl von Maschinen und produzierten Erzeugnissen verringert, was sich positiv auf eine ökologische Nachhaltigkeit auf einer makroökonomischen Ebene auswirkt. Darüber hinaus kann eine höhere soziale Nachhaltigkeit erreicht werden, indem bspw. die Arbeitsergonomie und -sicherheit an den Maschinen und in ihrer Peripherie verbessert werden.

In der Umsetzung werden Subskriptionsmodelle jedoch von weiteren kritischen Faktoren beeinflusst, die aufgrund der jungen Historie von Subskription in der produzierenden Industrie noch erforscht werden müssen. So kann die Kombination aus höherer Bilanzsumme (die Maschinen und Anlagen sind auch während der Nutzung im Besitz des Anbieters) und periodischen Einnahmen in Form kleiner Beträge die Eigenkapitalquote des Anbieters signifikant verringern. Daraus ergeben sich nicht nur höhere bilanzielle Risiken, sondern auch höhere Finanzierungskosten auf dem Kapitalmarkt. Bilanzielle Risiken können durch den neuen internationalen Rechnungslegungsstandard IFRS16 auch für Kunden entstehen. Für beide Herausforderungen können die Lösungsansätze komplexe organisatorische, finanzstrategische und rechtliche Auswirkungen sowohl auf Anbieter als auch auf Kunden haben. Weitere Faktoren, die sich auf den Erfolg von Subskription auswirken, sind bspw. die schwierige Preisgestaltung, die Risikobeurteilung einer Kundenbeziehung, die Gestaltung einer geeigneten IT-Infrastruktur und die Entwicklung neuer Vertriebsprozesse.

Vor diesem Hintergrund müssen weiterführende Forschungsarbeiten zusätzliche Potenziale in der Gestaltung der Organisationsstruktur erschließen, eine höhere Nachhaltigkeit durch Subskription ermöglichen sowie weitere Herausforderungen in der Umsetzung von Subskriptionsmodellen beleuchten. Damit kann die Wettbewerbsfähigkeit von Maschinen- und Anlagenbauern, aber auch die ihrer Kunden, in einem ganzheitlichen Ansatz nachhaltig gesteigert werden.

8 Literaturverzeichnis

Aagaard, A.; Presser, M.; Andersen, T. (2019)
Applying IoT as a leverage for business model innovation and digital transformation. In: IEEE (Hrsg.): Global IoT Summit (GIoTS) 2019 – Aarhus, Denmark, 17.06.2019 - 21.06.2019, IEEE, 2019

Abramovici, M.; Herzog, O. (2016)
Engineering im Umfeld von Industrie 4.0 – Einschätzungen und Handlungsbedarf, acatech, München, 2016.

Accenture (2018)
Digitale Geschäftsmodelle ohne Geschäft?, Accenture, 2018.

Amit, R.; Zott, C. (2012)
Creating value through business model innovation. In: MIT Sloan Management Review, Nr. 3, 53. Jg., 2012, S. 41 - 49.

Antons, D.; Piening, E.; Salge, T.-O. (2018)
Führung und Innovation in Zeiten der Digitalisierung, VDMA Verband Deutscher Maschinen- und Anlagenbau e.V., Frankfurt am Main, 2018.

Appelfeller, W.; Feldmann, C. (2018)
Die digitale Transformation des Unternehmens – Systematischer Leitfaden mit zehn Elementen zur Strukturierung und Reifegradmessung, Springer Berlin Heidelberg, Berlin, Heidelberg, 2018.

Aspara, J.; Hietanen, J.; Tikkanen, H. (2010)
Business model innovation vs replication: financial performance implications of strategic emphases. In: Journal of Strategic Marketing, Nr. 1, 18. Jg., 2010, S. 39 - 56.

Association for Information Systems (AIS) (2018)
38th International Conference on Information Systems (ICIS 2017) – Transforming society with digital innovation, Curran Associates Inc, Red Hook, NY, 2018.

Azarenko, A.; Roy, R.; Shehab, E.; Tiwari, A. (2009)
Technical product-service systems – Some implications for the machine tool industry. In: Journal of Manufacturing Technology Management, Nr. 5, 20. Jg., 2009, S. 700 - 722.

Bach, N.; Brehm, C.; Buchholz, W.; Petry, T. (2017)
Organisation – Gestaltung wertschöpfungsorientierter Architekturen, Prozesse und Strukturen, (2. Aufl.) Springer Gabler, Wiesbaden, 2017.

Backhaus, K.; Voeth, M. (2015)
Handbuch Business-to-Business-Marketing – Grundlagen, Geschäftsmodelle, Instrumente des Industriegütermarketing, (2. Aufl.) Springer Gabler, Wiesbaden, 2015.

Baines, T.; Lightfoot, H. (2013)
Made to serve – How manufacturers can compete through servitization and product service systems, Wiley, Chichester, West Sussex, 2013.

Baltes, G.; Freyth, A. (2017)
Veränderungsintelligenz – Agiler, Innovativer, Unternehmerischer Den Wandel Unserer Zeit Meistern, Gabler, Wiesbaden, 2017.

Baltes, G.; Selig, C. (2017)
Organisationale Veränderungsintelligenz – Wachstumsfähigkeit mit strategischer Innovation erneuern. In: Baltes, G. / Freyth, A. (Hrsg.): Veränderungsintelligenz – Agiler, Innovativer, Unternehmerischer Den Wandel Unserer Zeit Meistern, Gabler, Wiesbaden, 2017, S. 81 - 168.

Barnett, N.; Parry, G.; Saad, M.; Newnes, L.; Goh, Y. (2013)
Servitization: Is a Paradigm Shift in the Business Model and Service Enterprise Required. In: Strategic Change, Nr. 3-4, 22. Jg., 2013, S. 145 - 156.

Bauernhansl, T.; Paulus-Rohmer, D.; Schatz, A.; Weskamp, M.; Emmrich, V.; Döbele, M. (2015)
Geschäftsmodell-Innovation durch Industrie 4.0 – Chancen und Risiken für den Maschinen- und Anlagenbau, Fraunhofer IPA, München, 2015.

bayme; vbm (2017)
Die richtige Organisation zur digitalen Transformation – Eine bayme vbm Studie, erstellt von Kienbaum, bayme Bayerischer Unternehmensverband Metall und Elektro e.V.; vbm Verband der Bayerischen Metall- und Elektro-Industrie e.V., München, 2017.

Bea, F. X.; Göbel, E. (2019)
Organisation – Theorie und Gestaltung, (5. Aufl.) UVK Verlag, München, 2019.

Becker, J.; Kugeler, M.; Rosemann, M. (2012)
Prozessmanagement, Springer Berlin Heidelberg, Berlin, Heidelberg, 2012.

Becker, J.; Meise, V. (2012)
Strategie und Ordnungsrahmen. In: Becker, J. / Kugeler, M. / Rosemann, M. (Hrsg.): Prozessmanagement, Springer Berlin Heidelberg, Berlin, Heidelberg, 2012, S. 113 - 164.

Becker, W. (2019)
Digitale Transformation von Geschäftsmodellen – Ein konzeptioneller Bezugsrahmen. In: Becker, W. / Eierle, B. et al. (Hrsg.): Geschäftsmodelle in der digitalen Welt, Springer Fachmedien Wiesbaden, Wiesbaden, 2019, 15-33.

Becker, W.; Eierle, B.; Fliaster, A.; Ivens, B.; Leischnig, A.; Pflaum, A.; Sucky, E. (2019)
Geschäftsmodelle in der digitalen Welt, Springer Fachmedien Wiesbaden, Wiesbaden, 2019.

Behrens, B.-A.; Brosius, A.; Hintze, W.; Ihlenfeldt, S.; Wulfsberg, J. (2021)
Production at the leading edge of technology – Proceedings of the 10th Congress of the German Academic Association for Production Technology (WGP), Dresden, 23-24 September 2020, Springer, Berlin, 2021.

Belz, C.; Müllner, M.; Zupancic, D.; Hilti, R. (2004)
Spitzenleistungen im Key Account Management – Das St. Galler KAM-Konzept, Redline Wirtschaft, Frankfurt, 2004.

Belz, C.; Schuh, G.; Groos, S. A.; Reinecke, S. (1997)
Erfolgreiche Leistungssysteme in der Industrie. In: Belz, C. / Schuh, G. et al. (Hrsg.): Industrie als Dienstleister, Thexis, St. Gallen, 1997, S. 14 - 109.

Belz, C.; Schuh, G.; Groos, S. A.; Reinecke, S. (1997)
Industrie als Dienstleister, Thexis, St. Gallen, 1997.

Bergs, T.; Brecher, C.; Schmitt, R. H.; Schuh, G. (2020)
Internet of Production – Turning Data into Value, Aachener Werkzeugmaschinen-Kolloquium AWK (2020)

Bergsmann, S. (2012)
End-to-End Geschäftsprozessmanagement – Organisationselement, Integrationsinstrument, Managementansatz, Springer, Wien, 2012.

Bilgeri, D.; Wortmann, F.; Fleisch, E. (2018)
How digital transformation affects large manufacturing companies' organization – Thirty Eighth International Conference on Information Systems, South Korea 2017. In: Association for Information Systems (AIS) (Hrsg.): 38th International Conference on Information Systems (ICIS 2017) – Transforming society with digital innovation, Curran Associates Inc, Red Hook, NY, 2018, S. 1900 - 1908.

Binner, H. F. (2018)
Organisation 4.0: MITO-Konfigurationsmanagement – Masterplan zur prozessorientierten Organisation, SpringerVieweg, Wiesbaden, 2018.

Birkinshaw, J.; Ansari, S. (2015)
Understanding Management Models. In: Foss, N. J. / Saebi, T. (Hrsg.): Business model innovation and the organizational dimension, 1. ed.; Oxford Univ. Press, Oxford, 2015, S. 85 - 103.

Birkinshaw, J.; Gibson, C. (2004)
Building ambidexterity into an organization. In: MIT Sloan Management Review, Nr. 4, 45. Jg., 2004, S. 47 - 55.

Bleicher, K. (1991)
Organisation – Strategien - Strukturen - Kulturen, (2. Aufl.) Gabler Verlag, Wiesbaden, 1991.

Boehm, B. W. (1979)
Guidelines for verifying and validating software requirements and design specifications. In: Proceedings Euro IFIP, 1979, S. 711 - 719.

Bogaschewsky, R.; Rollberg, R. (1998)
Prozeßorientiertes Management, Springer, Berlin, Heidelberg, 1998.

Bollhöfer, E.; Buschak, D.; Lerch, C.; Gotsch, M. (2015)
B2B-Dienstleistungen im Kontext von Industrie 4.0 – Neue Formen der Interaktion im Maschinen- und Anlagenbau. In: Bruhn, M. / Hadwich, K. (Hrsg.): Interaktive Wertschöpfung durch Dienstleistungen – Strategische Ausrichtung von Kundeninteraktionen, Geschäftsmodellen und sozialen Netzwerken, Springer Gabler, Wiesbaden, 2015, S. 517 - 540.

Boneva, M. (2018)
Challenges related to the digital transformation of business companies. In: Dvouletý, O. / Lukeš, M. / Mísař, J. (Hrsg.): Innovation management, entrepreneurship and sustainability (IMES) 2018 – Proceedings of the 6th International Conference, Nakladatelství Oeconomica, 2018, S. 101 - 114.

Bosch, J.; Holmström Olsson, H.; Björk, J.; Ljungblad, J. (2013)
The early stage software startup development model: A framework for operationalizing lean principles in software startups. In: van der Aalst, W. / Mylopoulos, J. et al. (Hrsg.): Lean Enterprise Software and Systems, Springer Berlin Heidelberg, Berlin, Heidelberg, 2013, S. 1 - 15.

Braun, J. (2003)
Grundlagen der Organisationsgestaltung. In: Bullinger, H.-J. / Warnecke, H. J. / Westkämper, E. (Hrsg.): Neue Organisationsformen im Unternehmen – Ein Handbuch für das moderne Management, 2. Aufl.; Springer Berlin Heidelberg, Berlin, Heidelberg, 2003, S. 1 - 68.

Bremer, M.; (Keine Angabe) (2019)
Rückblick: Convention on digital opportunities 2018 – Chancen digitaler Plattformen ergreifen. In: UdZ Praxis Unternehmen der Zukunft, Nr. 1, 2019, S. 38 - 42.

Bruhn, M.; Hadwich, K. (2015)
Interaktive Wertschöpfung durch Dienstleistungen – Strategische Ausrichtung von Kundeninteraktionen, Geschäftsmodellen und sozialen Netzwerken, Springer Gabler, Wiesbaden, 2015.

Bruhn, M.; Hadwich, K. (2018)
Service Business Development – Strategien - Innovationen - Geschäftsmodelle: Band 1, Springer Gabler, Wiesbaden, Germany, 2018.

Bruhn, M.; Hepp, M.; Hadwich, K. (2015)
Vom Produkthersteller zum Serviceanbieter – Geschäftsmodelle der Servicetransformation. In: Marketing Review St. Gallen, Nr. 1, 32. Jg., 2015, S. 56 - 67.

Buchholz, B.; Ferdinand, J.-P.; Gieschen, J.-H.; Seidel, U. (2017)
Digitalisierung industrieller Wertschöpfung – Transformationsansätze für KMU – Eine Studie im Rahmen der Begleitforschung zum Technologieprogramm AUTONOMIK für Industrie 4.0 des Bundesministeriums für Wirtschaft und Energie, Berlin, 2017.

Bühner, R. (2009)
Betriebswirtschaftliche Organisationslehre, (10. Aufl.) Oldenbourg, München, 2009.

Bui, T. X. (2019)
Proceedings of the 52nd annual Hawaii international conference on system sciences – January 8-11, 2019, HISCC Coference Office, Honolulu, 2019.

Bullinger, H.-J.; Warnecke, H.; Westkämper, E. (2003)
Neue Organisationsformen im Unternehmen – Ein Handbuch für das moderne Management, (2. Aufl.) Springer Berlin Heidelberg, Berlin, Heidelberg, 2003.

Bustinza, O.; Bigdeli, A.; Baines, T.; Elliot, C. (2015)
Servitization and Competitive Advantage – The Importance of Organizational Structure and Value Chain Position. In: Research-Technology Management, Nr. 5, 58. Jg., 2015, S. 53 - 60.

Carroll, R.; Casselman, R. M. (2019)
The LDP in digital business startups: the case of raiserve. In: Bui, T. X. (Hrsg.): Proceedings of the 52nd annual Hawaii international conference on system sciences – January 8-11, 2019, HISCC Coference Office, Honolulu, 2019, S. 5390 - 5399.

Chandler, Jr., A. D. (1962)
Strategy and structure – Chapters in the history of the industrial enterprise, MIT Press, Cambridge, Massachusetts, 1962.

Chen, K.-L.; Møller, C. (2019)
A thousand-mile journey begins with the very first step: The case of a product-centric manufacturing firm's transformation towards servitization. In: CIRP Journal of Manufacturing Science and Technology, 27. Jg., 2019, S. 102 - 113.

Chen, T.; Fenyo, K.; Yang, S.; Zhang, J. (2018)
Thinking inside the subscription box: New research on e-commerce consumers. URL: https://www.mckinsey.com/~/media/McKinsey/Industries/Technology%20Media%20and%20Telecommunications/High%20Tech/Our%20Insights/Thinking%20inside%20the%20subscription%20box%20New%20research%20on%20ecommerce%20consumers/Thinking-inside-the-subscription-box-New-research-on-ecommerce-consumers.pdf. Zuletzt geprüft am 23.03.2021.

Cho, J. (2001)
Crawling the web: discovery and maintenance of large-scale web data – Dissertation, Stanford, 2001.

Correani, A.; Massis, A. de; Frattini, F.; Petruzzelli, A.; Natalicchio, A. (2020)
Implementing a Digital Strategy: Learning from the Experience of Three Digital Transformation Projects. In: California Management Review, Nr. 4, 62. Jg., 2020, S. 37 - 56.

Davenport, T. H. (1993)
Process innovation – Reengineering work through information technology, Harvard Business School Press, Boston, Mass., 1993.

Deakins, D.; Scott, J. M.; Freel, M. (2021)
Entrepreneurship – A contemporary & global approach, 2021.

Deloitte (2020)
Der zweite Frühling für den Maschinenbau – Servicedigitalisierung als Wachstumstreiber, 2020.

Detel, M.; Huck, C.; Radisic, I. (2018)
Treiber und Instrumente zur Steuerung digitaler Geschäftsmodelle – Empirische Erhebung, Horváth & Partners gmbH, München, 2018.

DIN (2015)
DIN EN ISO 9000, DIN Deutsches Institut für Normung e.V.; Beuth Verlag GmbH, Berlin, November 2015.

Drucker, P. F. (1954)
The practice of management, Harper & Row Publishers, New York, Evanston, 1954.

Dumas, M.; La Rosa, M.; Mendling, J.; Reijers, H. A. (2018)
Fundamentals of Business Process Management, (2nd ed. 2018) Springer Berlin Heidelberg, Berlin, Heidelberg, 2018.

Duncan, R. B. (1976)
The ambidextrous organization: designing dual structures for innovation. In: Kilmann, R. H. / Pondy, L. R. / Slevin, D. P. (Hrsg.): The management of organization design / 1, North-Holland Publ, New York, NY, 1976, S. 167 - 188.

Dutta, S. (2012)
Global innovation index 2012, Cornell University; INSEAD; World Intellectual Property Organization, Fontainebleau, 2012.

Dutta, S.; Lanvin, B.; Wunsch Vincent, S. (2019)
Global innovation index 2019 – Stronger Innovation Linkages for Global Growth, Cornell University; INSEAD; World Intellectual Property Organization, Geneva, 2019.

Dvouletý, O.; Lukeš, M.; Mísař, J. (2018)
Innovation management, entrepreneurship and sustainability (IMES) 2018 – Proceedings of the 6th International Conference, Proceedings IMES 2018, May 31 - June 1. Nakladatelství Oeconomica (2018)

Ebers, M. (2017)
Organisationsmodelle für Innovation. In: Schmalenbachs Zeitschrift für betriebswirtschaftliche Forschung, Nr. 1, 69. Jg., 2017, S. 81 - 109.

etventure (2018)
Studie Digitale Transformation – Hemmnisse, Fortschritte, Perspektive, etventure GmbH, Berlin, 2018.

etventure (2019)
Studie Digitale Transformation – Die Zukunftsfähigkeit der deutschen Unternehmen, etventure GmbH, Berlin, 2019.

Fenton, A.; Fletcher, G.; Griffiths, M. (2019)
Strategic digital transformation, Routledge, New York: Routledge, 2020. | Series: Business and digital transformation, 2019.

Fjeldstad, Ø.; Snow, C. (2018)
Business models and organization design. In: Long Range Planning, Nr. 1, 51. Jg., 2018, S. 32 - 39.

Fletcher, G.; Griffiths, M.; Dron, R. (2019)
What to plan and then to make decision with data. In: Fenton, A. / Fletcher, G. / Griffiths, M. (Hrsg.): Strategic digital transformation, Routledge, New York: Routledge, 2020. | Series: Business and digital transformation, 2019, S. 132 - 139.

Foss, N. J.; Saebi, T. (2015)
Business model innovation and the organizational dimension, (1. ed.) Oxford Univ. Press, Oxford, 2015.

Foss, N. J.; Saebi, T. (2015)
Business models and business model innovation. In: Foss, N. J. / Saebi, T. (Hrsg.): Business model innovation and the organizational dimension, 1. ed.; Oxford Univ. Press, Oxford, 2015, S. 1 - 23.

Foss, N. J.; Saebi, T. (2017)
Fifteen Years of Research on Business Model Innovation. In: Journal of Management, Nr. 1, 43. Jg., 2017, S. 200 - 227.

Frank, A.; Mendes, G.; Ayala, N.; Ghezzi, A. (2019)
Servitization and Industry 4.0 convergence in the digital transformation of product firms: A business model innovation perspective. In: Technological Forecasting and Social Change, 141. Jg., 2019, S. 341 - 351.

Frank, J.; Jussen, P. (2019)
Mit Industrie 4.0 Beute machen – Nur verbunden mit Subscription-Geschäftsmodellen führt Industrie 4.0 zu langfristigem unternehmerischem Erfolg. In: UdZ Praxis Unternehmen der Zukunft, Nr. 1, 2019, S. 6 - 11.

Frenz, W. (2020)
Handbuch Industrie 4.0: Recht, Technik, Gesellschaft, Springer Berlin Heidelberg, Berlin, Heidelberg, 2020.

Frese, E.; Graumann, M.; Talaulicar, T.; Theuvsen, L. (2019)
Grundlagen der Organisation, Springer Fachmedien Wiesbaden, Wiesbaden, 2019.

Gadatsch, A. (2017)
Grundkurs Geschäftsprozess-Management – Analyse, Modellierung, Optimierung und Controlling von Prozessen, (8. Aufl.) Springer Vieweg, Wiesbaden, 2017.

Gaitanides, M. (2012)
Prozessorganisation – Entwicklung, Ansätze und Programme des Managements von Geschäftsprozessen, (3. ed.) Vahlen, München, 2012.

Galbraith, J. R. (2014)
Designing organizations – Strategy, structure, and process at the business unit and enterprise levels, (3. ed.) Jossey-Bass, San Francisco, Calif., 2014.

Gassmann, O.; Frankenberger, K.; Csik, M. (2014)
The business model navigator – 55 models that will revolutionise your business, Pearson, Harlow, England, London, New York, Boston, San Francisco, 2014.

Gebauer, H.; Saul, C.; Haldimann, M.; Gustafsson, A. (2017)
Organizational capabilities for pay-per-use services in product-oriented companies. In: International Journal of Production Economics, 192. Jg., 2017, S. 157 - 168.

Geissdoerfer, M.; Savaget, P.; Bocken, N.; Hultink, E. (2017)
The circular economy – A new sustainability paradigm. In: Journal of Cleaner Production, 143. Jg., 2017, S. 757 - 768.

Gelb, B.; Rangarajan, D.; Hochstein, B.; Blaisdell, M. (2020)
One approach to repeat business: 'customer success managers'. In: Rutgers Business Review, Nr. 1, 5. Jg., 2020, S. 13 - 27.

Ghezzi, A. (2020)
How Entrepreneurs make sense of Lean Startup Approaches: Business Models as cognitive lenses to generate fast and frugal Heuristics. In: Technological Forecasting and Social Change, 161. Jg., 2020

Gordijn, J.; Akkermans, H. (2001)
Designing and evaluating e-business models. In: IEEE Intelligent Systems, Nr. 4, 16. Jg., 2001, S. 11 - 17.

Gusenbauer, M.; Haddaway, N. (2020)
Which academic search systems are suitable for systematic reviews or meta-analyses? Evaluating retrieval qualities of Google Scholar, PubMed, and 26 other resources. In: Research synthesis methods, Nr. 2, 11. Jg., 2020, S. 181 - 217.

Hammer, M. (1990)
Reengineering work: Don't automate, obliterate. In: Harvard Business Review, July-August, 1990, S. 104 - 112.

Hammer, M.; Champy, J. (2002)
Reengineering the corporation – A manifesto for business revolution, HarperCollins Publishers, Inc., New York, 2002.

Hänggi, R.; Nussbaumer, D.; Eifel, C.; Friedli, T.; Budde, L.; Osterrieder, P.; Remling, D. (2020)
Digitalisierung als Treiber für innovative Geschäftsmodelle – Studie im Rahmen des Berichtes „Forschung und Innovation in der Schweiz 2020" Teil C, Studie 7, Schweizerische Eidgenossenschaft, 2020.

Heidelberger Druckmaschinen AG (11.07.2019)
Heidelberg expands subscription service, taking care of all consumables-related logistics operations for customersWiesloch. Pressemitteilung vom 11.07.2019

Heidelberger Druckmaschinen AG (2020)
Annual report 2019/2020 – Point by point., Heidelberg, 2020.

Heidelberger Druckmaschinen AG (05.05.2020)
Now available: New contract options from Heidelberg boost overall efficiency of print shopsWiesloch. Pressemitteilung vom 05.05.2020

Hellmich, K. P. (2003)
Kundenorientierte Auftragsabwicklung – Engpassorientierte Planung und Steuerung des Ressourceneinsatzes, (Gabler Edition Wissenschaft) Deutscher Universitätsverlag, Wiesbaden, 2003.

Helms, T. (2016)
Asset transformation and the challenges to servitize a utility business model. In: Energy Policy, 91. Jg., 2016, S. 98 - 112.

Hermann, U. (2019)
Digitale Geschäftsmodelle, Digitale Geschäftsmodelle für die Print Media Industrie – Print Trend Day 30.01.2019, Wien, 2019.

Hilti AG (April 2019)
Hilti ON!Track mit Bluetooth Active-Tracking-System – Alle Arbeitsmittel im BlickKaufering. Pressemitteilung vom April 2019

Hilti Corporation (2021)
Company Report 2020, Schaan, Liechtenstein, 2021.

Hilti Deutschland AG (2014)
Allgemeine Vertragsbedingungen (AVB) der Hilti Deutschland AG zum Flottenmanagement-(FM-)Vertrag – Premium Version 2.2. Gültig ab 01.11.2014. Zuletzt geprüft am 21.09.2020.

Hilti Deutschland AG (2018)
Hilti ON!Track-Dienstleistungen Abonnement-Vereinbarung. Zuletzt geprüft am 21.09.2020.

Hochstein, B.; Rangarajan, D.; Mehta, N.; Kocher, D. (2020)
An Industry/Academic Perspective on Customer Success Management. In: Journal of Service Research, Nr. 1, 23. Jg., 2020, S. 3 - 7.

Hofmann, M. (2020)
Prozessoptimierung als ganzheitlicher Ansatz – Mit konkreten Praxisbeispielen für effiziente Arbeitsabläufe, Springer Fachmedien Gabler, Wiesbaden, 2020.

Hundsdörfer, R.; Wassenberg, M. A. (2020)
Heidelberg annual conference, Our goals: Profitability - Competitiveness - Safeguarding the future – Annual analysts' and investors' conference June 09, 2020, Wiesloch, 2020.

IEEE (2008)
Proceedings of the 2008 15th Asia-Pacific Software Engineering Conference – Beijing, China, 03.12.2008 - 05.12.2008, IEEE (2008)

IEEE (2019)
Global IoT Summit (GIoTS) 2019 – Aarhus, Denmark, 17.06.2019 - 21.06.2019, IEEE (2019)

IEEE (2019)
Proceedings 2019 International Conference on Engineering, Technology and Innovation (ICE/ITMC) – Valbonne Sophia-Antipolis, France, 17-19 June 2019, IEEE, Piscataway, NJ (2019)

IEEE (2020)
2020 International Conference on Industrial Engineering and Engineering Management (IEEM) – Singapore, 14.12.2020 - 17.12.2020, IEEE (2020)

Jacob, F.; Kleinaltenkamp, M. (2015)
Leistungsindividualisierung und -standardisierung. In: Backhaus, K. / Voeth, M. (Hrsg.): Handbuch Business-to-Business-Marketing – Grundlagen, Geschäftsmodelle, Instrumente des Industriegütermarketing, 2. Aufl.; Springer Gabler, Wiesbaden, 2015, S. 277 - 295.

Johnson, M. W.; Christensen, C. M.; Kagermann, H. (2008)
Reinventing your business model. In: Harvard Business Review, Nr. 12, 86. Jg., 2008, S. 57 - 68.

Jones, G. R.; Bouncken, R. B. (2008)
Organisation – Theorie, Design und Wandel, (5. Aufl.) Pearson Studium, München, 2008.

Kampker, A.; Stich, V. (2019)
Service-Innovation – 6 Prinzipien für erfolgreiche, datenbasierte Service-Innovation in Industrieunternehmen, FIR e.V. an der RWTH Aachen, Aachen, 2019.

Kates, A.; Galbraith, J. R. (2007)
Designing your organization – Using the star model to solve 5 critical design challenges, (1. ed.) Jossey-Bass, San Francisco, CA, 2007.

Kilmann, R.; Pondy, L.; Slevin, D. (1976)
The management of organization design / 1, North-Holland Publ, New York, NY, 1976.

Kim, S.; Kim, M.; Park, S. (2008)
Service identification using goal and scenario in service oriented architecture. In: IEEE (Hrsg.): Proceedings of the 2008 15th Asia-Pacific Software Engineering Conference – Beijing, China, 03.12.2008 - 05.12.2008, IEEE, 2008, S. 419 - 426.

Kindström, D.; Kowalkowski, C. (2015)
Service-driven Business Model Innovation – Organizing the shift from a product-based to service-centric business model. In: Foss, N. J. / Saebi, T. (Hrsg.): Business model innovation and the organizational dimension, 1. ed.; Oxford Univ. Press, Oxford, 2015, S. 191 - 216.

Kitchenham, B.; Charters, S. (2007)
Guidelines for performing Systematic Literature Reviews in Software Engineering – EBSE-2007-01, 2007.

Kneuper, R. (2018)
Die geschichtliche Entwicklung des V-Modells – IUBH Discussion Papers, IUBH Internationale Hochschule, 2018.

Köhler, R. (1977)
Empirische und handlungstheoretische Forschungskonzeptionen in der Betriebswirtschaftslehre – Bericht über d. Tagung in Aachen, März 1976, Poeschel, Stuttgart, 1977.

Kosiol, E. (1976)
Organisation der Unternehmung, (2. Aufl.) Gabler Verlag, Wiesbaden, 1976.

Král, P.; Králová, V. (2016)
Approaches to changing organizational structure: The effect of drivers and communication. In: Journal of Business Research, Nr. 11, 69. Jg., 2016, S. 5169 - 5174.

Krallmann, H.; Bobrik, A.; Levina, O. (2013)
Systemanalyse im Unternehmen – Prozessorientierte Methoden der Wirtschaftsinformatik, (6. Aufl.) Oldenbourg, München, 2013.

Kubicek, H. (1977)
Heuristische Bezugsrahmen und heuristisch angelegte Forschungsdesigns als Elemente einer Konstruktionsstrategie empirischer Forschung. In: Köhler, R. (Hrsg.): Empirische und handlungstheoretische Forschungskonzeptionen in der Betriebswirtschaftslehre – Bericht über d. Tagung in Aachen, März 1976, Poeschel, Stuttgart, 1977, S. 3 - 36.

Kugeler, M.; Vieting, M. (2012)
Gestaltung einer prozessorientiert(er)en Aufbauorganisation. In: Becker, J. / Kugeler, M. / Rosemann, M. (Hrsg.): Prozessmanagement, Springer Berlin Heidelberg, Berlin, Heidelberg, 2012, S. 229 - 276.

Kuntze, P.; Mai, C.-M. (2020)
Labour productivity – slower growth in Germany and Europe, Statistisches Bundesamt, Wiesbaden, 2020.

Küsell, F. (2006)
Praxishandbuch Unternehmensgründung – Unternehmen erfolgreich gründen und managen, (1. Aufl.) Betriebswirtschaftlicher Verlag Dr. Th. Gabler; GWV Fachverlage GmbH Wiesbaden, Wiesbaden, 2006.

Lah, T.; Wood, J. B. (2016)
Technology-as-a-service playbook – How to Grow a Profitable Subscription Business, Point B Inc, s.l., 2016.

Laux, H.; Liermann, F. (2005)
Grundlagen der Organisation – Die Steuerung von Entscheidungen als Grundproblem der Betriebswirtschaftslehre, (6. Aufl.) Springer, Berlin, 2005.

Leavitt, H. J. (2013)
Applied organizational change in industry: structural, technological, and humanistic approaches. In: March, J. G. (Hrsg.): Handbook of organizations, Routledge, London, 2013, S. 1144 - 1170.

Legault, P.; Santa-Eulalia, L. de; Mosconi, E.; Bordeleau, F.-È.; Francoeur, C.; Cadieux, N.; Anholon, R.; Rekik, Z. (2019)
Servitization trend in the machine-tools market: comparing value from turnkey and specialized IoT-based analytics solutions using TOPSIS. In: Procedia Manufacturing, 31. Jg., 2019, S. 390 - 397.

Leih, S.; Linden, G.; Teece, D. J. (2015)
Business model innovation and organizational design. In: Foss, N. J. / Saebi, T. (Hrsg.): Business model innovation and the organizational dimension, 1. ed.; Oxford Univ. Press, Oxford, 2015, S. 24 - 42.

Lenart, M.; Horst, C. (2019)
Time to subscribe? – Subscription-Geschäftsmodelle im Maschinenbau. In: UdZ Praxis Unternehmen der Zukunft, Nr. 1, 2019, S. 12 - 17.

Lewis, C. T.; Short, C. (1879)
A Latin dictionary – Founded on Andreas edition of Freund's Latin Dictionary, Clarendon Press, Oxford, 1879.

Lichtblau, K.; Stich, V.; Bertenrath, R.; Blum, M.; Bleider, M.; Millack, A.; Schmitt, K.; Schmitz, E.; Schröter, M. (2015)
Industrie 4.0-Readiness, IMPULS-Stiftung für den Maschinenbau, den Anlagenbau und die Informationstechnik, Frankfurt, 2015.

Liddell, H. G.; Scott, R.; Jones, H. S.; McKenzie, R. (1996)
A Greek-English Lexicon – With a revised supplement 1996, (New suppl. added.) Clarendon Press, Oxford, 1996.

Lienert, A.; Süße, T.; Wilkens, U.; Washington, N.; Elfving, S. (2019)
Perceived cultural enablers and inhibitors of the organizational transformation towards PSS. In: Procedia CIRP, 83. Jg., 2019, S. 311 - 317.

Lindgardt, Z.; Reeves, M.; Stalk, G.; Deimler, M. S. (2009)
Business Model Innovation – When the Games Gets Tough, Change the Game, The Boston Consulting Group, 2009.

Liu, Y.; Gützlaff, A.; Cremer, S.; Grbev, T.; Schuh, G. (2021)
Design of tailored subscription business models – A holistic guide for machinery and equipment manufacturers. In: Behrens, B.-A. / Brosius, A. et al. (Hrsg.): Production at the leading edge of technology – Proceedings of the 10th Congress of the German Academic Association for Production Technology (WGP), Dresden, 23-24 September 2020, Springer, Berlin, 2021, S. 717–727.

Lotsch, H.; Friedrich, R.; Wunderlin, A. (1992)
Evolution of Dynamical Structures in Complex Systems, Springer Berlin Heidelberg, Berlin, Heidelberg, 1992.

Lunau, S.; Meran, R.; John, A.; Staudter, C.; Roenpage, O. (2014)
Six Sigma + Lean toolset – Mindset zur erfolgreichen Umsetzung von Verbesserungsprojekten, (5. Aufl.) Springer Gabler, Berlin, Heidelberg, 2014.

Lünendonk, J. (2019)
Innovative Geschäftsmodelle, Produkte & Services – Wie Unternehmen neue Umsatzpotenziale im Rahmen der Digitalisierung erschließen, Lünendonk & Hossenfelder GmbH; Detecon International GmbH; Ernst & Young Global Limited; ROI Management Consulting AG, 2019.

March, J. (1991)
Exploration and exploitation in organizational learning. In: Organization Science, Nr. 1, 2. Jg., 1991, S. 71 - 87.

March, J. (2013)
Handbook of organizations, Routledge, London, 2013.

Marek, D. (2020)
Organisationsdesign, Springer Fachmedien Wiesbaden, Wiesbaden, 2020.

Markides, C. (2013)
Business model innovation: what can the ambidexterity literature teach us. In: Academy of Management Perspectives, Nr. 4, 27. Jg., 2013, S. 313 - 323.

Mast, C. (2016)
Neuerfindung einer Industrie, Dissertation, Zeppelin Universität, 2016.

McCormack, K. (2001)
Business process orientation: Do you have it? – Placing an emphasis on processes will help organizations move forward. In: Quality Progress, Nr. 1, 34. Jg., 2001, S. 51 - 58.

McGrath, R. (2010)
Business Models: A Discovery Driven Approach. In: Long Range Planning, Nr. 2-3, 43. Jg., 2010, S. 247 - 261.

Meier, H. (2004)
Dienstleistungsorientierte Geschäftsmodelle im Maschinen- und Anlagenbau – Vom Basisangebot bis zum Betreibermodell, Springer, Berlin, Heidelberg, 2004.

Meier, H.; Uhlmann, E. (2017)
Industrielle Produkt-Service Systeme – Entwicklung, Betrieb und Management, Springer Vieweg, Berlin, 2017.

Meinhardt, S.; Pflaum, A. (2019)
Digitale Geschäftsmodelle – Band 1 – Geschäftsmodell-Innovationen, digitale Transformation, digitale Plattformen, Internet der Dinge und Industrie 4.0, Springer Fachmedien Wiesbaden, Wiesbaden, 2019.

Meise, V. (2001)
Ordnungsrahmen zur prozessorientierten Organisationsgestaltung. Modelle für das Management komplexer Reorganisationsprojekte, Verlag Dr. Kovac GmbH, Hamburg, 2001.

Mittelstrauß, J. (1996)
Enzyklopädie Philosophie und Wissenschaftstheorie – Band 4: Sp-Z, J.B. Metzler, Stuttgart, Weimar, 1996.

Mohr, T. (2020)
Der Digital Navigator – Ein Modell für die digitale Transformation, Springer Fachmedien Wiesbaden, Wiesbaden, 2020.

Nagl, A.; Bozem, K. (2018)
Geschäftsmodelle 4.0 – Business Model Building mit Checklisten und Fallbeispielen, Springer Gabler, Wiesbaden, 2018.

Nguyen-Duc, A. (2020)
An analytical framework for planning minimum viable products. In: Nguyen-Duc, A. / Münch, J. et al. (Hrsg.): Fundamentals of software startups – Essential engineering and business aspects, Springer Nature Switzerland AG, Cham, 2020, S. 81 - 96.

Nguyen-Duc, A.; Münch, J.; Prikladnicki, R.; Wang, X.; Abrahamsson, P. (2020)
Fundamentals of software startups – Essential engineering and business aspects, Springer Nature Switzerland AG, Cham, 2020.

O'Reilly, C.; Tushman, M. L. (2013)
Organizational Ambidexterity: Past, Present, and Future. In: Academy of Management Perspectives, Nr. 4, 27. Jg., 2013, S. 324 - 338.

O'Reilly III, C. A.; Tushman, M. L. (2004)
The ambidextrous organization. In: Harvard Business Review, Nr. 4, 82. Jg., 2004, S. 74 - 81.

Osterloh, M.; Frost, J. (1994)
Business engineering: Modeerscheinung oder „Business Revolution". In: Zeitschrift Führung und Organisation, Nr. 6, 63. Jg., 1994, S. 356 - 363.

Osterloh, M.; Frost, J. (2006)
Prozessmanagement als Kernkompetenz, Springer Fachmedien, Wiesbaden, 2006.

Osterwalder, A.; Pigneur, Y. (2010)
Business model generation – A handbook for visionaries, game changers, and challengers, (Nachdr.) Flash Reproductions, Toronto, 2010.

Oswald, G.; Kleinemeier, M. (2017)
Shaping the digital enterprise, Springer International Publishing, Cham, 2017.

Paiola, M.; Gebauer, H. (2020)
Internet of things technologies, digital servitization and business model innovation in BtoB manufacturing firms. In: Industrial Marketing Management, 89. Jg., 2020, S. 245 - 264.

Palo, T.; Åkesson, M.; Löfberg, N. (2019)
Servitization as business model contestation: A practice approach. In: Journal of Business Research, 104. Jg., 2019, S. 486 - 496.

Paul, A. (2011)
Hilti Flottenmanagement – Serviceinnovation am Beispiel von Elektrowerkzeugen. In: Schweiger, S. / Dressel, K. / Pfeiffer, B. (Hrsg.): Serviceinnovationen in Industrieunternehmen erfolgreich umsetzen – Neue Geschäftspotenziale gezielt durch Dienstleistungen ausschöpfen, 1. Aufl.; Gabler, Wiesbaden, 2011, S. 105 - 122.

Peters, T. J.; Waterman, R. H. (2006)
In search of excellence – Lessons from America's best-run companies, (1. ed.) Harper Collins, New York, 2006.

Pfeiffer, W.; Bischof, P. (1974)
Investitionsgüterabsatz. In: Tietz, B. (Hrsg.): Handwörterbuch der Absatzwirtschaft, Poeschel, Stuttgart, 1974, S. 918 - 938.

Picot, A.; Dietl, H.; Franck, E. (2020)
Organisation – Theorie und Praxis aus ökonomischer Sicht, (8. Aufl.) Schäffer-Poeschel Verlag, Stuttgart, 2020.

Plattform Industrie 4.0 (2019)
Digital business models for Industrie 4.0 – Result paper, 2019.

Porter, M. E. (1985)
Competitive advantage – Creating and sustaining superior performance; with a new introduction, Free Press, New York, 1985.

PwC (2018)
Annual manufacturing report 2018, PricewaterhouseCoopers LLP; Hennik Group, London, 2018.

Rauen, H.; Glatz, R.; Schnittler, V.; Peters, K.; Schorak, M. H.; Zollenkop, M.; Lüers, M.; Becker, L. (2018)
Platform economics in mechanical engineering – Challenges - opportunities - courses of action, VDMA Verband Deutscher Maschinen- und Anlagenbau e.V.; Deutsche Messe AG; Roland Berger GmbH, München, 2018.

Reinhart, G. (2017)
Handbuch Industrie 4.0 – Geschäftsmodelle, Prozesse, Technik, Hanser, München, 2017.

Reitmaier, T. (2015)
Aktives Lernen für Klassifikationsprobleme unter der Nutzung von Strukturinformationen, Kassel University Press GmbH, 2015.

Riedel, O.; Heinen, M. (2015)
Digitalisierung: Wer investiert und profitiert – wer verliert?, Ernst & Young GmbH Wirtschaftsprüfungsgesellschaft, 2015.

Ries, E. (2017)
The Lean startup – How today's entrepreneurs use continuous innovation to create radically successful businesses, (Currency international edition) Currency, New York, 2017.

Roelens, B.; Steenacker, W.; Poels, G. (2019)
Realizing strategic fit within the business architecture: the design of a process-goal alignment modeling and analysis technique. In: Software & Systems Modeling, Nr. 1, 18. Jg., 2019, S. 631 - 662.

Rosemann, M.; Schwegmann, A.; Delfmann, P. (2012)
Vorbereitung der Prozessmodellierung. In: Becker, J. / Kugeler, M. / Rosemann, M. (Hrsg.): Prozessmanagement, Springer Berlin Heidelberg, Berlin, Heidelberg, 2012, S. 47 - 112.

Rudolph, T.; Bischof, S. F.; Böttger, T. M.; Weiler, N. (2017)
Disruption at the door: A taxonomy on subscription models in retailing. In: Marketing Review St. Gallen, Nr. 5, 2017, S. 18 - 25.

Saebi, T.; Lien, L.; Foss, N. J. (2017)
What Drives Business Model Adaptation? The Impact of Opportunities, Threats and Strategic Orientation. In: Long Range Planning, Nr. 5, 50. Jg., 2017, S. 567 - 581.

Santos, J. F.P. D.; Spector, B.; van der Heyden, L. (2015)
Toward a theory of business model change. In: Foss, N. J. / Saebi, T. (Hrsg.): Business model innovation and the organizational dimension, 1. ed.; Oxford Univ. Press, Oxford, 2015, S. 43 - 63.

Schallmo, D. R.A. (2018)
Geschäftsmodelle erfolgreich entwickeln und implementieren – Mit Aufgaben, Kontrollfragen und Templates, (2. Aufl.) Springer Gabler, Berlin, 2018.

Schawel, C.; Billing, F. (2018)
Top 100 Management Tools – Das wichtigste Buch eines Managers : von ABC-Analyse bis Zielvereinbarung, (6. Aufl.) Springer Gabler, Wiesbaden, 2018.

Scheer, A.-W. (1998)
ARIS – Business Process Frameworks, (2nd ed.) Springer Berlin Heidelberg, Berlin, Heidelberg, 1998.

Schellinger, J.; Tokarski, K. O.; Kissling-Näf, I. (2020)
Digitale Transformation und Unternehmensführung – Trends und Perspektiven für die Praxis, Springer Gabler, Wiesbaden, 2020.

Schertler, W. (2017)
Unternehmensorganisation – Lehrbuch der Organisation und Strategischen Unternehmensführung, (7th ed.) Walter de Gruyter GmbH, Berlin/Boston, 2017.

Schifferer, S.; Reitzenstein, B. von (2018)
Tools und Instrumente der Organisationsentwicklung – Erfolgreiche Umsetzung von Organisationsprojekten, Springer Gabler, Berlin, 2018.

Schmelzer, H. J.; Sesselmann, W. (2020)
Geschäftsprozessmanagement in der Praxis – Kunden zufriedenstellen, Produktivität steigern, Wert erhöhen, (9., 2020.

Schneeberger, S. J.; Habegger, A. (2020)
Ambidextrie – der organisationale Drahtseilakt. In: Schellinger, J. / Tokarski, K. O. / Kissling-Näf, I. (Hrsg.): Digitale Transformation und Unternehmensführung – Trends und Perspektiven für die Praxis, Springer Gabler, Wiesbaden, 2020, S. 105 - 144.

Schuh, G.; Anderl, R.; Dumitrescu, R.; Krüger, A.; ten Hompel, M. (2020)
Industrie 4.0 Maturity Index – Managing the Digital Transformation of Companies, acatech, 2020.

Schuh, G.; Boshof, J.; Dölle, C.; Kelzenberg, C.; Tittel, J. (2020)
Subskriptionsmodelle im Maschinen- und Anlagenbau. In: Bergs, T. / Brecher, C. et al. (Hrsg.): Internet of Production – Turning Data into Value, 2020, S. 282 - 301.

Schuh, G.; Frank, J.; Jussen, P.; Rix, C.; Harland, T. (2019)
Monetizing Industry 4.0 – Design Principles for Subscription Business in the Manufacturing Industry. In: IEEE (Hrsg.): Proceedings 2019 International Conference on Engineering, Technology and Innovation (ICE/ITMC) – Valbonne Sophia-Antipolis, France, 17-19 June 2019, IEEE, Piscataway, NJ, 2019, S. 1 - 9.

Schuh, G.; Friedli, T.; Kurr, M. A. (2007)
Prozessorientierte Reorganisation – Reengineering-Projekte professionell gestalten und umsetzen, Hanser, München, 2007.

Schuh, G.; Gudergan, G.; Grefrath, C. (2016)
Geschäftsmodelle für industrielle Dienstleistungen. In: Schuh, G. / Gudergan, G. / Kampker, A. (Hrsg.): Management industrieller Dienstleistungen – Handbuch Produktion und Management 8, 2. Aufl.; Springer Berlin Heidelberg, Berlin, Heidelberg, 2016, S. 65 - 104.

Schuh, G.; Gudergan, G.; Grefrath, C. (2016)
Leistungssysteme. In: Schuh, G. / Gudergan, G. / Kampker, A. (Hrsg.): Management industrieller Dienstleistungen – Handbuch Produktion und Management 8, 2. Aufl.; Springer Berlin Heidelberg, Berlin, Heidelberg, 2016, S. 105 - 140.

Schuh, G.; Gudergan, G.; Kampker, A. (2016)
Management industrieller Dienstleistungen – Handbuch Produktion und Management 8, (2. Aufl.) Springer Berlin Heidelberg, Berlin, Heidelberg, 2016.

Schuh, G.; Gudergan, G.; Klimek, G. (2016)
Organisation industrieller Dienstleistungen. In: Schuh, G. / Gudergan, G. / Kampker, A. (Hrsg.): Management industrieller Dienstleistungen – Handbuch Produktion und Management 8, 2. Aufl.; Springer Berlin Heidelberg, Berlin, Heidelberg, 2016, S. 233 - 252.

Schuh, G.; Gützlaff, A.; Cremer, S.; Lammersmann, J.; Liu, Y. (2020)
Business model and organization – Interdependencies for customer-centric continuous innovation in subscription business. In: IEEE (Hrsg.): 2020 International Conference on Industrial Engineering and Engineering Management (IEEM) – Singapore, 14.12.2020 - 17.12.2020, IEEE, 2020, S. 260 - 264.

Schuh, G.; Hoffart, C.; Gudergan, G.; Siegers, J. (2016)
Kundensysteme. In: Schuh, G. / Gudergan, G. / Kampker, A. (Hrsg.): Management industrieller Dienstleistungen – Handbuch Produktion und Management 8, 2. Aufl.; Springer Berlin Heidelberg, Berlin, Heidelberg, 2016, S. 141 - 168.

Schuh, G.; Kampker, A. (2011)
Strategie und Management produzierender Unternehmen – Handbuch Produktion und Management 1, (2. Aufl.) Springer-Verlag Berlin Heidelberg, Berlin, Heidelberg, 2011.

Schuh, G.; Kampker, A.; Stich, V.; Kuhlmann, K. (2011)
Prozessmanagement. In: Schuh, G. / Kampker, A. (Hrsg.): Strategie und Management produzierender Unternehmen – Handbuch Produktion und Management 1, 2. Aufl.; Springer-Verlag Berlin Heidelberg, Berlin, Heidelberg, 2011, S. 327 - 382.

Schuh, G.; Riesener, M. (2017)
Produktkomplexität managen – Strategien - Methoden - Tools, (3. Aufl.) Hanser, München, 2017.

Schuh, G.; Riesener, M.; Prote, J.-P.; Dölle, C.; Molitor, M.; Schloesser, S.; Liu, Y.; Tittel, J. (2020)
Industrie 4.0: Agile Entwicklung und Produktion im Internet of Production. In: Frenz, W. (Hrsg.): Handbuch Industrie 4.0: Recht, Technik, Gesellschaft, Springer Berlin Heidelberg, Berlin, Heidelberg, 2020, S. 467 - 488.

Schuh, G.; Salmen, M.; Jussen, P.; Riesener, M.; Zeller, V.; Hensen, T.; Begovic, A.; Birkmeier, M.; Hocken, C.; Jordan, F.; Kantelberg, J.; Kelzenberg, C.; Kolz, D.; Maasem, C.; Siegers, J.; Stark, M.; Tönnes, C. (2017)
Geschäftsmodell-Innovation. In: Reinhart, G. (Hrsg.): Handbuch Industrie 4.0 – Geschäftsmodelle, Prozesse, Technik, Hanser, München, 2017, S. 3 - 30.

Schulte-Zurhausen, M. (2014)
Organisation, (6. Aufl.) Vahlen, München, 2014.

Schüritz, R.; Seebacher, S.; Satzger, G.; Schwarz, L. (2018)
Datatization as the Next Frontiert of Servitization – Understanding the Challenges for Transforming Organizations. In: Association for Information Systems (AIS) (Hrsg.): 38th International Conference on Information Systems (ICIS 2017) – Transforming society with digital innovation, Curran Associates Inc, Red Hook, NY, 2018, S. 1098 - 1118.

Schweiger, S.; Dressel, K.; Pfeiffer, B. (2011)
Serviceinnovationen in Industrieunternehmen erfolgreich umsetzen – Neue Geschäftspotenziale gezielt durch Dienstleistungen ausschöpfen, (1. Aufl.) Gabler, Wiesbaden, 2011.

Shalley, C.; Hitt, M.; Zhou, J. (2015)
The Oxford Handbook of Creativity, Innovation, and Entrepreneurship, Oxford University Press, Oxford, 2015.

Smith, C.; Norton, B.; Ellis, D. (1992)
Leavitt's diamond and the flatter library: a case study in organizational change. In: Library Management, Nr. 5, 13. Jg., 1992, S. 18 - 22.

Snihur, Y.; Tarzijan, J. (2018)
Managing complexity in a multi-business-model organization. In: Long Range Planning, Nr. 1, 51. Jg., 2018, S. 50 - 63.

Solaimani, S.; Bouwman, H. (2012)
A framework for the alignment of business model and business processes. In: Business Process Management Journal, Nr. 4, 18. Jg., 2012, S. 655 - 679.

Sosna, M.; Trevinyo-Rodríguez, R.; Velamuri, S. (2010)
Business model innovation through Trial-and-Error Learning. In: Long Range Planning, Nr. 2-3, 43. Jg., 2010, S. 383 - 407.

Sousa-Zomer, T.; Magalhães, L.; Zancul, E.; Cauchick-Miguel, P. (2018)
Exploring the challenges for circular business implementation in manufacturing companies: An empirical investigation of a pay-per-use service provider. In: Resources, Conservation and Recycling, 135. Jg., 2018, S. 3 - 13.

Spath, D. (2017)
Grundlagen der Organisationsgestaltung. In: Spath, D. / Westkämper, E. et al. (Hrsg.): Neue Entwicklungen in der Unternehmensorganisation, Vieweg, Berlin, Heidelberg, 2017, S. 3 - 30.

Spath, D.; Westkämper, E.; Bullinger, H.-J.; Warnecke, H.-J. (2017)
Neue Entwicklungen in der Unternehmensorganisation, Vieweg, Berlin, Heidelberg, 2017.

Speck, M.; Schnetgöke, N. (2012)
Sollmodellierung und Prozessoprimierung. In: Becker, J. / Kugeler, M. / Rosemann, M. (Hrsg.): Prozessmanagement, Springer Berlin Heidelberg, Berlin, Heidelberg, 2012, S. 195 - 228.

Statistisches Bundesamt (2008)
Klassifikation der Wirtschaftszweige – Mit Erläuterungen, Wiesbaden, 2008.

Staufen AG (2019)
Erfolg im Wandel, Staufen AG; Staufen Digital Neonex GmbH, Köngen, 2019.

Staufen.Inova (2020)
Transformation – So geht die schweizer Wirtschaft den Wandel an, Staufen.Inova AG, Zürich, 2020.

Sund, K.; Villarroel, J.; Bogers, M. (2014)
Organizational Aspects of Business Model Innovation: The Case of the European Postal Industry. In: Academy of Management Proceedings, Nr. 1, 2014. Jg., 2014

Teece, D. J. (2007)
Explicating dynamic capabilities: the nature and microfoundations of (sustainable) enterprise performance. In: Strategic Management Journal, Nr. 13, 28. Jg., 2007, S. 1319 - 1350.

Teece, D. J. (2010)
Business Models, Business Strategy and Innovation. In: Long Range Planning, Nr. 2-3, 43. Jg., 2010, S. 172 - 194.

Teece, D. J.; Pisano, G. (1994)
The Dynamic Capabilities of Firms: an Introduction. In: Industrial and Corporate Change, Nr. 3, 3. Jg., 1994, S. 537 - 556.

Thommen, J.-P.; Achleitner, A.-K.; Gilbert, D. U. (2020)
Allgemeine Betriebswirtschaftslehre – Umfassende Einführung aus managementorientierter Sicht, (9., 2020.

Tietz, B. (1974)
Handwörterbuch der Absatzwirtschaft, Poeschel, Stuttgart, 1974.

Timmers, P. (1998)
Business models for electronic markets. In: EM – Electronic Markets, Nr. 2, 8. Jg., 1998

Tomczak, T. (1992)
Forschungsmethoden in der Marketingwissenschaft – Ein Plädoyer für den qualitativen Forschungsansatz. In: Marketing – Zeitschrift für Forschung und Praxis, Nr. 2, 14. Jg., 1992, S. 77 - 87.

Tronvoll, B.; Sklyar, A.; Sörhammar, D.; Kowalkowski, C. (2020)
Transformational shifts through digital servitization. In: Industrial Marketing Management, 89. Jg., 2020, S. 293 - 305.

Tschacher, W.; Brunner, E. J. (1992)
Organization and Self-Organization. In: Lotsch, H. K. V. / Friedrich, R. / Wunderlin, A. (Hrsg.): Evolution of Dynamical Structures in Complex Systems, Springer Berlin Heidelberg, Berlin, Heidelberg, 1992, S. 382 - 391.

Tukker, A. (2004)
Eight types of product–service system – Eight ways to sustainability? Experiences from SusProNet. In: Business Strategy and the Environment, Nr. 4, 13. Jg., 2004, S. 246 - 260.

Tushman, M. L.; O'Reilly, C. (1996)
Ambidextrous organizations: managing evolutionary and revolutionary change. In: California Management Review, Nr. 4, 38. Jg., 1996, S. 8 - 29.

Tzuo, T.; Weisert, G. (2018)
Subscribed – Why the subscription model will be your company's future – and what to do about it, Portfolio/Penguin, New York, 2018.

Uhlmann, E.; Meier, H. (2017)
Produktverständnis im Wandel. In: Meier, H. / Uhlmann, E. (Hrsg.): Industrielle Produkt-Service Systeme – Entwicklung, Betrieb und Management, Springer Vieweg, Berlin, 2017, S. 1 - 16.

Ulrich, H. (1984)
Management, Paul Haupt, Bern, Stuttgart, 1984.

Ulrich, P.; Hill, W. (1976)
Wissenschaftstheoretische Grundlagen der Betriebswirtschaftslehre (Teil I). In: Wirtschaftswissenschaftliches Studium: Zeitschrift für Ausbildung und Hochschulkontakt, Nr. 7, 5. Jg., 1976, S. 304 - 309.

Vahs, D. (2015)
Organisation – Ein Lehr- und Managementbuch, (9. Aufl.) Schäffer-Poeschel Verlag, Stuttgart, Germany, 2015.

van de Schoot, R.; Bruin, J. de; Schram, R.; Zahedi, P.; Boer, J. de; Weijdema, F.; Kramer, B.; Huijts, M.; Hoogerwerf, M.; Ferdinands, G.; Harkema, A.; Willemsen, J.; Ma, Y.; Fang, Q.; Hindriks, S.; Tummers, L.; Oberski, D. (2021)
An open source machine learning framework for efficient and transparent systematic reviews. In: Nature Machine Intelligence, Nr. 2, 3. Jg., 2021, S. 125 - 133.

van der Aalst, W.; Mylopoulos, J.; Rosemann, M.; Shaw, M.; Szyperski, C.; Fitzgerald, B.; Conboy, K.; Power, K.; Valerdi, R.; Morgan, L.; Stol, K.-J. (2013)
Lean Enterprise Software and Systems, Springer Berlin Heidelberg, Berlin, Heidelberg, 2013.

Vanhaverbeke, W.; Torremans, H. (1998)
Organizational structure in process-based organizations – Paper prepared for the 14th EGOS-Conference in Maastricht 9-11 July 1998, 1998.

VDI; VDE (2020)
VDI/VDE Richtlinie 2206, VDI Verein Deutscher Ingenieure; VDE Verband der Elektrotechnik Elektronik Informationstechnik; Beuth Verlag GmbH, Berlin, September 2020.

VDMA (2017)
4. Ordnungspolitisches Kolloquium des VDMA und der IMPULS-Stiftung – Das Produktivitätsparadoxon im Maschinen- und Anlagenbau, VDMA Verband Deutscher Maschinen- und Anlagenbau e.V., Frankfurt am Main, 2017.

VDMA (2019)
Statistical yearbook for mechanical engineering, (Edition 2019) VDMA Verband Deutscher Maschinen- und Anlagenbau e.V., Frankfurt am Main, 2019.

VDMA (2020)
Mechanical engineering – figures and charts 2020, VDMA Verband Deutscher Maschinen- und Anlagenbau e.V., Frankfurt am Main, 2020.

VDMA (2021)
Mechanical engineering – figures and charts 2021, VDMA Verband Deutscher Maschinen- und Anlagenbau e.V., Frankfurt am Main, 2021.

VDMA (2021)
VDMA Magazin, VDMA Verband Deutscher Maschinen- und Anlagenbau e.V., Frankfurt am Main, 2021.

VDMA; McKinsey (2014)
The future of German mechanical engineering – Operating successfully in a dynamic environment, VDMA Verband Deutscher Maschinen- und Anlagenbau e.V.; McKinsey & Company, Inc., 2014.

Velu, C.; Stiles, P. (2013)
Managing decision-making and cannibalization for parallel business models. In: Long Range Planning, Nr. 6, 46. Jg., 2013, S. 443 - 458.

Voeth, M.; Arnegger, A. (2018)
Servicebasierte Geschäftsmodelle in Industriegüterunternehmen – Voraussetzungen für eine erfolgreiche Implementierung. In: Bruhn, M. / Hadwich, K. (Hrsg.): Service Business Development – Strategien - Innovationen - Geschäftsmodelle: Band 1, Springer Gabler, Wiesbaden, Germany, 2018, S. 429 - 446.

Wang, C. L.; Ye, L. R.; Zhang, Y.; Nguyen, D.-D. (2005)
Subscription to fee-based online services: What makes consumer pay for online content. In: Journal of Electronic Commerce Research, Nr. 4, 6. Jg., 2005, S. 304 - 311.

Warner, K.; Wäger, M. (2019)
Building dynamic capabilities for digital transformation: An ongoing process of strategic renewal. In: Long Range Planning, Nr. 3, 52. Jg., 2019, S. 326 - 349.

Weber, W.; Kabst, R.; Baum, M. (2018)
Einführung in die Betriebswirtschaftslehre, (10. Aufl.) Springer Gabler, Wiesbaden, 2018.

Wei, Z.; Yang, D.; Sun, B.; Gu, M. (2014)
The fit between technological innovation and business model design for firm growth: evidence from China. In: R&D Management, Nr. 3, 44. Jg., 2014, S. 288 - 305.

Weltgen, M. (2019)
Systematische und institutionalisierte Geschäftsmodellinnovation – Eine explorative Studie in deutschen Konzernen, Springer Fachmedien Wiesbaden, Wiesbaden, 2019.

Xu, Y.; Koivumäki, T. (2019)
Digital business model effectuation: An agile approach. In: Computers in Human Behavior, 95. Jg., 2019, S. 307 - 314.

Zeng, Q.; Chen, W.; Huang, L. (2008)
E-business transformation: An analysis framework based on critical organizational dimensions. In: Tsinghua Science and Technology, Nr. 3, 13. Jg., 2008, S. 408 - 413.

ZEW (2020)
Ergebnisse der deutschen Innovationserhebung 2019 – Maschinenbau. In: ZEW Branchenreport Innovationen, Nr. 17, 27. Jg., 2020

Zhang, W.; Banerji, S. (2017)
Challenges of servitization: A systematic literature review. In: Industrial Marketing Management, 65. Jg., 2017, S. 217 - 227.

Zott, C.; Amit, R. (2007)
Business Model Design and the Performance of Entrepreneurial Firms. In: Organization Science, Nr. 2, 18. Jg., 2007, S. 181 - 199.

Zott, C.; Amit, R. (2008)
The fit between product market strategy and business model: implications for firm performance. In: Strategic Management Journal, Nr. 1, 29. Jg., 2008, S. 1 - 26.

Zott, C.; Amit, R. (2010)
Business Model Design: An Activity System Perspective. In: Long Range Planning, Nr. 2-3, 43. Jg., 2010, S. 216 - 226.

Zott, C.; Amit, R. (2015)
Business Model Innovation: Toward a Process Perspective. In: Shalley, C. E. / Hitt, M. A. / Zhou, J. (Hrsg.): The Oxford Handbook of Creativity, Innovation, and Entrepreneurship, Oxford University Press, Oxford, 2015, S. 395 - 406.

Zuora (2019)
The end of ownership: How generations across the U.S. really feel about the subscriptino economy. URL: https://www.zuora.com. Zuletzt geprüft am 18.04.2020.

9 Anhang

9.1 Einflussfaktoren auf das Beherrschbarkeitsprinzip bei der Abteilungsbildung nach SCHULTE-ZURHAUSEN

Tabelle 9.1: Einflussfaktoren auf das Beherrschbarkeitsprinzip bei der Abteilungsbildung nach Schulte-Zurhausen [608]

Einflussfaktoren	Wirkung auf die Leitungsspanne
Aufgabenmerkmale	
steigende Komplexität	↓
zunehmende Gleichartigkeit	↑
gute Überwachbarkeit	↑
hohe Änderungshäufigkeit	↓
starke Interdependenzen zwischen den Stellenaufgaben	↓
hohe Belastung des Vorgesetzten durch Fachaufgaben	↓
hohes Risiko der Entscheidungen des Vorgesetzten	↓
Persönliche Merkmale	
hohe fachliche Qualifikation von Mitarbeiter und Vorgesetzten	↑
hohe Selbstständigkeit und Leistungsorientierung der Mitarbeiter	↑
hohe Führungsqualifikation des Vorgesetzten	↑
Führungsstil des Vorgesetzten	
hohe Partizipation der Mitarbeiter an Entscheidungen der Vorgesetzten	↑↓
Organisatorische und personelle Merkmale	
hohe Standardisierung	↑
umfassende Delegation von Aufgaben, Verantwortung und Kompetenzen	↑
überwiegend mündliche Kommunikation	↓
Selbstabstimmung in Arbeitsgruppen	↑
Einrichtung von Leitungshilfsstellen	↑
Einsatz von Führungsinformationssystemen	↑
große räumliche Distanz der Arbeitsplätze	↓
Aus- und Weiterbildungsmaßnahmen	↑
↑ = tendenziell größere Leitungsspanne; ↓ = tendenziell kleinere Leitungsspanne	
Je größer die Leitungsspanne, desto mehr Stellen kann sie umfassen	

[608] Vgl. Schulte-Zurhausen, M. (2014) Organisation, S. 214.

9.2 Vorgehen der strukturierten Literaturrecherche zur Identifikation der organisatorischen Herausforderungen und Lösungsansätze bei der Einführung von Subskription

Die durchgeführte strukturierte Literaturrecherche basiert auf dem Ansatz nach KITCHENHAM UND CHARTERS. Die Autoren definieren die strukturierte Literaturrecherche als ein Mittel, um alle verfügbaren Forschungsarbeiten, die für eine bestimmte Forschungsfrage relevant sind, ohne Voreingenommenheit zu identifizieren, zu bewerten und zu interpretieren.[609] Sie unterscheidet sich von herkömmlichen Literaturrecherchen vor allem durch die Definition eines Suchprotokolls, das nicht nur die Suchfrage, sondern auch die benutzten Datenbanken, die Suchzeichenfolge, die Einschluss- sowie die Ausschlusskriterien beinhaltet.[610] KITCHENHAM UND CHARTERS unterteilen die strukturierte Literaturrecherche in drei Phasen (siehe Abbildung 5-39). In der ersten Phase „Planung" wird die Forschungsfrage formuliert sowie das Suchprotokoll erstellt. In der zweiten Phase „Durchführung" findet die eigentliche Recherchearbeit statt. Dabei werden relevante Quellen identifiziert, untersucht sowie die relevanten Daten extrahiert und synthetisiert. In der letzten Phase „Ergebnisanalyse" werden die Ergebnisse der Recherche strukturiert und aufbereitet (siehe Kap. 5.3.6.1).[611]

9.2.1 Planung der strukturierten Literaturrecherche

Aufgrund der geringen Anzahl wissenschaftlicher Arbeiten zur Subskription wurde die Suche auf die allgemeine Einführung eines neuen parallelen Geschäftsmodells ausgeweitet. Es wird angenommen, dass die dabei identifizierten Herausforderungen und Lösungsansätze auf die Einführung eines Subskriptionsmodells übertragbar sind. Da Herausforderungen und Lösungsansätze unabhängig voneinander in wissenschaftlichen Arbeiten beschrieben werden können, wurden zwei Forschungsfragen formuliert, um alle relevanten Literaturen identifizieren zu können (siehe Abbildung 9-1).

Für die Auswahl der Datenbanken wird auf die Studie von GUSENBAUER UND HADDAWAY zurückgegriffen. Darin vergleichen die Autoren 34 häufig verwendete Datenbanken anhand der Kriterien „Thematische Abdeckung", „Operatoren für die Abfrage" (z.B. Nutzung von booleschen Operatoren und Filter), „Reproduzierbarkeit der Ergebnisse" und „Effizienz von Suche und Ergebnisexport".[612] Anhand ihrer Arbeit und des thematischen Fokus der vorliegenden Arbeit wurden die Datenbanken

[609] Vgl. Kitchenham, B. / Charters, S. (2007) Systematic literature reviews, S. 3 - 4.
[610] Vgl. Kitchenham, B. / Charters, S. (2007) Systematic literature reviews, S. 4.
[611] Vgl. Kitchenham, B. / Charters, S. (2007) Systematic literature reviews, S. 6.
[612] Vgl. Gusenbauer, M. / Haddaway, N. (2020) Academic search systems, S. 197.

ScienceDirect und EBSCO[613] ausgewählt. Obwohl die Datenbank Google Scholar von den Autoren nicht als Primärdatenbank empfohlen wurde,[614] wurde sie aufgrund ihres besonders großen Umfangs an wissenschaftlichen Literaturen ebenfalls ausgewählt, um ScienceDirect und EBSCO zu ergänzen. Dabei können aufgrund einer technischen Einschränkung nur 1.000 Literaturen angezeigt werden, die von Google Scholar selbst als am relevantesten bewertet werden.

<table>
<tr><th colspan="6">Forschungsfragen</th></tr>
<tr><td colspan="6">1. Welche organisatorischen Herausforderungen treten bei der Einführung eines neuen, parallelen Geschäftsmodells auf?
2. Welche Lösungsansätze können angewendet werden, um organisatorischen Herausforderungen bei der Einführung eines neuen Geschäftsmodells zu begegnen?</td></tr>
<tr><th colspan="6">Datenbanken</th></tr>
<tr><td colspan="2">ScienceDirect</td><td colspan="2">EBSCO (Business Source Premier)</td><td colspan="2">Google Scholar</td></tr>
<tr><th colspan="6">Suchzeichenfolge in Englisch (E) und Deutsch (D)</th></tr>
<tr><td colspan="6">engl.: ("business transformation" OR "organizational transformation" OR "organizational redesign") AND ("challenge" OR "problem" OR "measures") AND ("business model innovation" OR "parallel business model" OR "business model")
dt.: ("Unternehmenstransformation" OR "organisatorische Umgestaltung" OR "organisatorischer Umbau") AND ("Herausforderung" OR "Problem" OR "Maßnahme") AND ("Geschäftsmodellinnovation" OR "Parallele Geschäftsmodelle" OR "Geschäftsmodell")</td></tr>
<tr><th colspan="6">Einschluss- (EK) und Ausschlusskriterien (AK)</th></tr>
<tr><td colspan="3">EK1: Primärliteratur stellt spezifische Herausforderungen oder Lösungsansätze vor
EK2: Primärliteratur betrachtet die Innovation eines neuen, parallelen Geschäftsmodells
EK3: Primärliteratur betrachtet die Einführungsphase des neuen, parallelen Geschäftsmodells</td><td colspan="3">AK1: Primärliteratur ist nicht elektronisch verfügbar
AK2: Primärliteratur ist nicht in englischer oder deutscher Sprache verfügbar
AK3: Primärliteratur besitzt keinen Abstract bzw. keine Zusammenfassung in den elektronischen Metadaten</td></tr>
</table>

Abbildung 9-1: Suchprotokoll der durchgeführten strukturierten Literaturrecherche

Während ScienceDirect und EBSCO über eine Exportfunktion der Suchergebnisse verfügen, ist dies bei Google Scholar nicht möglich. Stattdessen können nur zehn Ergebnisse auf einmal angezeigt werden. Um die 1.000 Ergebnisse dennoch gesammelt exportieren zu können, wurde ein sogenannter Webcrawler eingesetzt. Ein Webcrawler kann selbstständig Webseiten systematisch durchsuchen und die Ergebnisse indexieren.[615] Für die vorliegende Arbeit wurde der Webcrawler „Publish or Perish“ von Prof. Anne-Will Harzing eingesetzt, da dieser öffentlich verfügbar ist.[616]

---

[613] EBSCO bietet mehrere Datenbanken zu unterschiedlichen Themengebieten mit den gleichen Suchfunktionalitäten an. Für die vorliegende Arbeit wurde „Business Source Premier“ ausgewählt. Nach Angaben von EBSCO ist sie die meist genutzte Datenbank in der Wirtschaftsbranche. Vgl. https://www.ebsco.com/de-de/produkte/datenbanken/business-source-premier, zuletzt aufgerufen am 30.04.2021.

[614] Vgl. Gusenbauer, M. / Haddaway, N. (2020) Academic search systems, S. 206.

[615] Vgl. Cho, J. (2001) Crawling the web, S. 1.

[616] https://harzing.com/resources/publish-or-perish; zuletzt aufgerufen am 30.04.2021

Die Suchzeichenfolgen wurden durch die Kombination mehrerer Suchbegriffe und booleschen Operatoren erstellt. Grundsätzlich deckt eine Suchzeichenfolge die drei Aspekte Suchbereich, Suchgegenstand und Kontext ab, die durch den Operator „AND" miteinander verknüpft werden. Jeder Aspekt wiederum enthält mehrere Begriffe, die durch den Operator „OR" verknüpft werden. Dadurch können synonyme Ausdrucksweisen sowie beide Forschungsfragen abgedeckt werden. Die Suche in den Datenbanken wird sowohl in englischer als auch in deutscher Sprache durchgeführt, um eine möglichst große Anzahl an relevanten Literaturen zu identifizieren.

Die anhand der Suchzeichenfolgen identifizierten Literaturen werden als relevant betrachtet, wenn alle Einschlusskriterien, jedoch kein Ausschlusskriterium erfüllt sind. Der Bewertungsprozess wurde mithilfe von Maschinellem Lernen durchgeführt und wird im Folgenden erläutert.

9.2.2 Durchführung der strukturierten Literaturrecherche mithilfe von Maschinellem Lernen

Der große Nachteil der systematischen im Vergleich zu einer traditionellen Literaturrecherche ist der deutlich erhöhte Arbeitsaufwand.[617] Dieser entsteht vor allem durch die sehr zeitintensive Durchsicht und Bewertung einer großen Anzahl an Literaturen, die in Datenbanken identifiziert werden können. Daher ist es gängige Praxis, die Suche stark zu spezifizieren, um somit den Suchraum einzuschränken. Dadurch steigt jedoch das Risiko, potenziell relevante Arbeiten nicht zu erfassen.[618] Um dennoch eine gründliche systematische Literaturrecherche innerhalb der vorliegenden Arbeit durchzuführen, wurde das frei verfügbare digitale Werkzeug „ASReview" nach SCHOOT ET AL. eingesetzt.[619] Es nutzt das Prinzip des Maschinellen Lernens (engl. Machine Learning),[620] um eine effiziente und transparente Identifikation relevanter wissenschaftlicher Arbeiten zu ermöglichen.[621]

Nutzung digitaler Werkzeuge bei der strukturierten Literaturrecherche

Bevor ASReview eingesetzt werden kann, müssen jedoch zunächst die Suchergebnisse aus den Datenbanken vorverarbeitet werden. Dafür wurde das frei verfügbare digitale Werkzeug Mendeley benutzt.[622] Dieses ist in der Lage, bei Bedarf die Metadaten der Literaturen, vor allem den Abstract, zu vervollständigen sowie Duplikate zu entfernen. Am Ende wird ein Datensatz generiert, der in das ASReview importiert werden

---

617 Vgl. Kitchenham, B. / Charters, S. (2007) Systematic literature reviews, S. 4.

618 Vgl. van de Schoot, R. / Bruin, J. de et al. (2021) Systematic reviews, S. 125.

619 Vgl. van de Schoot, R. / Bruin, J. de et al. (2021) Systematic reviews.

620 Als Maschinelles Lernen werden datenbasierte Verfahren bezeichnet, die ausgehend von Beispieldaten Muster oder Gesetzmäßigkeiten einer Problemstellung erlernen können. Vgl. Reitmaier, T. (2015) Aktives Lernen, S. 1.

621 Vgl. van de Schoot, R. / Bruin, J. de et al. (2021) Systematic reviews, S. 127.

622 https://www.mendeley.com/; Zuletzt aufgerufen am 20.03.2021

kann. Die digitalen Werkzeuge bei der strukturierten Literaturrecherche sind in Abbildung 9-2 zusammenfassend dargestellt.

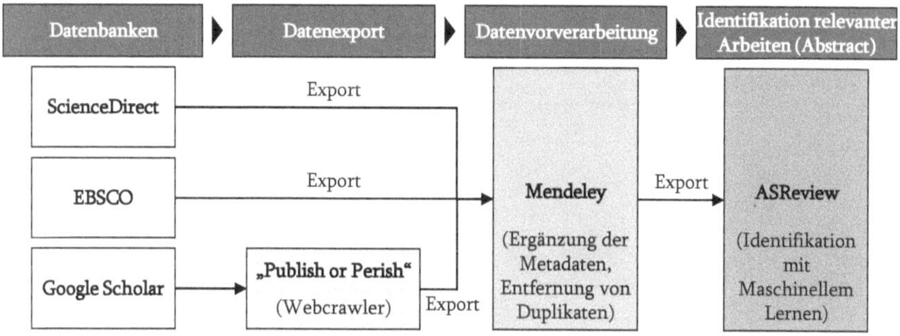

Abbildung 9-2: Digitale Werkzeuge bei der strukturierten Literaturrecherche

ASReview nutzt einen aktiven Lernalgorithmus, bei dem zu Beginn des Lernprozesses eine geringe Menge an bereits klassifizierten Daten vorhanden sein muss. Dazu muss der Anwender, nachdem ein Projekt erstellt und die Suchergebnisse aus den Datenbanken eingepflegt worden sind, sein Vorwissen nutzen und einige wissenschaftliche Arbeiten manuell als „relevant" oder „nicht relevant" markieren. Dies wird auch als „Aktives Lernen" bezeichnet.[623] Diese Eingabe wird vom ASReview verwendet, um den Algorithmus zu trainieren und die Relevanz der restlichen Literaturen anhand der Metadaten (Titel und Abstract) zu berechnen.[624] So wird dem Anwender stets die Literatur mit der höchsten berechneten Relevanz vorgeschlagen. Der Anwender bewertet die Literatur manuell anhand des Titels und des Abstracts als „relevant" oder „nicht relevant", wodurch der Algorithmus weiter trainiert wird. Dieser Prozess wird so lange durchgeführt, bis alle Literaturen bewertet wurden oder bis der Anwender den Prozess selbst beendet. In der vorliegenden Arbeit wurde der Prozess manuell beendet, nachdem in 50 aufeinander folgenden Vorschlägen keiner als relevant befunden wurde. Zum Abschluss können alle Literaturen inkl. einer errechneten Relevanzkennzahl exportiert werden.[625] Insgesamt konnten mithilfe von ASReview die Suchergebnisse aus den Datenbanken ohne Einschränkung berücksichtigt und nach Relevanz gefiltert werden. Der Prozess zur Bewertung der Suchergebnisse ist in Abbildung 9-3 schematisch dargestellt.

---

[623] Vgl. Reitmaier, T. (2015) Aktives Lernen, S. 2; van de Schoot, R. / Bruin, J. de et al. (2021) Systematic reviews, S. 127.

[624] Weitere Metadaten, z.B. Namen der Autoren, werden durch ASReview bewusst nicht berücksichtigt, um eine Voreingenommenheit bei der Bewertung zu vermeiden. Vgl. van de Schoot, R. / Bruin, J. de et al. (2021) Systematic reviews, S. 127.

[625] Vgl. van de Schoot, R. / Bruin, J. de et al. (2021) Systematic reviews, S. 127.

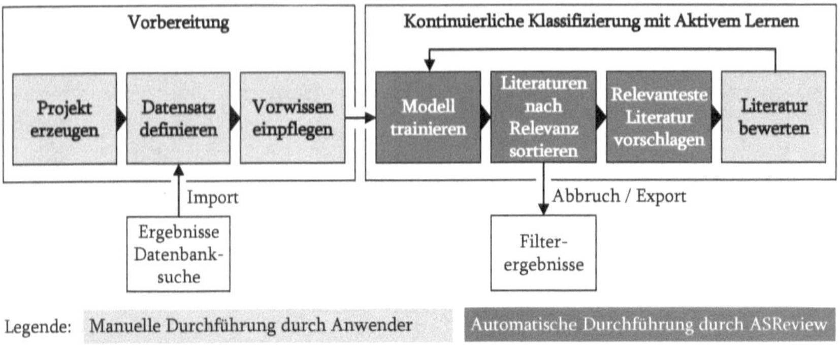

Abbildung 9-3: Identifikation relevanter wissenschaftlicher Arbeiten durch Maschinelles Lernen mit dem Werkzeug „ASReview"

Anzahl identifizierter Literaturen entlang der strukturierten Literaturrecherche

Die Suche in den Datenbanken ergab insgesamt 2.825 potenziell relevante Literaturen. Diese bestanden aus 679 englischsprachigen Literaturen aus ScienceDirect, 979 englischsprachigen Literaturen aus EBSCO, 997 englischsprachigen sowie 170 deutschsprachigen Literaturen aus Google Scholar (siehe Abbildung 9-4).

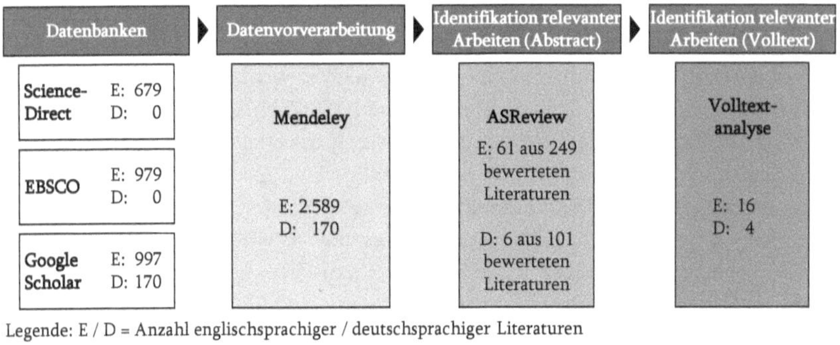

Abbildung 9-4: Anzahl identifizierter Literaturen entlang der strukturierten Literaturrecherche

Durch den Einsatz von „Mendeley" konnten 66 Duplikate entfernt werden, sodass 2.759 Literaturen in ASReview importiert wurden. Das Trainieren von ASReview mit Maschinellem Lernen musste für englisch- und deutschsprachige Literaturen separat durchgeführt werden. In beiden Fällen wurde das Trainieren des Algorithmus so lange durchgeführt, bis aus 50 aufeinander folgenden Literaturvorschlägen keine als „relevant" befunden wurde. Die grafische Darstellung der Kumulation der identifizierten relevanten Literaturen in Abbildung 9-5 bestätigt die Validität dieses Abbruchkriteriums und lässt erkennen, dass eine Fortführung des Modelltrainings mit großer Wahrscheinlichkeit nicht mehr zu einer signifikant höheren Anzahl an Ergebnissen geführt hätte. Insgesamt wurden in ASReview 249 englisch- und 101 deutschsprachige Literaturen bewertet, von denen 61 englisch- und 6 deutschsprachige als relevant befunden wurden. Diese wurden anschließend im Volltext analysiert.

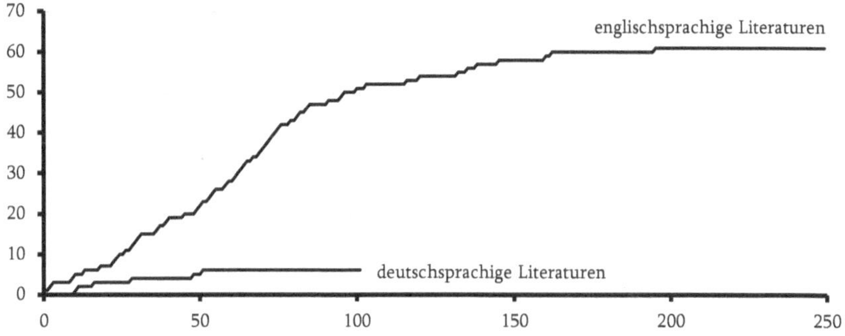

Abbildung 9-5: Kumulation der relevanten Literaturen mit ASReview

Auf Basis der Volltextanalyse wurden abschließend 16 englisch- und 4 deutschsprachige Literaturen als relevant für die vorliegende Arbeit befunden. Diese werden im folgenden Kapitel des Anhangs (siehe Tabelle 9.2) aufgelistet.

9.3 Ergebnisse der strukturierten Literaturrecherche

Tabelle 9.2: Identifizierte relevante Literaturen der strukturierten Literaturrecherche aus Kapitel 5.3.6

Nr.	Sprache	Bibliografische Angaben
1	Englisch	Aagaard, A.; Presser, M.; Andersen, T. (2019 - 2019): Applying IoT as a leverage for business model innovation and digital transformation. In: IEEE (Hrsg.): Global IoT Summit (GIoTS) 2019, IEEE, 17.06.2019 - 21.06.2019, S. 1 - 5.
2	Deutsch	Appelfeller, W.; Feldmann, C. (2018): Die digitale Transformation des Unternehmens – Systematischer Leitfaden mit zehn Elementen zur Strukturierung und Reifegradmessung, Springer Berlin Heidelberg, Berlin, Heidelberg, 2018.
3	Englisch	Baines, T.; Lightfoot, H. (2013): Made to serve - How manufacturers can compete through servitization and product service systems, Wiley, Chichester, West Sussex, 2013.
4	Englisch	Barnett, N.; Parry, G.; Saad, M.; Newnes, L.; Goh, Y. (2013): Servitization: Is a Paradigm Shift in the Business Model and Service Enterprise Required. In: Strategic Change, Nr. 3-4, 22. Jg., 2013, S. 145 - 156.
5	Englisch	Bilgeri, D.; Wortmann, F.; Fleisch, E. (2018): How digital transformation affects large manufacturing companies' organization – Thirty Eighth International Conference on Information Systems, South Korea 2017. In: Association for Information Systems (AIS) (Hrsg.): 38th International Conference on Information Systems (ICIS 2017) - Transforming society with digital innovation, Curran Associates Inc, Red Hook, NY, 2018, S. 1900 - 1908.
6	Englisch	Chen, K.-L.; Møller, C. (2019): A thousand-mile journey begins with the very first step: The case of a product-centric manufacturing firm's transformation towards servitization. In: CIRP Journal of Manufacturing Science and Technology, 27. Jg., 2019, S. 102 - 113.
7	Englisch	Correani, A.; Massis, A. de; Frattini, F.; Petruzzelli, A.; Natalicchio, A. (2020): Implementing a Digital Strategy: Learning from the Experience of Three Digital Transformation Projects. In: California Management Review, Nr. 4, 62. Jg., 2020, S. 37 - 56.
8	Englisch	Frank, A.; Mendes, G.; Ayala, N.; Ghezzi, A. (2019): Servitization and Industry 4.0 convergence in the digital transformation of product firms: A business model innovation perspective. In: Technological Forecasting and Social Change, 141. Jg., 2019, S. 341 - 351.
9	Englisch	Gebauer, H.; Saul, C.; Haldimann, M.; Gustafsson, A. (2017): Organizational capabilities for pay-per-use services in product-oriented companies. In: International Journal of Production Economics, 192. Jg., 2017, S. 157 - 168.
10	Englisch	Helms, T. (2016): Asset transformation and the challenges to servitize a utility business model. In: Energy Policy, 91. Jg., 2016, S. 98 - 112.
11	Englisch	Lienert, A.; Süße, T.; Wilkens, U.; Washington, N.; Elfving, S. (2019): Perceived cultural enablers and inhibitors of the organizational transformation towards PSS. In: Procedia CIRP, 83. Jg., 2019, S. 311 - 317.

Nr.	Sprache	Bibliografische Angaben
12	Englisch	Markides, C. (2013): Business model innovation: what can the ambidexterity literature teach us. In: Academy of Management Perspectives, Nr. 4, 27. Jg., 2013, S. 313 - 323.
13	Deutsch	Meinhardt, S.; Pflaum, A. (2019): Digitale Geschäftsmodelle – Band 1 – Geschäftsmodell-Innovationen, digitale Transformation, digitale Plattformen, Internet der Dinge und Industrie 4.0, Springer Fachmedien Wiesbaden, Wiesbaden, 2019.
14	Deutsch	Mohr, T. (2020): Der Digital Navigator – Ein Modell für die digitale Transformation, Springer Fachmedien Wiesbaden, Wiesbaden, 2020.
15	Englisch	Paiola, M.; Gebauer, H. (2020): Internet of things technologies, digital servitization and business model innovation in BtoB manufacturing firms. In: Industrial Marketing Management, 89. Jg., 2020, S. 245 - 264.
16	Englisch	Palo, T.; Åkesson, M.; Löfberg, N. (2019): Servitization as business model contestation: A practice approach. In: Journal of Business Research, 104. Jg., 2019, S. 486 - 496.
17	Englisch	Schüritz, R.; Seebacher, S.; Satzger, G.; Schwarz, L. (2018): Datatization as the Next Frontiert of Servitization – Understanding the Challenges for Transforming Organizations. In: Association for Information Systems (AIS) (Hrsg.): 38th International Conference on Information Systems (ICIS 2017) – Transforming society with digital innovation, Curran Associates Inc, Red Hook, NY, 2018, S. 1098 - 1118.
18	Deutsch	Spath, D.; Westkämper, E.; Bullinger, H.-J.; Warnecke, H.-J. (2017): Neue Entwicklungen in der Unternehmensorganisation, Vieweg, Berlin, Heidelberg, 2017.
19	Englisch	Sund, K.; Villarroel, J.; Bogers, M. (2014): Organizational Aspects of Business Model Innovation: The Case of the European Postal Industry. In: Academy of Management Proceedings, Nr. 1, 2014. Jg., 2014, S. 11099.
20	Englisch	Tronvoll, B.; Sklyar, A.; Sörhammar, D.; Kowalkowski, C. (2020): Transformational shifts through digital servitization. In: Industrial Marketing Management, 89. Jg., 2020, S. 293 - 305.

Tabelle 9.3: Identifizierte Herausforderungen bei der Einführung eines neuen parallelen Geschäftsmodells

Kategorie	Herausforderung	Quelle
Konflikt-potenzial zwischen beiden Geschäfts-modellen	Interne Konflikte zwischen beiden Geschäftsmodellen	- Baines, T. / Lightfoot, H. (2013) Made to serve, S. 156 - 157. - Appelfeller, W. / Feldmann, C. (2018) Digitale Transformation, S. 197 - 198.
	Vernachlässigung bzw. Bevorzugung des alten Geschäftsmodells	- Sund, K. / Villarroel, J. / Bogers, M. (2014) Organizational aspects, S. 4 - 5; - Meinhardt, S. / Pflaum, A. (2019) Digitale Geschäftsmodelle Band 1, S. 216 - 217.
	Angst von Führungskräften vor Machtverlust	- Appelfeller, W. / Feldmann, C. (2018) Digitale Transformation, S. 197 - 198.
	Kannibalisierung im Vertrieb	- Bilgeri, D. / Wortmann, F. / Fleisch, E. (2018) Digital transformation, S. 1905.
	Zugriff auf die gleichen Ressourcen	- Palo, T. / Åkesson, M. / Löfberg, N. (2019) Servitization, S. 492.
Entfaltung des neuen Geschäfts-modells	Neue Prozesse, IT-Systeme und neues Mindset	- Chen, K.-L. / Møller, C. (2019) Transformation towards servitization, S. 109. - Palo, T. / Åkesson, M. / Löfberg, N. (2019) Servitization, S. 494. - Correani, A. / Massis, A. de et al. (2020) Digital strategy, S. 49.
	Balance zwischen Separation und Integration	- Helms, T. (2016) Asset transformation, S. 110.
Kulturelle Verände-rungen	Änderung vom Fokus auf Transaktion zum Fokus auf Beziehung	- Gebauer, H. / Saul, C. et al. (2017) Organizational capabilities, S. 162 - 163. - Chen, K.-L. / Møller, C. (2019) Transformation towards servitization, S. 109. - Paiola, M. / Gebauer, H. (2020) Internet of things, S. 257.
	Mangelnde Veränderungsbereitschaft	- Spath, D. / Westkämper, E. / et al. (2017) Unternehmensorganisation, S. 65.
	Silo-Mentalität	- Appelfeller, W. / Feldmann, C. (2018) Digitale Transformation, S. 197 - 198. - Tronvoll, B. / Sklyar, A. et al. (2020) Transformational shifts, S. 301.
	Neue Fähigkeiten notwendig	- Schüritz, R. / Seebacher, S. et al. (2018) Datatization, S. 1108.

Kategorie	Herausforderung	Quelle
Neue Fähigkeiten (Hard-skills)		- Tronvoll, B. / Sklyar, A. et al. (2020) Transformational shifts, S. 296 - 302.
	Digitale Fähigkeiten	- Bilgeri, D. / Wortmann, F. / Fleisch, E. (2018) Digital transformation, S. 1902. - Frank, A. / Mendes, G. et al. (2019) Servitization and Industry 4.0, S. 348. - Tronvoll, B. / Sklyar, A. et al. (2020) Transformational shifts, S. 296.
	Neue Vertriebsfähigkeiten	- Paiola, M. / Gebauer, H. (2020) Internet of things, S. 257.
	Fähigkeiten in IT-Sicherheit	- Aagaard, A. / Presser, M. / Andersen, T. (2019) IoT as leverage, S. 3.
	Fähigkeiten zur Datenanalyse	- Bauernhansl, T. / Paulus-Rohmer, D. et al. (2015) Geschäftsmodell-Innovation, S. 14. - Paiola, M. / Gebauer, H. (2020) Internet of things, S. 257.
Agile Anpassungsfähigkeit	Fähigkeit zur agilen Anpassung von Prozessen	- Correani, A. / Massis, A. de et al. (2020) Digital strategy, S. 49. - Palo, T. / Åkesson, M. / Löfberg, N. (2019) Servitization, S. 494.
Kostenallokation	Schwierige Kostenallokation	- Baines, T. / Lightfoot, H. (2013) Made to serve, S. 158.

Tabelle 9.4: Identifizierte Lösungsansätze für die Herausforderungen bei der Einführung eines neuen parallelen Geschäftsmodells

Kategorie	Lösungsansatz	Quelle
Konfliktpotenzial zwischen beiden Geschäftsmodellen	Einen aktiven und glaubwürdigen Integrator benennen	- Markides, C. (2013) Business model innovation, S. 318.
	Eine gemeinsame Geschäftsführung für beide Geschäftsbereiche	- Markides, C. (2013) Business model innovation, S. 318.
Entfaltung des neuen Geschäftsmodells	Organisatorische Trennung des neuen Geschäftsmodells in einer separaten Einheit	- Barnett, N. / Parry, G. et al. (2013) Servitization, S. 151. - Meinhardt, S. / Pflaum, A. (2019) Digitale Geschäftsmodelle Band 1, S. 216 - 217. - Mohr, T. (2020) Digital Navigator, S. 101 - 103.
	Keine komplette Isolation vom klassischen Geschäft	- Markides, C. (2013) Business model innovation, S. 318.
Kulturelle Veränderungen (Soft Skills)	Neue Organisationseinheit mit Fokus auf Kundenbeziehungen	- Bilgeri, D. / Wortmann, F. / Fleisch, E. (2018) Digital transformation, S. 1906. - Palo, T. / Åkesson, M. / Löfberg, N. (2019) Servitization, S. 495.
	Gemischte Teams aus bestehenden, internen und neuen, externen Mitarbeitern	- Markides, C. (2013) Business model innovation, S. 318.
	Ambidextre Teams mit Mitarbeitern aus beiden Geschäftsbereichen	- Markides, C. (2013) Business model innovation, S. 318. - Lienert, A. / Süße, T. et al. (2019) Organizational transformation, S. 315.
	Gemeinsame Werte schaffen	- Markides, C. (2013) Business model innovation, S. 318.
Neue Fähigkeiten (Hard Skills)	Neue Mitarbeiter rekrutieren	- Palo, T. / Åkesson, M. / Löfberg, N. (2019) Servitization, S. 495.
Kostenallokation	Adäquates Kosten- und Gewinnverrechnungsmodell	- Baines, T. / Lightfoot, H. (2013) Made to serve, S. 158.

9.4 Ergebnisse der Detaillierung von Geschäftsprozessen aus der Validierung mit der Werkzeugmaschinen GmbH

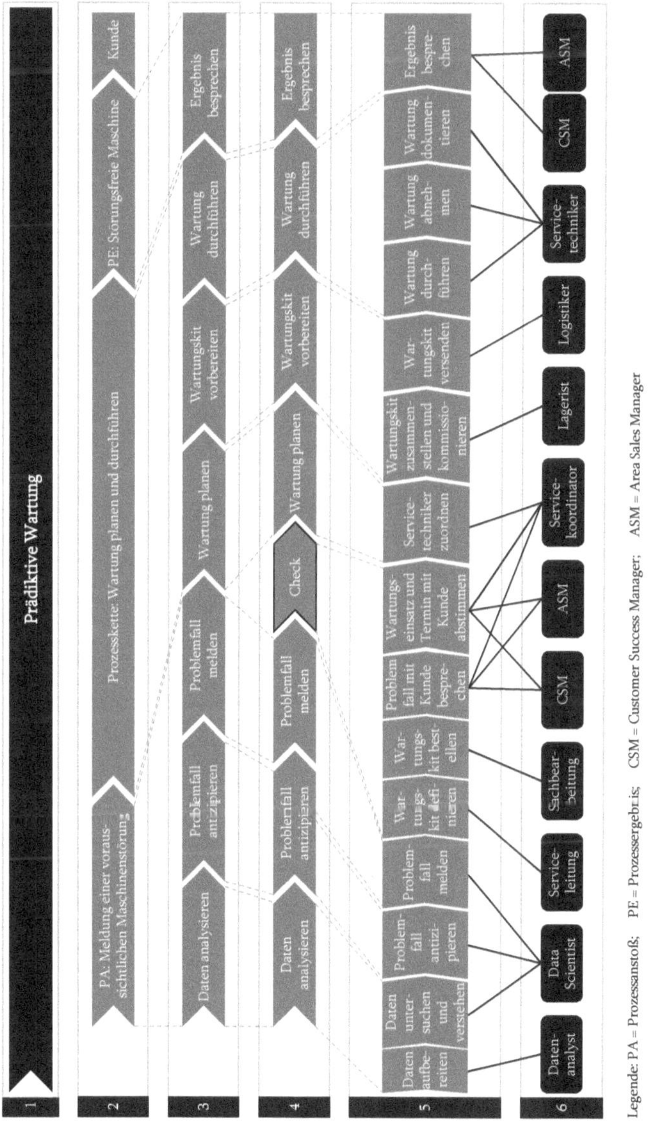

Abbildung 9-6: Detaillierung des Geschäftsprozesses „Prädiktive Wartung“ bei der Werkzeugmaschinen GmbH

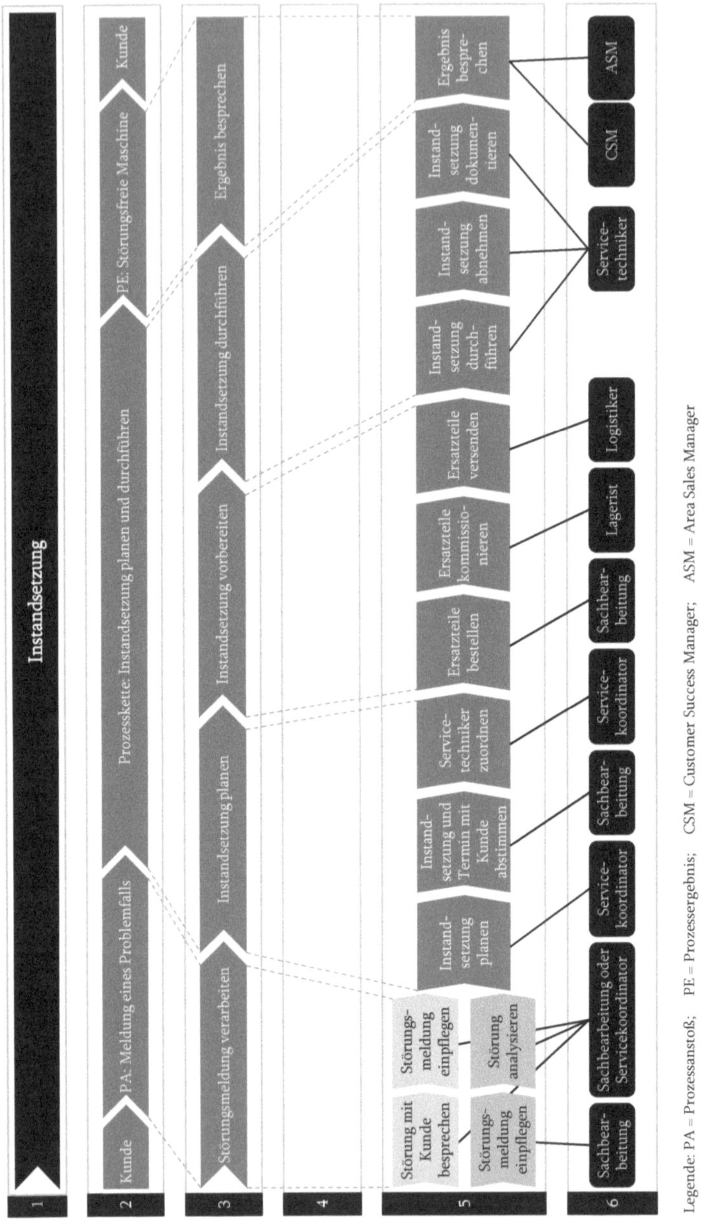

Abbildung 9-7: Detaillierung des Geschäftsprozesses „Instandsetzung“ bei der Werkzeugmaschinen GmbH

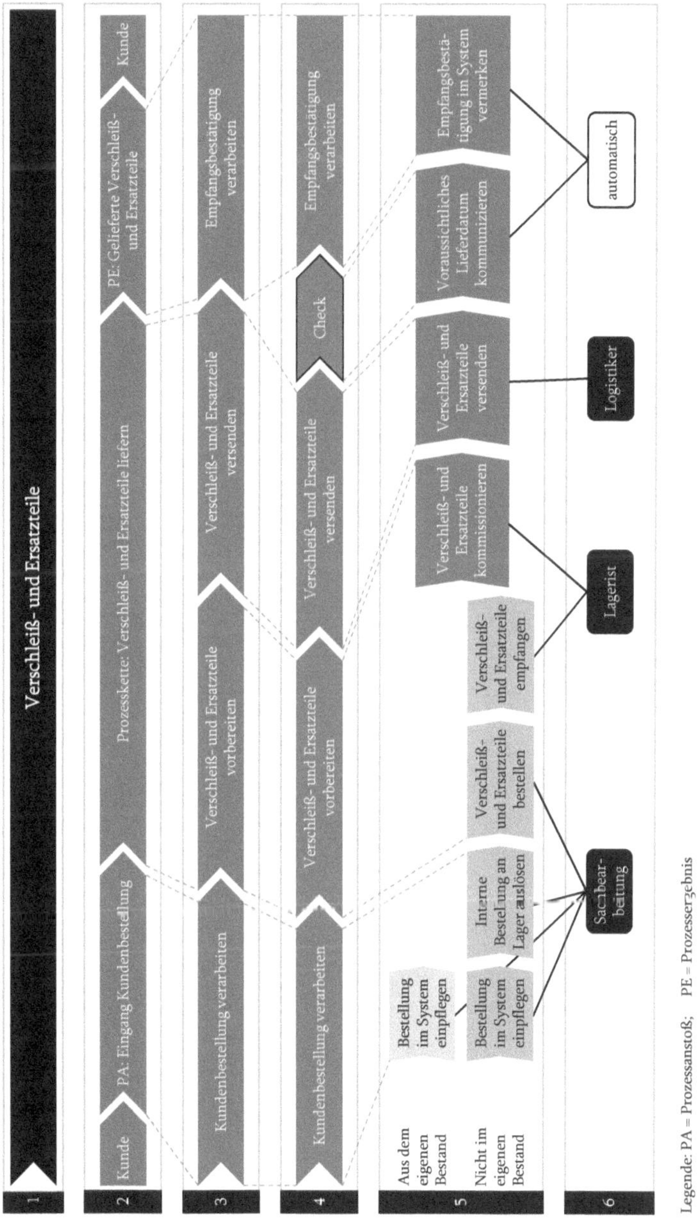

Abbildung 9-8: Detaillierung des Geschäftsprozesses „Verschleiß- und Ersatzteile" bei der Werkzeugmaschinen GmbH

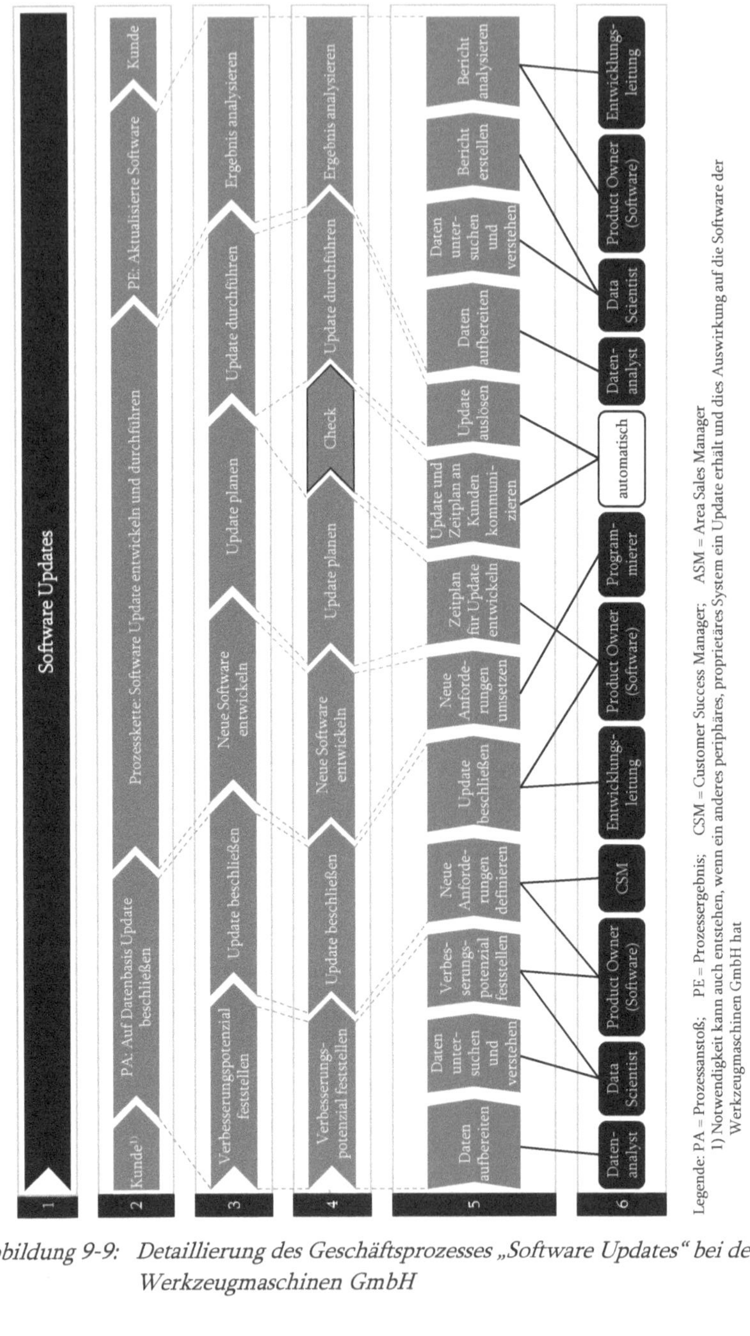

Abbildung 9-9: Detaillierung des Geschäftsprozesses „Software Updates" bei der Werkzeugmaschinen GmbH

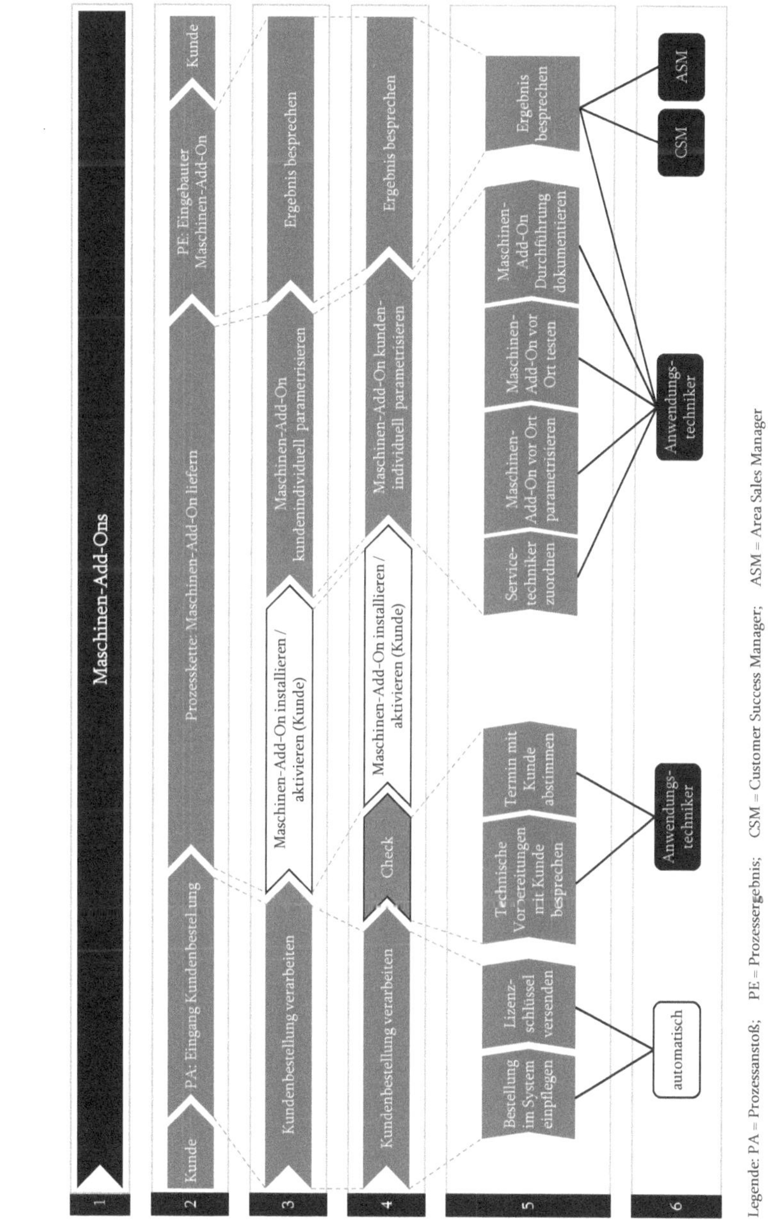

Abbildung 9-10: Detaillierung des Geschäftsprozesses „Maschinen-Add-Ons“ bei der Werkzeugmaschinen GmbH

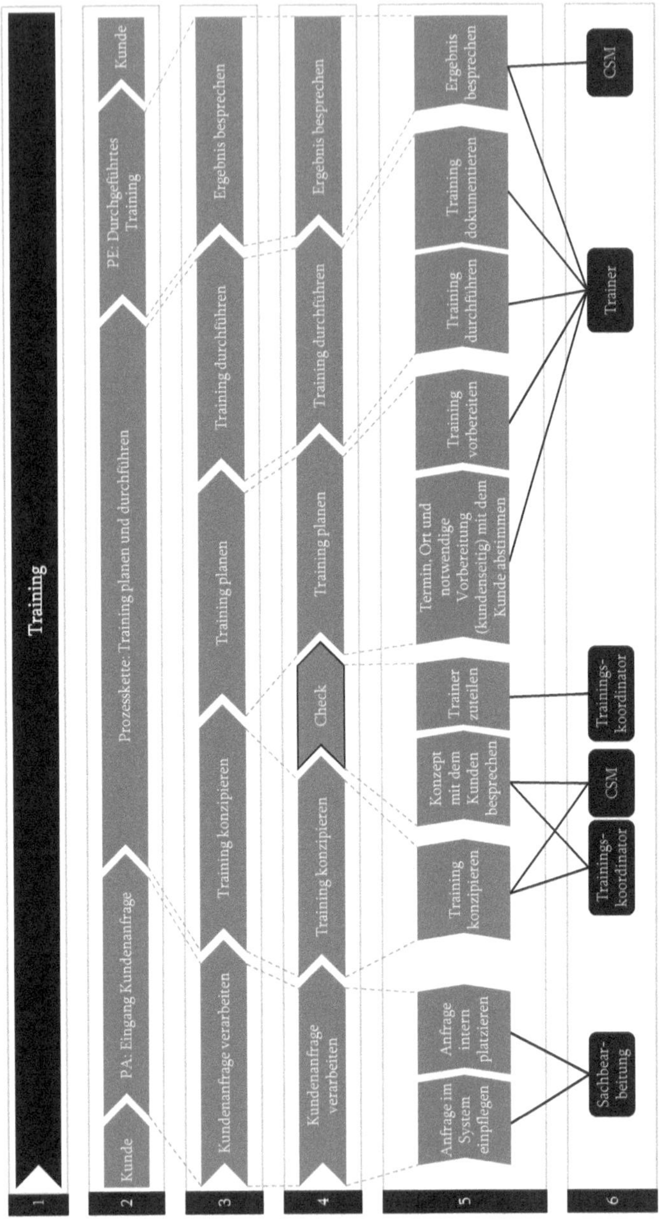

Legende: PA = Prozessanstoß; PE = Prozessergebnis; CSM = Customer Success Manager

Abbildung 9-11: Detaillierung des Geschäftsprozesses „Training" bei der Werkzeugmaschinen GmbH

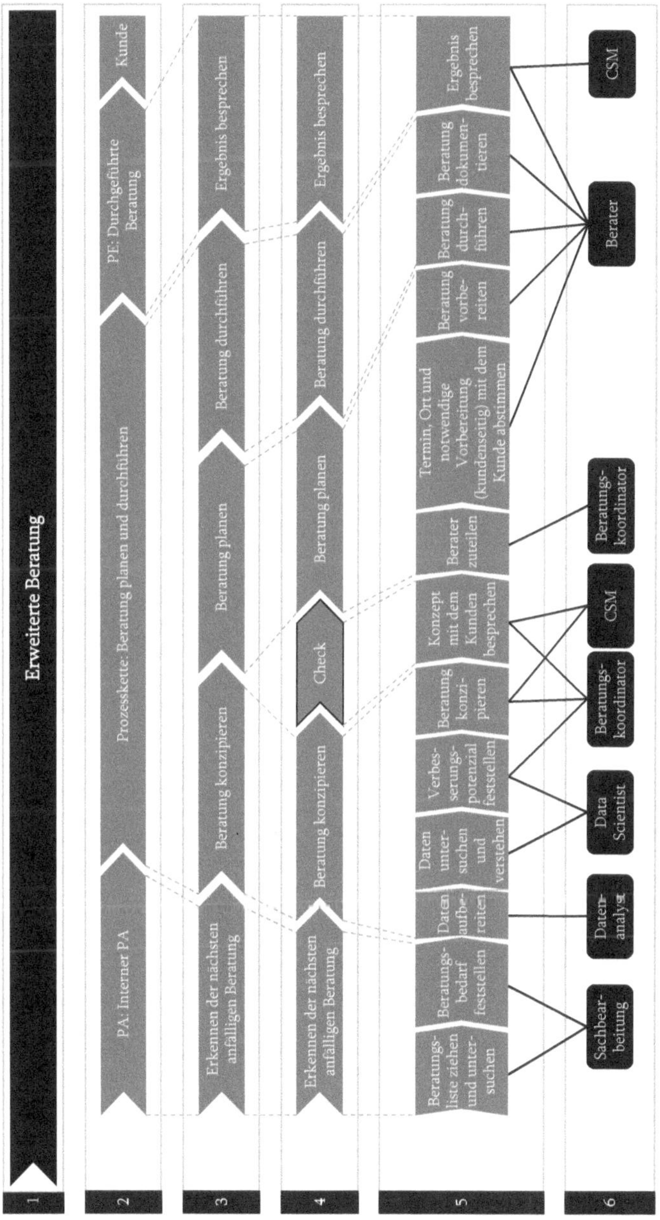

Legende: PA = Prozessanstoß; PE = Prozessergebnis; CSM = Customer Success Manager

Abbildung 9-12: Detaillierung des Geschäftsprozesses „Erweiterte Beratung" bei der Werkzeugmaschinen GmbH

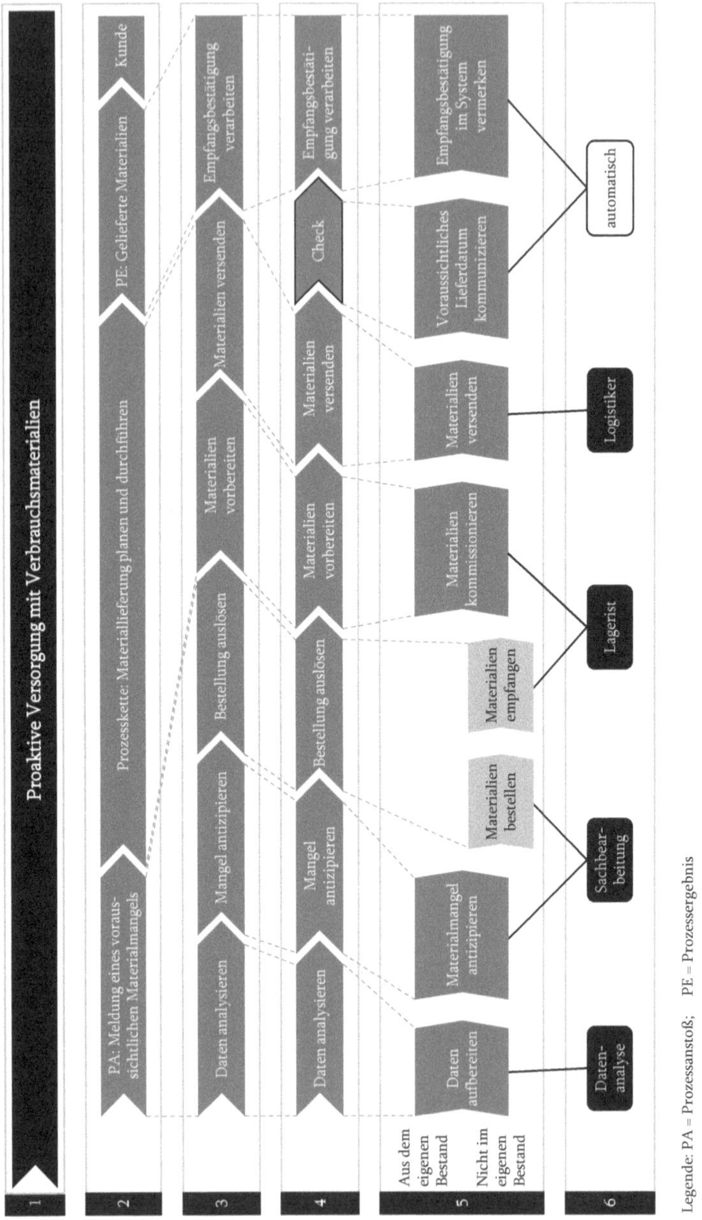

Abbildung 9-13: Detaillierung des Geschäftsprozesses „Proaktive Versorgung mit Verbrauchsmaterialien" bei der Werkzeugmaschinen GmbH

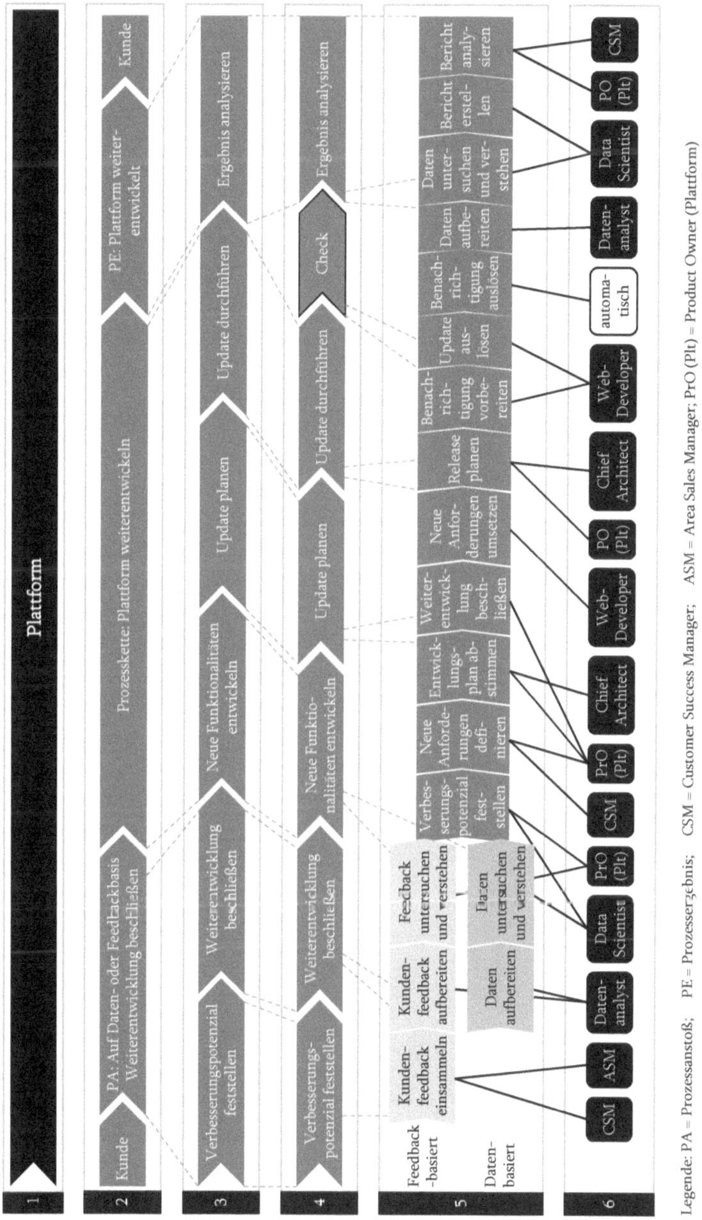

Abbildung 9-14: Detaillierung des Geschäftsprozesses „Plattform" bei der Werkzeugmaschinen GmbH

In der Reihe **Ergebnisse aus der Produktionstechnik** zuletzt erschienen:

Zhou, Beiyan:
Model Predictive Control Strategy to Coordinate Production Planning and Building Automation
ISBN 978-3-98555-042-5
Erscheinungsdatum: 15.02.2022

Scholz, Patrick:
Methodik zur potenzial- und risikobasierten Technologiebewertung
ISBN 978-3-98555-046-3
Erscheinungsdatum: 10.02.2022

Vallarelli Guerreiro, Bruno:
Smart Retrofitting as a Structured Approach for an Organization to Implement Industry 4.0 Using its Existing Resources
ISBN 978-3-98555-041-8
Erscheinungsdatum: 09.02.2022

Frank, Daniel:
Selbstoptimierendes Haptikprüfsystem
ISBN 978-3-98555-027-2
Erscheinungsdatum: 14.01.2022

Liu, Yuan:
Organisation von Subskription im Maschinen- und Anlagenbau
ISBN 978-3-98555-029-6
Erscheinungsdatum: 13.01.2022

Boshof, Julian:
Definition und Auslegung von datenbasierten Dienstleistungen im Werkzeugbau
ISBN 978-3-98555-039-5
Erscheinungsdatum: 11.02.2022

Hermann, Lennard Wolfgang:
Cost-Efficient Design of Adaptations for Manufacturing Process Sequences of Safety-Critical Components
ISBN 978-3-98555-040-1
Erscheinungsdatum: 09.02.2022

Flender, Jerome:
Interdisziplinäre Spezifikation produktionstechnischer Systeme
ISBN 978-3-98555-032-6
Erscheinungsdatum: 26.01.2022

Pickshaus, Tobias:
Verbesserung von Effizienz und Zuverlässigkeit der Produktentwicklung durch adaptives Anforderungs-management
ISBN 978-3-98555-015-9
Erscheinungsdatum: 13.01.2022

Ays, Julian:
Gestaltung agiler Produktionsnetzwerke
ISBN 978-3-98555-023-4
Erscheinungsdatum: 20.12.2021

Edition Wissenschaft
Apprimus

Ebi, Manuel:
Subskriptionsmodellen im Maschinen- und Anlagenbau
ISBN 978-3-98555-021-0
Erscheinungsdatum: 20.12.2021

Kuhn, Maximilian:
Gestaltung agiler Entwicklungsnetzwerke
ISBN 978-3-98555-014-2
Erscheinungsdatum: 06.12.2021

Lichtenthäler, Kolja:
Ressourcenschonende additive Fertigung von Schweißvorrichtungen im Karosseriebau
ISBN 978-3-98555-011-1
Erscheinungsdatum: 23.11.2021

Montavon, Benjamin:
Virtual Reference Frame Based on Distributed Large-Scale Metrology Providing Coordinates as a Service
ISBN 978-3-98555-010-4
Erscheinungsdatum: 15.11.2021

Voigts, Herman Otto:
Feinschneiden mit Hartmetallstempeln
ISBN 978-3-98555-008-1
Erscheinungsdatum: 04.11.2021

Mannens, Robby:
Increasing Fatigue Strength of Austenitic Stainless Steel Using Machine Hammer Peening
ISBN 978-3-98555-006-7
Erscheinungsdatum: 18.10.2021

Wendt, Albert:
Zum Einsatz elastischer Walzen und elektromagnetischer Induktion in Doppelbandpressen zur kontinuierlichen Herstellung thermoplastischer Faserverbundlaminate
ISBN 978-3-98555-003-6
Erscheinungsdatum: 07.10.2021

Mevissen, Dieter J. W.:
Vorhersage der geometrischen Oberflächenveränderung im Wälzkontakt
ISBN 978-3-86359-998-0
Erscheinungsdatum: 30.09.2021

Hast, Katharina:
Datenbasiertes Lernen in Produktionsnetzwerken
ISBN 978-3-86359-993-5
Erscheinungsdatum: 09.09.2021

Schneider, Sebastian:
Modellierung der Energiedissipation in der Funkenerosion
ISBN 978-3-86359-992-8
Erscheinungsdatum: 06.09.2021

Lehmann, Nico:
Qualifizierung digitaler Messprozesse
ISBN 978-3-86359-989-8
Erscheinungsdatum: 24.08.2021

Lakner, Thomas:
High-Pressure Cutting Fluid Supply in Milling
ISBN 978-3-86359-977-5
Erscheinungsdatum: 05.08.2021

Edition Wissenschaft
Apprimus